概率统计教程

黄建雄　李康弟　主编

华东师范大学出版社

·上海·

图书在版编目（CIP）数据

概率统计教程/黄建雄,李康弟主编. —上海:华东
师范大学出版社,2014.5
ISBN 978 - 7 - 5675 - 2126 - 1

Ⅰ.①概⋯ Ⅱ.①黄⋯ ②李⋯ Ⅲ.①概率统计-高
等学校-教材 Ⅳ.① O211

中国版本图书馆 CIP 数据核字(2014)第 114955 号

概率统计教程

主　　编　黄建雄　李康弟
责任编辑　朱建宝
项目编辑　蒋　将
审读编辑　李　娜
装帧设计　高　山

出版发行　华东师范大学出版社
社　　址　上海市中山北路 3663 号　邮编 200062
网　　址　www.ecnupress.com.cn
电　　话　021 - 60821666　行政传真 021 - 62572105
客服电话　021 - 62865537　门市(邮购)电话 021 - 62869887
地　　址　上海市中山北路 3663 号华东师范大学校内先锋路口
网　　店　http://hdsdcbs.tmall.com/

印 刷 者　常熟高专印刷有限公司
开　　本　787×1092　16 开
印　　张　15.75
字　　数　395 千字
版　　次　2014 年 7 月第 1 版
印　　次　2022 年 8 月第 8 次
书　　号　ISBN 978 - 7 - 5675 - 2126 - 1
定　　价　35.00 元

出 版 人　王　焰

(如发现本版图书有印订质量问题,请寄回本社市场部调换或电话 021-62865537 联系)

前　言

概率论与数理统计是高等学校理、工、管、经济各类专业的必修课,同时是许多专业的研究生入学考试内容.

从概率统计学科的发展来看,概率论起源于博弈问题研究,但现在概率统计方法已广泛应用于国民经济的各个领域及人民生活的很多方面.例如天气预报、水文预报及地震预报,产品的抽样检验,试验方案的制定,系统的可靠性评估,提高通信系统的效率,自动控制系统控制方案的设计,保险险种设计及费率计算,彩票出售方案的设计,期权定价问题等方面大量地应用概率论的研究方法,甚至在确定性问题研究中也应用随机性方法,如计算机对确定性问题的计算中用随机算法来大幅度提高运算效率等.

同时,概率论作为一门数学学科,其公理化体系形成较晚.大约于 20 世纪 30 年代,由于苏联数学家 Kolmogrov 的研究,概率论的公理化工作得以完成.因此,学习概率论的研究方法,对提高广大科学技术人员的科学素养也有较大的帮助.

考虑到概率论的公理化思想的重要性,本书从事件的运算封闭性和概率的公理化定义两方面,对概率论的公理化思路进行了简单的叙述.

概率论与数理统计包含两个部分:概率论和数理统计技术.概率论是对随机现象统计规律进行演绎的研究,而数理统计是对随机现象的统计规律进行归纳的研究.两者在方法上有着明显的不同,但两者却相互联系、相互渗透.本书的前五章为概率论部分,后四章为数理统计部分.

概率论与数理统计是应用性很强的一门学科,同时其抽象和技巧程度也非常高,本书在编排上力图做到简繁得当,通俗易懂.对现实生活中有大量应用的概率方法进行了较多的例题讨论,力求提高读者的兴趣,又能使读者从中加深对基本概念的理解及对基本方法的掌握.本书在概率论部分对几个重要分布,如 0 - 1 分布、二项分布、Poisson 分布、均匀分布、正态分布的来源与应用有大量的讨论,望读者关注.

本书在习题的选择上作了一些改动,每章后的习题着重于基本概念的理解及基本方法的掌握,每章后的补充题则偏重于综合训练及综合应用,读者可酌情试做一部分以开拓思路,加深对内容的理解和重要方法的掌握.

本书第一至八章附有"基本要求",该基本要求大体符合工科学生概率论与数理统计课程研究生入学考试要求,因第九章内容超出工科学生概率论与数理统计的研究生入学考试范围,故未列出基本要求.本书的习题和补充题列入了较多的近年来高等数学研究生入学考试试题中的原题,供大学生选用.

本书在黄建雄、蔡文康、蒋书法、李康弟等编写的《概率论与数理统计》的基础上,根据教师和学生对该书的反馈意见,借鉴各院校在本课程教学方式的近期发展趋势,在内容、例题和习题的编排上进行了改写和调整,力求使本书能更好地适应课程教学工作的需要.

本书第一章至第五章由李彦、朱威编写,第六章至第九章由于娜编写,全书由黄建雄、李康弟进行改写和定稿.

限于编者的能力及时间,书中肯定存在错误和缺点,敬请读者批评和指正.

编　者

2014 年 4 月

目　录

概率统计教程

第一章

随机事件及其概率

本章基本要求

1. 了解样本空间(基本事件空间)的概念,理解随机事件的概念,掌握事件的关系及运算.

2. 理解概率、条件概率的概念,掌握概率的基本性质,会计算古典型概率和几何型概率,掌握概率的加法公式、减法公式、乘法公式、全概率公式,以及贝叶斯(Bayes)公式.

3. 理解事件独立性的概念,掌握用事件独立性进行概率计算;理解独立重复试验的概念,掌握计算有关事件概率的方法.

自然界中有两类现象:一类为确定性现象,例如上抛的石子必定落下、同性电荷必定相斥等,这类现象的结果是确定的.另一类为随机性现象,例如掷硬币,有可能出现正面,也有可能出现反面;掷骰子可能出现的点数为"1,2,3,4,5,6"中的一个,但在抛掷之前不可能知道究竟出现哪一种结果;还有炮弹瞄准射击的弹着点问题,每一颗炮弹在射击前不可能知道其弹着点的确切位置,这些现象称为随机性现象.这些在相同条件下的试验有一个共同点:在试验之前不可能预先知道出现哪个结果,有可能出现这样或那样的结果,但从大量的试验结果分析,则呈现出一种统计规律性.如掷硬币时,出现正面的次数大致占到总次数的一半;掷骰子时,出现点数"6"的次数大致占到总次数的1/6;瞄准射击时,目标附近的弹着点较为密集等.

这种在个别试验中,试验结果呈现不确定性,但在大量重复试验中,试验结果呈现出统计规律性的随机现象,就是概率论与数理统计的主要研究对象.概率论与数理统计是研究随机现象的内在统计规律性的一门学科.现在概率统计的方法已广泛应用于国民经济的许多领域及人民生活的很多方面,例如用于天气预报、水文预报及地震预报,产品的抽样检验中检验方案的确定,对系统可靠性进行评估,在通信中用于提高通信系统的效率,编码和密码破译,用于自动控制系统的控制方案的设计,进行保险险种设计及费率计算,彩票销售方案的设计,股票市场的期权定价问题研究,甚至在确定性现象的研究中也广泛地应用随机方法,如利用计算机对某些确定性问题进行计算时,可选用随机算法来大幅度提高运算效率.

§1.1 随机试验与随机事件

在科学和工程技术研究中,时常要在相同条件下进试验,并对结果进行观察,下面举一些试验的例子.

例 1.1.1 口袋中有编号为 $1, 2, \cdots, n$ 的球,从袋中任取一只,观察球的编号.

例 1.1.2 掷骰子一次,观察出现的点数.

例 1.1.3 将一枚硬币掷两次,观察第一次、第二次正面、反面出现的情况.

例 1.1.4 将一枚硬币掷两次,观察两次中正面出现的次数.

例 1.1.5 在 7:00～9:00,观察通过路口的车辆数.

例 1.1.6 在一批电视机中,任取一台,测试其寿命(小时).

例 1.1.7 对一个圆柱体构件,测量其直径.

上述举出的 7 个试验的例子,它们有如下共同的特点:

1. 试验可在相同的条件下进行;

2. 每次试验的可能结果不止一个,但能事先知道所有可能的结果;

3. 试验之前并不知道哪一种结果会出现.

具有上述三个性质的试验称为**随机试验**,以后将随机试验简称为试验.

对于随机试验,尽管试验之前不能预知哪一个结果出现,但所有可能的结果是知道的,我们将所有可能结果组成的集合称为随机试验的**样本空间**,记为 S,每一个可能的结果,即样本空间的元素称为**样本点**.

例 1.1.8 在例 1.1.1—例 1.1.7 的试验中,分别写出相应试验的样本空间.

解 在例 1.1.1 的试验中,样本空间为 $S_1 = \{1, 2, \cdots, n\}$;

在例 1.1.2 的试验中,样本空间为 $S_2 = \{1, 2, \cdots, 6\}$;

在例 1.1.3 的试验中,样本空间为 $S_3 = \{(正, 正),(正, 反),(反, 正),(反, 反)\}$,如将掷硬币时出现正面的结果记为 1,出现反面的结果记为 0,则可记样本空间为 $S_3' = \{(1, 1), (1, 0), (0, 1), (0, 0)\}$;

在例 1.1.4 的试验中,样本空间为 $S_4 = \{0, 1, 2\}$;

在例 1.1.5 的试验中,样本空间为 $S_5 = \{0, 1, 2, \cdots\}$;

在例 1.1.6 的试验中,样本空间为 $S_6 = \{t \mid t \geqslant 0\} = [0, +\infty)$;

在例 1.1.7 的试验中,样本空间为 $S_7 = \{x \mid a \leqslant x \leqslant b\}$,这里 a, b 分别表示可能测到的最小值和最大值.

注意到事实上,由于试验的观察目的性不相同,因此对同一种试验样本空间的表达也可能不一样,如例 1.1.3 和例 1.1.4 的试验中,样本空间的表达就不相同.

在实际应用中,我们关心的是某一类试验结果是否发生,如在例 1.1.2 中掷骰子的试验中,若我们关心的是是否出现较大的点子,即结果 4,5,6 是否出现,这些结果组成集合 $A = \{4, 5, 6\}$.当且仅当集合 $A = \{4, 5, 6\}$ 中的某一样本点出现时,掷骰子就掷出了较大的点子;在例 1.1.6 的试验中,若我们关心的是电视机寿命不低于 5 000 小时,满足这一条件的样本点组成集合 $B = \{t \mid t \geqslant 5\,000\} = [5\,000, +\infty)$,当且仅当 B 中的某一样本点出现时,电视机寿命不低于 5 000 小时.

通常,样本空间 S 的一个子集称为随机试验的一个**随机事件**,简称**事件**.当且仅当这一子集的某个样本点出现时,称**事件发生**.随机事件通常用大写字母 A、B 或 A_1、A_2、B_1、B_2 等表示.

由样本点组成的单点集,称为**基本事件**.如例 1.1.2 的试验中,基本事件有 6 个,即 $\{1\}$, $\{2\}$,$\{3\}$,$\{4\}$,$\{5\}$,$\{6\}$;例 1.1.5 的试验中,基本事件有无穷多个,即 $\{0\}$,$\{1\}$,$\{2\}$,….

S 是样本空间 S 的一个子集,它包含了所有可能的试验结果,在每次试验中必定发生,因此称 S 是**必然事件**,空集 $\varnothing$ 也是样本空间 S 的子集,它不含任何的试验结果,在试验中必定不发生,因此称空集 $\varnothing$ 是**不可能事件**.下面举几个事件的例子.

例 1.1.9 1. 在例 1.1.1 的试验中,摸到号码不超过 $\frac{n}{2}$ 的球的事件为 $A_1 = \left\{1, 2, \cdots, \left[\frac{n}{2}\right]\right\}$,摸到号码为整数的球的事件为 S;

2. 在例 1.1.3 的试验中,将掷硬币时出现正面的结果记为 1,出现反面的结果记为 0,则首次掷出反面的事件为 $A_2 = \{(0, 0), (0, 1)\}$,恰好掷出一次正面的事件为 $A_3 = \{(1, 0), (0, 1)\}$,掷出 3 次正面的事件是不可能出现的,记为 $\varnothing$;

3. 在例 1.1.5 的试验中,通过车辆数超过 1 000 辆的事件为 $A_4 = \{1\,001, 1\,002, 1\,003, \cdots\}$;

4. 在例 1.1.6 的试验中,若电视机的寿命低于 5 000 小时时称电视机是次品,则电视机是次品的事件为 $A_5 = \{t \mid 0 \leqslant t < 5\,000\} = [0, 5\,000)$.

§1.2 事件的关系与运算

上节中,利用集合的表示方法,用样本空间的子集来表示随机事件,因此集合的关系与运算可用到事件的关系与运算中,下面就给出事件的关系和运算在概率论中的提法.

1. 包含关系

如果随机事件 A 发生必定导致随机事件 B 发生,则称 A 是 B 的**子事件**或称 B **包含** A,记为 $A \subset B$ 或 $B \supset A$(图 1-1).若记 A 为随机事件"通过车辆数超过 1 000 辆",B 为随机事件"通过车辆数超过 100 辆",则事件 A 发生意味着事件 B 发生,则 A 是 B 的**子事件**,即 $A \subset B$.显然对每个随机事件 A,都有 $\varnothing \subset A \subset S$.

2. 相等关系

如果事件 A 发生必定导致事件 B 发生,并且事件 B 发生必定导致事件 A 发生,即 $A \subset B$ 且 $B \subset A$,则称事件 A 与事件 B **等价**,或称事件 A 与事件 B **相等**,记为 $A = B$.

3. 事件互斥(互不相容)

如果事件 A 与 B 不能同时发生,则称事件 A 与事件 B **互斥**或称事件 A 与事件 B **互不相容**,其集合表示为 $A \bigcap B = \varnothing$(图 1-2).基本事件是两两互斥的.

4. 和事件

如果事件 A 与 B 至少一个发生,就称 A 与 B 的**和事件**发生,A 与 B 的和事件记为 $A \bigcup B$,和事件的集合表示为 $A \bigcup B = \{x \mid x \in A \text{ 或 } x \in B\}$(图 1-3).在概率论中通常表达为:

当且仅当事件 A 发生**或者**事件 B 发生时,和事件 $A \bigcup B$ 发生.

类似地,称 $\bigcup\limits_{k=1}^{n} A_k$ 为 n 个事件 A_1,A_2,$\cdots$,A_n 的和事件.事件 $\bigcup\limits_{k=1}^{n} A_k$ 发生,当且仅当事件 A_1,A_2,$\cdots$,A_n 至少有一个发生.同理,称 $\bigcup\limits_{k=1}^{\infty} A_k$ 为可列个事件 A_1,A_2,$\cdots$ 的和事件.

5. 积事件

如果事件 A 与 B 同时发生,就称 A 与 B 的**积事件**发生,A 与 B 的积事件记为 $A \bigcap B$(或记为 AB),积事件的集合表示为 $A \bigcap B = \{x \mid x \in A \text{ 且 } x \in B\}$(图 1-4).在概率论中通常表达为:当且仅当事件 A 发生**并且**事件 B 发生时,积事件 AB 发生.

类似地,称 $\bigcap\limits_{k=1}^{n} A_k$(或记为 $A_1 A_2 \cdots A_n = \prod\limits_{k=1}^{n} A_k$)为 n 个事件 A_1,A_2,$\cdots$,A_n 的积事件.事件 $\bigcap\limits_{k=1}^{n} A_k$ 发生,当且仅当事件 A_1,A_2,$\cdots$,A_n 同时发生.同理,称 $\bigcap\limits_{k=1}^{\infty} A_k$(或记为 $\prod\limits_{k=1}^{\infty} A_k = A_1 A_2 \cdots$)为可列个事件 A_1,A_2,$\cdots$ 的积事件.

6. 逆事件(对立事件)

如果事件 A、B 至少一个发生,且不能同时发生(即 $A \bigcup B = S$ 且 $A \bigcap B = \varnothing$),则称事件 A 与 B 互为**逆事件**,或称 A 与 B 互为**对立事件**,也称 A 是 B 的**逆事件**或 B 是 A 的逆事件,记 $A = \bar{B}$ 或 $B = \bar{A}$,在概率论中通常表达为:当且仅当事件 A 不发生时,逆事件 $\bar{A}$ 发生.事件 A 的逆事件 $\bar{A}$ 也可表示为 $\bar{A} = S - A$,其集合表示为 $\bar{A} = \{x \mid x \in S, x \notin A\}$(图 1-5),显然 $\bar{\bar{A}} = A$.

7. 差事件

如果事件 A 发生且 B 不发生,则称 A 与 B 的**差事件 $A - B$** 发生.差事件的集合表示为 $A - B = \{x \mid x \in A \text{ 且 } x \notin B\}$(图 1-6).差事件 $A - B$ 通常可表达为 $A - B = A\bar{B}$.

通常用矩形内的图形(Venn 图)表示事件的关系和运算,此方法比较容易掌握(图 1-1—图 1-6).

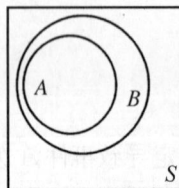

$A \subset B$

图 1-1

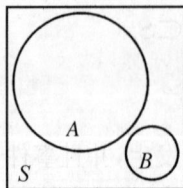

A 与 B 互斥

图 1-2

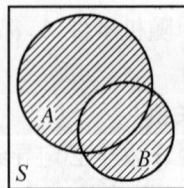

$A \bigcup B$

图 1-3

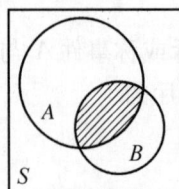

$A \bigcap B(AB)$

图 1-4

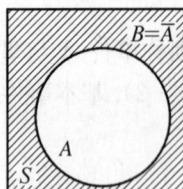

$B = \bar{A}$

图 1-5

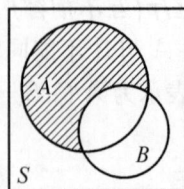

$A - B = A\bar{B}$

图 1-6

例 1.2.1 设一口袋中有白球若干只,红球若干只,从袋中取三次球,记第一次取白球的事件为 A,第二次取白球的事件为 B,第三次取白球的事件为 C,则

1. 第一次取到红球的事件为 $\bar{A}$;

2. 第一次取到红球且第二次取到白球的事件为 $\bar{A} \bigcap B = \bar{A}B$;

3. 第一次取到白球且第二次取到红球的事件为 $A \bigcap \bar{B} = A\bar{B} = A - B$;

4. 三次全取到红球的事件为 $\bar{A} \bigcap \bar{B} \bigcap \bar{C} = \bar{A}\bar{B}\bar{C} = \overline{A \bigcup B \bigcup C}$;

5. 三次中至少取到一只白球的事件为 $A \bigcup B \bigcup C = \overline{\bar{A} \bigcap \bar{B} \bigcap \bar{C}} = \overline{\bar{A}\bar{B}\bar{C}}$;

6. 第三次才取到白球的事件为 $\bar{A} \bigcap \bar{B} \bigcap C = \bar{A}\bar{B}C$.

类似于集合的运算规律,事件的运算也经常要用到下列的规律.设 A、B、C 是三个事件,则有下列运算规律成立.

交换律

$$A \bigcup B = B \bigcup A;$$
$$A \bigcap B = B \bigcap A.$$

结合律

$$(A \bigcup B) \bigcup C = A \bigcup (B \bigcup C);$$
$$(A \bigcap B) \bigcap C = A \bigcap (B \bigcap C).$$

分配律

$$A \bigcup (B \bigcap C) = (A \bigcup B) \bigcap (A \bigcup C);$$
$$A \bigcap (B \bigcup C) = (A \bigcap B) \bigcup (A \bigcap C).$$

对偶律(De Morgan 律)

$$\overline{A \bigcup B} = \bar{A} \bigcap \bar{B};$$
$$\overline{A \bigcap B} = \bar{A} \bigcup \bar{B}.$$

例 1.2.2 在图 1-7 的电路中,分别记 A、B、C 为电键 I,II,III 闭合的事件,D 为灯泡通电事件.则灯泡通电可表示为电键 I,II 同时闭合或者电键 I,III 同时闭合,即 $D = (A \bigcap B) \bigcup (A \bigcap C)$.同时,灯泡通电可表示为电键组 II,III 至少一个闭合并且电键 I 闭合,即 $D = A \bigcap (B \bigcup C)$.

例 1.2.2 的讨论实际上从事件表达的角度验证了事件运算的分配律

$$A \bigcap (B \bigcup C) = (A \bigcap B) \bigcup (A \bigcap C).$$

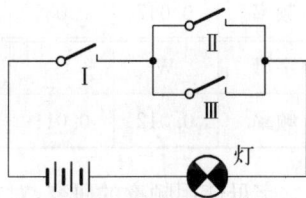

图 1-7

在概率论的研究中,复杂事件用较为简单事件的运算结果来表达,特别是用事件的三种运算(和、积和逆运算)表达较为复杂事件,这将是以后概率计算中常用方法的基础.

§1.3　事件的频率与概率

随机事件 A(除必然事件、不可能事件外)在一次试验中,它有可能发生,也有可能不发

生,具有偶然性,但在大量的重复试验中,其发生的统计规律性是客观存在的,这种性质称为频率稳定性.若随机事件 A 在 n 次试验中发生 n_A 次,则称

$$f_n(A) = \frac{n_A}{n}$$

为随机事件 A 在 n 次试验中出现的**频率**.下面对历史上几个著名随机试验进行讨论.

1. 几个著名试验

历史上有不少人对随机事件出现的频率进行了观察,下面列举一些试验的结果.

在掷硬币的试验中,在一次试验中,正面有可能出现,也可能不出现,预先作出确定的预测是不可能的.记 A 为出现正面事件,下面的表格中列出了几个实验结果:

实 验 者	试验次数 n	正面出现次数 n_A	频率 $f_n(A)$
德·摩根	2 048	1 061	0.518 1
蒲 丰	4 040	2 048	0.506 9
K·皮尔逊	12 000	6 019	0.501 6
K·皮尔逊	24 000	12 012	0.500 5

从上述表格可以看出,在大量的重复试验中,出现正面的频率接近 50%,和直觉上出现正面的机会很近似.

又如,在英文中某些字母出现的频率远远高于另外一些字母,人们经过深入研究之后,发现字母的使用频率相当稳定.下面是字母使用频率的统计表:

字母	空格	E	T	O	A	N	I	R	S
频率	0.2	0.105	0.072	0.065 4	0.063	0.059	0.055	0.054	0.052
字母	H	D	L	C	F	U	M	P	Y
频率	0.047	0.035	0.029	0.023	0.022 5	0.022 5	0.021	0.017 5	0.012
字母	W	G	B	V	K	X	J	Q	Z
频率	0.012	0.011	0.010 5	0.008	0.003	0.002	0.001	0.001	0.001

字母使用频率的研究,对打字机键盘的设计(方便的地方安排使用频率较高的字母键)、信息编码(常用字母使用较短的编码)、密码的破译等方面有重要的意义.

另一个著名验证频率稳定性的试验是由英国的生物统计学家高尔顿(Galton)作出的,试验用具如图 1-8 所示.在上端放入一小球,任其下落,下落过程中,小球碰到钉子,经过一系列的碰撞后,小球落入底板中的某格子中,一个小球将落入哪个格子事先无法确定.但进行重复放入一大袋小球的试验后,小球最后所呈现的曲线几乎都是一样的.这说明,小球落入每个格子的频率具有稳定性.

人们在长期的实践活动中,观察到如下事实,随机事件 A 出现的频

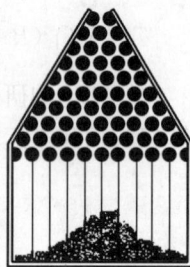

图 1-8

率 $f_n(A)$ 有如下特点. 在试验次数 n 较小时,频率 $f_n(A)$ 在 $0 \leftrightarrow 1$ 之间波动较大,但当试验次数 n 逐渐增大时,频率 $f_n(A)$ 逐渐接近于某一常数. 因此,用频率的这一稳定值来刻画事件 A 发生的可能性大小是合理的,这就是平常我们所说的事件 A 发生的**概率**,事件 A 的概率通常记为 $P(A)$.

但在许多实际应用中,事件 A 发生的概率不可能经过大量的重复试验来得到. 因此,实际应用及理论上的要求,都需要对概率产生的机理进行研究. 下面对几类特殊问题的概率计算进行讨论.

2. 古典概型(等可能性概型)

在例 1.1.1、例 1.1.2、例 1.1.3 中的试验中,我们观察到它们有如下的共同特点:

(1) 试验的样本空间只有有限个样本点;

(2) 试验中每个样本点出现的可能性相同.

具有上述两个特点的试验是大量存在的,我们将它们称为**古典概型**,也称为**等可能性概型**.

若等可能性概型中样本空间 S 包含的样本点个数为 n,事件 A 中包含的样本点的个数为 k,则事件 A 发生的概率为

$$P(A) = \frac{\text{事件 } A \text{ 包含的样本点个数}}{\text{样本空间 } S \text{ 包含的样本点个数}} = \frac{k}{n}.$$

由上式给出的概率称为**古典概率**.

拉普拉斯(Laplace)曾将上述公式作为概率的一般定义,现在则将上述公式称为概率的古典定义,因为它只实用于古典概型场合. 古典概型有较大的应用范围.

例 1.3.1 将一枚硬币抛掷两次.

1. 事件 A_1 为"恰好出现一次正面",求 $P(A_1)$;

2. 事件 A_2 为"至少出现一次正面",求 $P(A_2)$;

3. 事件 A_3 为"两次都出现反面",求 $P(A_3)$.

解 1. 每次掷硬币时出现正面的结果记为 0,出现反面的结果记为 0,则样本空间为

$$S = \{(1, 0), (1, 1), (0, 0), (0, 1)\}.$$

而　　　$A_1 = \{(0, 1), (1, 0)\}$,

由于 S 中含有 4 个样本点,且每个基本事件发生的可能性相同,由古典概率的公式知

$$P(A_1) = \frac{2}{4} = \frac{1}{2};$$

2. $A_2 = \{(1, 0), (0, 1), (1, 1)\}$,因此,$P(A_2) = \frac{3}{4}$;

3. $A_3 = \{(0, 0)\}$,有 $P(A_3) = \frac{1}{4}$.

但若在本题中使用样本空间 $S' = \{0, 1, 2\}$,由于各个基本事件出现的概率不相同,因而不能用古典概型来计算其概率.

产品抽样技术在各生产场合中广泛地应用,由于产品数量很大,对每件产品逐一进行检

验是不现实的或是不经济的. 特别有些检验方式还是破坏性的,例如,电器寿命,建筑构件强度的检验是破坏性的,这样需要从产品中选取一批来进行检验,根据检验结果来判定整批产品的质量.

例 1.3.2 设一批产品中有 N 件产品,其中有 D 件次品,现分别就下列情形:

1. **有放回抽样情形**,即每次取出一件产品后,观察是否是次品,然后放回,再取一件,一共取 n 次;

2. **不放回抽样情形**,即每次取出一件产品后,观察是否是次品,然后从剩下的产品中再取一件,一共取 n 次. ($k \leqslant n, k \leqslant D, N \geqslant n$).

求取到的产品中恰好有 k 件次品的概率.

解 1. **有放回抽样情形**:将 N 件产品进行编号,有放回地取 n 次,则共有 N^n 种取法,将每种取法看作是一个基本事件. 在指定的 k 次(如前 k 次取到次品,后 $n-k$ 次取到正品)中取到次品的取法有

$$D^k (N-D)^{n-k}$$

种,这样的指定方式有 $\binom{n}{k}$ 种,故取到的 n 件产品中恰好有 k 件次品的取法有

$$\binom{n}{k} D^k (N-D)^{n-k}$$

种. 故在有放回抽样情形,取到的 n 件产品中恰好有 k 件次品的概率为

$$b_k = \frac{\binom{n}{k} D^k (N-D)^{n-k}}{N^n} = \binom{n}{k} \left(\frac{D}{N}\right)^k \left(1 - \frac{D}{N}\right)^{n-k};$$

2. **不放回抽样情形**:将 N 件产品进行编号,取出 n 件 ($n \leqslant N$),共有 $\binom{N}{n}$ 种取法. 在 D 件产品中恰好有 k 件次品的取法有 $\binom{D}{k}$ 种 ($k \leqslant D$),$N-D$ 件正品中恰好有 $n-k$ 件正品的取法有 $\binom{N-D}{n-k}$ 种,在取出的 n 件产品中恰好有 k 件次品的取法有 $\binom{D}{k}\binom{N-D}{n-k}$ 种,因此,在不放回抽样情形,恰好有 k 件次品的概率为

$$h_k = \frac{\binom{D}{k}\binom{N-D}{n-k}}{\binom{N}{n}}.$$

例 1.3.3 一批产品中有 3 件一等品,4 件二等品,5 件三等品,从中取出 4 件,要求 1 件为一等品,1 件为二等品,另 2 件为三等品,问取一次就能达到要求的概率是多少.

解 这批产品共有 12 件产品,从中取 4 件,所有可能的取法有 $\binom{12}{4} = 495$ 种,每种取法为一基本事件. 又 3 件一等品取出一件的取法有 $\binom{3}{1} = 3$ 种,4 件二等品取出一件的取法有

$\binom{4}{1} = 4$ 种,5 件三等品取出两件的取法有 $\binom{5}{2} = 10$ 种,故四件中恰好有一等品 1 件,二等品 1 件,三等品两件的取法有 $\binom{3}{1}\binom{4}{1}\binom{5}{2} = 120$ 种,因此,所求的取一次就能达到要求的概率为

$$p = \frac{\binom{3}{1}\binom{4}{1}\binom{5}{2}}{\binom{12}{4}} = \frac{120}{495} = \frac{8}{33}.$$

下面讨论几个有趣的古典概型问题.

例 1.3.4 将 n 只球随机放入 N 个格子中($N \geqslant n$,每个格子可放入多个球),求

1. 一个格子中至多有一只球的概率;

2. 在指定的 n 个格子恰有一球的概率.

解 1. 将 n 只球进行编号,由于每只球都可放入任一格子中,它有 N 种放法,n 只球有 N^n 种不同的放法,而 n 只球放入不同的格子中共有 $N(N-1)\cdots(N-n+1)$ 种不同的放法. 故所求的概率为

$$p_1 = \frac{N(N-1)\cdots(N-n+1)}{N^n};$$

2. 在指定的 n 个格子恰有一球的不同的放法为 $n!$ 种. 故所求概率为

$$p_2 = \frac{n!}{N^n}.$$

若将球解释为粒子,格子解释为空间中的小区域,则上述问题对应于统计物理学中的麦克斯威尔-波尔兹曼(Maxwell-Boltzmann)统计问题;

若将球解释为人的生日,将格子解释为一年的 365 天,那么,参加聚会的 $n(n \leqslant 365)$ 个人生日各不相同的概率为

$$\frac{365 \cdot 364 \cdots (365-n+1)}{365^n}.$$

n 个人中至少两人生日在同一天的概率为

$$1 - \frac{365 \cdot 364 \cdots (365-n+1)}{365^n}.$$

经计算,至少两人生日在同一天的概率有下表

人 数	23	30	40	50	64
概 率	0.507	0.706	0.891	0.970	0.997

上面的表格说明,在参加聚会的 64 人之间,至少两人生日相同的事件几乎总是会出现的.

例 1.3.5 设袋中有 a 只红球, b 只白球, 现按照不放回抽样, 依次从袋中取出一球, 求第 k 次取出红球的概率.

解法 1 将 $a+b$ 只球进行编号, 将它们依次取出, 相当于 $a+b$ 只球进行排队, 共有 $(a+b)!$ 种排法. 红球在第 k 个位置的排法为 a 种, 其余的 $a+b-1$ 只球的排法为 $(a+b-1)!$ 种, 故第 k 次取出红球的取法为 $a(a+b-1)!$ 种. 因此, 第 k 次取出红球的概率为

$$p = \frac{a(a+b-1)!}{(a+b)!} = \frac{a}{a+b};$$

解法 2 可只考虑前 k 次取球. 将 $a+b$ 只球进行编号, 将它们依次取出 k 只, 相当于 k 只球进行排队, 共有

$$(a+b)(a+b-1)\cdots(a+b-k+1)$$

种排法. 红球在第 k 个位置的排法为 a 种, 其余的 $a+b-1$ 只球的任选 $k-1$ 只排在前 $k-1$ 个位置的排法为

$$(a+b-1)(a+b-2)\cdots(a+b-k+1)$$

种, 故第 k 次取出红球的取法为 $a(a+b-1)(a+b-2)\cdots(a+b-k+1)$ 种. 因此, 第 k 次取出红球的概率为

$$p = \frac{a(a+b-1)(a+b-2)\cdots(a+b-k+1)}{(a+b)(a+b-1)\cdots(a+b-k+1)} = \frac{a}{a+b}.$$

上述问题就是著名的**抽签原理**, 即抽签过程中, 每次抽签的概率和抽签次序无关. 抽签原理在体育竞赛、彩票发售、实物的公平分配等场合有广泛的应用.

古典概率有下列的性质:

(1) 对于每一事件 A, 有 $P(A) \geqslant 0$; $P(S) = 1$;

(2) 若事件 A, B 互斥, 则 $P(A \bigcup B) = P(A) + P(B)$.

3. 几何概型

在古典概型中, 我们利用等可能性概念, 成功地计算了一系列概率, 但古典概型要求样本空间的样本点总数为有限, 在许多场合不能应用, 下面将这种做法推广到样本点总数是无限的情况.

例 1.3.6 公共汽车为半小时一班, 某人在不知道时刻表的情况下赶到汽车站, 问他等待时间少于 10 分钟的概率.

解 我们自然可认为该人到汽车站的时刻处于两班汽车之间, 例如(12:00~12:30), 而且该人到汽车站的时刻是等可能的, 要使等待时间少于 10 分钟, 只能是他赶到车站的时间在 12:20~12:30 之间才可能, 因此相应的概率为 $\frac{10}{30} = \frac{1}{3}$.

例 1.3.7 某 1 000 平方公里的范围内有面积为 100 平方公里的矿床, 现任选一点进行钻探, 问钻探到矿床的概率.

解 由于 1 000 平方公里的范围内每点选到的可能性相同, 因此所求概率自然为矿床面积和总面积之比, 即 $\frac{100}{1\,000} = \frac{1}{10}$.

由上述两个问题中,我们观察到它们有如下的共同特点:

(1) 试验结果都落在区域 G 中,G,$A(A \subset G)$ 是一个有度量的集合(长度、面积、体积等),其度量分别记为 $\mu(G)$,$\mu(A)$;

(2) 试验中每个结果出现在 G 中的可能性相同.

则随机事件 $A = \{$试验结果落在集合 A 中$\}$ 的概率为

$$P(A) = \frac{\mu(A)}{\mu(G)}.$$

具有上述两个特点的试验是大量存在的,我们将它们称为**几何概型**,其特点为试验的基本事件总数无限,但同时具有某种意义下的等可能性.

例 1.3.8 闹钟有刻度为 $1,2,\cdots,12$,当它停止走动时,求其分针落在下列位置的概率:

1. 分针落在 1 和 4 之间的概率;

2. 分针落在 11 和 3 之间的概率;

3. 分针指向 12 的概率.

解 分针落在 $(0,12]$ 内的每点是等可能的,将 $(0,12]$ 的长度度量记为 $12 - 0 = 12$,则

1. 分针落在 1 和 4 之间的事件记为 $[1,4]$,其度量为 $4 - 1 = 3$,则所求概率为

$$p_1 = \frac{4-1}{12} = \frac{1}{4};$$

2. 分针落在 11 和 3 之间的事件记为 $[11,12] \bigcup (0,3]$,其度量为

$$(12-11) + (3-0) = 4,$$

则所求概率为

$$p_2 = \frac{(12-11)+(3-0)}{12} = \frac{1}{3};$$

3. 单点集 $\{12\}$ 的长度度量为 0,则分针指向 12 的概率为 $p_3 = \frac{0}{12} = 0$.

例 1.3.8 的第 3 题说明了一个事实,不可能事件的概率为 0,但概率为 0 的事件却不一定是不可能事件.

例 1.3.9 某两人约定在上午 9:00~10:00 见面,先到者等候另一人 20 分钟即离去,试计算他们能会面的概率.

解 记 A 为两人会面的事件.

分别记两人到达预定地点的时刻为 x,y,$0 \leqslant x \leqslant 60$,$0 \leqslant y \leqslant 60$,所以样本空间为 $G = \{(x,y) \mid 0 \leqslant x \leqslant 60,\ 0 \leqslant y \leqslant 60\}$,其面积为 60×60,两人能见面的事件为 $A = \{(x,y) \mid |x-y| \leqslant 20\}$,故 A 的面积为 G 中介于直线 $y = x+20$ 和 $y = x-20$ 的部分的面积(图 1-9),因此

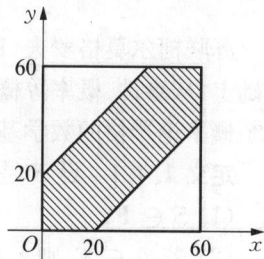

图 1-9

$$P(A) = \frac{60^2 - 40^2}{60^2} = \frac{5}{9}.$$

上题是著名的会面问题,在通信、交通管理方面有重要的应用.

和古典概率类似,几何概率也有下列的性质:

(1) 对于每一事件 A,有 $P(A) \geqslant 0$;$P(S) = 1$;

(2) 若事件 A,B 互斥,则 $P(A \bigcup B) = P(A) + P(B)$.

例 1.3.10 (蒲丰问题)平面上画有等距离为 $a(a > 0)$ 的一些平行线,向平面任意投掷一长为 $l(l < a)$ 的针,试求针与一平行线相交的概率 p.

解 以 A 表示落下后针的中点,x 表示 A 与最近的一条平行线的距离,φ 表示针与此平行线的交角,显然

$$0 \leqslant x \leqslant \frac{a}{2}, 0 \leqslant \varphi \leqslant \pi.$$

从而决定了 φx 平面上的一个矩形区域 Ω;另,若使针与一平行线(此线必是与 A 最近的平行线)相交充要条件是

$$x \leqslant \frac{l}{2}\sin\varphi,$$

于是确定了 Ω 中的一个子集 G,于是问题转化为向 Ω 中均匀的投点,求点落在 G 中的概率. 由几何概率的定义得

$$p = \frac{\displaystyle\int_0^\pi \frac{l}{2}\sin\varphi \mathrm{d}\varphi}{\frac{a}{2}\pi} = \frac{2l}{\pi a}.$$

在投针试验中,如果测量好 l,a,用试验的频率近似代替概率 p,上式提供了一个求实数 π 值的方法. 此试验有很多人做过,如 1850 年 Wolf 掷针 5 000 次求得 π 值为 3.159 6;1901 年 Lazzerini 掷 3 408 次得 π 值为 3.141 592 9. 后者试验次数少反而得到一个较好的结果. 这产生了一个有趣的问题,在事先不知道 π 的真值时,应在何时停止试验,得到较好的结论,这就是所谓"最优停止问题". 事实上,Lazzerini 在合适的次数上停止了试验,从而得到了较好的结果."最优停止问题"是一类有趣且有重要应用的理论问题,目前已有大量的研究结果.

§1.4 概率的公理化定义及其性质

苏联柯尔莫格罗夫(Kolmogrov)等数学家在总结了古典概型、几何概型的讨论结果的基础上,从事件、概率等概念出发,成功地对概率论进行了公理化. 此项工作的成功完成,给予了概率论严格的数学基础,并使得概率论的研究方法和结果能用于其他的科学领域.

定义 1.4.1 设 F 是由 S 的某些子集构成的集合,且满足

(1) $S \in F$;

(2) 若 $A \in F$,则 $\overline{A} \in F$;

(3) 若 $A_n \in F$,$n = 1, 2, \cdots$,则 $\bigcup\limits_{n=1}^{\infty} A_n \in F$;

则称 F 是**事件域**,F 中的元素称为**事件**,S 称为**必然事件**. 值得指出的是:由于 $S \in F$,则必有 $\varnothing = \overline{S} \in F$,即 $\varnothing$ 是事件,$\varnothing$ 称为**不可能事件**.

定义 1.4.2 设 $\boldsymbol{F}$ 是事件域,若事件域中的每一事件 $A \in \boldsymbol{F}$ 都对应于唯一的实数 $P(A)$,且满足下列条件:

(1)(非负性) 对于每一事件 A,有 $P(A) \geqslant 0$;

(2)(规范性) $P(S) = 1$;

(3)(可列可加性) 若 $A_n \in \boldsymbol{F}$, $n = 1, 2, \cdots$,且 A_1, A_2, $\cdots$ 两两互斥,即 $A_i A_j = \varnothing$ $(i \neq j)$,有 $P\left(\bigcup\limits_{n=1}^{\infty} A_n\right) = \sum\limits_{n=1}^{\infty} P(A_n)$;

则称 $P(A)$ 是事件 A 的**概率**.

由概率的定义可得下列性质.

定理 1.4.1 不可能事件的概率为 0,即 $P(\varnothing) = 0$.

证明 由 $P(S) = P(S \bigcup \varnothing \bigcup \varnothing \bigcup \cdots) = P(S) + \sum\limits_{n=1}^{\infty} P(\varnothing)$,

得 $P(\varnothing) = 0$.

定理 1.4.2 (有限可加性) A_1, A_2, $\cdots$, A_n 两两互斥,即 $A_i A_j = \varnothing$ $(i \neq j)$,则 $P\left(\bigcup\limits_{k=1}^{n} A_k\right) = \sum\limits_{k=1}^{n} P(A_k)$.

证明 由于 $P\left(\bigcup\limits_{k=1}^{n} A_k\right) = P\left(\bigcup\limits_{k=1}^{n} A_k \bigcup \varnothing \bigcup \varnothing \bigcup \cdots\right)$

$$= \sum_{k=1}^{n} P(A_k) + P(\varnothing) + P(\varnothing) + \cdots = \sum_{k=1}^{n} P(A_k).$$

定理 1.4.3 对任何事件 A 有

$$P(\bar{A}) = 1 - P(A).$$

证明 由于 $A \bigcup \bar{A} = S$,且 $A \bigcap \bar{A} = \varnothing$,故

$$1 = P(S) = P(A \bigcup \bar{A}) = P(A) + P(\bar{A}),$$

从而 $$P(\bar{A}) = 1 - P(A).$$

定理 1.4.4 对任何事件 A, B 有

$$P(A - B) = P(A\bar{B}) = P(A) - P(AB).$$

证明 由于 $(AB) \bigcup (A\bar{B}) = A$,且 $(AB) \bigcap (A\bar{B}) = \varnothing$,故

$$P(A - B) = P(A\bar{B}) = P(A) - P(AB).$$

特别,若 $B \subset A$,则

$$P(A - B) = P(A) - P(B).$$

推论 1 若 $B \subset A$,则 $P(B) \leqslant P(A)$.

证明 $P(A) = P(B) + P(A - B) \geqslant P(B)$.

定理 1.4.5 对任一事件 A,有 $P(A) \leqslant 1$.

证明 由于 $A \subset S$,故 $P(A) \leqslant P(S) = 1$.

定理 1.4.6 (和事件的概率公式)设 A, B 是事件,则

$$P(A \bigcup B) = P(A) + P(B) - P(AB).$$

证明 由于 $A \bigcup B = (A-AB) \bigcup (B-AB) \bigcup (A \bigcap B)$,且事件 $A-AB$,$B-AB$,$A \bigcap B$ 两两互斥,从而

$$
\begin{aligned}
P(A \bigcup B) &= P(A-AB) + P(B-AB) + P(AB) \\
&= P(A) - P(AB) + P(B) - P(AB) + P(AB) \\
&= P(A) + P(B) - P(AB).
\end{aligned}
$$

由上述性质易于得到下列结论.

推论 2 设 A,B 是事件,则

$$P(A \bigcup B) \leqslant P(A) + P(B).$$

推论 3 设 A,B,C 是事件,则

$$P(A \bigcup B \bigcup C) = P(A) + P(B) + P(C) - P(AB) - P(BC) - P(CA) + P(ABC).$$

证明
$$
\begin{aligned}
P(A \bigcup B \bigcup C) &= P[(A \bigcup B) \bigcup C] \\
&= P(A \bigcup B) + P(C) - P[C \bigcap (A \bigcup B)] \\
&= P(A) + P(B) - P(AB) + P(C) - P[(C \bigcap A) \bigcup (C \bigcap B)] \\
&= P(A) + P(B) + P(C) - P(AB) - P(BC) - P(CA) + P(ABC).
\end{aligned}
$$

进一步,设 A_1,A_2,$\cdots$,A_n 是随机事件,有

$$
\begin{aligned}
P\left(\bigcup_{i=1}^{n} A_i\right) = {} & \sum_{i=1}^{n} P(A_i) - \sum_{i<j} P(A_i A_j) + \sum_{i<j<k} P(A_i A_j A_k) \\
& - \sum_{i<j<k<l} P(A_i A_j A_k A_l) + \cdots + (-1)^{n-1} P(A_1 A_2 \cdots A_n).
\end{aligned}
$$

例 1.4.1 在 1~2 000 的自然数中随机选取一个数,问取到的数既不能被 8 整除,又不能被 10 整除的概率是多少.

解 设 A 为事件"取到的数能被 8 整除",B 为事件"取到的数能被 10 整除",有

$$P(A) = \frac{250}{2\,000} = \frac{1}{8}, \ P(B) = \frac{200}{2\,000} = \frac{1}{10}.$$

C 为事件"取到的数既不能被 8 整除,又不能被 10 整除",有

$$C = \overline{A}\,\overline{B} = \overline{A \bigcup B},$$

故所求概率为

$$
\begin{aligned}
P(\overline{A}\,\overline{B}) &= P(\overline{A \bigcup B}) = 1 - P(A \bigcup B) \\
&= 1 - [P(A) + P(B) - P(AB)],
\end{aligned}
$$

而一个数能同时被 8 和 10 整除等价于能被 40 整除,即 $P(AB) = \dfrac{50}{2\,000} = \dfrac{1}{40}$,因此,

$$P(\overline{A}\,\overline{B}) = 1 - \left[\frac{1}{8} + \frac{1}{10} - \frac{1}{40}\right] = \frac{4}{5}.$$

例 1.4.2 甲袋中有 5 只红球,3 只白球,2 只黑球;乙袋中有 4 只红球,2 只白球,3 只黑

球. 现分别从甲袋和乙袋中随机取出一只球, 求两球颜色相同的概率.

解 设 A_1, A_2, A_3 分别为从甲袋中取出红球, 白球, 黑球的事件, 设 B_1, B_2, B_3 分别为从乙袋中取出红球, 白球, 黑球的事件, C 为取出两球颜色相同的事件, 则

$$C = A_1 B_1 \bigcup A_2 B_2 \bigcup A_3 B_3.$$

事件 $A_1 B_1$, $A_2 B_2$, $A_3 B_3$ 两两互斥, 且根据古典概型有

$$P(A_1 B_1) = \frac{5 \times 4}{10 \times 9},$$

$$P(A_2 B_2) = \frac{3 \times 2}{10 \times 9},$$

$$P(A_3 B_3) = \frac{2 \times 3}{10 \times 9},$$

从而
$$P(C) = P(A_1 B_1) + P(A_2 B_2) + P(A_3 B_3)$$
$$= \frac{20 + 6 + 6}{90} = \frac{16}{45}.$$

从上述的例题可以看出, 要计算事件的概率, 首先要将事件用较简单事件来表示, 然后利用概率性质进行运算.

例 1.4.3 根据以往的资料分析, 某路口一月中发生 n 次交通事故的概率为 $\frac{\lambda^n}{n!} \mathrm{e}^{-\lambda}$ ($n = 0, 1, 2, \cdots$), 其中 $\lambda > 0$ 是常数, 求一月中该路口至少发生一次交通事故的概率.

解 设 A_n 为事件"一月中恰好发生 n 次交通事故" ($n = 0, 1, 2, \cdots$), A 为事件"一月中至少发生一次交通事故".

由事件的运算知 $A = \bigcup\limits_{n=1}^{\infty} A_n$, 其中 A_1, A_2, $\cdots$ 两两互斥, 即 $A_i A_j = \varnothing$ ($i \neq j$),

故
$$P(A) = P\left(\bigcup\limits_{n=1}^{\infty} A_n\right) = \sum\limits_{n=1}^{\infty} P(A_n)$$
$$= \sum\limits_{n=1}^{\infty} \frac{\lambda^n}{n!} \mathrm{e}^{-\lambda} = \left[\sum\limits_{n=0}^{\infty} \frac{\lambda^n}{n!}\right] \mathrm{e}^{-\lambda} - \frac{\lambda^0}{0!} \mathrm{e}^{-\lambda} = 1 - \mathrm{e}^{-\lambda}.$$

此题还可有另一种解法, 由于事件 A 的逆事件 $\bar{A}$ 为事件"一月中不发生交通事故", 即事件"一月中发生零次交通事故", 即事件 A_0,

故
$$P(A) = 1 - P(\bar{A}) = 1 - P(A_0) = 1 - \mathrm{e}^{-\lambda}.$$

此题的两种解法较为典型, 前面的解法是将事件进行互斥分解, 其优点是直观, 但计算较为烦琐. 后一种解法是发现逆事件的概率计算比较方便, 进而得到事件的概率, 特点是计算较为简洁. 因此, 读者在概率计算时要注意总结经验, 注意方法的选择.

概率的公理化同时使概率论的方法能应用于非随机问题的运算.

例 1.4.4 经调查某城市家庭中有 80% 的家庭订报, 50% 的家庭订晨报, 45% 的家庭订晚报, 求同时订两份报纸的家庭的比例.

解 设 A 为订晨报事件, B 为订晚报事件, 由题设知

$$P(A) = 50\%, \ P(B) = 45\%, \ P(A \bigcup B) = 80\%,$$

由和事件的概率公式,同时订两份报纸的家庭的比例为

$$P(AB) = P(A) + P(B) - P(A \bigcup B)$$
$$= 50\% + 45\% - 80\% = 15\%.$$

§1.5 条件概率、全概率公式和贝叶斯公式

1. 条件概率与乘法公式

在概率的研究中,我们经常碰到下列问题,即在事件 A 发生的条件下,事件 B 发生的概率的问题. 我们考察下列的例子.

例 1.5.1 将一枚硬币掷两次,观察第一次、第二次正面、反面出现的情况,设 A 为事件"至少出现一次正面",B 为事件"至少出现一次反面",求在至少出现了一次正面的条件下,至少出现一次反面的概率.

解 将每次掷硬币时出现正面的结果记为 1,出现反面的结果记为 0,则样本空间为 $S = \{(1, 0), (1, 1), (0, 0), (0, 1)\}$,现已知至少出现了一次正面,则所有的可能的实验结果为 $A = \{(1, 0), (1, 1), (0, 1)\}$,$A$ 中有三个元素,其中 $(1, 0) \in B$,$(0, 1) \in B$,故在事件 A 发生的条件下,事件 B 发生的概率(记为 $P(B \mid A)$)为

$$P(B \mid A) = \frac{2}{3}.$$

在上题中,我们看到如下事实,$P(B) = \frac{3}{4} \neq P(B \mid A)$,这个事实很容易理解,在事件 A 发生的条件下,计算事件 B 发生的概率时,样本空间发生了变化,即样本空间为 A,事件 A 发生的条件下,事件 B 发生的事件表达为 AB,故

$$P(B \mid A) = \frac{\text{事件 } AB \text{ 包含的样本点个数}}{\text{事件 } A \text{ 包含的样本点个数}}$$

$$= \frac{\dfrac{\text{事件 } AB \text{ 包含的样本点个数}}{\text{样本空间 } S \text{ 包含的样本点个数}}}{\dfrac{\text{事件 } A \text{ 包含的样本点个数}}{\text{样本空间 } S \text{ 包含的样本点个数}}} = \frac{P(AB)}{P(A)}.$$

通常,将上式作为条件概率的定义.

定义 1.5.1 设 A,B 是两个事件,$P(A) > 0$,称

$$P(B \mid A) = \frac{P(AB)}{P(A)}$$

为在事件 A 发生的条件下,事件 B 发生的**条件概率**.

易于验证,条件概率 $P(\cdot \mid A)$ 满足概率定义的三个条件:

(1) 对于每一事件 B,有 $P(B \mid A) \geqslant 0$;

(2) $P(S \mid A) = 1$;

(3) B_1,B_2,$\cdots$ 是两两互斥的事件,则

$$P\left(\bigcup_{n=1}^{\infty} B_n \mid A\right) = \sum_{n=1}^{\infty} P(B_n \mid A).$$

因此,概率的性质仍可用于条件概率的运算. 如

$$P(\varnothing \mid A) = 0;$$
$$P(\overline{B} \mid A) = 1 - P(B \mid A);$$
$$P(B \bigcup C \mid A) = P(B \mid A) + P(C \mid A) - P(BC \mid A).$$

例 1.5.2 设袋中有 a 只红球, b 只白球,就放回抽样和不放回抽样两种情况,计算在第一次取到红球的条件下,第二次取到红球的概率.

解 记第一次取到红球的事件为 A,第二次取到红球的事件为 B.

1.（放回抽样情形） 将球进行编号,红球为 $1, 2, \cdots, a$ 号,白球为 $a+1, a+2, \cdots, a+b$ 号,以 (i, j) 表示第一次,第二次分别取到第 i 号球,第 j 号球,则试验的样本空间为

$S = \{(1, 1), (1, 2), \cdots, (1, a+b), (2, 1), (2, 2), \cdots, (2, a+b), \cdots, (a+b, 1),$
$\quad (a+b, 2), \cdots, (a+b, a+b)\},$
$A = \{(1, 1), (1, 2), \cdots, (1, a+b), (2, 1), (2, 2), \cdots, (2, a+b), \cdots, (a, 1),$
$\quad (a, 2), \cdots, (a, a+b)\},$
$AB = \{(1, 1), (1, 2), \cdots, (1, a), (2, 1), (2, 2), \cdots, (2, a), \cdots, (a, 1),$
$\quad (a, 2), \cdots, (a, a)\},$

由定义 1.5.1,有

$$P(B \mid A) = \frac{P(AB)}{P(A)} = \frac{\dfrac{a \times a}{(a+b) \times (a+b)}}{\dfrac{a \times (a+b)}{(a+b) \times (a+b)}} = \frac{a}{a+b}.$$

或者此题可作如下考虑,在第一次取走一个红球的条件下,第二次取球时,因取出的球又放回袋中,袋中仍有 a 只红球,b 只白球,条件概率为

$$P(B \mid A) = \frac{a}{a+b}.$$

2.（不放回抽样情形） 试验的样本空间为

$S = \{(1, 2), (1, 3), \cdots, (1, a+b), (2, 1), (2, 3), \cdots, (2, a+b), \cdots, (a+b, 1),$
$\quad (a+b, 2), \cdots, (a+b-1, a+b)\},$
$A = \{(1, 2), (1, 3), \cdots, (1, a+b), (2, 2), (2, 3), \cdots, (2, a+b), \cdots, (a, 1),$
$\quad (a, 2), \cdots, (a, a+b)\},$
$AB = \{(1, 2), (1, 3), \cdots, (1, a), (2, 1), (2, 3), \cdots, (2, a), \cdots, (a, 1),$
$\quad (a, 2), \cdots, (a-1, a)\},$

由定义 1.5.1,有

$$P(B \mid A) = \frac{P(AB)}{P(A)} = \frac{\dfrac{a \times (a-1)}{(a+b) \times (a+b-1)}}{\dfrac{a \times (a+b-1)}{(a+b) \times (a+b-1)}} = \frac{a-1}{a+b-1}.$$

或者可作如下考虑,在第一次取走一个红球的条件下,第二次取球时,袋中有 $a-1$ 只红球,b 只白球,条件概率为

$$P(B \mid A) = \frac{a-1}{a+b-1}.$$

在许多应用场合,事件的条件概率通常是根据问题的实际意义来计算的,而不是按照条件概率的定义来计算.因此,在大量场合,条件概率计算较事件概率的计算容易,如上题的不放回情形中,第二次取到红球的概率 $P(B) = \frac{a}{a+b}$ 计算较条件概率计算麻烦得多(见例 1.3.5).

由条件概率的定义马上可得积事件的概率运算公式.

定理 1.5.1 当 $P(A) > 0$ 时,有

$$P(AB) = P(A)P(B \mid A).$$

上述公式通常称为概率的**乘法公式**.

乘法公式可很快推广到多个事件的积事件的运算中.

$$P(ABC) = P(AB)P(C \mid AB) = P(A)P(B \mid A)P(C \mid AB).$$

一般地,多个事件积事件的概率计算有下列公式:

$$P(A_1 A_2 \cdots A_n) = P(A_1)P(A_2 \mid A_1)P(A_3 \mid A_1 A_2) \cdots P(A_n \mid A_1 A_2 \cdots A_{n-1}).$$

例 1.5.3 在例 1.5.2 中,对不放回抽样情形,求

(1) 两次都取到红球的概率.

(2) 第二次才取到红球的概率.

解 记第一次取到红球的事件为 A,第二次取到红球的事件为 B.则

(1) 两次都取到红球的事件为 AB,由乘法公式有

$$P(AB) = P(A)P(B \mid A) = \frac{a}{a+b}\frac{a-1}{a+b-1}.$$

(2) 第二次才取到红球的事件为 $\bar{A}B$,

$$P(\bar{A}B) = P(\bar{A})P(B \mid \bar{A}) = \frac{b}{a+b}\frac{a}{a+b-1}.$$

例 1.5.4 设袋中有 a 只红球,b 只白球,随机取出一只,观察颜色后放回,并加进同样颜色的球 c 只,一共取了 $m+n$ 次球,试求前 m 次取到红球,后 n 次取到白球的概率.

解 设 A_i 为第 i 次取到红球的事件($i = 1, 2, \cdots, m+n$),则前 m 次取到红球,后 n 次取到白球的事件为 $A_1 A_2 \cdots A_m \bar{A}_{m+1} \bar{A}_{m+2} \cdots \bar{A}_{m+n}$.依题设有

$$P(A_1) = \frac{a}{a+b}, \quad P(A_2 \mid A_1) = \frac{a+c}{a+b+c},$$

$$P(A_3 \mid A_1 A_2) = \frac{a+2c}{a+b+2c}, \cdots,$$

$$P(A_m \mid A_1 A_2 \cdots A_{m-1}) = \frac{a+(m-1)c}{a+b+(m-1)c},$$

$$P(\overline{A}_{m+1} \mid A_1 A_2 \cdots A_m) = \frac{b}{a+b+mc},$$

$$P(\overline{A}_{m+2} \mid A_1 A_2 \cdots A_m \overline{A}_{m+1}) = \frac{b+c}{a+b+(m+1)c},$$

$$\cdots\cdots \qquad \cdots\cdots$$

$$P(\overline{A}_{m+n} \mid A_1 A_2 \cdots A_m \overline{A}_{m+1} \cdots \overline{A}_{m+n}) = \frac{b+(n-1)c}{a+b+(m+n-1)c},$$

因此

$$
\begin{aligned}
&P(A_1 A_2 \cdots A_m \overline{A}_{m+1} \overline{A}_{m+2} \cdots \overline{A}_{m+n}) \\
&= P(A_1) P(A_2 \mid A_1) P(A_3 \mid A_1 A_2) \cdots P(A_m \mid A_1 A_2 \cdots A_{m-1}) P(\overline{A}_{m+1} \mid A_1 A_2 \cdots A_m) \\
&\quad \cdot P(\overline{A}_{m+2} \mid A_1 A_2 \cdots A_m \overline{A}_{m+1}) \cdots P(\overline{A}_{m+n} \mid A_1 A_2 \cdots A_m \overline{A}_{m+1} \cdots \overline{A}_{m+n-1}) \\
&= \frac{a}{a+b} \frac{a+c}{a+b+c} \cdots \frac{a+(m-1)c}{a+b+(m-1)c} \frac{b}{a+b+mc} \frac{b+c}{a+b+(m+1)c} \cdots \\
&\quad \frac{b+(n-1)c}{a+b+(m+n-1)c}.
\end{aligned}
$$

上述问题所求得的概率只和红球,白球出现的次数有关,而与它们出现的次序无关. 历史上玻利亚(Polya)曾经用此模型讨论传染病传播的规律. 在 $c=0$ 时,是放回抽样的摸球问题,在 $c=-1$ 时,是不放回抽样的摸球问题.

2. 全概率公式与贝叶斯公式

在概率的计算中,我们总是希望由简单事件的概率来得到较复杂事件的概率. 为达到此目的,通常将复杂事件分解为若干个互斥的事件之和,然后利用概率的可加性计算所需概率. 这种做法全概率公式起着很大的作用.

定义 1.5.2 设 S 是随机试验的样本空间,A_1, A_2, $\cdots$, A_n 是 E 的一组随机事件,且

(1) A_i, A_j 两两互斥,即 $A_i A_j = \varnothing$, $i \neq j$, $i, j = 1, 2, \cdots, n$;

(2) $S = \bigcup\limits_{k=1}^{n} A_k$,

则称 A_1, A_2, $\cdots$, A_n 是样本空间 S 的一个**划分**(如图 1-10).

A_1, A_2, $\cdots$, A_n 是样本空间 S 的一个划分,当且仅当事件 A_1, A_2, $\cdots$, A_n 在每次试验中有且仅有一个事件发生.

在许多场合,事件 B 的概率不易求出,但利用样本空间的划分,可将事件 B 表示为(如图 1-10)

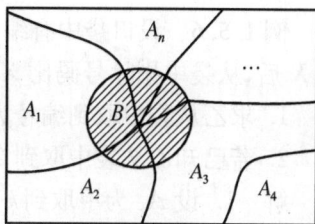

图 1-10

$$B = BS = B \bigcap \left(\bigcup\limits_{k=1}^{n} A_k \right) = \bigcup\limits_{k=1}^{n} A_k B$$

则事件 B 的概率为

$$P(B) = P\left(\bigcup\limits_{k=1}^{n} A_k B \right) = \sum\limits_{k=1}^{n} P(A_k B) = \sum\limits_{k=1}^{n} P(A_k) P(B \mid A_k).$$

由此,我们得到下列定理

定理 1.5.2 （全概率公式） 设 A_1，A_2，$\cdots$，A_n 是样本空间 S 的一个划分，且 $P(A_k) > 0$，$k = 1, 2, \cdots, n$，B 是一个随机事件，则

$$P(B) = \sum_{k=1}^{n} P(A_k)P(B \mid A_k).$$

注意到如下事实，由于在实际应用中，许多随机事件的概率难以计算，但可以知道导致试验结果产生的"原因"为事件 A_1，A_2，$\cdots$，A_n，并且在事件 A_k 发生的条件下，条件概率 $P(B \mid A_k)$ 易于得到，而 $\sum\limits_{k=1}^{n} P(A_k) = 1$，因此，全概率公式可解释为事件发生的概率可由事件发生的条件概率进行加权平均计算得到. 另一个有很大应用价值的定理为下述的贝叶斯 (Bayes)公式.

定理 1.5.3 设随机试验的样本空间为 S，A_1，A_2，$\cdots$，A_n 是样本空间 S 的一个划分，且 $P(A_k) > 0$，$k = 1, 2, \cdots, n$，B 是一个随机事件，$P(B) > 0$，则

$$P(A_k \mid B) = \frac{P(A_k)P(B \mid A_k)}{\sum\limits_{k=1}^{n} P(A_k)P(B \mid A_k)}, \quad k = 1, 2, \cdots, n.$$

贝叶斯公式在概率论和数理统计有许多应用，设事件 A_1，A_2，$\cdots$，A_n 是导致试验结果产生的"原因"，$P(A_k) > 0$ 称为先验概率，它反映了各种原因出现的可能性大小，在试验之前已经知道. 若试验产生结果 B，条件概率 $P(A_k \mid B)$ 表示的是导致结果 B 的原因是 A_k 的可能性是多少，$P(A_k \mid B)$ 通常称为后验概率.

例 1.5.5 在例 1.5.2 不放回抽样中，求第二次取到红球的概率.

解 事件 A，$\bar{A}$ 是样本空间的一个划分，由全概率公式得

$$P(B) = P(A)P(B \mid A) + P(\bar{A})P(B \mid \bar{A})$$

$$= \frac{a}{a+b} \frac{a-1}{a+b-1} + \frac{b}{a+b} \frac{a}{a+b-1} = \frac{a}{a+b}.$$

例 1.5.6 设口袋中有编号为 1，2，3，4，5 的球五只，甲从袋中随机取一只，观察号码为 X 后，从袋中剔除号码比 X 大的球，乙从袋中剩下的球中任取一只，

1. 求乙从袋中取到编号为 2 号的球的概率；
2. 若已知乙从袋中取到 2 号球，求甲取到 3 号球的概率.

解 1. 设 A_k 为甲取到 k 号球的事件（$k = 1, 2, \cdots, 5$），B 为乙取到 2 号球的事件，则 A_1，A_2，$\cdots$，A_5 为样本空间 S 的一个划分，$P(A_k) = \dfrac{1}{5}$，并且

$$P(B \mid A_1) = 0, \ P(B \mid A_2) = \frac{1}{2}, \ P(B \mid A_3) = \frac{1}{3},$$

$$P(B \mid A_4) = \frac{1}{4}, \ P(B \mid A_5) = \frac{1}{5},$$

因此，
$$P(B) = \sum_{k=1}^{5} P(A_k)P(B \mid A_k) = \frac{77}{300};$$

2. $P(A_3 \mid B) = \dfrac{P(A_3)P(B \mid A_3)}{P(B)} = \dfrac{20}{77}.$

例 1.5.7 某工厂有甲,乙,丙三个生产车间,已知车间的产品均匀存放在工厂的仓库中,已知三个车间的产量分别是全厂产量的 50%, 30%, 20%,三个车间的次品率分别为 2%, 3%, 4%.

1. 求全厂的次品率;

2. 在仓库中随机地取一件产品,已知取到的是次品,求它分别是甲,乙,丙车间生产的概率.

解 设 A_1 表示事件"取到的产品是甲车间生产的",设 A_2 表示事件"取到的产品是乙车间生产的",设 A_3 表示事件"取到的产品是丙车间生产的",设 B 表示事件"取到的产品是次品",由题设知,A_1, A_2, A_3 是样本空间 S 的一个划分,

$$P(A_1) = 50\%, \quad P(A_2) = 30\%, \quad P(A_3) = 20\%,$$

且 $\qquad P(B \mid A_1) = 2\%, \quad P(B \mid A_2) = 3\%, \quad P(B \mid A_3) = 4\%,$

1. 由全概率公式

$$P(B) = P(A_1)P(B \mid A_1) + P(A_2)P(B \mid A_2) + P(A_3)P(B \mid A_3) = 2.7\%;$$

2. 由贝叶斯公式

$$P(A_1 \mid B) = \frac{P(A_1 B)}{P(B)} = \frac{P(A_1)P(B \mid A_1)}{P(B)} = \frac{0.5 \times 0.02}{0.027} = \frac{10}{27};$$

$$P(A_2 \mid B) = \frac{P(A_2 B)}{P(B)} = \frac{P(A_2)P(B \mid A_2)}{P(B)} = \frac{0.3 \times 0.03}{0.027} = \frac{1}{3};$$

$$P(A_3 \mid B) = \frac{P(A_3 B)}{P(B)} = \frac{P(A_3)P(B \mid A_3)}{P(B)} = \frac{0.2 \times 0.04}{0.027} = \frac{8}{27}.$$

例 1.5.8 已知某类人群的癌症的患病率为 0.5%,现用某种试验方式对该类人群进行癌症普查,该试验的效果如下:若 A 表示事件"试验结果呈阳性",C 表示事件"被试验者患癌症",有 $P(A \mid C) = 0.95$, $P(\overline{A} \mid \overline{C}) = 0.95$,试求 $P(C \mid A)$.

解 由题设

$P(C) = 0.005$,有 $P(\overline{C}) = 0.995$,

$P(A \mid C) = 0.95$,有 $P(A \mid \overline{C}) = 1 - P(\overline{A} \mid \overline{C}) = 0.05$,

由贝叶斯公式

$$P(C \mid A) = \frac{P(C)P(A \mid C)}{P(C)P(A \mid C) + P(\overline{C})P(A \mid \overline{C})} = 0.087.$$

上题结论表示,虽然 $P(A \mid C) = 0.95$, $P(\overline{A} \mid \overline{C}) = 0.95$,这两项条件概率都比较大,癌症患者被查出是阳性的可能性较大,非癌症患者被查出是阴性的可能性较大,表面上都显示试验方法比较可靠.但将该试验方法用于诊断,若医生混淆了 $P(A \mid C)$ 和 $P(C \mid A)$ 的概念,就可能造成误诊,由于 $P(C \mid A) = 0.087$,即 $1\,000$ 个被查出阳性的人,大约只有 87 人患癌症.若不说明试验手段的特点,就会造成被普查者的恐慌,产生不良的后果.

例 1.5.9 （贝叶斯决策）为判定某种木头是桦木还是桉木,通常会选取木头的某一特征 X(如硬度等测量数据),然后根据该特征作出判断,此种方式称为贝叶斯决策.

解 设 A_1 表示事件"木头是桦木", A_2 表示事件"木头是桉木", $P(A_1)$, $P(A_2)$ 应事先给出,此外,通过试验要确定 $P(X \mid A_1)$, $P(X \mid A_2)$,由贝叶斯公式得

$$P(A_k \mid X) = \frac{P(A_k)P(X \mid A_k)}{\sum\limits_{k=1}^{2} P(A_k)P(X \mid A_k)}, \ k = 1, 2.$$

若 $P(A_1 \mid X) > P(A_2 \mid X)$,即在检测到的数据条件下,木头是桦木的概率大于木头是桉木的概率,故判定木头是桦木.

贝叶斯决策在模式识别学科有重要的应用,当然上述的模型是一种相当简化的模型.工业检测技术也需要大量地应用贝叶斯决策,上题中 $P(X \mid A_1)$, $P(X \mid A_2)$ 在检测仪表中通常以函数表的形式出现,贝叶斯决策技术是检测技术的重要理论基础.

贝叶斯公式在通信技术中也有着大量的应用.在数字通信过程中,由于信号 0 和 1 通常分别用高低电平表示,通信中由于噪声干扰及能量衰减的影响,收到的信号可能不是原来的信号,因此,接收方要通过概率的计算来作出判断,保证通信的质量.

例 1.5.10 已知发送方发出 0 和 1 的概率分别为 0.6 和 0.4.发送方发出 0 时,接收方收到 0 的概率为 0.8;发送方发出 1 时,接收方收到 1 的概率为 0.9,问收方收到 1 时,发送方发出 1 的概率是多少.

解 设 A_0 表示事件"发出信号 0", A_1 表示事件"发出信号 1", B 表示事件"收到信号 1". 由题设有

$$P(A_0) = 0.6, \ P(A_1) = 0.4, \ P(B \mid A_1) = 0.9, \ P(B \mid A_0) = 1 - P(\bar{B} \mid A_0) = 0.2,$$

由贝叶斯公式

$$P(A_1 \mid B) = \frac{P(A_1)P(B \mid A_1)}{P(A_0)P(B \mid A_0) + P(A_1)P(B \mid A_1)} = 0.75.$$

贝叶斯公式在产品检验中也有广泛的应用,由于很多检验需花费大量的人力物力,甚至具有破坏性,因此通常的方法是对产品中的一部分进行检验,但此时,我们需对检验方式的可靠性进行评价.

例 1.5.11 玻璃杯成箱出售,假定每箱中有 20 只杯子,其中至多有 2 只次品,且含有 0, 1, 2 只次品的概率分别为 0.8, 0.1, 0.1,一顾客欲购买一箱玻璃杯,购买时,顾客任取 4 只,若无次品,则买下该箱玻璃杯,否则退回. 求

1. 顾客买下该箱玻璃杯的概率;

2. 在顾客买下的一箱中没有次品的概率.

解 记箱中恰好有 i 件次品的事件为 $B_k(k = 0, 1, 2)$,顾客买下查看的一箱的事件为 A.

由题设知, $P(B_0) = 0.8$, $P(B_1) = 0.1$, $P(B_2) = 0.1$,

$$P(A \mid B_0) = 1, \ P(A \mid B_1) = \frac{\binom{19}{4}}{\binom{20}{4}} = \frac{4}{5}, \ P(A \mid B_2) = \frac{\binom{18}{4}}{\binom{20}{4}} = \frac{12}{19}.$$

1. 由全概率公式,顾客买下该箱玻璃杯的概率为

$$P(A) = \sum_{k=0}^{2} P(B_k)P(A \mid B_k)$$

$$= 0.8 \times 1 + 0.1 \times \frac{4}{5} + 0.1 \times \frac{12}{19} = 0.943;$$

2. 由贝叶斯公式,在顾客买下的一箱中没有次品的概率为

$$P(B_0 \mid A) = \frac{P(AB_0)}{P(A)} = \frac{P(B_0)P(A \mid B_0)}{P(A)} = \frac{0.8}{0.943} = 0.848.$$

本节最后讨论应用中著名的囚犯处决问题作为贝叶斯公式的一个有趣的应用.

例 1.5.12 (囚犯处决问题)监狱看守通知三个囚犯,在他们中要随机选择一个处决,而把另两个释放. 囚犯 A 请求看守秘密地告诉他,另外两个囚犯中谁将获得自由,A 声言:"因为我已经知道他们两人中至少有一个获得自由,所以你泄露这点消息是无妨的."但是看守拒绝回答这个问题,他对 A 说:"如果你知道了你的同伙中谁将获释,那么,你自己被处决的概率将由 1/3 增加到 1/2,因为你就成了剩下的两个囚犯中的一个了."对于看守的上述理由,你怎么评价?

解 看守的说法是不正确的. 这个问题可以用贝叶斯公式进行解释.

以 $A_i(i = 1, 2, 3)$ 分别表示事件"囚犯 A, B, C 将被处决",用 B_1, B_2 分别表示事件"看守告诉 A 要获释的囚犯是 B, C",由条件 $P(A_1) = P(A_2) = P(A_3) = \frac{1}{3}$. 假设看守告诉 A 要获释的是 B,由贝叶斯公式得

$$P(A_1 \mid B_1) = \frac{P(A_1)P(B_1 \mid A_1)}{P(A_1)P(B_1 \mid A_1) + P(A_2)P(B_1 \mid A_2) + P(A_3)P(B_1 \mid A_3)}$$

$$= \frac{\frac{1}{3} \times \frac{1}{2}}{\frac{1}{3} \times \frac{1}{2} + \frac{1}{3} \times 0 + \frac{1}{3} \times 1} = \frac{1}{3}.$$

$P(B_1 \mid A_1) = \frac{1}{2}$ 是因为若要处决的囚犯是 A,则看守会在 B, C 中随机选一个人告诉 A 此人会被释放.

同理可得 $P(A_1 \mid B_2) = \frac{1}{3}$.

所以即使看守告诉 A 谁将被获释,看守也没有给 A 提供更多的信息.

§1.6 事件的相互独立性及其应用

1. 事件的相互独立性

事件的相互独立性是概率计算中的一个重要概念,若事件 A 发生与否不影响事件 B 发生的概率,即事件 A 与事件 B 具有某种相互独立性质,先看下列例题.

例 1.6.1 设袋中有 a 只红球,b 只白球,记第一次取到红球的事件为 A,第二次取到红

球的事件为 B,就放回抽样和不放回抽样两种情形,计算在第一次取到红球的条件下,第二次取到红球的概率.

解 (放回抽样情形) 由例 1.5.2 知,$P(B \mid A) = \dfrac{a}{a+b}$,此时

$$P(AB) = P(A)P(B \mid A) = \frac{a}{a+b}\frac{a}{a+b} = P(A)P(B);$$

(不放回抽样情形) 由例 1.5.2 知,$P(B \mid A) = \dfrac{a-1}{a+b-1}$,此时

$$P(AB) = P(A)P(B \mid A) = \frac{a}{a+b}\frac{a-1}{a+b-1} \neq \frac{a}{a+b}\frac{a}{a+b} = P(A)P(B).$$

直观上,在放回抽样情形,在第二次摸球时,袋中的球的构成和第一次摸球时一样,第一次是否摸到红球,并不影响第二次取到红球的概率,即事件 A 与事件 B 的发生呈现某种相互独立性. 在不放回抽样情形,在第二次摸球时,袋中的球的构成和第一次摸球时不一样,第一次是否摸到红球,直接影响到第二次取到红球的概率.

定义 1.6.1 设 A, B 是两个事件,若

$$P(AB) = P(A)P(B),$$

则称事件 A 与事件 B 是相互独立的.

由定义 1.6.1 知,必然事件 S 与任何事件 A 是相互独立的,不可能事件 $\varnothing$ 与任何事件 A 是相互独立的.

定理 1.6.1 1. 设 $P(A) > 0$,且 $P(B \mid A) = P(B)$,则事件 A 与事件 B 是相互独立的;
2. 设 $P(B) > 0$,且 $P(A \mid B) = P(A)$,则事件 A 与事件 B 是相互独立的.

上述推论由概率的乘法公式立即可以得到,易于看出,上述推论的逆命题也是成立的.

定理 1.6.2 设事件 A 与事件 B 是相互独立的,则事件 A 与事件 $\overline{B}$,事件 $\overline{A}$ 与事件 B,事件 $\overline{A}$ 与事件 $\overline{B}$ 也是相互独立的.

证明
$$\begin{aligned} P(A\overline{B}) &= P(A - AB) = P(A) - P(AB) = P(A) - P(A)P(B) \\ &= P(A)[1 - P(B)] = P(A)P(\overline{B}), \end{aligned}$$

即事件 A 与事件 $\overline{B}$ 是相互独立的;

同理可证事件 $\overline{A}$ 与事件 B 事件也是相互独立的;

$$\begin{aligned} P(\overline{A}\,\overline{B}) &= P(\overline{A \cup B}) = 1 - [P(A) + P(B) - P(AB)] \\ &= 1 - [P(A) + P(B) - P(A)P(B)] \\ &= [1 - P(A)][1 - P(B)] = P(\overline{A})P(\overline{B}), \end{aligned}$$

即事件 $\overline{A}$ 与事件 $\overline{B}$ 是相互独立的.

定理 1.6.3 设 $P(A) > 0$, $P(B) > 0$,则 A, B 相互独立和 A, B 互不相容不能同时出现.

证明 当 A, B 相互独立时,有 $P(AB) = P(A)P(B) > 0$,
因此,A, B 必定不是互不相容的;

当 A, B 互不相容时,有 $AB = \varnothing$,此时 $P(AB) = 0$,

而
$$P(A)P(B) > 0,$$

因此, A, B 必定不是相互独立的.

上述定理指出, 相互独立和互不相容是两个不同的概念, 读者不要混淆.

下面讨论多个事件的相互独立性的概念.

定义 1.6.2 设 A, B, C 是三个事件, 若满足

$$P(AB) = P(A)P(B),$$
$$P(BC) = P(B)P(C),$$
$$P(CA) = P(C)P(A),$$
$$P(ABC) = P(A)P(B)P(C),$$

则称事件 A, B, C 是相互独立的.

例 1.6.2 口袋里装有 4 只球, 其中 1 只是红球, 1 只是白球, 1 只是黑球, 另 1 只在球面的不同部分分别涂上红色、白色与黑色. 从口袋中随机地取一只球, 设 A 表示"摸到的球涂有红色", B 表示"摸到的球涂有白色", C 表示"摸到的球涂有黑色", 判定 A, B, C 是否独立?

解 由条件得

$$P(A) = P(B) = P(C) = \frac{1}{2}, \quad P(ABC) = \frac{1}{4},$$

因为 $P(A)P(B)P(C) \neq P(ABC)$, 所以 A, B, C 不独立.

尽管 A, B, C 不独立, 但 $P(AB) = P(AC) = P(BC) = \frac{1}{4}$, 显然 A, B, C 两两独立.

由定义 1.6.2 知, 若事件 A, B, C 是相互独立的, 则事件对 A, B; B, C; C, A 是相互独立的(称为两两相互独立), 例 1.6.2 说明了事件 A, B, C 两两相互独立, 但 A, B, C 不是相互独立的, 这一特点需要引起读者注意. 同样可引进 n 个事件的相互独立性概念.

定义 1.6.3 设 A_1, A_2, $\cdots$, A_n 是 n 个事件, 若对其中任意 $k(2 \leqslant k \leqslant n)$ 个事件 A_{i_1}, A_{i_2}, $\cdots$, $A_{i_k}(1 \leqslant i_1 < i_2 < \cdots < i_k \leqslant n)$, 都有

$$P(A_{i_1} A_{i_2} \cdots A_{i_k}) = P(A_{i_1})P(A_{i_2}) \cdots P(A_{i_k}) \quad (1 \leqslant i_1 < i_2 < \cdots < i_k \leqslant n)$$

成立, 则称事件 A_1, A_2, $\cdots$, A_n 是相互独立的.

上述等式一共有 $2^n - n - 1$ 个. 显然, 若 n 个事件相互独立, 则其中任意 $k(2 \leqslant k \leqslant n)$ 个事件也是相互独立的.

2. 相互独立性在概率计算中的应用

由事件相互独立性的定义知, 相互独立的事件的积事件的概率等于概率之积, 积事件的概率易于计算.

例 1.6.3 一次掷两只骰子, 求下列事件的概率:

1. 两只骰子均为 6 点;
2. 两只骰子的点数均大于 3;

3. 两只骰子的点数相同.

解 设 A_i 为第一只骰子出现 i 点的事件, B_i 为第二只骰子出现 i 点的事件 $(i = 1$, 2, $\cdots$, $6)$, A 为第一只骰子点数大于 3 点的事件, B 为第二只骰子点数大于 3 点的事件.

1. 两只骰子均为 6 点的事件为 $A_6 B_6$, 由于第一只骰子出现 6 点与否不影响第二只骰子出现 6 点的概率, 因而事件 A_6, B_6 相互独立, 故

$$P(A_6 B_6) = P(A_6)P(B_6) = \frac{1}{6} \times \frac{1}{6} = \frac{1}{36};$$

2. 两只骰子的点数均大于 3 的事件为 AB, 事件 A, B 相互独立, 因而

$$P(AB) = P(A)P(B) = \frac{3}{6} \times \frac{3}{6} = \frac{1}{4};$$

3. 两只骰子的点数相同的事件为 $\bigcup\limits_{i=1}^{6} A_i B_i$, 事件 $A_i B_i (i = 1, 2, \cdots, 6)$ 两两互斥, 且事件 A_i, B_i 相互独立, 因此

$$P\left(\bigcup_{i=1}^{6} A_i B_i\right) = \sum_{i=1}^{6} P(A_i B_i) = \sum_{i=1}^{6} P(A_i)P(B_i) = \frac{1}{6}.$$

例 1.6.4 设某寝室中的 2 位同学独立返回学校, 他们在星期日到校的概率分别为 0.7 和 0.6, 求至少一位同学在星期日到校的概率.

解 设 A, B 分别为两个同学星期日到校的事件, 事件 A, B 相互独立, 则至少一位同学在星期日到校的事件为 $A \bigcup B$. 由和事件的概率计算公式得

$$P(A \bigcup B) = P(A) + P(B) - P(AB)$$
$$= P(A) + P(B) - P(A)P(B) = 0.88.$$

此题还有另一种解法, 由定理 1.6.2, 事件 $\overline{A}$, $\overline{B}$ 相互独立, 有

$$P(A \bigcup B) = 1 - P(\overline{A \bigcup B}) = 1 - P(\overline{A}\, \overline{B})$$
$$= 1 - P(\overline{A})P(\overline{B}) = 1 - (1 - 0.7)(1 - 0.6) = 0.88.$$

后一种解法值得大家注意, 相互独立事件 A_1, A_2, $\cdots$, A_n 的和事件概率计算通常将它们转换为其逆事件的积事件的概率计算, 从而简化运算, 即

$$P\left(\bigcup_{i=1}^{n} A_i\right) = 1 - P\left(\overline{\bigcup_{i=1}^{n} A_i}\right)$$
$$= 1 - P\left(\bigcap_{i=1}^{n} \overline{A}_i\right)$$
$$= 1 - P(\overline{A}_1)P(\overline{A}_2)\cdots P(\overline{A}_n).$$

例 1.6.5 设某类人群中, 每人血液中含有某类病毒的概率为千分之一, 将 $2\,000$ 人的血液进行混合, 问混合后的血液中含有该类病毒的概率.

解 设 $A_i(1 \leqslant i \leqslant 2\,000)$ 为第 i 人的血液中含有病毒的事件, 混合后的血液中含有病毒的事件为 $\bigcup\limits_{i=1}^{2\,000} A_i$, 其概率为

$$P\left(\bigcup_{i=1}^{2\,000} A_i\right) = 1 - P\left(\overline{\bigcup_{i=1}^{2\,000} A_i}\right)$$
$$= 1 - P\left(\bigcap_{i=1}^{2\,000} \overline{A}_i\right)$$
$$= 1 - P(\overline{A}_1)P(\overline{A}_2)\cdots P(\overline{A}_{2\,000})$$
$$= 1 - (1 - 0.001)^{2\,000} = 1 - 0.999^{2\,000}.$$

从上例我们可以看到虽然每人血液中携带病毒是小概率事件,但 2 000 份血样混合后含有病毒的概率却很大,在实际工作中,这类效应值得引起重视. 同理,在购买 35 选 7 的福利彩票时,中特等奖的概率为 $\dfrac{1}{\dbinom{35}{7}}$,非常小,但我们却经常可听到有人中了特等奖,原因也在于进行大量的重复试验时,小概率事件发生的概率随之增加. 上例中,$0.999^{2\,000}$ 的计算也是需要引起重视的问题,该类问题的近似计算以后将专门讨论.

3. 系统可靠性的计算

若某个元件正常工作的概率为 p,则称该元件的可靠性为 p;若系统正常工作的概率为 p,则称该系统的可靠性为 p. 通过各元件的可靠性来计算系统可靠性的方法正日益受到重视,形成了新的学科——可靠性理论. 在系统可靠性的计算中,我们总是假设系统各元件是独立工作的.

例 1.6.6 设各电键闭合的概率分别为 p_1,p_2,求下列电路通达的概率.

解 设电路中的电键闭合的事件分别为 A_1,A_2,串联系统通达的事件为 B,并联系统通达的事件为 C.

(1)(串联电路)(如图 1-11) $B = A_1 A_2$,则
$$P(B) = P(A_1 A_2) = P(A_1)P(A_2) = p_1 p_2;$$

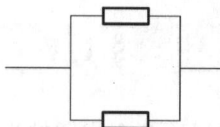

图 1-11   图 1-12

(2)(并联电路)(如图 1-12) $C = A_1 \bigcup A_2$,则
$$P(C) = P(A_1 \bigcup A_2) = 1 - P(\overline{A}_1 \overline{A}_2) = 1 - P(\overline{A}_1)P(\overline{A}_2) = 1 - (1 - p_1)(1 - p_2).$$

例 1.6.7 某供电系统有 $N+1$ 个子系统,每个子系统正常工作的概率为 p,设系统能正常工作当且仅当至多一个子系统故障,求系统的可靠性.

解 设 $A_i(i = 1, 2, \cdots, N+1)$ 分别为各子系统正常工作的事件,B 为线路正常工作的事件. 则 $B = A_1 A_2 \cdots A_{N+1} \bigcup \overline{A}_1 A_2 \cdots A_{N+1} \bigcup A_1 \overline{A}_2 \cdots A_{N+1} \bigcup \cdots \bigcup A_1 A_2 \cdots \overline{A}_{N+1}$,故线路的可靠性为
$$P(B) = P(A_1 A_2 \cdots A_{N+1} \bigcup \overline{A}_1 A_2 \cdots A_{N+1} \bigcup A_1 \overline{A}_2 \cdots A_{N+1} \bigcup \cdots \bigcup A_1 A_2 \cdots \overline{A}_{N+1})$$
$$= P(A_1 A_2 \cdots A_{N+1}) + P(\overline{A}_1 A_2 \cdots A_{N+1}) + P(A_1 \overline{A}_2 \cdots A_{N+1}) + \cdots + P(A_1 A_2 \cdots \overline{A}_{N+1})$$
$$= p^{N+1} + (N+1)p^N(1-p) = p^N(N+1-Np).$$

在解答系统可靠性问题时,读者务必要注意题设条件和要解答的问题.

例 1.6.8 设图 1-13 中各电键 1,2,3 断开的概率分别为 p_1,p_2,p_3,求电路不通的概率.

解 设电路中的电键断开的事件分别为 A_1,A_2,A_3,电路不通的事件为 B,则

$$B = A_1 \bigcup (A_2 A_3).$$

图 1-13

故电路不通的概率为

$$P(B) = P[A_1 \bigcup (A_2 A_3)] = 1 - P(\overline{A_1}\,\overline{A_2 A_3})$$
$$= 1 - P(\overline{A_1})P(\overline{A_2 A_3}) = 1 - (1 - p_1)(1 - p_2 p_3).$$

或者用另一种解法,将不通的事件转化为电路通达的逆事件,即 $B = \overline{[\overline{A_1}(\overline{A_2} \bigcup \overline{A_3})]}$,则

$$P(B) = 1 - P[\overline{A_1}(\overline{A_2} \bigcup \overline{A_3})] = 1 - P(\overline{A_1}\,\overline{A_2 A_3})$$
$$= 1 - P(\overline{A_1})P(\overline{A_2 A_3}) = 1 - (1 - p_1)(1 - p_2 p_3).$$

注意下列事实,事件的相互独立性不能随意运用,由分配律得

$$B = (A_1 \bigcup A_2) \bigcap (A_1 \bigcup A_3),$$

若随意利用事件 $A_1 \bigcup A_2$,$A_1 \bigcup A_3$ 相互独立的性质,有

$$P(B) = P[(A_1 \bigcup A_2) \bigcap (A_1 \bigcup A_3)]$$
$$= P(A_1 \bigcup A_2)P(A_1 \bigcup A_3) = [1 - P(\overline{A_1}\,\overline{A_2})][1 - P(\overline{A_1}\,\overline{A_3})]$$
$$= [1 - (1 - p_1)(1 - p_2)][1 - (1 - p_1)(1 - p_3)]$$

导致了错误的结果,错误的原因在于 $A_1 \bigcup A_2$,$A_1 \bigcup A_3$ 通常不一定相互独立(取 $A_2 = A_3 = S$ 即可).

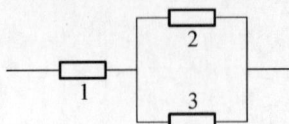

§1.7 几个重要的随机试验

本节中我们将讨论几个应用较为广泛的几个随机试验.

1. 贝努利(Bernoulli)试验

若将试验重复进行 n 次,每次试验的结果互不影响,即每次试验中事件出现的概率不依赖于其他各次试验的结果,则称这 n 次试验是相互独立的.

若在 n 次重复独立的试验中,每次试验只关心事件 A $(0 < P(A) < 1)$ 是否发生,即每次试验中只有两个结果 A 或 $\overline{A}$ 发生,则称之为 n 重贝努利(Bernoulli)试验. 这里"重复"是指在每次试验中 $P(A) = p$ 保持不变. 贝努利概型是应用得最广泛的概型之一,因此也是概率论研究得最多的概型之一.

记随机变量 X 为 n 重贝努利试验中事件 A $(0 < P(A) < 1)$ 出现的次数,则 X 可能的取值为 $0,1,2,\cdots,n$,现在讨论 n 重贝努利试验中事件 A 恰好出现 k 次的事件记为 $\{X = k\}$,其概率为 $P\{X = k\}$. 由于事件 A 在指定的 $k(0 \leqslant k \leqslant n)$ 次试验中出现(例如在前 k 次试验中事件 A 发生,后 $n-k$ 次试验中事件 A 不发生)的概率为

$$p^k q^{n-k} (0 < p < 1; q = 1-p),$$

而这种指定的方式有 $\binom{n}{k}$ 种,并且是两两互不相容的,故在 n 重贝努利试验中事件 A ($0 <$ $P(A) < 1$) 恰好出现 k 次的概率为 $\binom{n}{k} p^k q^{n-k}$, 即

$$P\{X = k\} = \binom{n}{k} p^k q^{n-k} (0 \leqslant k \leqslant n, 0 < p < 1, q = 1-p).$$

显然,

$$\binom{n}{k} p^k q^{n-k} \geqslant 0;$$

$$\sum_{k=0}^{n} \binom{n}{k} p^k q^{n-k} = (p+q)^n = 1.$$

由于 $\binom{n}{k} p^k q^{n-k}$ 是二项展开式 $[p + (1-p)]^n = \sum_{k=0}^{n} \binom{n}{k} p^k (1-p)^{n-k}$ 中含有 p^k 的一项,所以 $\binom{n}{k} p^k q^{n-k}$ 又称为二项概率公式.

2. 产品抽样试验

设一批产品中有 N 件产品,其中有 D 件次品,从该批产品中取出 n 件,问取到的产品中恰好有 k 件次品的概率. 该问题实际上就是产品不放回抽样问题,即每次取出一件产品后,观察是否是次品,然后从剩下的产品中再取一件,一共取 n 次.

将 N 件产品进行编号,取出 n 件,共有 $\binom{N}{n}$ 种取法. 在 D 件产品中恰好有 k 件次品的取法有 $\binom{D}{k}$ 种,$N-D$ 件正品中恰好有 $n-k$ 件正品的取法有 $\binom{N-D}{n-k}$ 种,在取出的 n 件产品中恰好有 k 件次品的取法有 $\binom{D}{k} \binom{N-D}{n-k}$ 种,因此,在不放回抽样情形,恰好有 k 件次品的概率为

$$h_k = \frac{\binom{D}{k} \binom{N-D}{n-k}}{\binom{N}{n}} \ (k = 0, 1, 2, \cdots, n).$$

产品抽样试验所得概型我们称为超几何概型,当 $n \leqslant D$ 时,我们有

$$h_k \geqslant 0, \ \sum_{k=0}^{n} h_k = 1.$$

注意到如下事实,当产品的数量很大而抽样的产品数量不大时,即 n 远小于 N 时,有

$$h_k = \frac{\binom{D}{k}\binom{N-D}{n-k}}{\binom{N}{n}}$$

$$= \binom{n}{k}\left(\frac{D}{N}\right)^k\left(1-\frac{D}{N}\right)^{n-k} \cdot$$

$$\frac{\dfrac{D(D-1)\cdots(D-k+1)}{D^k}\dfrac{(N-D)(N-D-1)\cdots(N-D-n+k+1)}{(N-D)^{n-k}}}{\dfrac{N(N-1)\cdots(N-n+1)}{N^n}}$$

$$\approx \binom{n}{k}\left(\frac{D}{N}\right)^k\left(1-\frac{D}{N}\right)^{n-k} \cdot$$

在实际工作中,抽样一般采用不放回方式,因此次品的概率计算要采用产品抽样的结论,但产品数量大,而抽样数量不大时,我们也可将不放回抽样的概率问题近似为放回抽样的概率计算问题,这时有许多表格可查,能大大减少计算工作量. 通常在实际计算中,我们用 $N > 10n$ 来作为

$$h_k = \frac{\binom{D}{k}\binom{N-D}{n-k}}{\binom{N}{n}} \approx \binom{n}{k}\left(\frac{D}{N}\right)^k\left(1-\frac{D}{N}\right)^{n-k}$$

的大致标准.

事实上,从另一角度来看,在 N 件产品中抽取 n 件,等同于从 N 件产品中每次取一件,不放回地取 n 次. 在 $N \gg n$ 情形,前面是否取到次品,对下一次取次品的概率影响非常小,此时,我们可近似地将此实验看成为 n 重贝努利试验. 这个分析过程事实上构成了数理统计的理论基础之一.

§1.8 排列与组合

在古典概型的计算中,排列数和组合数的运用是较为困难的问题,下面简单地对排列组合问题进行讨论. 排列组合问题依赖于下列两条原理:

乘法原理 若从点 A 到点 B 有 m 条路径,从点 B 到点 C 有 n 条路径,则从点 A 到点 C 共有 $m \times n$ 条路径.

加法原理 若从点 A 到点 B 公路有 m 条路径,又从点 A 到点 B 铁路有 n 条路径,则从点 A 到点 B 共有 $m+n$ 条路径.

上述两条原理可推广到多个过程的情形.

1. 排列

假设袋中有编号为 $1, 2, \cdots, n$ 的 n 个球,从中依次取 r 次球,考虑取球的次序,问取出的球的编号有多少种排列方式? 分两种取法进行讨论.

取法一 （放回情形）若每次取出的球观察了编号后放回袋中,则第 1 次有 n 种取法,第 2 次有 n 种取法,$\cdots$,第 r 次有 n 种取法,由乘法原理知,共有 $n \times n \times \cdots \times n = n^r$ 种取法.这种从 n 个元素中有放回地取出 r 个元素进行的排列称为有重复的排列.

取法二 （不放回情形）若每次取出的球观察了编号后不放回袋中,则第 1 次有 n 种取法;第 1 次取出球后,袋中有 $n-1$ 只球,则第 2 次有 $n-1$ 种取法,$\cdots$,第 $r-1$ 次取出球后,袋中有 $n-r+1$ 只球,则,第 r 次有 $n-r+1$ 种取法,由乘法原理知,共有 $n \times (n-1) \times \cdots \times (n-r+1)$ 种取法(通常记为 A_n^r).这种从 n 个元素中不放回地取出 r 个元素进行的排列称为选排列,很明显知道,此时要求 $r \leqslant n$.

特别,当 $r = n$ 时,n 个元素进行排列,总的排列数为 $n \times (n-1) \times \cdots \times 1 = n!$,$n!$ 称为全排列.

2. 组合

假设袋中有编号为 $1, 2, \cdots, n$ 的 n 个球,从中随机地取出 r 个球,若不考虑取球的次序,问取出的球的编号有多少种组合方式?

首先,这种从 n 个球中不放回地取出 r 个球进行排列的排列数为 $A_n^r = n \times (n-1) \times \cdots \times (n-r+1)$. 其次,$r$ 个球的全排列数为 $r!$. 因此,取出的球的编号的组合种数为 $\binom{n}{r} = \dfrac{A_n^r}{r!} = \dfrac{n!}{r!(n-r)!}$,其中 $\binom{n}{r}$ 称为组合数.

其次,若 n 个球涂上 m 种颜色,其中各色球的个数分别为 $n_1, n_2, \cdots, n_m$($n_1 + n_2 + \cdots + n_m = n$),又 n_k 个同色球中取出 r_k 个球的取法数为 $\binom{n_k}{r_k}$ $(k = 1, 2, \cdots, m)$,由乘法原理知,分别取出各种颜色球的个数分别为 $r_1, r_2, \cdots, r_m$ 的取法数为 $\binom{n_1}{r_1} \binom{n_2}{r_2} \cdots \binom{n_m}{r_m}$,其中 $r_1 \leqslant n_1, r_2 \leqslant n_2, \cdots, r_m \leqslant n_m$.

小 结

本章的重点为事件和概率两个概念.

事件在概率论中是用集合来表示的,为此首先确定随机试验的样本空间,然后确定事件在样本空间中的表示,事件的概率运算依赖于事件的集合表达.

对古典概型,首先确定样本空间的样本点总数,然后确定事件集合中的样本点个数,以此确定事件的概率.这里需要指出的是:在构造试验的样本空间时,要注意每个基本事件出现的概率一致(即等可能性),否则会导致错误.

在许多随机试验中,由于较简单事件易于讨论,此时务必要将较复杂的事件用较简单事件来表达,然后用关系与运算性质计算事件的概率,最常用的运算通常是逆运算、和运算及积运算.

对几何概型,首先确定样本空间的度量,然后确定事件集合的度量,以此确定事件的概率.

在概率论中,我们将

$$P(B \mid A) = \frac{P(AB)}{P(A)}, \ P(A) > 0$$

作为条件概率的定义,对固定的 A,条件概率 $P(B|A)$ 也是事件 B 的一种概率. 在大量实际应用中,事件的概率计算较为困难,但其条件概率则易于计算. 由此性质得到积事件概率计算公式——乘法公式

$$P(AB) = P(A)P(B \mid A)$$

及全概率公式和贝叶斯公式.

　　事件的独立性是概率论中非常重要的概念,应该注意的是,实际应用中,事件的独立性是根据问题的背景判定的,而不是根据其数学定义来判定.

　　在事件概率的计算中,读者要注意先陈述一些较简单的事件,用它们来表示较为复杂的事件,然后利用概率的运算性质计算概率. 特别需要指出的是和事件、积事件及逆事件的概率计算公式经常用到. 在事件互斥时,通常通过和事件来计算概率;在事件相互独立时,通常要运用事件运算的对偶律,将和事件的概率计算转化为积事件的概率来进行计算.

　　全概率公式是概率计算中需要重视的公式,在许多由两个随机环节所产生的随机事件概率计算中,根据问题背景容易得到事件的条件概率,此时可由全概率公式得到事件的概率.

　　古典概型的概率计算是技巧性较高的工作,初学者可能会产生畏难情绪,这时我们要把握住几个重要模型进行学习,如摸球问题(分放回、不放回情形),类似问题有产品抽样问题;贝努利概型、超几何概型是古典概率计算中需要重点掌握的概型.

习　题　一

1. 写出下列随机试验的样本空间.

(1) 记录一个班级每位同学考试的分数(百分制);

(2) 一次同时掷出两枚骰子,记录其点数之和;

(3) 某人生产的产品有正品和次品,现要求生产 10 件正品即停止生产,记录其生产产品的件数;

(4) 导弹瞄准飞机进行射击,导弹击中飞机后就不再瞄准,记录其瞄准的次数;

(5) 向区间 $[a, b]$ 任取一点,记录其坐标;

(6) 以 1 cm, 2 cm 为三角形的两边,记录第三边的长度;

(7) 在单位圆内任取一点,记录其坐标.

2. 上题的随机试验中,写出下列随机事件的集合表达式.

(1) 事件"分数不低于 90 分";

(2) 事件"点数之和小于 7";

(3) 事件"产品件数不超过 11 件";

(4) 事件"瞄准次数不超过两次";

(5) 事件"坐标大于区间端点坐标之和的算术平均值";

(6) 事件"第三边长度不超过另两边的算术平均";

(7) 事件"点离圆心的距离小于 0.1 cm".

3. 设 A, B, C 为三个随机事件,以 A, B, C 的关系与运算表示下列事件.
   (1) A, C 发生,但 B 不发生;
   (2) A 发生,但 B, C 都不发生;
   (3) A, B, C 至少发生一个;
   (4) A, B, C 全发生;
   (5) A, B, C 至少发生一个的逆事件;
   (6) A, B, C 至少发生两个.

4. 产品中有正品和次品,依次取两件产品,记 A 为第一次取到正品的事件,B 为第二次取到正品的事件,以 A, B 的关系与运算表示下列事件.
   (1) 至少取到一件正品;
   (2) 取到两件次品;
   (3) 第一次取到次品;
   (4) 没取到次品.

5. 指出下列命题是否成立,并作图说明.
   (1) $A\bar{B} = A - AB$;
   (2) 若 $A = AB$,则 $A \subset B$;
   (3) $\overline{A \cup B} = \bar{A} \cup \bar{B}$;
   (4) 若 $A \subset B$,则 $\bar{B} \subset \bar{A}$;
   (5) $\overline{ABC} = \bar{A}\bar{B}C$;
   (6) 若 $AB = \varnothing$,且 $C \subset A$,则 $BC = \varnothing$.

6. 从班级中任选一人,设 A 为事件"选到男同学",B 为事件"选到运动员",C 为事件"选到的同学喜欢唱歌".
   (1) 表述事件 ABC 和事件 $A B \bar{C}$;
   (2) 表述在什么条件下,$ABC = B$ 成立;
   (3) 表述 $\bar{C} \subset A$ 的意义.

7. 袋中有 3 只红球,4 只白球,从袋中依次取三次球,
   (1) 在有放回取球情形,问依次取出的球的颜色是白红红的概率;
   (2) 在有放回取球情形,问至少取到两次红球的概率;
   (3) 在不放回取球情形,问恰好取到两次红球的概率;
   (4) 在不放回取球情形,问至少取到两次红球的概率.

8. 桥牌游戏中,指定的一家手中有 13 张牌,问他手中恰好有 5 张黑桃,3 张红桃,2 张方块,3 张草花的概率.

9. 掷骰子游戏中,一次掷两只骰子,求两只骰子点数相同的概率.

10. 彩票 37 选 7 中,若买的 7 个号码中,中了指定的 7 个正选号码,则获得一等奖,若中了指定的 7 个正选号码中的 6 个,并中了另一个备选号码,则获得二等奖,若中了指定的 7 个正选号码中的 6 个,但没中另一个备选号码,则获得三等奖.某人购买了一注彩票,依次求他中一等奖,二等奖,三等奖的概率.

11. 区间 $(0, 1)$ 中随机取出两个数 X, Y,
    (1) 求两数之和小于 0.5 的概率;

(2) 求两数之积大于 0.5 的概率;

(3) 求一元二次方程 $t^2 - 2Xt + Y = 0$ 没有实根的概率;

(4) 求两数之差绝对值小于 0.5 的概率.

12. 某码头只能停靠一艘轮船装卸货物,已知某天 8:00~18:00 将有甲,乙两艘轮船独立到来停靠,它们停靠时间分别为 3 小时, 2 小时,求两艘轮船都不需要等待的概率.

13. 在时间间隔 $[0, T]$ 内任意时刻都有信号等可能的进入收音机. 现有两个信号,如果这两个信号到达的时间间隔不大于 τ,则收音机受到干扰. 试求收音机受到干扰的概率.

14. (1) 已知 $P(A) = p_1$, $P(B) = p_2$, $P(A \bigcup B) = p_3$,求 $P(AB)$, $P(\overline{A}\,\overline{B})$, $P(A\overline{B})$, $P(B-A)$;

(2) 已知 $P(A) = 0.6$, $P(A-B) = 0.3$,求 $P(\overline{AB})$;

(3) 已知 $P(A) = 0.6$, $P(B) = 0.3$, $P(AB) = 0.2$,求 $P(A \bigcup B)$, $P(A \mid B)$, $P(\overline{A} \mid \overline{B})$;

(4) 已知 $P(A) = P(B) = P(C) = \dfrac{1}{4}$, $P(AB) = P(BC) = \dfrac{1}{16}$, $P(CA) = 0$,求事件 A, B, C 全不发生的概率;

(5) 设 A, B, C 是随机事件,A 与 C 互不相容,$P(AB) = \dfrac{1}{2}$, $P(C) = \dfrac{1}{3}$,则 $P(AB \mid \overline{C})$.

15. 一男孩来自有两个孩子的家庭,问另一个孩子是他姐妹的概率是多大?

16. 袋中有 a 只红球,b 只白球,现甲,乙,丙三人不放回地依次从袋中取出一只,求他们全都取到红球的概率.

17. 获得某职业技能证书需在依次进行的 3 次考试中至少通过 2 次.某人第一次考试通过的概率为 p,如果他前一次考试通过,下一次考试通过的概率为 p,如果他前一次考试不通过,下一次考试通过的概率 $\dfrac{p}{3}$.试问他获得证书的概率多大?

18. 设甲袋中有 n_1 只红球,n_2 只黑球,乙袋中有 m_1 只红球,m_2 只黑球,现从甲袋中取出一球不看颜色就放入乙袋中,再从乙袋中取出一球,求从乙袋中取出红球的概率.

19. 甲,乙两人约定在上午 9 时和 10 时之间到某站乘公共汽车,假定到达车站的时刻相互独立,且在 9 时和 10 时之间到车站时刻的概率是等同的. 在这段时间内有 4 班车,发车时刻分别是 9:15, 9:30, 9:45, 10:00,如果他们约定

(1) 见车就乘;

(2) 最多等一辆车.

求甲乙两人同乘一辆车的概率.

20. 从数 1, 2, 3, 4 中任取一数,记为 X,再从 1, $\cdots$, X 中任取一数,求第二次取到数字 2 的概率.

21. 某大学毕业生将在今夏参加前三场精算师考试. 她将在 6 月份参加第一场考试. 若通过了,则在 7 月份参加第二场. 而若又通过了,则参加 8 月份的第三场. 若在某场考试失败了,则不允许参加剩下的考试. 她通过首场考试的概率为 0.9;如果她通过了首场考试,则通过第二场考试的条件概率为 0.8;如果她通过了前两场,那么通过第三场的条件概率为 0.7.

(1) 她通过全部三场考试的概率是多大?

(2) 已知她没有通过全部三场考试的条件下,她在第二场考试失败的概率是多大?

22. 数字通信中传递编码 0,1,接收端收到时,发送 0 被误收为 1 的概率为 0.01,发送 1 被误收为 0 的概率为 0.02,信息 0,1 的发送频率为 3:2,若收到 0,问原发信息为 0 的概率是多少.

23. 若两个继电器 A,B 同时出现故障,则导弹为故障发射,已知 A 和 B 出现故障的概率分别为 0.01 和 0.03,又知在 A 出现故障的条件下,B 出现故障的可能性增大(条件概率为 0.06).
(1) 求导弹故障发射的概率;
(2) 求在 B 出现故障的条件下,A 出现故障的条件概率;
(3) 判定事件"A 故障"和事件"B 故障"是否相互独立.

24. (1) 设 $P(A) = 0.3$,$P(A \bigcup B) = 0.8$,且 A,B 互不相容. 求 $P(B)$;
(2) 设 $P(B) = 0.3$,$P(B-A) = 0.1$,A,B 相互独立. 求 $P(A)$;
(3) 设随机事件 A 与 B 相互独立,且 $P(B) = 0.5$,$P(A-B) = 0.3$,求 $P(B-A)$.

25. 有甲,乙,丙三个小组独立破译一组密码,已知每个小组能破译成功的概率分别为 $\frac{1}{2}$,$\frac{1}{3}$,$\frac{1}{4}$,求密码能被成功破译的概率.

26. 设图示的电路中,各继电器断开的概率为 p,试求下图中各类电路断开的概率.

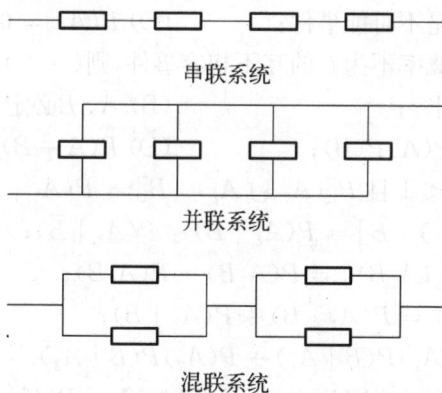

图 1-14

27. 设下图的桥式电路中,各开关闭合的概率为 p,试求下图中电路通达的概率.

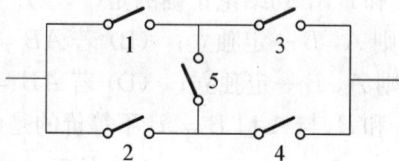

图 1-15

28. 某射手独立射击,每次击中目标的概率为 0.5,问该射手至少要射击多少次,才能使得击中目标的概率超过 99%.

29. 设灯泡的使用寿命在 1 000 小时以上的概率为 0.3,求 4 只灯泡在使用 1 000 小时后仍有灯泡能使用的概率.

30. 设某种洪水在每年出现的概率为 5%，求 10 年中出现该类洪水的概率.

31. 某项目可行性专家咨询委员会有 5 名专家，设每个专家意见的正确率为 0.7，以多数专家的意见作出项目决策，求决策的正确率.

32. 一本 n 页的书共有 m 个错别字，设每个错别字等可能地出现在每页上，试求在给定页上至少有两个错别字的概率.

33. 设在每次试验中，事件 A 发生的概率为 p，现进行 n 次独立重复试验，求事件 A 至少发生一次的概率与事件 A 至多发生一次的概率.

34. 向单位圆 $\{(x,y) \mid x^2 + y^2 \leqslant 1\}$ 内随机地投下三点，求三点中恰好有两点落在第一象限中的概率.

补 充 题 一

1. 选择题

(1) 设 $B \subset A$，则下列结论正确的是（　　）.

    (A) $P(A \bigcup B) = P(A)$；   (B) $P(AB) = P(A)$；

    (C) $P(B \mid A) = P(B)$；   (D) $P(B - A) = P(B) - P(A)$.

(2) 设事件 A，B 同时出现的概率为 0，则（　　）.

    (A) A，B 互不相容；   (B) AB 是不可能事件；

    (C) AB 不一定是不可能事件；   (D) $P(A) = 0$ 或 $P(B) = 0$.

(3) 设事件 A，B 是概率不为 0 的互不相容事件，则（　　）.

    (A) $\bar{A}$，$\bar{B}$ 互不相容；   (B) $\bar{A}$，$\bar{B}$ 必定相容；

    (C) $P(AB) = P(A)P(B)$；   (D) $P(A - B) = P(A)$.

(4) 已知 $0 < P(B) < 1$ 且 $P[(A_1 \bigcup A_2) \mid B] = P(A_1 \mid B) + P(A_2 \mid B)$，则（　　）.

    (A) $P[(A_1 \bigcup A_2) \mid \bar{B}] = P(A_1 \mid \bar{B}) + P(A_2 \mid \bar{B})$；

    (B) $P[(A_1 B) \bigcup (A_2 B)] = P(A_1 B) + P(A_2 B)$；

    (C) $P(A_1 \bigcup A_2) = P(A_1 \mid B) + P(A_2 \mid B)$；

    (D) $P(B) = P(A_1)P(B \mid A_1) + P(A_2)P(B \mid A_2)$.

(5) 已知 $0 < P(A) < 1$，$P(B) > 0$，$P(B \mid A) = P(B \mid \bar{A})$，则（　　）.

    (A) $P(A \mid B) = P(\bar{A} \mid B)$；   (B) $P(A \mid B) \neq P(\bar{A} \mid B)$；

    (C) $P(AB) = P(A)P(B)$；   (D) $P(AB) \neq P(A)P(B)$.

(6) 对于任意两事件 A 和 B，下列结论正确的是（　　）.

    (A) 若 $AB \neq \varnothing$，则 A，B 一定独立； (B) 若 $AB \neq \varnothing$，则 A，B 有可能独立；

    (C) 若 $AB = \varnothing$，则 A，B 一定独立； (D) 若 $AB = \varnothing$，则 A，B 一定不独立.

(7) 对于任意两事件 A 和 B，与 $A \bigcup B = B$ 不等价的是（　　）.

    (A) $A \subset B$；   (B) $\bar{B} \subset \bar{A}$；

    (C) $A\bar{B} = \varnothing$；   (D) $\bar{A}B = \varnothing$.

(8) 设 A，B 为随机事件，且 $P(B) > 0$，$P(A \mid B) = 1$，则必有（　　）.

    (A) $P(A \bigcup B) > P(A)$；   (B) $P(A \bigcup B) > P(B)$；

    (C) $P(A \bigcup B) = P(A)$；   (D) $P(A \bigcup B) = P(B)$.

(9) 某人独立重复射击，每次命中的概率为 $p(0 < p < 1)$，则此人的第四次射击恰好是

第二次击中目标的概率为(　　).

(A) $3p(1-p)^2$；

(B) $6p(1-p)^2$；

(C) $3p^2(1-p)^2$；

(D) $6p^2(1-p)^2$.

2. (1) 设 A,B 为两个随机事件，$0<P(B)<1$，若 $P(A|B)+P(\bar{A}|\bar{B})=1$，证明 A 与 B 独立；

(2) 设 A,B 互不相容，且 $0<P(B)<1$，证明 $P(A|\bar{B})=\dfrac{P(A)}{1-P(B)}$；

(3) 设 $P(B)>0$，证明 $P(AB|B)\geqslant P(AB|A\bigcup B)$；

(4) 设 $P(A|B)=1$，证明 $P(\bar{B}|\bar{A})=1$；

(5) 设 $P(A\mid C)\geqslant P(B\mid C)$，$P(A\mid\bar{C})\geqslant P(B\mid\bar{C})$，证明 $P(A)\geqslant P(B)$.

3. 从 n 双不同的鞋子中任取 $2r(4\leqslant 2r<2n)$ 只，求

(1) 至少两只成对的概率；

(2) 恰有两只成对的概率；

(3) 恰好有两双成对的概率；

(4) 恰好有 r 双成对的概率.

4. 袋中有一只红球和一只白球，从袋中随机取出一只球，如果取出的球是红球，则将此球放回并且再加进一个红球，然后从袋中再摸一只球，如果还是红球，则仍将此球放回并且再加进一个红球，如此继续，直到摸出白球为止，求第 n 次取出白球的概率.

5. 十个朋友随机地绕圆桌而坐，求甲，乙两人座位相邻的概率.

6. 甲，乙，丙三人按下列规则比赛，第一局由甲，乙参加而丙轮空，由第一局的优胜者和丙比赛，失败者轮空，比赛进行到其中一人连胜两局为止，连胜两局者为优胜者，若甲，乙，丙三人每局胜率为 $1/2$，求甲，乙，丙成为整场比赛优胜者的概率.

7. 甲，乙，丙三门高射炮同时向敌机进行独立射击，每门高射炮命中敌机的概率分别为 $0.2,0.3,0.4$，已知飞机被一门高射炮击中而被击落的概率为 0.4，飞机同时被两门高射炮击中而被击落的概率为 0.8，飞机同时被三门高射炮击中则必被击落，

(1) 试求飞机被击落的概率；

(2) 在飞机被击落的条件下，飞机是被三门炮同时击中的概率.

第二章

随机变量及其分布

本章基本要求

1. 理解随机变量及其概率分布的概念;理解分布函数

$$F(x) = P\{X \leqslant x\}(-\infty < x < +\infty)$$

的概念及性质;会计算与随机变量相联系的事件的概率.

2. 理解离散型随机变量及其概率分布的概念,掌握 $0-1$ 分布、二项分布、几何分布、超几何分布、泊松(Poisson)分布及其应用.

3. 了解泊松定理的结论和应用条件,会用泊松分布近似表示二项分布.

4. 理解连续型随机变量及其概率密度的概念,掌握均匀分布、正态分布 $N(\mu, \sigma^2)$、指数分布及其应用,其中参数为 $\lambda(\lambda > 0)$ 的指数分布的密度函数为

$$f(x) = \begin{cases} \lambda e^{-\lambda x}, & x > 0, \\ 0, & x \leqslant 0. \end{cases}$$

5. 会求随机变量函数的分布.

在随机现象的讨论中,有很大一部分试验的试验结果和数字发生联系,例如,在产品抽样检验时,我们关心的是抽到产品中次品的件数;在交通流量调查时,关心的是某时段路口通过的车辆数;在电视机的寿命检验时,关心的是电视机在什么时刻损坏.此外,还有测量的误差、接收信号的电压,所有这些都和数量发生了联系.

另外,在有些和数字无关的场合,也可和数字产生联系.例如在抛硬币一次的试验中,我们关心的是"正面"和"反面",但若记出现"正面"记为数字 1,出现"反面"记为数字 0,这样,试验结果和数字产生联系了.

本章将对试验结果和数字发生联系的随机试验引入随机变量概念,利用随机变量的分布函数和概率分布讨论事件的概率问题.

§2.1 随 机 变 量

在大量的随机试验中,试验结果可用一个确定的数字 X 表示出来,即对随机试验的每个样本点 $\omega \in S$,有唯一实数 $X(\omega)$ 与之对应, X 取值随试验结果的变化而变化.它是样本空

间到实数系的一个映射, $X: S \rightarrow \mathbb{R}$, 在概率论中,称 X 为随机变量.

下面引进随机变量的定义.

定义 2.1.1 设 E 是随机试验, $S = \{\omega\}$ 为它的样本空间,若对于每个样本点 $\omega \in S$ 都有唯一的数 $X(\omega)$ 与之对应,这样得到了在样本空间 $S = \{\omega\}$ 上有定义的函数 $X = X(\omega)$,称 X 为**随机变量**, $X(\omega)$ 的取值范围称为随机变量 X 的**值域**,记为 R_X.

例 2.1.1 考察抛硬币试验,其样本空间为 $S = \{正面,反面\}$,记为 $S = \{\omega\}$,其中 ω 是样本点,考虑下面的对应关系 $X = X(\omega) \begin{cases} 1, & \omega \text{ 为正面,} \\ 0, & \omega \text{ 为反面,} \end{cases}$ 由于试验结果是随机的,因而 X 的取值也是随机的,称 $X = X(\omega)$ 为随机变量, $X = X(\omega)$ 取值的范围,即 $X = X(\omega)$ 的值域为 $R_X = \{0, 1\}$.

例 2.1.2 某路口在某时段通过的车辆数,以 X 为通过路口的车辆数,则 $X = X(\omega)$ 是一个随机变量, X 的值域为非负整数集 $\{0, 1, 2, \cdots\}$.

例 2.1.3 电视机的寿命试验,以 X(小时)为电视机寿命,则 $X = X(\omega)$ 就是一个随机变量,其值域为 $R_X = [0, +\infty)$.

引进了随机变量的概念之后,可用随机变量来表示随机事件了.

在例 2.1.1 中, $\{X = 1\}$ 表示"出现正面"的事件, $\{X \leqslant 1\}$ 表示必然事件 S;例 2.1.2 中, $\{X \geqslant 2\}$ 表示该路口在某时段至少通过了两辆车的事件;例 2.1.3 中, $\{X \geqslant 5\,000\}$ 表示电视机寿命大于或等于 5 000 小时的事件.

例 2.1.4 在抛硬币两次的试验中,记 X 为正面出现的次数, X 是随机变量,则下列记号表示的是哪些随机事件?

1. $\{X > 1\}$;

2. $\{0 < X < 2\}$;

3. $\{X \geqslant 1\}$.

解 由于随机变量 X 的取值范围为 $\{0, 1, 2\}$.

1. 样本空间 $\{0, 1, 2\}$ 中满足 $X > 1$ 的值为 $X = 2$,即 $\{X > 1\}$ 表示恰好出现两次正面的事件;

2. 样本空间 $\{0, 1, 2\}$ 中满足 $0 < X < 2$ 的值为 $X = 1$,即 $\{0 < X < 2\}$ 表示恰好出现一次正面的事件;

3. 样本空间 $\{0, 1, 2\}$ 中满足 $X \geqslant 1$ 的值为 $X = 1$ 或者 $X = 2$,即 $\{X \geqslant 1\}$ 表示恰好出现一次正面或恰好出现两次正面的事件,即至少出现一次正面的事件.

通常,设 X 是一个随机变量, L 是一个实数集,则 $\{X \in L\}$ 表示的随机事件为 $\{\omega \mid \omega \in S, X(\omega) \in L\}$.

综上所述,随着试验结果的不同,随机变量可取不同的值,试验之前,人们不可能预先知道随机变量的确定值,但可以知道随机变量所有可能的取值,随机变量取相异值的事件表示的是不同的互斥事件.另一方面,随机变量定义在样本空间上,取值为实数,而普通函数定义在实数集上,取值为实数,这是随机变量和普通函数的差别.

在许多试验中,试验结果的记录本身就是实数,即样本点本身就是实数,这时,我们很自然定义随机变量为 $X(\omega) = \omega$. 例如,电视机寿命(小时)、掷骰子点数、某路口在某时段通过的车辆数、某地区在 7 月份的最高气温记录(℃)等都是随机变量.

随机变量的引进是概率论发展史上的一个重大突破,使我们在随机事件的研究中可引进函数的概念,可以借助于微积分等数学工具全面地、深刻地揭示随机现象的统计规律性.

§2.2 离散型随机变量及其分布

在许多场合,随机变量 X 可能的取值为有限个值或可数个值,此种类型的随机变量称为**离散型随机变量**.

例如在抛硬币 n 次的试验,记 X 为 n 次试验中出现正面的次数,则 X 可能的取值为 0, 1, 2, $\cdots$, n;共有 $n+1$ 种可能取值;在产品抽样试验中,在 N 件产品中抽取 n 件产品,记 X 为所取 n 件产品中次品的件数,则 X 可能的取值为 0, 1, 2, $\cdots$, n. 共有 $n+1$ 种可能取值.上述随机变量至多可取有限个值,均为离散型随机变量.若以 X 为某路口在某时段通过的车辆数,则 X 可能的取值为 0, 1, 2, $\cdots$, X 可取可数个值,同样为离散型随机变量.

易于知道,要讨论离散型随机变量 X 的统计规律,我们只要讨论且只需讨论 X 可能的取值及取每一个值的概率.

设 X 可能的取值为 x_1, x_2, $\cdots$, x_k, $\cdots$, X 取 x_k 的事件,即 $\{X = x_k\}$ 的概率记为

$$P\{X = x_k\} = p_k, k = 1, 2, \cdots.$$

由概率的性质知,p_k 有如下性质:

(1) $p_k \geqslant 0$, $k = 1, 2, \cdots$;

(2) $\sum_{k=1}^{\infty} p_k = 1$.

称 $P\{X = x_k\} = p_k (k = 1, 2, \cdots)$ 为随机变量 X 的分布律.分布律也可用表格形式表示:

X	x_1	x_2	$\cdots$	x_n	$\cdots$
p_k	p_1	p_2	$\cdots$	p_n	$\cdots$

注意到事件 $\{X = x_i\}$ 和事件 $\{X = x_j\}$ 为互斥事件 $(i \neq j)$,利用分布律我们易于计算事件的概率,设 L 是实数集,有

$$P\{X \in L\} = P\Big(\bigcup_{x_k \in L}\{X = x_k\}\Big) = \sum_{x_k \in L} P\{X = x_k\}.$$

例 2.2.1 某人有 4 发子弹进行射击,击中目标即停止射击或直至子弹射击完毕,已知该人每次击中目标的概率为 0.8,求

1. 该人射击的子弹数 X 的分布律;

2. $P\{X < 3\}$, $P\{1 < X < 4\}$.

解 1. 记每次击中目标的概率为 p, $A_i(i = 1, 2, 3, 4)$ 为第 i 次射击击中目标的事件,可能射击子弹数为 $1, 2, 3, 4$. 则

$$p_1 = P\{X = 1\} = P(A_1) = p;$$

$$p_2 = P\{X = 2\} = P(\bar{A}_1 A_2) = (1-p)p;$$

$$p_3 = P\{X = 3\} = P(\bar{A}_1 \bar{A}_2 A_3) = (1-p)^2 p;$$

$$p_4 = P\{X = 4\} = P(\bar{A}_1 \bar{A}_2 \bar{A}_3) = (1-p)^3.$$

概率统计教程

或写为

$$P\{X=k\}=(1-p)^{k-1}p\ (k=1,2,3),\ P\{X=4\}=(1-p)^3.$$

将 $p=0.8$ 代入，得到分布律的表格表示为：

X	1	2	3	4
p_k	0.8	0.16	0.032	0.008

2. $P\{X<3\}=P\{X=1\}+P\{X=2\}=0.8+0.16=0.96$；

$P\{1<X<4\}=P\{X=2\}+P\{X=3\}=0.192.$

例 2.2.2 设口袋中有编号为 1，2，3，4 的球四只，甲从袋中随机取一只，观察号码为 X 后，从袋中剔除号码比 X 大的球，乙从袋中剩下的球中任取一只，摸到的球编号为 Y，求随机变量 Y 的分布律.

解 Y 可能的取值为 1，2，3，4，由全概率公式得

$$P\{Y=i\}=\sum_{k=1}^{4}P\{X=k\}P\{Y=i\mid X=k\}(i=1,2,3,4),$$

$$P\{Y=1\}=\frac{25}{48},\ P\{Y=2\}=\frac{13}{48},\ P\{Y=3\}=\frac{7}{48},\ P\{Y=4\}=\frac{3}{48},$$

即

Y	1	2	3	4
p_k	$\dfrac{25}{48}$	$\dfrac{13}{48}$	$\dfrac{7}{48}$	$\dfrac{3}{48}$

下面讨论几个典型的离散型随机变量的分布律.

1. 两点分布(0-1分布)

若随机变量 X 可能的取值为 x_1，x_2，且分布律为

$$P\{X=x_1\}=p,\ P\{X=x_2\}=q\ (0<p<1,\ p+q=1),$$

则称 X 服从**两点分布**. 特别，如果 X 可能的取值为 0，1 时，也称 X 服从 **0-1 分布**，记为 $X\sim(0-1)$，其分布律为

$$P\{X=k\}=p^k q^{1-k}(k=0,1,\ 0<p<1,\ q=1-p).$$

若在随机试验中，我们只关心随机事件 $A\ (0<P(A)=p<1)$ 是否发生，此时，记随机变量 X 为

$$X=\begin{cases}1, & \text{事件 }A\text{ 发生},\\ 0, & \text{事件 }A\text{ 不发生},\end{cases}$$

则 X 服从 0-1 分布，也可记为 $X\sim(0-1)$.

2. 二项分布

若随机变量 X 具有以下的分布律

$$P\{X=k\}=\binom{n}{k}p^k q^{n-k}(k=0,\ 1,\ 2,\ \cdots,\ n,\ 0<p<1,\ q=1-p),$$

则称 X 服从**二项分布**，$P\{X=k\}$ 是 n 重贝努利试验中事件 A 恰好出现 k 次的概率，随机变量 X 服从二项分布，通常记作为 $X\sim B(n,\ p)$.

对二项分布，有

$$\binom{n}{k}p^k q^{n-k}\geqslant 0;$$

$$\sum_{k=0}^{n}\binom{n}{k}p^k q^{n-k}=(p+q)^n=1.$$

例 2.2.3 设袋中有 3 只红球，2 只白球，有放回地摸 5 只球，试求摸到的红球数 X 的分布律.

解 由于是有放回地摸球，因此可看成是 5 重的贝努利试验，每次摸到红球的概率为 $p=\dfrac{3}{5}=0.6$，故 $X\sim B(5,\ 0.6)$，即

$$P\{X=k\}=\binom{5}{k}\times 0.6^k\times 0.4^{5-k}(k=0,\ 1,\ 2,\ \cdots,\ 5).$$

分布律也可表示为

X	0	1	2	3	4	5
$P\{X=k\}$	0.010 24	0.076 8	0.230 4	0.345 6	0.259 2	0.077 76

由上述分布律可以看到，当 k 增加时，$P\{X=k\}$ 先是随之增加，直至达到最大值（本例中当 $k=3$ 时取到最大值），随后单调减少. 一般对于固定的 n 和 p，二项分布 $B(n,\ p)$ 都具有这样的性质.

例 2.2.4 设某种社会福利彩票中奖率为 10^{-4}，某一期彩票随机售出了 10^4 张，求

1. 恰好一张彩票中奖的概率；

2. 至少一张彩票中奖的概率.

解 将每张彩票是否中奖的试验看作为一次试验，则 10^4 张是否中奖的问题归结为 10^4 重贝努利试验，中奖彩票的张数记为 X，因此 $X\sim B(10\ 000,\ 0.000\ 1)$，故

1. 恰好一张彩票中奖的概率为

$$P\{X=1\}=\binom{10\ 000}{1}\times 0.000\ 1^1\times 0.999\ 9^{10\ 000-1}=0.999\ 9^{9\ 999};$$

2. 至少一张彩票中奖的概率为

$$P\{X\geqslant 1\}=\sum_{k=1}^{10\ 000}P\{X=k\}=1-P\{X=0\}=1-0.999\ 9^{10\ 000}.$$

例 2.2.4 的 2 中的概率的计算方法望读者注意；概率的近似计算问题将在后续内容中讨论；贝努利概型是概率论在保险、博彩等行业中应用最早，同时也是应用最广泛的概型.

例 2. 2. 5 设乒乓球比赛中,实力较强的队员每局胜率为 0.6,现在比赛规则由三局两胜制改为五局三胜制,问修改后的规则对实力较强的队员是否有利.

解 三局两胜制时,实力较强队员赢的局数记为 X,则 $X \sim B(3, 0.6)$,实力较强队员赢的概率

$$P\{X \geqslant 2\} = P\{X = 2\} + P\{X = 3\}$$
$$= \binom{3}{2} \times 0.6^2 \times 0.4^1 + \binom{3}{3} \times 0.6^3 \times 0.4^0 = 0.648;$$

五局三胜制时,实力较强队员赢的局数记为 Y,则 $Y \sim B(5, 0.6)$,实力较强队员赢的概率

$$P\{Y \geqslant 3\} = P\{Y = 3\} + P\{Y = 4\} + P\{Y = 5\};$$
$$= \binom{5}{3} \times 0.6^3 \times 0.4^2 + \binom{5}{4} \times 0.6^4 \times 0.4^1 + \binom{5}{5} \times 0.6^5 \times 0.4^0$$
$$= 0.682\,56.$$

因此,规则修改后对实力较强的队员有利.

3. 超几何分布

若离散型随机变量 X 具有分布律

$$P\{X = k\} = \frac{\binom{D}{k}\binom{N-D}{n-k}}{\binom{N}{n}} (k = 0, 1, 2, \cdots, n),$$

则称 X 服从参数为 n, N, D 的超几何分布,记为 $X \sim H(n, N, D)$,这里 $D \leqslant N$, $n \leqslant N$, n, N, D 均为自然数,并且当 $a > b$ 时,规定 $\binom{b}{a} = 0$.

可以验证

(1) $P\{X = k\} = \dfrac{\binom{D}{k}\binom{N-D}{n-k}}{\binom{N}{n}} \geqslant 0$;

(2) $\displaystyle\sum_{k=0}^{n} P\{X = k\} = \sum_{k=0}^{n} \frac{\binom{D}{k}\binom{N-D}{n-k}}{\binom{N}{n}} = 1$.

超几何分布是研究产品无放回抽样问题的重要分布,在现实生活中有大量的应用,当产品数量很大,而抽取的产品件数较少时,不放回抽样模型可用放回抽样模型近似.

例 2. 2. 6 元件仓库有 2 000 个电子元件,已知元件的次品率为 1%,装配一仪器需用 100 个元件,设仪器是正品当且仅当仪器中的次品元件数不超过 2 个,求仪器是正品的概率.

解 由题设,仓库中的次品数为 20 只.设从仓库中取到 100 只元件中的次品数为 X,则

$$X \sim H(100, 2\,000, 20),$$

故该仪器是正品的概率为

$$P\{X \leqslant 2\} = P\{X = 0\} + P\{X = 1\} + P\{X = 2\}$$

$$= \frac{\binom{20}{0}\binom{2\,000-20}{100-0}}{\binom{2\,000}{100}} + \frac{\binom{20}{1}\binom{2\,000-20}{100-1}}{\binom{2\,000}{100}} + \frac{\binom{20}{2}\binom{2\,000-20}{100-2}}{\binom{2\,000}{100}}.$$

由前述的近似计算方法有

$$P\{X \leqslant 2\}$$

$$\approx \binom{100}{0} \times \left(\frac{20}{2\,000}\right)^0 \times \left(1 - \frac{20}{2\,000}\right)^{100-0} + \binom{100}{1} \times \left(\frac{20}{2\,000}\right)^1 \times \left(1 - \frac{20}{2\,000}\right)^{100-1}$$

$$+ \binom{100}{2} \times \left(\frac{20}{2\,000}\right)^2 \times \left(1 - \frac{20}{2\,000}\right)^{100-2}.$$

从上题我们可以看出,在产品的无放回抽样中的超几何分布问题通过近似计算可转化为二项分布问题. 因此,二项分布是概率论中最重要的分布之一.

在例 2.2.4 和例 2.2.6 中,都需要对二项分布的概率值进行近似计算,为此我们需要讨论下述的泊松(Poisson)定理.

定理 2.2.1 设 $\lim\limits_{n \to \infty} np_n = \lambda$,则

$$\lim_{n \to \infty} \binom{n}{k} p_n^k q_n^{n-k} = \frac{\lambda^k}{k!} \mathrm{e}^{-\lambda},$$

其中 $p_n + q_n = 1$,k 为给定的非负整数.

证明 记 $\lambda_n = np_n$,则 $p_n = \dfrac{\lambda_n}{n}$,有

$$\lim_{n \to \infty} \binom{n}{k} p_n^k q_n^{n-k} = \lim_{n \to \infty} \frac{n(n-1)\cdots(n-k+1)}{k!} p_n^k (1-p_n)^{n-k}$$

$$= \lim_{n \to \infty} \frac{n(n-1)\cdots(n-k+1)}{k!} \frac{\lambda_n^k}{n^k} \left(1 - \frac{\lambda_n}{n}\right)^{n-k}$$

$$= \lim_{n \to \infty} \frac{\lambda_n^k}{k!} \frac{n(n-1)\cdots(n-k+1)}{n^k} \left[\left(1 - \frac{\lambda_n}{n}\right)^{-\frac{n}{\lambda_n}}\right]^{\frac{n-k}{n}\lambda_n}$$

$$= \lim_{n \to \infty} \frac{\lambda_n^k}{k!} \cdot \lim_{n \to \infty} \frac{n(n-1)\cdots(n-k+1)}{n^k} \cdot \lim_{n \to \infty} \left[\left(1 - \frac{\lambda_n}{n}\right)^{-\frac{n}{\lambda_n}}\right]^{-\frac{n-k}{n}\lambda_n}$$

$$= \frac{\lambda^k}{k!} \mathrm{e}^{-\lambda}.$$

例 2.2.7 在例 2.2.4 中近似计算恰好一张彩票中奖的概率及至少一张彩票中奖的概率.

解 记 $\lambda = np = 10\,000 \times 0.000\,1 = 1$,则恰好一张彩票中奖的概率为

$$\binom{10\,000}{1} \times 0.000\,1^1 \times 0.999\,9^{10\,000-1} \approx \frac{\lambda^1}{1!} \mathrm{e}^{-\lambda} = 0.368;$$

又至少一张彩票中奖的概率为

$$1 - \binom{10\,000}{0} \times 0.000\,1^0 \times 0.999\,9^{10\,000-0} \approx 1 - \frac{\lambda^0}{0!}e^{-\lambda} = 0.632.$$

例 2.2.8 近似计算例 2.2.6 中仪器是正品的概率.

解 记 $\lambda = np = 100 \times \frac{20}{2\,000} = 1$，由泊松定理，该仪器是正品的概率约为

$$\frac{\lambda^0}{0!}e^{-\lambda} + \frac{\lambda^1}{1!}e^{-\lambda} + \frac{\lambda^2}{2!}e^{-\lambda} \approx 0.92.$$

在一般情况下，当 n 很大，但 p 很小时，常用泊松定理近似计算二项分布的概率. 在实际应用中 n 要大到什么程度，p 要小到什么程度呢，大致的标准是 $np < 5$，近似计算的程度就比较好了.

4. 泊松分布

若离散型随机变量 X 具有分布律

$$P\{X = k\} = \frac{\lambda^k}{k!}e^{-\lambda} \ (k = 0, 1, 2, \cdots),$$

则称随机变量 X 服从参数为 λ 的泊松分布，记为 $X \sim \pi(\lambda)$（或 $X \sim P(\lambda)$）. 由泊松定理知泊松分布可作为某种场合下二项分布及超几何分布的近似分布，同时它存在于很多的应用场合，泊松分布同样是概率论中最常见的分布之一. 易于证明泊松分布满足：

$$P\{X = k\} = \frac{\lambda^k}{k!}e^{-\lambda} \geqslant 0;$$

$$\sum_{k=0}^{\infty} P\{X = k\} = \sum_{k=0}^{\infty} \frac{\lambda^k}{k!}e^{-\lambda} = e^{-\lambda} \sum_{k=0}^{\infty} \frac{\lambda^k}{k!} = e^{-\lambda}e^{\lambda} = 1.$$

例 2.2.9 设某车站在 $10{:}00 \sim 11{:}00$ 的时间段内到站的车辆数 X 服从参数为 2 的泊松分布，问在该时间段内到站车辆数超过 2 辆的概率.

解 由假设有

$$P\{X = k\} = \frac{2^k}{k!}e^{-2} \ (k = 0, 1, 2, \cdots),$$

在该时间段内到站车辆数超过 2 辆的概率为

$$\begin{aligned} P\{X > 2\} &= 1 - P\{X \leqslant 2\} \\ &= 1 - P\{X = 0\} - P\{X = 1\} - P\{X = 2\} \\ &= 1 - \frac{2^0}{0!}e^{-2} - \frac{2^1}{1!}e^{-2} - \frac{2^2}{2!}e^{-2} = 0.323. \end{aligned}$$

例 2.2.10 某单位有电脑 200 台，每台电脑独立地工作着，已知电脑发生故障的概率为 0.01，现在该单位考虑配备电脑维护人员，每人至多能同时维修一台电脑.

1. 问至少要配备多少电脑维护员，使得故障电脑有人维修的概率不小于 99%？

2. 若配备 4 名维护员，每人负责 50 台电脑的维护，求有故障电脑没人维护的概率；

3. 若配备 3 名维护人员一起负责电脑的维护，求有故障电脑没人维护的概率.

解 1. 故障电脑台数 $X \sim B(200, 0.01)$，由泊松定理知 X 近似地服从参数为 $\lambda = np = 2$ 的泊松分布. 设该单位需配备 x（x 是非负整数）名维护员，则故障电脑有人维修的概率为

$$P\{X \leqslant x\} \approx \sum_{k=0}^{x} \frac{2^k}{k!} \mathrm{e}^{-2},$$

由题设有

$$\sum_{k=0}^{x} \frac{2^k}{k!} \mathrm{e}^{-2} \geqslant 0.99,$$

即

$$1 - \sum_{k=0}^{x} \frac{2^k}{k!} \mathrm{e}^{-2} \leqslant 0.01.$$

经查表（附表 1）知，满足上述不等式的最小的 x 为 6，因此为满足条件，需要配备 6 名维护员；

2. 将所有电脑分为 4 组，设 $A_i (i=1, 2, 3, 4)$ 为第 i 组电脑中有故障电脑没人维护的事件，X_i 为第 i 组电脑中有故障的电脑数，则所有电脑中有故障的电脑没人维护的事件为 $A_1 \bigcup A_2 \bigcup A_3 \bigcup A_4$，所求事件的概率为

$$P(A_1 \bigcup A_2 \bigcup A_3 \bigcup A_4) = 1 - P(\overline{A}_1 \, \overline{A}_2 \, \overline{A}_3 \, \overline{A}_4) = 1 - P(\overline{A}_1)P(\overline{A}_2)P(\overline{A}_3)P(\overline{A}_4)$$

又 $X_i \sim B(50, 0.01)$，由泊松定理它近似地服从参数为 $\lambda = 0.5$ 的泊松分布，

$$P(\overline{A}_i) = P\{X_i \leqslant 1\} = P\{X_i = 0\} + P\{X_i = 1\} \approx \frac{0.5^0}{0!} \mathrm{e}^{-0.5} + \frac{0.5^1}{1!} \mathrm{e}^{-0.5} = 0.91.$$

因此，$P(A_1 \bigcup A_2 \bigcup A_3 \bigcup A_4) = 0.314$；

3. 记 A 为故障电脑没人维护的事件，则 $A = \{X > 3\}$，故

$$P(A) = P\{X > 3\} = 1 - \sum_{k=0}^{3} P\{X = k\}$$

$$\approx 1 - \sum_{k=0}^{3} \frac{2^k}{k!} \mathrm{e}^{-2} = 0.143.$$

上题 2，3 的结论告诉我们，在后一种情形配备的维护员少了，但工作的效果却更好. 它说明了概率方法可用于国民经济的某些部门，以达到优化人员，资源配置的目的，提高工作效率.

泊松（Poisson）分布同样是概率论中最重要的分布之一，前面已介绍它可作为某些场合下二项分布和超几何分布的近似，同时泊松分布在社会生活中服务行业的随机现象的研究中占据着重要的地位，例如，电话总机呼入的电话数、交通道口的车辆流量、公交车站到来的乘客数、排队窗口的排队人数通常都近似地服从泊松分布. 另一方面，科学领域中的许多离散型随机变量也近似地服从泊松（Poisson）分布，例如放射性质点落在某区域的数量、显微

概率统计教程

镜下某区域的微生物的数量等.

既然泊松(Poisson)分布非常常见,那么许多类型的随机变量为什么服从泊松(Poisson)分布呢? 为此我们先证明下列引理.

引理 设 $f(x)$ 是连续函数或单调函数,且对所有的 $x \geqslant 0$, $y \geqslant 0$,有

$$f(x+y) = f(x)f(y),$$

则存在 $a \geqslant 0$,使得 $f(x) = a^x$.

证明 对任意的自然数 m, n,

由 $f(1) = f\left(\dfrac{1}{n} + \dfrac{1}{n} + \cdots + \dfrac{1}{n}\right) = \left[f\left(\dfrac{1}{n}\right)\right]^n$,记 $f(1) = a$,有

$$f\left(\frac{1}{n}\right) = a^{\frac{1}{n}}.$$

从而,$f\left(\dfrac{m}{n}\right) = a^{\frac{m}{n}}$,由于 $f(x)$ 连续或单调,有理数域在实数域中稠密,得到,对任意的实数 $x \geqslant 0$,有

$$f(x) = a^x.$$

下面对产生泊松(Poisson)分布的机制进行简单的讨论.

考虑某车站到站的车辆数,假定它具有下列的性质:

(1) 平稳性

在时间段 $[t_0, t_0+t)$ 到站的车辆数 $X = k$ 的概率只与时间长度 t 有关,而与时间段的起点 t_0 无关,记为 $P\{X=k\} = P_k(t)$. 显然

$$\sum_{k=0}^{\infty} P_k(t) = 1.$$

平稳性表明了概率分布不随时间的推移而改变.

(2) 无后效性

在时间段 $[t_0, t_0+t)$ 到站的车辆数 $X = k$ 这一事件与 t_0 以前发生的事件独立.

(3) 普适性

在充分小的时间段内最多来一辆车,记在时间段 $[t_0, t_0+t)$ 内来到的车辆数超过一辆的概率为

$$\psi(t) = \sum_{k=2}^{\infty} P_k(t) = 1 - P_0(t) - P_1(t),$$

则 $\psi(t) = o(t)$ $(t \to 0)$,即 $\lim\limits_{t \to 0} \dfrac{\psi(t)}{t} = 0$.

普适性表明在充分小的时间段内来到的车辆数超过一辆的事件实际上是不可能事件.

下面求 $P\{X=k\} = P_k(t)$.

对于 $\Delta t > 0$,考虑时间段 $[0, t+\Delta t)$ 来 k 辆车的概率 $P_k(t+\Delta t)$,由全概率公式和无后效性

$$P_k(t+\Delta t) = P_k(t)P_0(\Delta t) + P_{k-1}(t)P_1(\Delta t) + \cdots + P_0(t)P_k(\Delta t), \quad k = 0, 1, 2, \cdots.$$

特别地,

$$P_0(t + \Delta t) = P_0(t)P_0(\Delta t).$$

注意到 $P_0(t)$ 为时间段 $[0, t]$ 没有车辆到站的概率,因此 $P_0(t)$ 关于 t 单调下降,由引理知

$$P_0(t) = a^t.$$

其中 $a \geqslant 0$. 由于 $P_0(t)$ 是概率,有 $0 \leqslant a \leqslant 1$. 当 $a = 1$ 时,$P_0(t) = 1$,即在任一时间段 $[0, t]$ 没车来到的概率为 1,不是我们感兴趣的情形,故 $a < 1$;当 $a = 0$ 时,$P_0(t) = 0$,即任一短的时间段内来车的概率为 1,也不是我们感兴趣的情形. 因此 $0 < a < 1$. 记 $a = e^{-\lambda}$ ($\lambda > 0$),有

$$P_0(t) = e^{-\lambda t}.$$

当 $\Delta t \to 0$ 时,有

$$P_0(\Delta t) = e^{-\lambda \Delta t} = 1 - \lambda \Delta t,$$
$$P_1(\Delta t) = 1 - P_0(\Delta t) - \psi(\Delta t) = \lambda \Delta t + o(\Delta t),$$
$$P_{k-2}(t)P_2(\Delta t) + P_{k-3}(t)P_3(\Delta t) + \cdots + P_0(t)P_k(\Delta t)$$
$$\leqslant P_2(\Delta t) + P_3(\Delta t) + \cdots + P_k(\Delta t) + \cdots = \psi(t) = o(\Delta t),$$

故

$$P_k(t + \Delta t) = P_k(t)P_0(\Delta t) + P_{k-1}(t)P_1(\Delta t) + \cdots + P_0(t)P_k(\Delta t)$$
$$= P_k(t)(1 - \lambda \Delta t) + P_{k-1}(t)\lambda \Delta t + o(\Delta t)$$

因此,$\dfrac{P_k(t + \Delta t) - P_k(t)}{\Delta t} = -\lambda P_k(t) + \lambda P_{k-1}(t) + o(1)$

令 $\Delta t \to 0$,得

$$P'_k(t) = -\lambda P_k(t) + \lambda P_{k-1}(t), \quad P_k(0) = 0 \ (k = 1, 2, \cdots),$$

将 $P_0(t) = e^{-\lambda t}$ 代入上式得

$$P_1(t) = \lambda t e^{-\lambda t},$$
$$P_2(t) = \frac{(\lambda t)^2}{2!} e^{-\lambda t},$$
$$\cdots$$
$$P_k(t) = \frac{(\lambda t)^k}{k!} e^{-\lambda t} \ (k = 1, 2, \cdots),$$

因此,$P\{X = k\} = P_k(t) = \dfrac{(\lambda t)^k}{k!} e^{-\lambda t} \ (k = 0, 1, 2, \cdots)$.

这就是参数为 λt 的泊松分布.

上面的讨论说明了泊松分布是概率论中的一个很重要的分布,大致可以说明泊松分布适用的应用场合.

§2.3 随机变量的分布函数与连续型随机变量

设 X 是随机变量,对所有的 $x \in (-\infty, +\infty)$,事件 $\{X \leqslant x\}$ 的概率是一个介于 0 和 1 之间的实数,由此定义出一个实值函数.

定义 2.3.1 设 X 是随机变量,对任取的 $x \in (-\infty, +\infty)$, 函数

$$F(x) = P\{X \leqslant x\}$$

称为是随机变量 X 的**分布函数**.

对于 $x_1, x_2 (x_1 < x_2)$,由于 $\{X \leqslant x_1\} \subset \{X \leqslant x_2\}$,因此,随机变量 X 落在集合 $(x_1, x_2]$ 的事件概率为

$$P\{x_1 < X \leqslant x_2\} = P(\{X \leqslant x_2\} - \{X \leqslant x_1\}) = F(x_2) - F(x_1).$$

若已知随机变量的分布函数 $F(x)$,则可以计算事件 $\{x_1 < X \leqslant x_2\}$ 的概率,因此分布函数可完整地描述随机变量 X 的统计规律性.

如果将随机变量 X 的取值列于实数轴上,则分布函数在点 x 处的值就是随机变量 X 落在区间 $(-\infty, x]$ 的事件概率.

下面将分布函数的主要性质列于下列定理中.

定理 2.3.1 随机变量 X 的分布函数具有下列性质:

(1)(单调性)若 $x_2 > x_1$,则 $F(x_2) \geqslant F(x_1)$;

(2) $\lim\limits_{x \to -\infty} F(x) = 0, \quad \lim\limits_{x \to +\infty} F(x) = 1$;

(3)(右连续性) $\lim\limits_{x \to x_0+} F(x) = F(x_0)$.

证明略.

例 2.3.1 设随机变量 X 的分布律为

X	1	2	3	4
p_k	0.8	0.16	0.032	0.008

1. 求随机变量 X 的分布函数;

2. 求 $P\{1 < X \leqslant 3\}$.

解 1. 当 $x < 1$ 时,随机事件 $\{X \leqslant x\}$ 为不可能事件 $\varnothing$,此时

$$F(x) = P\{X \leqslant x\} = 0;$$

当 $1 \leqslant x < 2$ 时,随机事件 $\{X \leqslant x\} = \{X = 1\}$, 此时

$$F(x) = P\{X \leqslant x\} = P\{X = 1\} = 0.8;$$

当 $2 \leqslant x < 3$ 时,随机事件 $\{X \leqslant x\} = \{X = 1\} \bigcup \{X = 2\}$, 此时

$$F(x) = P\{X \leqslant x\} = P\{X = 1\} + P\{X = 2\} = 0.96;$$

当 $3 \leqslant x < 4$ 时,随机事件 $\{X \leqslant x\} = \{X = 1\} \bigcup \{X = 2\} \bigcup \{X = 3\}$, 此时

$$F(x) = P\{X \leqslant x\} = P\{X = 1\} + P\{X = 2\} + P\{X = 3\} = 0.992;$$

当 $x \geqslant 4$ 时,随机事件 $\{X \leqslant x\} = \{X = 1\} \bigcup \{X = 2\} \bigcup \{X = 3\} \bigcup \{X = 4\} = S$ 是必然事件,此时

$$F(x) = P\{X \leqslant x\} = 1.$$

因此,随机变量 X 的分布函数为

$$F(x) = \begin{cases} 0, & x < 1, \\ 0.8, & 1 \leqslant x < 2, \\ 0.96, & 2 \leqslant x < 3, \\ 0.992, & 3 \leqslant x < 4, \\ 1, & x \geqslant 4. \end{cases}$$

2. $P\{1 < X \leqslant 3\} = P(\{X \leqslant 3\} - \{X \leqslant 1\}) = F(3) - F(1) = 0.992 - 0.8 = 0.192.$

若离散型随机变量 X 的分布律为

X	x_1	x_2	$\cdots$	x_n	$\cdots$
p_k	p_1	p_2	$\cdots$	p_n	$\cdots$

则其分布函数为

$$F(x) = P\{X \leqslant x\} = \sum_{x_k \leqslant x} P\{X = x_k\} = \sum_{x_k \leqslant x} p_k.$$

一般说来,离散型随机变量 X 的分布函数 $F(x)$ 是一个右连续的阶梯函数,点 $x = x_k$ 是 $F(x)$ 的跳跃间断点,跳跃度为 p_k。

例 2.3.2 靶子是一个直径为 0.8 米的圆盘,设击中靶子上的同心圆盘的概率与该圆盘的面积成正比,并设每次射击都能中靶,设 X 是弹着点与圆心的距离,试求随机变量 X 的分布函数.

解 当 $x < 0$ 时,$\{X \leqslant x\}$ 是不可能事件 $\varnothing$,有

$$F(x) = P\{X \leqslant x\} = 0;$$

当 $0 \leqslant x \leqslant 0.4$ 时,由题设 $P\{X \leqslant x\} = kx^2$,$k$ 是某一常数,又 $P\{X \leqslant 0.4\} = 0.16k = 1$,故 $P\{X \leqslant x\} = \dfrac{25}{4}x^2$,此时

$$F(x) = P\{X \leqslant x\} = \frac{25}{4}x^2;$$

当 $x > 0.4$ 时,$\{X \leqslant x\}$ 是必然事件 S,有

$$F(x) = P\{X \leqslant x\} = 1;$$

因此,分布函数为

$$F(x) = \begin{cases} 0, & x < 0, \\ \dfrac{25}{4}x^2, & 0 \leqslant x \leqslant 0.4, \\ 1, & x > 0.4. \end{cases}$$

注意到下列事实,若记

$$f(x) = \begin{cases} \dfrac{25}{2}x, & 0 \leqslant x \leqslant 0.4, \\ 0, & \text{其他}, \end{cases}$$

有
$$F(x) = \int_{-\infty}^{x} f(t)\mathrm{d}t.$$

此时称 X 是连续型随机变量. 连续型随机变量的定义将在下面给出.

注意到如下事实,若随机变量 X 的分布函数可表达为

$$F(x) = \int_{-\infty}^{x} f(t)\mathrm{d}t,$$

则 X 落在 $(x, x+\mathrm{d}x]$ 事件概率为

$$P\{x < X \leqslant x + \mathrm{d}x\} = \int_{-\infty}^{x+\mathrm{d}x} f(t)\mathrm{d}t - \int_{-\infty}^{x} f(t)\mathrm{d}t = \int_{x}^{x+\mathrm{d}x} f(t)\mathrm{d}t.$$

因此,概率的微元为 $f(x)\mathrm{d}x$.

非常类似于已知线密度函数求整体质量的质量微元,故 $f(x)$ 通常称为概率密度.下面我们引进连续型随机变量的一般定义.

定义 2.3.2 若随机变量 X 的分布函数 $F(x)$ 可表示为

$$F(x) = \int_{-\infty}^{x} f(t)\mathrm{d}t,$$

其中 $f(x)$ 为非负可积函数,则称随机变量 X 是**连续型随机变量**,$f(x)$ 称为 X 的**概率密度函数**,简称为**概率密度**.

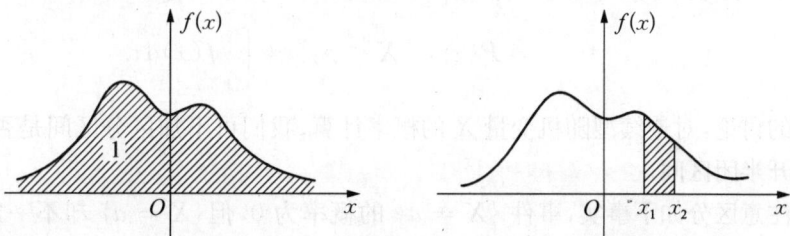

图 2 - 1

由密度函数的定义知,$f(x)$ 具有下列性质:

定理 2.3.2 设连续型随机变量 X 的概率密度为 $f(x)$,则

(1) $\displaystyle\int_{-\infty}^{+\infty} f(x)\mathrm{d}x = 1$;

(2) $P\{x_1 < X \leqslant x_2\} = F(x_2) - F(x_1) = \displaystyle\int_{x_1}^{x_2} f(x)\mathrm{d}x \ (x_1 \leqslant x_2)$;

(3) 若 x 是函数 $f(x)$ 的连续点,则 $f(x) = F'(x)$.

证明 (1) 由于 $F(x) = \displaystyle\int_{-\infty}^{x} f(t)\mathrm{d}t$ 及 $\lim\limits_{x \to +\infty} F(x) = 1$ 得 $\displaystyle\int_{-\infty}^{+\infty} f(x)\mathrm{d}x = 1$;

(2) 当 $x_1 \leqslant x_2$ 时,

$$P\{x_1 < X \leqslant x_2\} = F(x_2) - F(x_1)$$

$$= \int_{-\infty}^{x_2} f(t)\,dt - \int_{-\infty}^{x_1} f(t)\,dt$$

$$= \int_{x_1}^{x_2} f(t)\,dt = \int_{x_1}^{x_2} f(x)\,dx;$$

(3) 若 x 是函数 $f(x)$ 的连续点,则

$$F'(x) = \lim_{\Delta x \to 0} \frac{F(x + \Delta x) - F(x)}{\Delta x}$$

$$= \lim_{\Delta x \to 0} \frac{\int_{-\infty}^{x+\Delta x} f(t)\,dt - \int_{-\infty}^{x} f(t)\,dt}{\Delta x}$$

$$= \lim_{\Delta x \to 0} \frac{\int_{x}^{x+\Delta x} f(t)\,dt}{\Delta x} = f(x).$$

由定理 2.3.2,概率密度 $f(x)$ 的图象位于 x 轴的上方,曲线 $y = f(x)$ 和 x 轴所夹的面积为 1,事件 $\{x_1 < X \leqslant x_2\}$ 的概率为曲边梯形的面积(图 2-1),且分布函数与概率密度的关系为 $f(x) = F'(x)$ 和 $F(x) = \int_{-\infty}^{x} f(t)\,dt$.

值得注意的是,当 X 是连续型随机变量时,有

$$0 \leqslant P\{X = a\} \leqslant P\{a - \Delta x < X \leqslant a\} = \int_{a-\Delta x}^{a} f(x)\,dx \to 0 \ (\Delta x \to 0+),$$

故 $P\{X = a\} = 0$,即事件 $\{X = a\}$ 的概率为 0,从而对 $x_1 \leqslant x_2$ 有

$$P\{x_1 < X \leqslant x_2\} = P\{x_1 < X < x_2\} = P\{x_1 \leqslant X \leqslant x_2\}$$

$$= P\{x_1 \leqslant X < x_2\} = \int_{x_1}^{x_2} f(x)\,dx.$$

由上面的讨论,对连续型随机变量 X 的概率计算,我们可不加区分区间是否是开区间、闭区间或半开半闭区间.

读者应注意区分如下事实,事件 $\{X = a\}$ 的概率为 0,但 $\{X = a\}$ 却不一定是不可能事件.

例 2.3.3 已知连续型随机变量 X 的概率密度为

$$f(x) = \begin{cases} cx(1-x), & 0 < x < 1, \\ 0, & \text{其他.} \end{cases}$$

(1) 确定常数 c;

(2) 求 X 的分布函数;

(3) 计算 $P\left\{-1 < X \leqslant \dfrac{1}{2}\right\}$, $P\left\{0 < X < \dfrac{1}{2}\right\}$.

解 (1) 由 $\int_{-\infty}^{+\infty} f(x)\,dx = \int_{0}^{1} cx(1-x)\,dx = \dfrac{c}{6} = 1$,得 $c = 6$;

(2) 当 $x \leqslant 0$ 时, $F(x) = \int_{-\infty}^{x} f(t)\mathrm{d}t = \int_{-\infty}^{x} 0\mathrm{d}t = 0$;

当 $0 < x < 1$ 时, $F(x) = \int_{-\infty}^{x} f(t)\mathrm{d}t = \int_{-\infty}^{0} 0\mathrm{d}t + \int_{0}^{x} 6t(1-t)\mathrm{d}t = 3x^2 - 2x^3$;

当 $x \geqslant 1$ 时, $F(x) = \int_{-\infty}^{x} f(t)\mathrm{d}t = \int_{-\infty}^{0} 0\mathrm{d}t + \int_{0}^{1} 6t(1-t)\mathrm{d}t + \int_{1}^{x} 0\mathrm{d}t = 1$,

故分布函数为

$$F(x) = \begin{cases} 0, & x \leqslant 0, \\ 3x^2 - 2x^3, & 0 < x < 1, \\ 1, & x \geqslant 1; \end{cases}$$

(3) $P\left\{-1 < X \leqslant \dfrac{1}{2}\right\} = \int_{-1}^{\frac{1}{2}} f(x)\mathrm{d}x = \int_{-1}^{0} 0\mathrm{d}x + \int_{0}^{\frac{1}{2}} 6x(1-x)\mathrm{d}x = \dfrac{1}{2}$;

$$P\left\{0 < X < \frac{1}{2}\right\} = P\left\{0 < X \leqslant \frac{1}{2}\right\} - P\left\{X = \frac{1}{2}\right\} = P\left\{0 < X \leqslant \frac{1}{2}\right\}$$

$$= \int_{0}^{\frac{1}{2}} f(x)\mathrm{d}x = \int_{0}^{\frac{1}{2}} 6x(1-x)\mathrm{d}x = \frac{1}{2}.$$

下面介绍有广泛应用的几个重要分布.

1. 均匀分布

若连续型随机变量 X 的概率密度为

$$f(x) = \begin{cases} \dfrac{1}{b-a}, & a \leqslant x \leqslant b, \\ 0, & \text{其他}, \end{cases}$$

则称 X 服从 $[a, b]$ 上的均匀分布,记为 $X \sim U[a, b]$,均匀的意义是指概率密度在区间的取值为常数(该常数是区间长度的倒数),其他地方的取值为 0.

对于服从均匀分布的随机变量 X,其概率密度满足:

$$f(x) \geqslant 0;$$

$$\int_{-\infty}^{+\infty} f(x)\mathrm{d}x = \int_{a}^{b} \frac{1}{b-a}\mathrm{d}x = 1.$$

若随机变量 X 服从均匀分布,则其分布函数(图 2-2)为

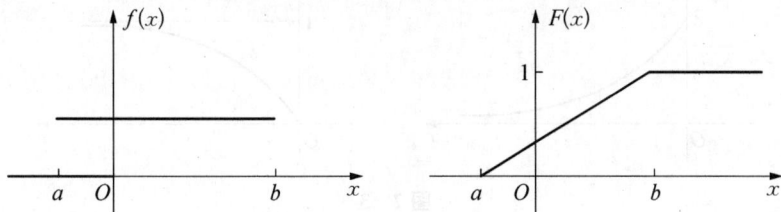

图 2-2

$$F(x) = \begin{cases} 0, & x < a, \\ \dfrac{x-a}{b-a}, & a \leqslant x < b, \\ 1, & x \geqslant b. \end{cases}$$

均匀分布经常用于数值计算中的误差分析之中,例如保留小数点后 4 位小数,第 5 位小数四舍五入,则舍入误差服从 $[-0.5 \times 10^{-5}, 0.5 \times 10^{-5})$ 上的均匀分布.

例 2.3.4　某人因出差要到火车站乘城际列车,已知城际列车 1 小时一班,该人赶到车站的每一时刻都是等可能的.

1. 求该人等车时间 X(分钟)的分布概率密度;

2. 等车时间不超过 10 分钟的概率.

解　1. 由题设知,X 服从 $[0, 60]$ 上的均匀分布,故概率密度为

$$f(x) = \begin{cases} \dfrac{1}{60}, & 0 \leqslant x \leqslant 60, \\ 0, & \text{其他}; \end{cases}$$

2. $P\{0 < X < 10\} = \displaystyle\int_0^{10} \dfrac{1}{60} \mathrm{d}x = \dfrac{1}{6}$.

2. 指数分布

若连续型随机变量 X 的概率密度为

$$f(x) = \begin{cases} \lambda \mathrm{e}^{-\lambda x}, & x > 0, \\ 0, & x \leqslant 0, \end{cases}$$

其中 $\lambda > 0$ 为常数,则称 X 服从参数为 λ 的指数分布,记为 $X \sim E(\lambda)$. 显然

$$f(x) \geqslant 0;$$

$$\int_{-\infty}^{+\infty} f(x)\mathrm{d}x = \int_0^{+\infty} \lambda \mathrm{e}^{-\lambda x} \mathrm{d}x = -\mathrm{e}^{-\lambda x} \Big|_0^{+\infty} = 1.$$

随机变量 X 的分布函数(图 2-3)为

$$F(x) = \begin{cases} 1 - \mathrm{e}^{-\lambda x}, & x > 0, \\ 0, & x \leqslant 0. \end{cases}$$

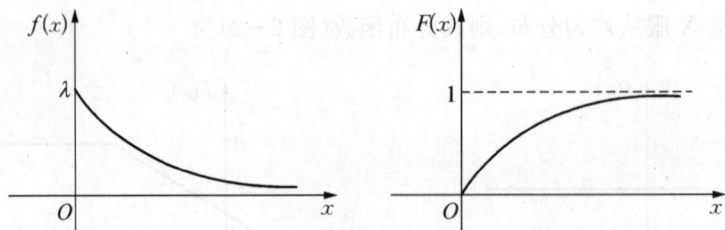

图 2-3

对于服从指数分布的随机变量 X 有如下有趣的性质—无记忆性:

对任意 $t > 0, t_0 > 0$,

$$P\{X > t + t_0 \mid X > t_0\} = P\{X > t\}.$$

事实上,

$$P\{X > t + t_0 \mid X > t_0\} = \frac{P(\{X > t + t_0\} \bigcap \{X > t_0\})}{P\{X > t_0\}}$$

$$= \frac{P\{X > t + t_0\}}{P\{X > t_0\}} = \frac{\mathrm{e}^{-\lambda(t+t_0)}}{\mathrm{e}^{-\lambda t_0}} = \mathrm{e}^{-\lambda t} = P\{X > t\}.$$

上式表明,当随机变量 X 表达的是某个元器件寿命时,若已知元器件已使用了 t_0 小时,它能够使用至少 $t + t_0$ 小时的条件概率,与开始使用时算起至少能使用 t 小时的概率相等,这说明元器件寿命概率对它已使用的时间 t_0 小时没有记忆. 无记忆性质是指数分布有广泛应用的一个重要原因.

指数分布常用来作为各种"寿命"的近似分布. 例如,动物的寿命,电器元件的使用寿命,随机服务系统的服务时间,排队时间等,都可以认为近似的服从指数分布. 指数分布在排队论,可靠性问题中有广泛的应用.

例 2.3.5 某人到银行取款时的排队时间 X(分钟)服从下列分布,其概率密度为

$$f(x) = \begin{cases} \lambda \mathrm{e}^{-\frac{x}{10}}, & x > 0, \\ 0, & x \leqslant 0. \end{cases}$$

1. 确定常数 λ;

2. 计算排队时间超过 5 分钟但少于 10 分钟的概率;

3. 若他排队超过 10 分钟就离开,一星期内去了三次银行,问该星期能够取到钱款的概率.

解 1. 因为 $\displaystyle\int_{-\infty}^{+\infty} f(x)\mathrm{d}x = \int_0^{+\infty} \lambda \mathrm{e}^{-\frac{x}{10}}\mathrm{d}x = 10\lambda = 1$,

所以 $\quad \lambda = \dfrac{1}{10}$;

2. 排队时间超过 5 分钟但少于 10 分钟的概率为

$$P\{5 < X < 10\} = \int_5^{10} \frac{1}{10}\mathrm{e}^{-\frac{x}{10}}\mathrm{d}x = -\mathrm{e}^{-\frac{x}{10}}\Big|_5^{10} = 0.237;$$

3. 记 A_i 为第 i 能取到钱款的事件 $(i = 1, 2, 3)$,通常,事件 A_1, A_2, A_3 相互独立,则

$$P(\overline{A}_i) = P\{X > 10\} = \int_{10}^{+\infty} \frac{1}{10}\mathrm{e}^{-\frac{x}{10}}\mathrm{d}x = -\mathrm{e}^{-\frac{x}{10}}\Big|_{10}^{+\infty} = \mathrm{e}^{-1},$$

故该星期能够取到钱款的概率为

$$P(A_1 \bigcup A_2 \bigcup A_3) = 1 - P(\overline{A}_1 \overline{A}_2 \overline{A}_3) = 1 - P(\overline{A}_1)P(\overline{A}_2)P(\overline{A}_3) = 1 - \mathrm{e}^{-3}.$$

3. Γ-分布

若连续型随机变量 X 的概率密度为

$$f(x) = \begin{cases} \dfrac{\beta^\alpha}{\Gamma(\alpha)} x^{\alpha-1} e^{-\beta x}, & x > 0, \\ 0, & x \leqslant 0, \end{cases}$$

其中 $\alpha > 0$, $\beta > 0$ 为常数. 则称随机变量 X 服从参数为 α, β 的 Γ-分布, 记为 $X \sim \Gamma(\alpha, \beta)$. 这里 $\Gamma(\alpha) = \displaystyle\int_0^{+\infty} x^{\alpha-1} e^{-x} \mathrm{d}x$ 是以 α 为变量的 Γ-函数.

显然,

$$f(x) \geqslant 0;$$

$$\int_{-\infty}^{+\infty} f(x)\mathrm{d}x = \int_0^{+\infty} \frac{\beta^\alpha}{\Gamma(\alpha)} x^{\alpha-1} e^{-\beta x} \mathrm{d}x = \int_0^{+\infty} \frac{1}{\Gamma(\alpha)} (\beta x)^{\alpha-1} e^{-\beta x} d(\beta x) = 1.$$

Γ-分布是指数分布的自然拓广, 它在数理统计中占有重要地位, 图 2-4 给出了 Γ-分布的概率密度函数的图象.

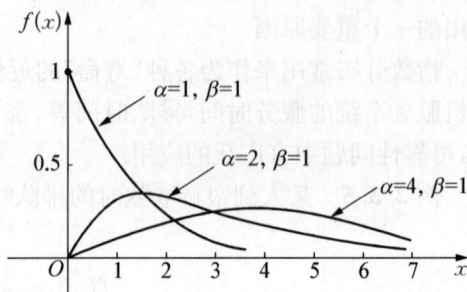

图 2-4

4. 正态分布

若连续型随机变量 X 的概率密度为

$$f(x) = \frac{1}{\sqrt{2\pi}\sigma} e^{-\frac{(x-\mu)^2}{2\sigma^2}}, \ x \in (-\infty, +\infty),$$

其中 μ, $\sigma(\sigma > 0)$ 为常数, 则称 X 服从参数为 μ, σ^2 的正态分布或高斯 (Gauss) 分布, 其中 μ 称为随机变量 X 的数学期望, $\sigma^2(\sigma > 0)$ 称为随机变量 X 的方差, $\sigma > 0$ 称为随机变量 X 的标准差, 其意义将在第四章中讨论, 记为 $X \sim N(\mu, \sigma^2)$. 显然

$$f(x) \geqslant 0;$$

$$\int_{-\infty}^{+\infty} f(x)\mathrm{d}x = \int_{-\infty}^{+\infty} \frac{1}{\sqrt{2\pi}\sigma} e^{-\frac{(x-\mu)^2}{2\sigma^2}} \mathrm{d}x = \int_{-\infty}^{+\infty} \frac{1}{\sqrt{\pi}} e^{-t^2} \mathrm{d}t = 1.$$

下面对于 $f(x) = \dfrac{1}{\sqrt{2\pi}\sigma} e^{-\frac{(x-\mu)^2}{2\sigma^2}}$ 的图象作一些说明:

(1) $f(x) = \dfrac{1}{\sqrt{2\pi}\sigma} e^{-\frac{(x-\mu)^2}{2\sigma^2}}$ 是关于 $x = \mu$ 对称的钟状函数, 故对于常数 $a > 0$, 有

$$P\{\mu - a < X < \mu\} = P\{\mu < X < \mu + a\};$$

(2) 函数 $f(x) = \dfrac{1}{\sqrt{2\pi}\sigma} e^{-\frac{(x-\mu)^2}{2\sigma^2}}$ 在点 $x = \mu$ 处取到极大值 $f(x) = \dfrac{1}{\sqrt{2\pi}\sigma}$, σ 越小, 图象

形状越尖, σ 越大, 图象形状越平缓, 点 $x = \mu \pm \sigma$ 是曲线的拐点, $f(x) = \dfrac{1}{\sqrt{2\pi}\sigma} e^{-\frac{(x-\mu)^2}{2\sigma^2}}$ 的图象如图 2-5 所示.

随机变量 $X \sim N(\mu, \sigma^2)$, 则 X 的分布函数为

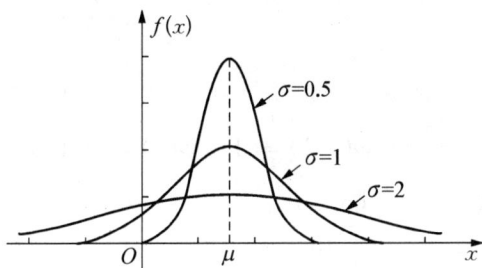

图 2-5

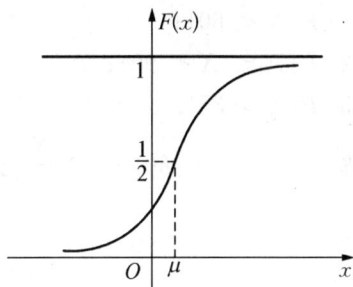

图 2-6

$$F(x) = \int_{-\infty}^{x} \frac{1}{\sqrt{2\pi}\sigma} e^{-\frac{(t-\mu)^2}{2\sigma^2}} dt,$$

其图象如图 2-6 所示.

特别,当 $\mu = 0$, $\sigma = 1$ 时,称 X 服从标准正态分布,记为 $X \sim N(0,1)$,相应的概率密度记为

$$\phi(x) = \frac{1}{\sqrt{2\pi}} e^{-\frac{x^2}{2}}, \ x \in (-\infty, +\infty).$$

$\phi(x)$ 的图象如图 2-7 所示.

相应的分布函数记为

$$\Phi(x) = \int_{-\infty}^{x} \frac{1}{\sqrt{2\pi}} e^{-\frac{t^2}{2}} dt, \ x \in (-\infty, +\infty).$$

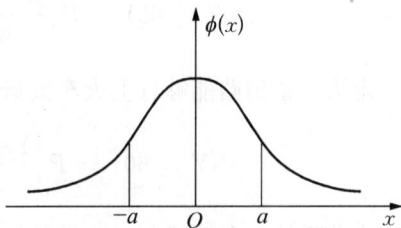

图 2-7

注意到函数 $\Phi(x)$ 不是初等函数,因此 $\Phi(x)$ 的函数表($x \geqslant 0$)在书后的附录中列出,由 $\phi(x) = \frac{1}{\sqrt{2\pi}} e^{-\frac{x^2}{2}}$ 的图象关于 $x = 0$ 对称,故有

$$\Phi(-x) = 1 - \Phi(x) \ (x > 0).$$

通过上式,可计算负数的函数值.

对于参数为 μ, σ 的正态分布,概率计算通常是化为标准正态分布来进行,为此目的,引进下列的引理.

引理 设 $X \sim N(\mu, \sigma^2)$,则 $Y = \dfrac{X-\mu}{\sigma} \sim N(0,1)$.

证明 随机变量 $Y = \dfrac{X-\mu}{\sigma}$ 的分布函数为

$$F_Y(x) = P\{Y \leqslant x\} = P\{X \leqslant \sigma x + \mu\}$$

$$= \int_{-\infty}^{\sigma x + \mu} \frac{1}{\sqrt{2\pi}\sigma} e^{-\frac{(t-\mu)^2}{2\sigma^2}} dt = \int_{-\infty}^{x} \frac{1}{\sqrt{2\pi}} e^{-\frac{u^2}{2}} du = \Phi(x),$$

故 $Y = \dfrac{X-\mu}{\sigma}$ 的概率密度为 $\phi(x)$,即 $Y = \dfrac{X-\mu}{\sigma}$ 服从标准正态分布.

例 2.3.6 设 $X \sim N(75, 225)$,计算下列事件的概率:

(1) $P\{X < 60\}$;

(2) $P\{70 \leqslant X < 90\}$;

(3) $P\{X \geqslant 85\}$.

解 (1) $P\{X < 60\} = P\left\{\dfrac{X-75}{15} < \dfrac{60-75}{15}\right\} = \Phi(-1) = 1 - \Phi(1) = 0.158\,7$;

(2) $P\{70 \leqslant X < 90\} = P\left\{\dfrac{70-75}{15} \leqslant \dfrac{X-75}{15} < \dfrac{90-75}{15}\right\}$

$$= \Phi(1) - \Phi\left(-\dfrac{1}{3}\right) = \Phi(1) + \Phi\left(\dfrac{1}{3}\right) - 1 = 0.470\,6;$$

(3) $P\{X \geqslant 85\} = 1 - P\{X < 85\}$

$$= 1 - P\left\{\dfrac{X-75}{15} < \dfrac{85-75}{15}\right\} = 1 - \Phi(0.67) = 0.251\,4.$$

例 2.3.7 某人在发车前 1 小时乘坐出租车到火车站赶火车,已知乘车地点到火车站有两条路线,相应的乘车时间(分钟)服从 $N(40, 40^2)$ 和 $N(50, 10^2)$,若只考虑时间因素,问应选取哪条道路使得赶上火车的概率较大.

解 记走第一条道路所花时间为 X 分钟,走第二条道路所花时间为 Y 分钟,则走第一条道路能够赶上火车的概率为

$$P\{X \leqslant 60\} = P\left\{\dfrac{X-40}{40} \leqslant \dfrac{60-40}{40}\right\} = \Phi(0.5) = 0.691\,5;$$

走第二条道路能够赶上火车的概率为

$$P\{Y \leqslant 60\} = P\left\{\dfrac{Y-50}{10} \leqslant \dfrac{60-50}{10}\right\} = \Phi(1) = 0.841\,3,$$

因此应选取第二条路线赶上火车的概率较大.

正态分布是概率论中最重要的分布之一,应用中大量的随机变量都近似服从正态分布,如学生考试的分数、城市用电负荷、成年人的身高、测量零件的长度误差、通信中的噪声电流或电压等都近似服从正态分布.

为了便于应用,对于标准正态随机变量 $X \sim N(0, 1)$,我们引进 α 分位点的概念.

若 z_α 满足条件

$$P\{X > z_\alpha\} = \alpha, \quad 0 < \alpha < 1,$$

则称 z_α 为标准正态分布 X 的**上 α 分位点**(如图 2-8).

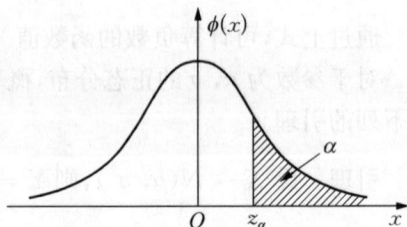

图 2-8

z_α 应满足 $\Phi(z_\alpha) = 1 - \alpha$. 例如,由标准正态分布表可知

$$z_{0.05} = 1.645, \quad z_{0.003} = 2.75, \quad z_{0.001} = 3.1.$$

本节最后给出一些典型分布在工程及管理上的几个应用实例.

例 2.3.8 (信号传送问题)考虑从 A 地到 B 地通过电信传送一个二值信号 0 或 1,由于传送过程中会遇到噪声干扰,为了减少出错概率,当传送的信号为 1 时,发送数值 2,当传送信号为 0 时,发送数值为 -2. 假设 X 为在 A 地传送的数值,Y 为在 B 地接收到的数值($Y =$

$X+Z$，Z 为噪声)，当信号在 B 地接收后，按如下规则解码：

如果 $Y \geqslant 0.5$，则判断发送的是 1；如果 $Y < 0.5$，则判断发送的是 0.

1. 设噪声 $Z \sim N(0, 1)$，计算出错概率；

2. 设噪声 $Z \sim N(0, \sigma^2)$，计算出错概率；

3. 设噪声 $Z \sim f(z) = \dfrac{1}{2} e^{-|z|}$，$-\infty < z < \infty$，计算出错概率.

解 按上述规则解码，可能出现两类错误：一类是信息 1 被错误的判断为 0；另一类是信息 0 被错误的判断为 1.

1. 当 $Z \sim N(0, 1)$ 时，

$$P\{\text{错判} \mid \text{信息是 1}\} = P\{X+Z < 0.5 \mid X=2\} = P\{Z < -1.5\}$$
$$= \Phi(-1.5) \approx 0.066\,8;$$
$$P\{\text{错判} \mid \text{信息是 0}\} = P\{X+Z \geqslant 0.5 \mid X=-2\} = P\{Z \geqslant 2.5\}$$
$$= 1 - \Phi(2.5) \approx 0.006\,2;$$

2. 当 $Z \sim N(0, \sigma^2)$ 时，

$$P\{\text{错判} \mid \text{信息是 1}\} = P\{X+Z < 0.5 \mid X=2\} = P\{Z < -1.5\}$$
$$= P\left\{\frac{Z}{\sigma} < -\frac{1.5}{\sigma}\right\} = \Phi\left(-\frac{1.5}{\sigma}\right) = 1 - \Phi\left(\frac{1.5}{\sigma}\right);$$
$$P\{\text{错判} \mid \text{信息是 0}\} = P\{X+Z \geqslant 0.5 \mid X=-2\} = P\{Z \geqslant 2.5\};$$
$$P\{2.5 \leqslant Z < +\infty\} = 1 - \Phi\left(\frac{2.5}{\sigma}\right);$$

3. $Z \sim f(z) = \dfrac{1}{2} e^{-|z|}$，$-\infty < z < \infty$，

$$P\{\text{错判} \mid \text{信息是 1}\} = P\{X+Z < 0.5 \mid X=2\} = P\{Z < -1.5\}$$
$$= \int_{-\infty}^{-1.5} \frac{1}{2} e^{x} \mathrm{d}x \approx 0.111\,6;$$
$$P\{\text{错判} \mid \text{信息是 0}\} = P\{X+Z \geqslant 0.5 \mid X=-2\} = P\{Z \geqslant 2.5\}$$
$$= \int_{2.5}^{+\infty} \frac{1}{2} e^{-x} \mathrm{d}x \approx 0.041\,0.$$

从例 2.3.8 的讨论过程可得，当噪声 $Z_1 \sim N(0, \sigma_1^2)$，接收端出现错判概率分别为 $1 - \Phi\left(\dfrac{1.5}{\sigma_1}\right)$，$1 - \Phi\left(\dfrac{2.5}{\sigma_1}\right)$. 当噪声 $Z_2 \sim N(0, \sigma_2^2)$，接收端出现错判概率分别为 $1 - \Phi\left(\dfrac{1.5}{\sigma_2}\right)$，$1 - \Phi\left(\dfrac{2.5}{\sigma_2}\right)$. 当 $\sigma_1 < \sigma_2$ 时，接收端出现错判的概率有不等式

$$1 - \Phi\left(\frac{1.5}{\sigma_1}\right) < 1 - \Phi\left(\frac{1.5}{\sigma_2}\right), \quad 1 - \Phi\left(\frac{2.5}{\sigma_1}\right) < 1 - \Phi\left(\frac{2.5}{\sigma_2}\right).$$

由此可看出，正态噪声的波动越大，接收端出现错判概率越大.

六西格玛（6σ）是产品质量管理（质量控制）中的质量水平. "六西格玛"的概念是 Motorola 公司在 1988 年前后提出来的，被公认为是工业界加强质量管理，提高质量水平的

一件大事. 下面就六西格玛产品质量管理准则做概率论理论上的讨论.

例 2.3.9 （六西格玛(6σ)问题）

用 X 表示某工厂生产的某种产品的质量指标值（例如长度）. 目标值是 M, 容许范围是 $[M-L, M+L]$（L 是正数, 表示容差）, 当 X 的值属于 $[M-L, M+L]$ 时表示产品合格, 否则表示不合格. 把 X 看成随机变量, 则 $d = P\{|X-M|>L\}$ 就是所谓的不合格率.

假定 $X \sim N(\mu, \sigma^2)$（大多数质量指标值属于这种情形）, 但 μ 与目标值 M 可能有差异, 即有"漂移". 假设 $M-\mu = \lambda\sigma$, $L = k\sigma$, $k>0$, 则

$$
\begin{aligned}
d &= P\{|X-M|>L\} \\
&= P\{X>M+L\} + P\{X<M-L\} \\
&= P\left\{\frac{X-\mu}{\sigma} > \frac{M+L-\mu}{\sigma}\right\} + P\left\{\frac{X-\mu}{\sigma} < \frac{M-L-\mu}{\sigma}\right\} \\
&= P\left\{\frac{X-\mu}{\sigma} > \lambda+k\right\} + P\left\{\frac{X-\mu}{\sigma} < \lambda-k\right\} \\
&= \Phi(\lambda-k) + 1 - \Phi(\lambda+k).
\end{aligned}
$$

记 $g(\lambda) = \Phi(\lambda-k) + 1 - \Phi(\lambda+k)$, 由 $\Phi(x) = \int_{-\infty}^{x} \frac{1}{\sqrt{2\pi}} e^{-\frac{u^2}{2}} \mathrm{d}u$ 得,

$$
\begin{aligned}
g'(\lambda) &= \frac{1}{\sqrt{2\pi}} e^{-\frac{(\lambda-k)^2}{2}} - \frac{1}{\sqrt{2\pi}} e^{-\frac{(\lambda+k)^2}{2}} \\
&= \frac{1}{\sqrt{2\pi}} e^{-\frac{(\lambda-k)^2}{2}} (1 - e^{-2k\lambda}).
\end{aligned}
$$

显然 $g'(0) = 0$. 当 $\lambda > 0$ 时, $g'(\lambda) > 0$; 当 $\lambda < 0$ 时, $g'(\lambda) < 0$. 所以 $g(\lambda)$ 在 $\lambda < 0$ 时是 λ 的严格减函数, 在 $\lambda > 0$ 时是 λ 的严格增函数.

通常假定漂移 $|M-\mu| \leqslant 1.5\sigma$, 于是最大不合格率为

$$
d^* = \max_{|\lambda| \leqslant 1.5}\{d\} = \max\{g(1.5), g(-1.5)\} = g(1.5) = \Phi(1.5-k) + 1 - \Phi(1.5+k).
$$

对于不同的 k, 计算结果如下表:

k	$d^* = g(1.5)$	k	$d^* = g(1.5)$
1	$697\,700 \times 10^{-6}$	4	$6\,210 \times 10^{-6}$
2	$308\,700 \times 10^{-6}$	5	233×10^{-6}
3	$66\,810 \times 10^{-6}$	6	3.4×10^{-6}

由表知, $L = 6\sigma$ 时最大不合格率 d^* 是 3.4×10^{-6}. 换句话说, 对于要求达到六西格玛管理水平的工艺就是, 生产产品的规格的均方差 σ 要达到如此之小, 使得合格产品的容差 L 是 6σ 时, 百万件产品中不合格品不多于 4 个. 质量达到这个水平的叫做质量达到六西格玛水平, 达到这种水平的管理叫做六西格玛管理.

我们在上面的数学上给予推导, 用到正态分布的假定并使用了很多人使用的漂移量 1.5σ, 采用漂移量 1.5σ 是根据实际经验提出来的. 现在, "六西格玛"作为质量水平的含义已经泛化, 不管质量指标能否用正态分布刻画, 只要产品的不合格率不超过 3.4×10^{-6}, 人们

就说质量管理达到了六西格玛水平.

六西格玛水平的要求是很高的,所说的产品主要是指元器件,通常对于整机或复杂的设备的要求达不到这么高.

§2.4　随机变量的函数

在许多时候我们希望讨论随机变量的函数,设随机变量 X 的取值为 x,则函数 $Y = g(X)$ 的取值为 $g(x)$,通常假设 $g(x)$ 为连续函数.例如测量一圆柱形构件的直径 X 时,X 是一随机变量,但我们需要知道圆柱的截面积 $A = \dfrac{\pi X^2}{4}$,A 仍旧是一个随机变量.这节将讨论如何利用随机变量 X 的概率分布求随机变量函数 $Y = g(X)$ 的概率分布.

例 2.4.1　设随机变量 X 的分布律为

X	-1	0	1	2	3	4
p_k	1/8	1/4	1/8	1/4	1/8	1/8

求随机变量 $Y = X^2 - 2X$ 的分布律.

解　随机变量 $Y = X^2 - 2X$ 的取值为 $-1, 0, 3, 8$,又

$$P\{Y = -1\} = P\{X^2 - 2X = -1\} = P\{X = 1\} = \frac{1}{8};$$

$$P\{Y = 0\} = P\{X^2 - 2X = 0\} = P\{X = 0\} + P\{X = 2\} = \frac{1}{2};$$

$$P\{Y = 3\} = P\{X^2 - 2X = 3\} = P\{X = -1\} + P\{X = 3\} = \frac{1}{4};$$

$$P\{Y = 8\} = P\{X^2 - 2X = 8\} = P\{X = 4\} = \frac{1}{8}.$$

因此 $Y = X^2 - 2X$ 的分布律为

Y	-1	0	3	8
p_k	1/8	1/2	1/4	1/8

例 2.4.2　设随机变量 X 的概率密度函数为

$$f(x) = \begin{cases} \dfrac{x}{2}, & 0 \leqslant x \leqslant 2, \\ 0, & 其他, \end{cases}$$

求 $Y = 2X - 1$ 的概率密度函数.

解法 1　$Y = 2X - 1$ 的分布函数为

$$F_Y(y) = P\{Y \leqslant y\} = P\{2X - 1 \leqslant y\} = P\left\{X \leqslant \frac{y+1}{2}\right\},$$

当 $\dfrac{y+1}{2} < 0$,即 $y < -1$ 时,有

$$F_Y(y) = P\left\{X \leqslant \frac{y+1}{2}\right\} = \int_{-\infty}^{\frac{y+1}{2}} 0 \mathrm{d}t = 0;$$

当 $0 \leqslant \dfrac{y+1}{2} \leqslant 2$，即 $-1 \leqslant y \leqslant 3$ 时，有

$$F_Y(y) = P\left\{X \leqslant \frac{y+1}{2}\right\} = \int_{-\infty}^{0} 0 \mathrm{d}t + \int_{0}^{\frac{y+1}{2}} \frac{t}{2} \mathrm{d}t = \frac{(y+1)^2}{16};$$

当 $\dfrac{y+1}{2} > 2$，即 $y > 3$ 时，有

$$F_Y(y) = P\left\{X \leqslant \frac{y+1}{2}\right\} = \int_{-\infty}^{0} 0 \mathrm{d}t + \int_{0}^{2} \frac{t}{2} \mathrm{d}t + \int_{2}^{\frac{y+1}{2}} 0 \mathrm{d}t = 1;$$

故 $Y = 2X - 1$ 的分布函数为

$$F_Y(y) = \begin{cases} 0, & y < -1, \\ \dfrac{(y+1)^2}{16}, & -1 \leqslant y \leqslant 3, \\ 1, & y > 3. \end{cases}$$

故 $Y = 2X - 1$ 的概率密度函数为

$$f_Y(y) = F'_Y(y) = \begin{cases} \dfrac{y+1}{8}, & -1 \leqslant y \leqslant 3, \\ 0, & \text{其他}. \end{cases}$$

解法 2 记 X, Y 的分布函数分别为 $F_X(x), F_Y(y)$，则由分布函数的定义得

$$F_Y(y) = P\{Y \leqslant y\} = P\{2X - 1 \leqslant y\} = P\left\{X \leqslant \frac{y+1}{2}\right\} = F_X\left(\frac{y+1}{2}\right).$$

将 $F_Y(y)$ 关于 y 求导数，得 $Y = 2X - 1$ 的概率密度函数为

$$f_Y(y) = f_X\left(\frac{y+1}{2}\right)\left(\frac{y+1}{2}\right)'$$

$$= \begin{cases} \dfrac{1}{2}\left(\dfrac{y+1}{2}\right)\dfrac{1}{2}, & 0 \leqslant \dfrac{y+1}{2} \leqslant 2, \\ 0, & \text{其他} \end{cases}$$

$$= \begin{cases} \dfrac{y+1}{8}, & -1 \leqslant y \leqslant 3, \\ 0, & \text{其他}. \end{cases}$$

例 2.4.3 设随机变量 $X \sim N(0, 1)$，求 $Y = X^2$ 的概率密度函数.

解法 1 设 $Y = X^2$ 的分布函数为

$$F_Y(y) = P\{Y \leqslant y\} = P\{X^2 \leqslant y\}.$$

当 $y < 0$ 时，$\{X^2 \leqslant y\}$ 是不可能事件，有

$$F_Y(y) = P\{X^2 \leqslant y\} = 0;$$

当 $y = 0$ 时, $\{X^2 \leqslant y\} = \{X = 0\}$, 有

$$F_Y(y) = P\{X^2 \leqslant 0\} = P\{X = 0\} = 0;$$

当 $y > 0$ 时, $\{X^2 \leqslant y\} = \{-\sqrt{y} \leqslant X \leqslant \sqrt{y}\}$, 有

$$F_Y(y) = P\{X^2 \leqslant y\} = P\{-\sqrt{y} \leqslant X \leqslant \sqrt{y}\} = \int_{-\sqrt{y}}^{\sqrt{y}} \frac{1}{\sqrt{2\pi}} e^{-\frac{t^2}{2}} dt;$$

故 $Y = X^2$ 的概率密度函数为

$$f_Y(y) = \begin{cases} 0, & y \leqslant 0, \\ \dfrac{1}{\sqrt{2\pi}} y^{-\frac{1}{2}} e^{-\frac{y}{2}}, & y > 0. \end{cases}$$

解法 2 设 X, Y 的分布函数分别为 $F_X(x), F_Y(y)$, 由 $Y = X^2 \geqslant 0$, 故当 $y \leqslant 0$ 时, $F_Y(y) = 0$. 当 $y > 0$ 时,

$$F_Y(y) = P\{X^2 \leqslant y\} = P\{-\sqrt{y} \leqslant X \leqslant \sqrt{y}\} = F_X(\sqrt{y}) - F_X(-\sqrt{y}).$$

将 $F_Y(y)$ 关于 y 求导数, 得 $Y = X^2$ 的概率密度函数为

$$f_Y(y) = \begin{cases} \dfrac{1}{2\sqrt{y}} [f_X(\sqrt{y}) + f_X(-\sqrt{y})], & y > 0, \\ 0, & y \leqslant 0 \end{cases}$$

$$= \begin{cases} \dfrac{1}{\sqrt{2\pi}} y^{-\frac{1}{2}} e^{-\frac{y}{2}}, & y > 0, \\ 0, & y \leqslant 0. \end{cases}$$

当随机变量 $X \sim N(0, 1)$ 时, 称 $Y = X^2$ 服从自由度为 1 的 χ^2 分布.

下面给出某些特殊类型随机变量函数的概率密度计算公式.

定理 2.4.1 设连续型随机变量 X 的分布函数为 $f_X(x), x \in (-\infty, +\infty)$. 设函数 $y = g(x)$ 处处可导且 $g'(x) > 0$ (或 $g'(x) < 0$), 则 $Y = g(X)$ 为连续型随机变量, 其概率密度函数为

$$f_Y(y) = \begin{cases} f_X[h(y)] \, | \, h'(y) \, |, & \alpha < y < \beta, \\ 0, & \text{其他}, \end{cases}$$

其中 $\alpha = \min(g(-\infty), g(+\infty)), \beta = \max(g(-\infty), g(+\infty)), x = h(y)$ 是 $y = g(x)$ 的反函数.

证明 对 $g'(x) > 0$ 情形进行证明, 此时 $y = g(x)$ 在 $(-\infty, +\infty)$ 上严格单调增加, 反函数 $x = h(y)$ 存在, 且在 (α, β) 上严格单调增加. 记 X 的分布函数为 $F_X(x)$, 则 $Y = g(X)$ 的分布函数为

$$F_Y(y) = P\{Y \leqslant y\} = P\{g(X) \leqslant y\}.$$

当 $y \leqslant \alpha$ 时, $\{g(X) \leqslant y\}$ 是不可能事件, 此时有

$$F_Y(y) = P\{g(X) \leqslant y\} = 0;$$

当 $\alpha < y < \beta$ 时，$\{g(X) \leqslant y\} = \{X \leqslant h(y)\}$，此时有

$$F_Y(y) = P\{g(X) \leqslant y\} = P\{X \leqslant h(y)\} = F_X(h(y));$$

当 $y \geqslant \beta$ 时，$\{g(X) \leqslant y\}$ 是必然事件，此时有

$$F_Y(y) = P\{g(X) \leqslant y\} = 1;$$

故 $Y = g(X)$ 的分布函数为

$$F_Y(y) = \begin{cases} 0, & y \leqslant \alpha, \\ F_X(h(y)), & \alpha < y < \beta, \\ 1, & y \geqslant \beta. \end{cases}$$

从而 $Y = g(X)$ 的概率密度函数为

$$f_Y(y) = \begin{cases} f_X[h(y)]h'(y), & \alpha < y < \beta, \\ 0, & \text{其他}. \end{cases}$$

同理可证 $g'(x) < 0$ 时，

$$f_Y(y) = \begin{cases} f_X[h(y)][-h'(y)], & \alpha < y < \beta, \\ 0, & \text{其他}. \end{cases}$$

例 2.4.4 设随机变量 $X \sim N(\mu, \sigma^2)$，求 $Y = aX + b$ 的概率密度函数.

解 由 $x = \dfrac{y-b}{a}$，有

$$f_Y(y) = f_X[h(y)] \mid h'(y) \mid$$

$$= \frac{1}{\sqrt{2\pi}\sigma} e^{-\frac{\left(\frac{y-b}{a}-\mu\right)^2}{2\sigma^2}} \left| \frac{1}{a} \right|$$

$$= \frac{1}{\sqrt{2\pi} \mid a \mid \sigma} e^{-\frac{[y-(a\mu+b)]^2}{2(a\sigma)^2}}, \quad y \in (-\infty, +\infty),$$

即 $Y \sim N(a\mu + b, (a\sigma)^2)$.

特别，当 $a = \dfrac{1}{\sigma}$，$b = -\dfrac{\mu}{\sigma}$ 时，有 $Y = \dfrac{X-\mu}{\sigma}$ 服从标准正态分布 $Y \sim N(0, 1)$.

注意： 定理需要函数 $y = g(x)$ 处处可导且 $g'(x) > 0$（或 $g'(x) < 0$）的条件，因此例 2.4.3 的 $Y = X^2$ 的概率密度函数的计算中不能应用上述定理，否则会导致错误的结果. 因此在计算随机变量函数的分布密度函数时，首先应求出其分布函数，然后求导得到密度函数，在有严格单调性质时，也可直接应用上述定理直接求密度函数，但要注意定理的条件.

小　结

随机变量 X 是定义在样本空间上的一个单值函数，即为每个试验结果对应于一个实

数的对应关系. 在试验之前,它的取值不能预先确定,因此,随机变量取某些值有一定的概率.

对于随机变量 X,可由事件 $\{X \leqslant x\}$ 的概率来定义分布函数

$$F(x) = P\{X \leqslant x\}.$$

由此,有

$$P\{a < X \leqslant b\} = F(b) - F(a).$$

对于只能取有限个值或可数个值的随机变量 X,将它称为离散型随机变量,讨论离散型随机变量最有效的工具是其分布律的讨论. 相应事件的概率计算有完整的讨论. 重要的离散型随机变量的分布有 $0-1$ 分布、二项分布、超几何分布、泊松(Poisson)分布,我们应熟知其性质和应用.

若随机变量 X 的分布函数可表示为

$$F(x) = \int_{-\infty}^{x} f(t)\mathrm{d}t,$$

则称随机变量 X 是连续型的随机变量. 对连续型随机变量,利用概率密度 $f(x)$ 来描述其性质较为方便. 值得指出的是对连续型随机变量 X, $P\{X = a\} = 0$. 这是离散型随机变量所不具备的性质.

本章只讨论了离散型随机变量和连续型随机变量,但要注意随机变量并不只有上述两种,还有其他类型.

重要的连续型随机变量的分布有均匀分布、正态分布 $N(\mu, \sigma^2)$、指数分布,我们应熟知其性质和应用.

随机变量 X 的函数 $Y = g(X)$ 仍旧是随机变量,可讨论其分布律或概率密度,要掌握根据 X 的概率分布求其简单函数的概率分布的方法.

习 题 二

1. 将一枚骰子连掷两次,记 X 为两次点数中相等或较小的一个,Y 为两次点数之和,求 X 和 Y 的分布律.

2. 从装有编号为 $1, 2, 3, 4, 5$ 五个球的袋中随机取出 3 只,记 X 为 3 只球中编号数中较大的一个,求 X 的分布律.

3. 已知一箱产品中有 5 件正品,2 件次品,分下列两种抽取方式,从箱中依次取出 3 件产品,求 3 件产品中次品件数 X 的分布律:
   (1) 将前次取出的产品放回箱中,然后再取出 1 件;
   (2) 将前次取出的产品不放回箱中,然后再取出 1 件.

4. 一辆汽车在一条道路上开行,该道路上有 4 只红绿灯,已知在每个道口碰到红绿灯的概率为 p,求碰到红绿灯数目 X 的分布律,并求其分布函数.

5. 在(1)和(3)中,将随机试验独立地重复进行,已知在每次试验中事件 A 出现的概率为 $p(0 < p < 1)$,$q = 1 - p$.
   (1) 将试验进行到事件 A 出现一次为止,求试验次数 X 的分布律(此时称随机变量 X

服从参数为 p 的**几何分布**);

(2) 重复掷骰子直到第一次 6 点出来为止,求掷骰子次数 X_1 的分布律;

(3) 将试验进行到事件 A 出现 r 次为止,求试验次数 Y 的分布律(此时称随机变量 Y 服从参数为 r, p 的**帕斯卡分布**);

(4) 已知一箱产品中有 5 件正品, 2 件次品,现以将前次取出的产品放回箱中,然后再取出一件的方式,从箱中依次取出产品,直到取出两件次品为止,求抽取次数 Y_1 的分布律;

(5) 在上题中,若以将前次取出的产品不放回箱中,然后再取出一件的方式,从箱中依次取出产品,直到取出两件次品为止,求抽取次数 Y_2 的分布律.

6. 设随机变量 X 服从下列分布,试确定其中的待定常数.

(1) $P\{X=k\}=\dfrac{c}{N}$, $k=1, 2, \cdots, N$,求 c;

(2) $P\{X=k\}=\dfrac{\lambda^k}{k!}\mathrm{e}^{-2}$, $k=0, 1, 2, \cdots$,求 λ;

(3) 设 $X \sim \pi(\lambda)$,且 $P\{X=1\}=P\{X=2\}$,求 λ,并计算 $P\{X=4\}$;

(4) 设随机变量 X 的分布律如下,求 c;

X	-1	0	1	2
$P\{X=x_k\}$	1/6	1/3	c	1/8

(5) 设离散型随机变量 X 的分布律为:$P\{X=k\}=\lambda p^k (k=1, 2, \cdots)$,其中 $\lambda>0$ 是已知常数,求参数 p.

7. 设随机变量 X 服从 $0-1$ 分布,即

$$P\{X=k\}=p^k (1-p)^{1-k} \quad (k=0, 1, 0<p<1),$$

求 X 的分布函数.

8. 某住户家中装有 3 台空调,每台空调启动时耗电 1.8 千瓦,已知该住户家中总空气开关容量为 4 千瓦,并且每台空调启动的概率为 0.2,求空气开关不跳闸的概率.

9. 某射手中靶的概率为 0.6,求其首次中靶的射击次数为偶数的概率.

10. 根据历史资料统计,某售报亭每天售出的晚报数服从参数 10 的泊松分布,问该售报亭每天要准备多少份报纸,才能使得晚报满足需要的概率不小于 99%.

11. 设某单位电话总机每分钟收到的电话数服从参数 3 的泊松分布,

(1) 求每分钟呼叫次数为 6 次的概率;

(2) 每分钟收到的电话次数超过 2 次的概率.

12. 设在时间长度为 t(小时)的时间段内,某急救中心收到的求救电话数服从参数为 $\dfrac{t}{2}$ 的泊松分布,求

(1) 该急救中心在凌晨 00:00∼1:00 收到的电话数超过 3 次的概率;

(2) 该急救中心在凌晨 00:00∼6:00 收到的电话数超过 5 次的概率.

13. (1) 已知随机变量 X 服从泊松分布,且 $P\{X=0\}=P\{X=1\}$,求 $P\{X=4\}$.

(2) 假设随机变量 X 和 Y 分别服从 $B(2, p)$ 和 $B(4, p)$,已知 $P\{X \geqslant 1\} = \dfrac{5}{9}$,求 $P\{Y \geqslant 1\}$.

14. 某射手进行 400 次的独立射击,每次命中目标的概率为 0.01,求他至少命中两次目标的概率.

15. 设每次生育中生三胞胎的概率为 10^{-4},计算在某城市的 2 万次生育中,至少出现一次三胞胎的概率,并计算其近似值.

16. 设某厂生产的 100 000 产品中的次品率为 1‰,现取出该厂的产品 200 件,求其中次品数超过 2 只的概率并近似计算概率值.

17. (1) 设随机变量 X 的概率分布函数为 $F(x) = A + B\arctan x$ $(-\infty < x < +\infty)$,求系数 A 与 B 及 X 落在 $(-1, 1)$ 内的概率;

    (2) 设随机变量 X 的概率密度函数为 $f(x) = \alpha e^{-|x|}$,求 α.

18. 向区间 $[a, b]$ 任意投掷一个质点,记其坐标为 X,设质点落在 $[a, b]$ 的任意小区间的概率与区间长度成正比.

    (1) 求随机变量 X 的分布函数;

    (2) 问 X 是否是连续型随机变量,若是,求其概率密度,并指出 X 服从哪种分布.

19. 设连续型随机变量 X 的分布函数为

$$F(x) = \begin{cases} 0, & x < 1, \\ A\ln x, & 1 \leqslant x \leqslant e, \\ 1, & x > e. \end{cases}$$

(1) 确定常数 A;

(2) 求随机变量 X 的概率密度 $f(x)$;

(3) 计算 $P\{0 < X < 2\}$,$P\{X \leqslant e^{\frac{1}{2}}\}$,$P\{X \geqslant \dfrac{e}{2}\}$.

20. 设随机变量 X 的概率密度函数为

$$f(x) = \begin{cases} c\sin x, & 0 \leqslant x \leqslant \pi, \\ 0, & \text{其他}, \end{cases}$$

(1) 确定常数 c;

(2) 求随机变量 X 的分布函数;

(3) 计算 $P\left\{-1 < X < \dfrac{1}{2}\right\}$,$P\left\{X \geqslant \dfrac{1}{3}\right\}$;

(4) 在 n 次独立观察中,求 X 的值至少有一次小于 0.5 的概率.

21. 已知某城市在用电高峰时的用电负荷不超过 100 万(千瓦),根据历史资料分析,负荷率 X($X =$ 实际负荷/100 万)服从以

$$f(x) = \begin{cases} 20x(1-x)^3, & 0 < x < 1, \\ 0, & \text{其他} \end{cases}$$

为概率密度的分布,现电网只能向该城市供电 80 万千瓦,求该城市出现供电不足现象的概率.

22. 设 T 服从 $(-2,4)$ 上的均匀分布,求方程 $x^2 + 2Tx + 1 = 0$ 有两个相异实根的概率.

23. 设顾客排队购买车票,已知排队等候时间 X(分钟)服从指数分布,其概率密度为

$$f(x) = \begin{cases} \dfrac{1}{20} e^{-\frac{x}{20}}, & x \geqslant 0, \\ 0, & x < 0. \end{cases}$$

若某顾客排队时间超过 20 分钟,他就离开. 他连续三次去排队,记 Y 为未买到车票的次数,求随机变量 Y 的分布律,并计算三次中至少一次买到车票的概率.

24. 已知 $X \sim N(-3, 2^2)$,求 $P\{-1 < X < 0\}$,$P\{X > -4\}$,$P\{X < 1\}$,$P\{|X+3| < 1\}$.

25. 某城市大学男生的身高 X(厘米)服从 $N(170, 10^2)$,从该城市男生中任选一名测量身高,求
    (1) 身高超过 180 厘米的概率;
    (2) 身高介于 165 厘米与 175 厘米的概率;
    (3) 确定最大的 x,使得身高超过 x 厘米的概率大于 0.99.

26. 某机器生产的螺栓直径(mm)服从参数为 $\mu = 10$,$\sigma = 0.05$ 的正态分布,若规定直径在 10 ± 0.15 范围内是合格品,求螺栓是合格品的概率.

27. 某工厂生产的电子管的寿命 X(小时)服从参数为 $\mu = 200$,σ^2 的正态分布,若要求 $P\{180 < X < 220\} > 0.9$,允许 σ 最大是多少.

28. 设某种仪器的寿命(天)的密度函数为

$$f(x) = \begin{cases} \dfrac{100}{(100+x)^2}, & x \geqslant 0, \\ 0, & x < 0. \end{cases}$$

某单位有 4 台该种仪器,求第 150 天时,该单位仍有能正常工作的仪器的概率.

29. 假设随机变量 X 和 Y 服从相同的分布,X 的密度函数为

$$f(x) = \begin{cases} \dfrac{3}{8} x^2, & 0 < x < 2, \\ 0, & 其他. \end{cases}$$

已知事件 $A = \{X > a\}$ 和 $B = \{Y > a\}$ 独立,且 $P(A \cup B) = \dfrac{3}{4}$,求常数 a.

30. 某公共汽车站有甲,乙,丙三人,分别等 1,2,3 路车,设每人等车的时间(分钟)都服从 $[0,5]$ 上的均匀分布,求三人中至少有两人等车时间不超过 2 分钟的概率.

31. 设随机变量 X 的分布律为

X	-1	1	2	3
p	1/8	1/4	1/8	1/2

求 $Y = X^2$ 的分布律.

32. 设随机变量 X 服从 $(0,1)$ 上的均匀分布. 求
    (1) $Y = e^X$ 的分布函数和概率密度函数;
    (2) 求 $Z = \ln X$ 的分布函数和概率密度函数.

1. 选择题

(1) 设随机变量 $X \sim N(\mu, \sigma^2)$,则随 σ 的增大,概率 $P\{|X-\mu| \leqslant \sigma\}$(　　).

(A) 单调增大;　　　(B) 单调减少;　　　(C) 保持不变;　　　(D) 增减不定.

(2) 设 X_1 和 X_2 是任意两个相互独立的连续型随机变量,它们的概率密度分别为 $f_1(x)$ 和 $f_2(x)$,分布函数分别为 $F_1(x)$ 和 $F_2(x)$,则(　　).

(A) $f_1(x)+f_2(x)$ 必为某一随机变量的概率密度;

(B) $F_1(x)F_2(x)$ 必为某一随机变量的分布函数;

(C) $F_1(x)+F_2(x)$ 必为某一随机变量的分布函数;

(D) $f_1(x)f_2(x)$ 必为某一随机变量的概率密度.

(3) $F_1(x)$ 和 $F_2(x)$ 为两个分布函数,其概率密度 $f_1(x)$ 和 $f_2(x)$ 是连续函数,则必为概率密度的是(　　).

(A) $f_1(x)f_2(x)$;　　　　　　　　　(B) $2f_2(x)F_1(x)$;

(C) $f_1(x)F_2(x)$;　　　　　　　　　(D) $f_2(x)F_1(x)+f_1(x)F_2(x)$.

(4) 设 $F(x) = \begin{cases} 0, & x<0, \\ \dfrac{x}{2}, & 0 \leqslant x < 1, \\ 1, & x \geqslant 1, \end{cases}$ 则 $F(x)$(　　).

(A) 是随机变量的分布函数;　　　　(B) 不是随机变量的分布函数;

(C) 是离散随机变量的分布函数;　　(D) 是连续随机变量的分布函数.

(5) 设随机变量 $X \sim N(\mu_1, \sigma_1^2)$,$Y \sim N(\mu_2, \sigma_2^2)$,且 $P\{|X-\mu_1|<1\} > P\{|Y-\mu_2|<1\}$,则(　　).

(A) $\sigma_1 < \sigma_2$;　　　(B) $\sigma_1 > \sigma_2$;　　　(C) $\mu_1 < \mu_2$;　　　(D) $\mu_1 > \mu_2$.

(6) 设随机变量 $X_1 \sim N(0, 1)$,$X_2 \sim N(0, 2^2)$,$X_3 \sim N(0, 3^2)$,$p_i = P\{|X_i|<2\}$ $(i=1, 2, 3)$,则(　　).

(A) $p_1 > p_2 > p_3$;　　　　　　　(B) $p_2 > p_1 > p_3$;

(C) $p_3 > p_2 > p_1$;　　　　　　　(D) $p_1 > p_3 > p_2$.

(7) 设 $f_1(x)$ 是标准正态分布的概率密度函数,$f_2(x)$ 是 $[-1, 3]$ 上均匀分布的概率密度函数,且 $f(x) = \begin{cases} af_1(x), & x \leqslant 0, \\ bf_2(x), & x > 0 \end{cases}$ $(a>0, b>0)$ 为概率密度函数,则 a, b 应满足(　　).

(A) $2a+3b=4$;　　(B) $3a+2b=4$;　　(C) $a+b=1$;　　(D) $a+b=2$.

(8) 设随机变量 X 的分布函数为 $F(x) = \begin{cases} 0, & x<0, \\ \dfrac{1}{2}, & 0 \leqslant x < 1, \\ 1-e^{-x}, & x \geqslant 1, \end{cases}$ 则 $P\{X=1\} =$

(　　).

(A) 0;   (B) $\dfrac{1}{2}$;   (C) $\dfrac{1}{2} - e^{-1}$;   (D) $1 - e^{-1}$.

2. 从 1，2，3，4，5 五个数中任取三个，按大小排列记为 $x_1 < x_2 < x_3$，令 $X = x_2$，试求
(1) X 的分布律和分布函数；
(2) $P\{X > 2\}$.

3. 设连续型随机变量 X 的概率密度 $f(x)$ 是偶函数，而 $F(x)$ 是 X 的分布函数，求证对任意实数 a，有

(1) $F(-a) = \dfrac{1}{2} - \displaystyle\int_0^a f(x)\mathrm{d}x$；

(2) $P(|X| < a) = 2F(a) - 1$.

4. 假设随机变量 $X \sim N(\mu,\ \sigma^2)$，证明：对一切正数 k，有

$$P\{\mu - k\sigma < X < \mu + k\sigma\} = 2\Phi(k-1).$$

5. (1) 设随机变量 $X \sim \pi(\lambda)$，问 k 取何值时，$P\{X = k\}$ 最大，其中 $k = 0,\ 1,\ 2,\ \cdots$；
(2) 设随机变量 $Y \sim B(n,\ p)$，问 k 取何值时，$P\{Y = k\}$ 最大，其中 $k = 0,\ 1,\ 2,\ \cdots,\ n$.

6. 设一天中进某商店的人数服从参数为 λ 的泊松分布，每个进商店的人购买商品的概率为 p.
(1) 求在进商店 k 人的条件下，恰好有 i 人购买商品的概率 $(0 \leqslant i \leqslant k)$；
(2) 求一天中购买商品的人数的分布律；
(3) 若一天中购买该类商品的人数为 r，求商店中来了 m 个人的条件概率 $(m \geqslant r)$.

7. 设每个成虫的产卵数 X 服从参数为 λ 的泊松分布，每只卵能变成小虫的概率为 p，且产卵和变成小虫相互独立，求每只成虫产出的小虫数 Y 的分布律.

8. 在电压低于 200 伏，介于 200 伏和 240 伏之间，超过 240 伏的条件下，某种电子元件的故障率分别为 0.01，0.001，0.1，假设电压 X 服从正态分布 $N(220,\ 30^2)$，求
(1) 电子元件故障的概率；
(2) 电子元件故障时，电压超过 240 伏的概率.

9. 随机变量 X 服从参数为 λ 的指数分布，求随机变量 $Y = 1 - e^{-\lambda X}$ 的概率密度，并指出它服从何种分布.

10. 设随机变量 X 的概率密度为 $f(x) = \begin{cases} 2e^{-2x}, & x > 0, \\ 0, & x \leqslant 0. \end{cases}$
求 $Y = X^2$ 的分布函数和概率密度函数.

第三章

多维随机变量及其分布

本章基本要求

1. 理解多维随机变量的概念,理解多维随机变量的分布的概念和性质,理解二维离散型随机变量的概率分布、边缘分布和条件分布,理解二维连续型随机变量的概率密度、边缘密度和条件密度,会求与二维随机变量相关事件的概率.

2. 理解随机变量的独立性及不相关性的概念,掌握随机变量相互独立的条件.

3. 掌握二维均匀分布,了解二维正态分布的概率密度,理解其中参数的概率意义.

4. 会求两个随机变量简单函数的分布,会求多个相互独立随机变量简单函数的分布.

在许多随机试验中,其试验结果需要用多个实数来表示.例如记录炮弹弹着点的位置需要用其横坐标 X,纵坐标 Y 来确定,即每个试验结果对应于一个向量 (X, Y);考察某地儿童的身体状态时,我们需要记录每个儿童的身高 X,体重 Y,营养状态 Z 等几个量,这些量显然都是随机变量,即每个试验结果 ω 对应于一个三维向量 (X, Y, Z).

本章将对试验结果和向量发生联系的随机试验引入多维随机变量概念,利用随机变量的分布函数和概率分布讨论其概率特性.

§3.1　多维随机变量及多维随机变量表示的事件

在第二章中,我们通过对随机试验结果的描述,发现对于许多随机试验,其每一个试验结果可对应于一个确定的实数,因此,随机事件可对应于一个实数的集合,不同的实数集可表示不同的随机事件.但一般说来,对一个随机试验,其样本空间为 $S = \{\omega\}$,若每个样本点(试验结果) ω 可对应于唯一的一个 n 维向量 $(X_1, X_2, \cdots, X_n)$,即 $\omega \to (X_1(\omega), X_2(\omega), \cdots, X_n(\omega))$,则称 $(X_1, X_2, \cdots, X_n)$ 为 n **维随机变量**.

注意到如下事实,每个 $X_k(k = 1, 2, \cdots, n)$ 是一维的随机变量,对它的研究可沿用原来的方法,但我们同时还需要研究它们的相互依赖关系(如体重与身高的依赖关系)等性质,在许多情形,这就需要将多个随机变量 $X_1, X_2, \cdots, X_n$ 看作一个整体进行讨论.

在一维随机变量情形,通常用 $\{X = x_i\}$,$\{a < X \leqslant b\}$,$\{X \leqslant b\}$ 表示随机事件.在多维

随机变量中,我们也经常用 $\{X \leqslant x_i, Y \leqslant y_j\}$, $\{a < X \leqslant b, c < Y \leqslant d\}$, $\{f(X, Y) = 0\}$ 等表示随机事件,这里 $\{X \leqslant x_i, Y \leqslant y_j\} = \{X \leqslant x_i\} \bigcap \{Y \leqslant y_j\}$,表示事件 $\{X \leqslant x_i\}$ 与 $\{Y \leqslant y_j\}$ 同时发生. $\{f(X, Y) = 0\}$ 为事件 $\{(X, Y) \mid f(X, Y) = 0\}$,例如掷两颗骰子,记第一枚骰子的点数为 X,第二枚骰子的点数为 Y,两次点数之和为 4 的事件可表示为 $\{X + Y = 4\}$,也可以表达为

$$\begin{aligned}\{X + Y = 4\} &= \{X + Y - 4 = 0\} \\ &= \{X = 1, Y = 3\} \bigcup \{X = 2, Y = 2\} \bigcup \{X = 3, Y = 1\}.\end{aligned}$$

类似一维随机变量,我们可定义多维随机变量的分布函数.

定义 3.1.1 设 (X, Y) 是二维随机变量,称 $F(x, y) = P\{X \leqslant x, Y \leqslant y\}$ 为 (X, Y) 的**分布函数**,或称为随机变量 X 和 Y 的**联合分布函数**.

类似地,称 $F(x_1, x_2, \cdots, x_n) = P\{X_1 \leqslant x_1, X_2 \leqslant x_2, \cdots, X_n \leqslant x_n\}$ 为 n 维随机变量 $(X_1, X_2, \cdots, X_n)$ 的**分布函数**,或称为随机变量 $X_1, X_2, \cdots, X_n$ 的**联合分布函数**.

二维随机变量 (X, Y) 的分布函数 $F(x, y)$ 在点 (x, y) 处的值就是随机点 (X, Y) 落在图 3-1 中阴影部分的概率.

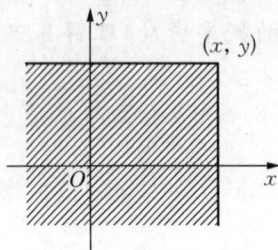

图 3-1

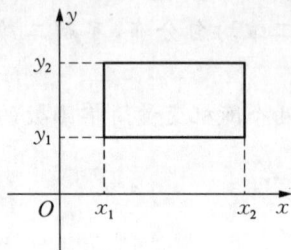

图 3-2

二维随机变量 (X, Y) 的分布函数 $F(x, y)$ 具有以下性质:

(1) $0 \leqslant F(x, y) \leqslant 1$;

(2) 对给定的 x, $F(x, \cdot)$ 是单调增加的函数;对给定的 y, $F(\cdot, y)$ 也是单调增加的函数;

(3) 对给定的 x_0, $\lim\limits_{y \to -\infty} F(x_0, y) = 0$;对给定的 y_0, $\lim\limits_{x \to -\infty} F(x, y_0) = 0$;且 $\lim\limits_{\substack{x \to +\infty \\ y \to +\infty}} F(x, y) = 1$;

(4) 对给定的 x_0, $F(x_0, \cdot)$ 是右连续的,即 $\lim\limits_{y \to y_0+} F(x_0, y) = F(x_0, y_0)$;对给定的 y_0, $F(\cdot, y_0)$ 是右连续的,即 $\lim\limits_{x \to x_0+} F(x, y_0) = F(x_0, y_0)$;

(5) 事件的概率(如图 3-2)

$$\begin{aligned}&P\{x_1 < X \leqslant x_2, y_1 < Y \leqslant y_2\} \\ &= F(x_2, y_2) - F(x_1, y_2) - F(x_2, y_1) + F(x_1, y_1).\end{aligned}$$

分布函数较完整地反映随机变量的特性,但并不是任何函数都是随机变量的密度函数.

例 3.1.1 已知

$$F(x, y) = \begin{cases} 0, & x \leqslant 0 \text{ 或 } x + y \leqslant 1 \text{ 或 } y \leqslant 0, \\ 1, & \text{其他}, \end{cases}$$

问 $F(x, y)$ 是否为某个二维随机变量 (X, Y) 的分布函数.

解 由 $P\left\{\dfrac{1}{2} < X \leqslant 1,\ \dfrac{1}{2} < Y \leqslant 1\right\}$

$$= F(1,\ 1) - F\left(1,\ \dfrac{1}{2}\right) - F\left(\dfrac{1}{2},\ 1\right) + F\left(\dfrac{1}{2},\ \dfrac{1}{2}\right)$$

$$= 1 - 1 - 1 + 0 = -1,$$

与概率的非负性矛盾,故 $F(x,\ y)$ 不是分布函数.

§3.2 多维离散型随机变量

1. 多维离散型随机变量的分布律

定义 3.2.1 若 n 维随机变量 $(X_1,\ X_2,\ \cdots,\ X_n)$ 可能的取值为 $\mathbb{R}^n$ 中的有限个或可列个点,则称该随机变量为 n 维**离散型随机变量**.

n 维随机变量 $(X_1,\ X_2,\ \cdots,\ X_n)$ 是离散型随机变量等价于每个分量 $X_k (k = 1,\ 2,\ \cdots,\ n)$ 是一维的离散型随机变量.

定义 3.2.2 设 $(X,\ Y)$ 为二维离散型随机变量,称

$$P\{X = x_i,\ Y = y_j\} = p_{ij}(i,\ j = 1,\ 2,\ 3,\ \cdots)$$

为二维离散型随机变量 $(X,\ Y)$ 的**分布律**(或称之为随机变量 X 和 Y 的**联合分布律**).

同理,设 $(X_1,\ X_2,\ \cdots,\ X_n)$ 为 n 维离散型随机变量,称

$$P\{X_1 = x_{i_1},\ X_2 = x_{i_2},\ \cdots,\ X_n = x_{i_n}\} = p_{i_1 i_2 \cdots i_n}$$

为 n 维离散型随机变量 $(X_1,\ X_2,\ \cdots,\ X_n)$ 的**分布律**(或称之为随机变量 $X_1,\ X_2,\ \cdots,\ X_n$ 的**联合分布律**).

二维离散型随机变量的分布律也常用列表法表示:

X ＼ Y	y_1	y_2	$\cdots$	y_j	$\cdots$
x_1	p_{11}	p_{12}	$\cdots$	p_{1j}	$\cdots$
$\cdots$	$\cdots$	$\cdots$	$\cdots$	$\cdots$	$\cdots$
x_i	p_{i1}	p_{i2}	$\cdots$	p_{ij}	$\cdots$
$\cdots$	$\cdots$	$\cdots$	$\cdots$	$\cdots$	$\cdots$

二维离散型随机变量 $(X,\ Y)$ 的分布律具有以下性质:

(1) $p_{ij} \geqslant 0\ (i,\ j = 1,\ 2,\ 3\cdots)$;

(2) $\displaystyle\sum_{i=1}^{\infty} \sum_{j=1}^{\infty} p_{ij} = 1$.

对于用二维离散型随机变量 $(X,\ Y)$ 表达的随机事件的概率计算有下列方法. 设 D 是平面上的集合,则

$$P\{(X,\ Y) \in D\} = \sum_{(x_i,\ y_j) \in D} p_{ij}.$$

例 3.2.1 一袋中有编号为 1, 2, 3 的三只球,现从袋中依次不放回地取出两只,记 X

为第一次取出的球的编号，Y 为第二次取出的球的编号.

1. 求随机变量 X，Y 的联合分布律；

2. 求两只球的编号之和大于 3 的概率.

解 1. X，Y 可能的取值都是 1，2，3. 由于

$$P\{X=1,Y=1\}=P\{X=1\}\cdot P\{Y=1\mid X=1\}=\frac{1}{3}\cdot 0=0;$$

同理可得

$$P\{X=2,Y=2\}=P\{X=3,Y=3\}=0.$$

又 $\quad P\{X=1,Y=2\}=P\{X=1\}\cdot P\{Y=2\mid X=1\}=\frac{1}{3}\cdot\frac{1}{2}=\frac{1}{6};$

同理可得

$$P\{X=1,Y=3\}=P\{X=2,Y=1\}=P\{X=2,Y=3\}$$
$$=P\{X=3,Y=1\}=P\{X=3,Y=2\}=\frac{1}{6}.$$

因此，(X,Y) 的分布律为

X \ Y	1	2	3
1	0	1/6	1/6
2	1/6	0	1/6
3	1/6	1/6	0

2. 两只编号之和大于 3 的事件 A 的逆事件为

$$\overline{A}=\{X=1,Y=1\}\bigcup\{X=1,Y=2\}\bigcup\{X=2,Y=1\},$$

因此两只编号之和大于 3 的概率为

$$P(A)=1-P(\overline{A})=1-P(\{X=1,Y=1\}\bigcup\{X=1,Y=2\}\bigcup\{X=2,Y=1\})$$
$$=1-[P\{X=1,Y=1\}+P\{X=1,Y=2\}+P\{X=2,Y=1\}]=\frac{2}{3}.$$

例 3.2.2 已知 (X,Y) 的分布律为

X \ Y	0	4	6
2	0.2	0.15	k
6	0.25	0.2	0.1

求：(1) k 之值；(2) $P\{X+Y=6\}$；(3) $P\{X\leqslant Y\}$.

解 (1) 由于 $\sum\limits_{i=1}^{\infty}\sum\limits_{j=1}^{\infty}p_{ij}=1$,$0.2+0.15+k+0.25+0.2+0.1=1$,得 $k=0.1$;

(2) $P\{X+Y=6\}=P\{X=2,Y=4\}+P\{X=6,Y=0\}=0.15+0.25=0.4$;

(3) $P\{X\leqslant Y\}=P\{X=2,Y=4\}+P\{X=2,Y=6\}+P\{X=6,Y=6\}$

$\qquad\qquad\quad =0.15+0.1+0.1=0.35.$

2. 边缘分布律

对于二维离散型随机向量 (X,Y),X 和 Y 均为一维离散型随机变量,因此 X,Y 也有自己的分布律. 当 (X,Y) 为离散型随机向量时,由于事件

$$\{X=x_i\}=\bigcup_{j=1}^{\infty}\{X=x_i,Y=y_j\}$$

$$=\{X=x_i,Y=y_1\}\bigcup\{X=x_i,Y=y_2\}\bigcup\cdots\bigcup\{X=x_i,Y=y_n\}\bigcup\cdots,$$

且事件 $\{X=x_i,Y=y_1\}$,$\{X=x_i,Y=y_2\}$,$\cdots$,$\{X=x_i,Y=y_n\}$,$\cdots$ 互斥,因此

$$P\{X=x_i\}=P\Big(\bigcup_{j=1}^{\infty}\{X=x_i,Y=y_j\}\Big)=\sum_{j=1}^{\infty}P\{X=x_i,Y=y_j\}=\sum_{j=1}^{\infty}p_{ij},$$

同理可得 $P\{Y=y_j\}=\sum\limits_{i=1}^{\infty}p_{ij}$. 由此有下列定义.

定义 3.2.3 设 (X,Y) 为二维离散型随机变量,称 $p_{i\cdot}=P\{X=x_i\}=\sum\limits_{j=1}^{\infty}p_{ij}(i=1,2,$ $\cdots)$,$p_{\cdot j}=P\{Y=y_j\}=\sum\limits_{i=1}^{\infty}p_{ij}(j=1,2,\cdots)$ 分别为二维离散型随机变量 (X,Y) 关于 X,关于 Y 的**边缘分布律(也称边际分布律)**.

边缘分布律有以下性质:

(1) $P\{X=x_i\}=p_{i\cdot}\geqslant 0(i=1,2,\cdots)$;

(2) $\sum\limits_{i=1}^{\infty}P\{X=x_i\}=\sum\limits_{i=1}^{\infty}p_{i\cdot}=1$.

例 3.2.3 求例 3.2.1 中二维随机变量 (X,Y) 关于 X,关于 Y 的边缘分布律.

解 $P\{X=1\}=p_{11}+p_{12}+p_{13}=0+\dfrac{1}{6}+\dfrac{1}{6}=\dfrac{1}{3}$;

$\qquad P\{X=2\}=p_{21}+p_{22}+p_{23}=\dfrac{1}{6}+0+\dfrac{1}{6}=\dfrac{1}{3}$;

$\qquad P\{X=3\}=p_{31}+p_{32}+p_{33}=\dfrac{1}{6}+\dfrac{1}{6}+0=\dfrac{1}{3}.$

故 (X,Y) 关于 X 的边缘分布律为

X	1	2	3
$p_{i\cdot}$	$\dfrac{1}{3}$	$\dfrac{1}{3}$	$\dfrac{1}{3}$

同理 (X,Y) 关于 Y 的边缘分布律为

Y	1	2	3
$p_{\cdot j}$	$\dfrac{1}{3}$	$\dfrac{1}{3}$	$\dfrac{1}{3}$

由上运算可知,二维随机变量(X, Y)关于X,关于Y的边缘分布律分别是X,Y的联合分布律的行,列之和,因此边缘分布律也可由下表表示.

X \ Y	1	2	3	$p_{i\cdot}$
1	0	1/6	1/6	1/3
2	1/6	0	1/6	1/3
3	1/6	1/6	0	1/3
$p_{\cdot j}$	1/3	1/3	1/3	

3. 条件分布律

由第一章条件概率定义,$P(A) > 0$时,$P(B \mid A) = \dfrac{P(AB)}{P(A)}$.

我们可以很自然地引进条件概率的概念.

对于二维离散型随机向量(X, Y),考虑在事件$\{Y = y_j\}$发生的条件下,事件$\{X = x_i\}$发生的概率$P\{X = x_i \mid Y = y_j\}$,由条件概率的定义,当$P\{Y = y_j\} \neq 0$时,

$$P\{X = x_i \mid Y = y_j\} = \frac{P\{X = x_i, Y = y_j\}}{P\{Y = y_j\}} = \frac{p_{ij}}{p_{\cdot j}}, \ i = 1, 2, \cdots;$$

同理,当$P\{X = x_i\} \neq 0$时,

$$P\{Y = y_j \mid X = x_i\} = \frac{P\{X = x_i, Y = y_j\}}{P\{X = x_i\}} = \frac{p_{ij}}{p_{i\cdot}}, \ j = 1, 2, \cdots.$$

定义 3.2.4 二维离散型随机向量(X, Y),对给定的j,当$P\{Y = y_j\} \neq 0$时,称

$$P\{X = x_i \mid Y = y_j\} = \frac{P\{X = x_i, Y = y_j\}}{P\{Y = y_j\}} = \frac{p_{ij}}{p_{\cdot j}}, \ i = 1, 2, \cdots$$

为事件$\{Y = y_j\}$发生条件下,随机变量X的**条件分布律**.

对给定的i,当$P\{X = x_i\} \neq 0$时,称

$$P\{Y = y_j \mid X = x_i\} = \frac{P\{X = x_i, Y = y_j\}}{P\{X = x_i\}} = \frac{p_{ij}}{p_{i\cdot}}, \ j = 1, 2, \cdots$$

为事件$\{X = x_i\}$发生条件下,随机变量Y的**条件分布律**.

条件分布律有以下性质:

$$P\{Y = y_j \mid X = x_i\} \geqslant 0 \ (j = 1, 2, \cdots);$$

$$\sum_{j=1}^{\infty} P\{Y = y_j \mid X = x_i\} = \sum_{j=1}^{\infty} \frac{p_{ij}}{p_{i\cdot}} = 1.$$

例 3.2.4 在例 3.2.1 中求 $\{X=2\}$ 下 Y 的条件分布律及 $\{Y=3\}$ 条件下 X 的条件分布律.

解 $\qquad P\{X=2\} = \dfrac{1}{3},$

$$P\{Y=1 \mid X=2\} = \frac{P\{X=2, Y=1\}}{P\{X=2\}} = \frac{\dfrac{1}{6}}{\dfrac{1}{3}} = \frac{1}{2};$$

$$P\{Y=2 \mid X=2\} = \frac{P\{X=2, Y=2\}}{P\{X=2\}} = \frac{0}{\dfrac{1}{3}} = 0,$$

$$P\{Y=3 \mid X=2\} = \frac{P\{X=2, Y=3\}}{P\{X=2\}} = \frac{\dfrac{1}{6}}{\dfrac{1}{3}} = \frac{1}{2}.$$

所以 $\{X=2\}$ 条件下随机变量 Y 的条件分布律为

Y	1	2	3
$P\{Y=y_j \mid X=2\}$	$\dfrac{1}{2}$	0	$\dfrac{1}{2}$

同理，$\{Y=3\}$ 条件下随机变量 X 的条件分布律为

X	1	2	3
$P\{X=x_i \mid Y=3\}$	$\dfrac{1}{2}$	$\dfrac{1}{2}$	0

4. 随机变量的相互独立性

由随机事件的相互独立性概念,我们对二维离散型随机向量 (X, Y),可引进随机变量 X 和 Y 相互独立的概念.

定义 3.2.5 对二维离散型随机向量 (X, Y),若

$$P\{X=x_i, Y=y_j\} = P\{X=x_i\} \cdot P\{Y=y_j\} \ (i, j=1, 2, \cdots)$$

对所有的 x_i, $y_j (i, j=1, 2, \cdots)$ 都成立,则称随机变量 X 和 Y 是**相互独立**的,否则称为不相互独立.

易于得到随机变量 X 和 Y 相互独立的充分必要条件为分别由随机变量 X 和随机变量 Y 表达的任意事件是相互独立的,即随机变量 X 和 Y 相互独立充分必要条件是对任意的实数集 A, B,事件 $\{X \in A\}$, $\{Y \in B\}$ 是相互独立的.

当随机变量 X 和 Y 是相互独立时,$p_{ij} = p_{i.} \times p_{.j} (i, j=1, 2, \cdots)$,从而联合分布律中的矩阵 (p_{ij}) 行(列)成比例.

例3.2.5 讨论例3.2.1中随机变量 X 和 Y 的相互独立性.

解法1 由于 $P\{X=1, Y=1\}=0$,

而 $$P\{X=1\}=\frac{1}{3},\ P\{Y=1\}=\frac{1}{3},$$

故 $$P\{X=1, Y=1\}\neq P\{X=1\}\cdot P\{Y=1\},$$

因此,随机变量 X 和 Y 不是相互独立的.

解法2 (X, Y) 的分布律矩阵 $(p_{ij})=\begin{pmatrix} 0 & 1/6 & 1/6 \\ 1/6 & 0 & 1/6 \\ 1/6 & 1/6 & 0 \end{pmatrix}$ 的行不成比例,因此,随机变量 X 和 Y 不是相互独立的.

在有放回摸球情形,记 X 为第一次取出的球的编号,Y 为第二次取出的球的编号,则随机变量 X 和 Y 是相互独立的,这个结论请读者自证.

例3.2.6 已知随机变量 X 和 Y 是相互独立的,其联合分布律、边缘分布律如下,请将表中空白处填上正确数值.

X\Y	y_1	y_2	y_3	$p_i.$
x_1		1/8		
x_2	1/8			
$p._j$	1/6			

解 由 $p._1=P\{X=x_1, Y=y_1\}+P\{X=x_2, Y=y_1\}$ 得

$$P\{X=x_1, Y=y_1\}=\frac{1}{6}-\frac{1}{8}=\frac{1}{24},$$

由 X 和 Y 相互独立,矩阵 (p_{ij}) 的列成比例得

$$P\{X=x_2, Y=y_2\}=\frac{3}{8},\ p._2=\frac{1}{2},$$

由 $P\{X=x_1, Y=y_3\}=k\cdot\frac{1}{24},\ P\{X=x_2, Y=y_3\}=k\cdot\frac{1}{8},\ p._3=1-\frac{1}{6}-\frac{1}{2}=\frac{1}{3}$,

从而由 $k\cdot\frac{1}{24}+k\cdot\frac{1}{8}=\frac{1}{3}$ 得 $k=2$. 于是得到分布律和边缘分布律的定义表格完成如下:

X\Y	y_1	y_2	y_3	$p_i.$
x_1	1/24	1/8	1/12	1/4
x_2	1/8	3/8	1/4	3/4
$p._j$	1/6	1/2	1/3	

例3.2.7 已知随机变量 X 和 Y 的分布律分别为

X	-1	0	1
p_i	$\dfrac{1}{4}$	$\dfrac{1}{2}$	$\dfrac{1}{4}$

Y	0	1
p_j	$\dfrac{1}{2}$	$\dfrac{1}{2}$

且 $P\{XY = 0\} = 1$,

　1. 求 X, Y 的联合分布律;

　2. 判定随机变量 X 和 Y 是否相互独立.

　解　1. 由 $P\{XY = 0\} = 1$,知 $P\{XY \neq 0\} = 0$,从而 $P\{X \neq 0, Y \neq 0\} = 0$.

得到 $\qquad\qquad P\{X = -1, Y = 1\} = P\{X = 1, Y = 1\} = 0.$

由此得到分布律的表格如下

X \ Y	0	1	$p_i.$
-1	$p_{-1, 0}$	0	$1/4$
0	$p_{0, 0}$	$p_{0, 1}$	$1/2$
1	$p_{1, 0}$	0	$1/4$
$p._j$	$1/2$	$1/2$	

由 $p._1 = \sum\limits_i p_{i1}$,得 $p_{0, 1} = \dfrac{1}{2}$,再利用 $p_i. = \sum\limits_j p_{ij}$ 得到 (X, Y) 的分布律表格如下

X \ Y	0	1	$p_i.$
-1	$1/4$	0	$1/4$
0	0	$1/2$	$1/2$
1	$1/4$	0	$1/4$
$p._j$	$1/2$	$1/2$	

　2. 由 $P\{X = 1, Y = 1\} = 0 \neq P\{X = 1\} \cdot P\{Y = 1\} = \dfrac{1}{4} \cdot \dfrac{1}{2}$,

因此,随机变量 X 和 Y 不相互独立.

　或者可用分布律矩阵 (p_{ij}) 的行(列)不成比例,得到随机变量 X 和 Y 不相互独立.

5. 二维离散型随机变量函数的分布律

　多维随机变量的函数仍是随机变量,因此有其分布律. 多维离散型随机变量函数分布律求法较简单,首先确定随机变量函数的可能取值,然后求事件的概率,具体做法用下例来说明.

　例 3.2.8　已知 (X, Y) 的分布律为

X \ Y	−1	0	1
−1	0.01	0.2	0.1
1	0.05	0.1	0.15
2	0.1	0.1	0.1

求下列随机变量的分布律:

(1) $Z = 2X + 3Y$;

(2) $U = X^2 - Y$;

(3) $V = \max\{X, Y\}$.

解 列表如下

(X, Y)	$(-1, -1)$	$(-1, 0)$	$(-1, 1)$	$(1, -1)$	$(1, 0)$	$(1, 1)$	$(2, -1)$	$(2, 0)$	$(2, 1)$
p_{ij}	0.1	0.2	0.1	0.05	0.1	0.15	0.1	0.1	0.1
Z	−5	−2	1	−1	2	5	1	4	7
U	2	1	0	2	1	0	5	4	3
V	−1	0	1	1	1	1	2	2	2

因此,Z 的分布律为:

Z	−5	−2	−1	1	2	4	5	7
p_i	0.1	0.2	0.05	0.2	0.1	0.1	0.15	0.1

U 的分布律为:

U	0	1	2	3	4	5
p_i	0.25	0.3	0.15	0.1	0.1	0.1

V 的分布律为:

V	−1	0	1	2
p_i	0.1	0.2	0.4	0.3

下面举一个典型的离散型随机变量的例子.

例3.2.9 设随机变量 X, Y 相互独立,且服从泊松分布,$X \sim \pi(\lambda_1)$,$Y \sim \pi(\lambda_2)$,求 $Z = X + Y$ 的分布律.

解 $Z = X + Y$ 可能的取值为 $0, 1, 2, \cdots$,对于非负整数 k,

$$P\{Z = k\} = P\{X + Y = k\} = P\left(\bigcup_{i=0}^{k}\{X = i, Y = k - i\}\right)$$

$$= \sum_{i=0}^{k} P(\{X = i, Y = k - i\}) = \sum_{i=0}^{k} P\{X = i\} \cdot P\{Y = k - i\}$$

$$= \sum_{i=0}^{k} \frac{\lambda_1^i}{i!} e^{-\lambda_1} \frac{\lambda_2^{k-i}}{(k-i)!} e^{-\lambda_2} = e^{-(\lambda_1 + \lambda_2)} \sum_{i=0}^{k} \frac{\lambda_1^i}{i!} \frac{\lambda_2^{k-i}}{(k-i)!}$$

$$= \mathrm{e}^{-(\lambda_1 + \lambda_2)} \frac{1}{k!} \sum_{i=0}^{k} \binom{k}{i} \lambda_1^i \lambda_2^{k-i} = \frac{(\lambda_1 + \lambda_2)^k}{k!} \mathrm{e}^{-(\lambda_1 + \lambda_2)}.$$

即 $Z = X + Y \sim \pi(\lambda_1 + \lambda_2)$.

上例说明,泊松分布具有可加性.

§3.3 二维连续型随机变量

由前面的讨论,对任意的二维随机变量(X, Y),都可以定义其分布函数$F(x, y)$,且分布函数的定义域为全平面.类似于一维情形,我们可引进连续型随机变量的概念.

1. 连续型随机变量

定义 3.3.1 设二维随机变量(X, Y)的分布函数为$F(x, y)$,如果存在函数$f(x, y)$,使得对于所有实数x, y,

$$F(x, y) = \int_{-\infty}^{x} \int_{-\infty}^{y} f(u, v) \mathrm{d}u \mathrm{d}v$$

成立,则称(X, Y)是二维连续型随机变量,$f(x, y)$称为二维连续型随机变量(X, Y)的**概率密度函数**(简称为**概率密度**),或称为随机变量X和Y的**联合概率密度**.

对连续型的二维随机变量(X, Y),其概率密度$f(x, y)$与分布函数$F(x, y)$具有以下性质:

(1) $f(x, y) \geqslant 0$;

(2) $F(\cdot, y)$,$F(x, \cdot)$ 单调增加;

(3) $\lim\limits_{x \to -\infty} F(x, y) = 0$, $\lim\limits_{y \to -\infty} F(x, y) = 0$,

$$\lim_{\substack{x \to +\infty \\ y \to +\infty}} F(x, y) = \int_{-\infty}^{+\infty} \mathrm{d}x \int_{-\infty}^{+\infty} f(x, y) \mathrm{d}y = 1;$$

(4) 若(x, y)是概率密度$f(x, y)$的连续点,则$\dfrac{\partial^2 F(x, y)}{\partial x \partial y} = f(x, y)$;

(5) 若D为xOy平面上的区域,则$P\{(X, Y) \in D\} = \iint\limits_{D} f(x, y) \mathrm{d}x \mathrm{d}y$;

(6) $P\{X = x_0, Y = y_0\} = P\{X = x_0\} = P\{Y = y_0\} = 0$.

利用上面的这些性质,可以进行事件概率、分布函数、概率密度等问题的讨论.值得引起注意的是上述的性质(6)只对二维连续型随机变量(X, Y)成立,而对离散型随机变量不成立.

例 3.3.1 已知(X, Y)的概率密度为

$$f(x, y) = \begin{cases} A\mathrm{e}^{-(x+y)}, & 0 < x < +\infty, 0 < y < +\infty, \\ 0, & \text{其他}, \end{cases}$$

求:1. 常数A;

2. $P\{-1 < X < 2, -1 < Y < 3\}$;

3. $P\{X + Y \leqslant 1\}$;

4. $F(x, y)$.

解 1. 如图 3-3,由

$$1 = \int_{-\infty}^{+\infty} \mathrm{d}x \int_{-\infty}^{+\infty} f(x, y)\mathrm{d}y$$

$$= \int_0^{+\infty} \mathrm{d}x \int_0^{+\infty} A\mathrm{e}^{-(x+y)}\mathrm{d}y$$

$$= A \int_0^{+\infty} \mathrm{e}^{-x}\mathrm{d}x \int_0^{+\infty} \mathrm{e}^{-y}\mathrm{d}y$$

$$= A \left[-\mathrm{e}^{-x}\right]_0^{+\infty} \left[-\mathrm{e}^{-y}\right]_0^{+\infty}$$

$$= A[0-(-1)][0-(-1)] = A,$$

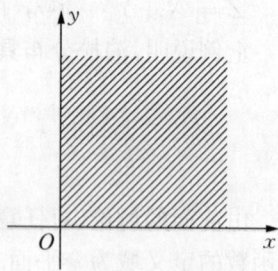

图 3-3

得 $A = 1$;

2. 如图 3-4,

$$P\{-1 < X < 2, -1 < Y < 3\}$$

$$= \iint\limits_{(-1, 2)\times(-1, 3)} f(x, y)\mathrm{d}x\mathrm{d}y = \iint\limits_{(0, 2)\times(0, 3)} \mathrm{e}^{-(x+y)}\mathrm{d}x\mathrm{d}y$$

$$= \int_0^2 \mathrm{d}x \int_0^3 \mathrm{e}^{-(x+y)}\mathrm{d}y = \int_0^2 \mathrm{e}^{-x}\mathrm{d}x \int_0^3 \mathrm{e}^{-y}\mathrm{d}y$$

$$= \left[-\mathrm{e}^{-x}\right]_0^2 \cdot \left[-\mathrm{e}^{-y}\right]_0^3$$

$$= (1-\mathrm{e}^{-2})(1-\mathrm{e}^{-3})$$

$$= 1-\mathrm{e}^{-2}-\mathrm{e}^{-3}+\mathrm{e}^{-5};$$

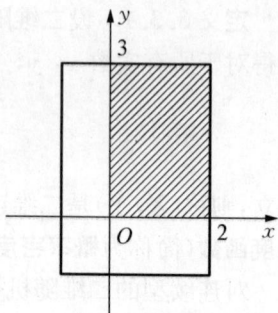

图 3-4

3. 如图 3-5,在半平面 $x+y \leqslant 1$ 中,仅在 D_1(阴影部分)内,$f(x, y) \neq 0$,故

$$P\{X+Y \leqslant 1\} = \iint\limits_{D_1} f(x, y)\mathrm{d}x\mathrm{d}y$$

$$= \int_0^1 \mathrm{d}x \int_0^{1-x} \mathrm{e}^{-(x+y)}\mathrm{d}y = \int_0^1 \mathrm{e}^{-x}\left[-\mathrm{e}^{-y}\right]_0^{1-x}\mathrm{d}x$$

$$= \int_0^1 \mathrm{e}^{-x}[1-\mathrm{e}^{x-1}]\mathrm{d}x = \int_0^1 (\mathrm{e}^{-x}-\mathrm{e}^{-1})\mathrm{d}x$$

$$= \left[-\mathrm{e}^{-x}-\mathrm{e}^{-1}x\right]_0^1 = -\mathrm{e}^{-1}+1-\mathrm{e}^{-1} = 1-\frac{1}{2\mathrm{e}};$$

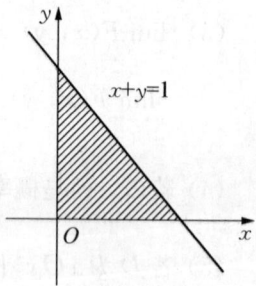

图 3-5

4. $F(x, y) = \int_{-\infty}^x \mathrm{d}x \int_{-\infty}^y f(x, y)\mathrm{d}y.$

由 $f(x, y)$ 仅在区域 $\{(x, y) \mid 0 < x < +\infty, 0 < y < +\infty\}$ 中非零,作如下讨论:

当 $x \leqslant 0$ 或 $y \leqslant 0$ 时,有 $F(x, y) = 0$,

当 $x > 0$ 且 $y > 0$ 时,有

$$F(x, y) = \int_{-\infty}^x \mathrm{d}x \int_{-\infty}^y f(x, y)\mathrm{d}y$$

$$= \int_0^x \mathrm{d}x \int_0^y \mathrm{e}^{-(x+y)}\mathrm{d}y = \int_0^x \mathrm{e}^{-x}\mathrm{d}x \int_0^y \mathrm{e}^{-y}\mathrm{d}y$$

$$= \left[-\mathrm{e}^{-x}\right]_0^x \left[-\mathrm{e}^{-y}\right]_0^y = (1-\mathrm{e}^{-x})(1-\mathrm{e}^{-y}),$$

综上所述，我们有

$$F(x, y) = \begin{cases} (1-e^{-x})(1-e^{-y}), & x > 0 \text{ 且 } y > 0, \\ 0, & \text{其他.} \end{cases}$$

2. 几个典型二维连续型随机向量

这部分讨论几个常见的二维连续型随机向量分布，二维正态分布与二维均匀分布.

定义 3.3.2 若二元随机向量 (X, Y) 的概率密度为

$$f(x, y) = \frac{1}{2\pi\sigma_1\sigma_2\sqrt{1-\rho^2}} e^{-\frac{1}{2(1-\rho^2)}\left[\frac{(x-\mu_1)^2}{\sigma_1^2} - 2\rho\frac{(x-\mu_1)(y-\mu_2)}{\sigma_1\sigma_2} + \frac{(y-\mu_2)^2}{\sigma_2^2}\right]},$$

其中 $\sigma_1 > 0$, $\sigma_2 > 0$, $|\rho| < 1$，则称 (X, Y) 服从**二维正态分布**，记为
$(X, Y) \sim N(\mu_1, \mu_2, \sigma_1^2, \sigma_2^2, \rho)$，其中参数 μ_1, μ_2 分别称为是 X, Y 的期望，σ_1^2, σ_2^2 分别称为是 X, Y 的方差，ρ 称为是 X 与 Y 的相关系数.

定义 3.3.3 若 (X, Y) 的概率密度为

$$f(x, y) = \begin{cases} \dfrac{1}{A}, & (x, y) \in D, \\ 0, & \text{其他,} \end{cases}$$

其中 A 为区域 D 的面积，则称 (X, Y) 服从 D 上的**均匀分布**.

3. 边缘分布

设二维连续型随机变量 (X, Y) 的概率密度为 $f(x, y)$，则随机变量 X, Y 的分布函数分别为

$$F_X(x) = P\{X \leqslant x\} = P\{X \leqslant x, Y < +\infty\} = \int_{-\infty}^{x} dx \int_{-\infty}^{+\infty} f(x, y) dy,$$

$$F_Y(y) = P\{Y \leqslant y\} = P\{X < +\infty, Y \leqslant y\} = \int_{-\infty}^{y} dy \int_{-\infty}^{+\infty} f(x, y) dx.$$

因此，随机变量 X, Y 的概率密度分别为

$$f_X(x) = \int_{-\infty}^{+\infty} f(x, y) dy;$$

$$f_Y(y) = \int_{-\infty}^{+\infty} f(x, y) dx.$$

我们将 $F_X(x)$, $F_Y(y)$ 分别称为二维连续型随机变量 (X, Y) 关于 X, 关于 Y 的**边缘分布函数**，$f_X(x)$, $f_Y(y)$ 分别称为二维连续型随机变量 (X, Y) 关于 X, Y 的**边缘概率密度函数**（简称边缘概率密度）.

例 3.3.2 设 $(X, Y) \sim N(\mu_1, \mu_2, \sigma_1^2, \sigma_2^2, \rho)$，求 $f_X(x)$, $f_Y(y)$.

解 $f_X(x) = \displaystyle\int_{-\infty}^{+\infty} \frac{1}{2\pi\sigma_1\sigma_2\sqrt{1-\rho^2}} e^{-\frac{1}{2(1-\rho^2)}\left[\frac{(x-\mu_1)^2}{\sigma_1^2} - 2\rho\cdot\frac{(x-\mu_1)(y-\mu_2)}{\sigma_1\sigma_2} + \frac{(y-\mu_2)^2}{\sigma_2^2}\right]} dy$

$$= \frac{1}{2\pi\sigma_1\sigma_2\sqrt{1-\rho^2}} \cdot e^{-\frac{(x-\mu_1)^2}{2\sigma_1^2}} \int_{-\infty}^{+\infty} e^{-\frac{1}{2(1-\rho^2)}\left[\frac{y-\mu_2}{\sigma_2}-\rho\cdot\frac{x-\mu_1}{\sigma_1}\right]^2} dy,$$

令 $\quad u = \frac{1}{\sqrt{1-\rho^2}}\left[\frac{y-\mu_2}{\sigma_2} - \rho \cdot \frac{(x-\mu_1)}{\sigma_1}\right],$

则 $dy = \sqrt{1-\rho^2}\sigma_2 du$, 故

$$f_X(x) = \frac{1}{2\pi\sigma_1\sigma_2\sqrt{1-\rho^2}} \cdot e^{-\frac{(x-\mu_1)^2}{2\sigma_1^2}} \int_{-\infty}^{+\infty} e^{-\frac{u^2}{2}} \cdot \sqrt{1-\rho^2}\sigma_2 du$$

$$= \frac{1}{2\pi\sigma_1} \cdot e^{-\frac{(x-\mu_1)^2}{2\sigma_1^2}} \int_{-\infty}^{+\infty} e^{-\frac{u^2}{2}} du$$

$$= \frac{1}{\sqrt{2\pi}\sigma_1} e^{-\frac{(x-\mu_1)^2}{2\sigma_1^2}} \cdot \frac{1}{\sqrt{2\pi}} \int_{-\infty}^{+\infty} e^{-\frac{u^2}{2}} du$$

$$= \frac{1}{\sqrt{2\pi}\sigma_1} e^{-\frac{(x-\mu_1)^2}{2\sigma_1^2}}, \quad -\infty < x < +\infty.$$

同理可得 $\quad f_Y(y) = \frac{1}{\sqrt{2\pi}\sigma_2} e^{-\frac{(y-\mu_2)^2}{2\sigma_2^2}}, \quad -\infty < y < +\infty.$

由例 3.3.2 结果可知,若 $(X, Y) \sim N(\mu_1, \mu_2, \sigma_1^2, \sigma_2^2, \rho)$,则 $X \sim N(\mu_1, \sigma_1^2)$, $Y \sim N(\mu_2, \sigma_2^2)$,即 X, Y 均服从一维正态分布且与 ρ 的取值无关,从上例还可发现,如果仅知道两个边缘分布,一般求不出它们的联合分布.

例 3.3.3 已知 (X, Y) 的概率密度

$$f(x, y) = \begin{cases} 3x, & 0 \leqslant x < 1, 0 \leqslant y < x, \\ 0, & \text{其他,} \end{cases}$$

求 $f_X(x)$, $f_Y(y)$.

解 $D = \{(x, y) | 0 \leqslant x \leqslant 1, 0 \leqslant y \leqslant x\} = \{(x, y) | 0 \leqslant y \leqslant 1, y \leqslant x \leqslant 1\}$, $f(x, y)$ 在 D 上不为零.

由 $f(x, y)$ 的定义可知在 $-\infty < x < 0$ 或 $1 < x < +\infty$ 时, $f(x, y) = 0$,

从而, $f_X(x) = \int_{-\infty}^{+\infty} f(x, y) dy = 0.$

如图 3-6 所示,当 $0 \leqslant x \leqslant 1$ 时,

$$f_X(x) = \int_{-\infty}^{+\infty} f(x, y) dy = \int_0^x 3x dy = 3x \cdot y|_0^x = 3x^2,$$

因此, $f_X(x) = \begin{cases} 3x^2, & 0 \leqslant x \leqslant 1, \\ 0, & \text{其他;} \end{cases}$

当 $-\infty < y < 0$ 或 $1 < y < +\infty$ 时, $f(x, y) = 0$,

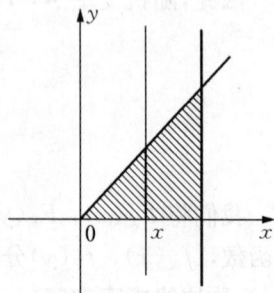

图 3-6

有 $f_Y(y) = \int_{-\infty}^{+\infty} f(x, y)\mathrm{d}x = 0,$

如图 3-7 所示,当 $0 \leqslant y \leqslant 1$ 时,

$$f_Y(y) = \int_y^1 3x\mathrm{d}x = \frac{3}{2}x^2 \Big|_y^1 = \frac{3}{2} - \frac{3}{2}y^2,$$

因此,

$$f_Y(y) = \begin{cases} \dfrac{3}{2}(1-y^2), & 0 \leqslant y \leqslant 1, \\ 0, & \text{其他.} \end{cases}$$

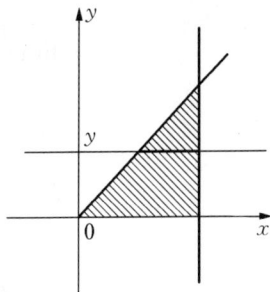

图 3-7

在上例中,概率密度 $f(x, y)$ 是分段函数,其边缘分布的求法有其特殊性,读者要注意这一类题的解法.

例 3.3.4 设 $G = \{(x, y) \mid 0 \leqslant x \leqslant 3, 0 \leqslant y \leqslant 1\}$ 是一矩形,向矩形 G 上均匀地掷一随机点 (X, Y),试求点 (X, Y) 落在圆盘 $x^2 + y^2 \leqslant 4$ 上的概率.

解 随机变量 (X, Y) 的概率密度 $f(x, y) = \begin{cases} \dfrac{1}{3}, & 0 \leqslant x \leqslant 3, 0 \leqslant y \leqslant 1, \\ 0, & \text{其他,} \end{cases}$

则点 (X, Y) 落在圆 $x^2 + y^2 \leqslant 4$ 上的概率为

$$\begin{aligned} P\{X^2 + Y^2 \leqslant 4\} &= \iint_{x^2+y^2 \leqslant 4} f(x, y)\mathrm{d}x\mathrm{d}y \\ &= \int_0^1 \mathrm{d}y \int_0^{\sqrt{4-y^2}} \frac{1}{3}\mathrm{d}x \\ &= \frac{\pi}{9} + \frac{\sqrt{3}}{6}. \end{aligned}$$

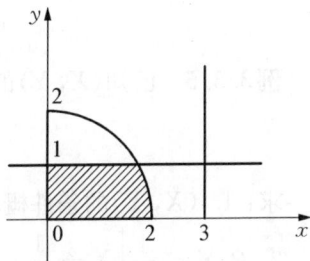

图 3-8

4. 条件分布

对连续型随机变量,由于 $P\{X = x\} = 0$,此时条件概率 $P\{Y \leqslant y \mid X = x\}$ 不能直接由条件概率的定义得到,但我们可通过下列极限方式来处理此问题.

$$\lim_{\varepsilon \to 0+} P\{Y \leqslant y \mid x - \varepsilon < X \leqslant x + \varepsilon\} = \lim_{\varepsilon \to 0+} \frac{P\{x - \varepsilon < X < x + \varepsilon, Y \leqslant y\}}{P\{x - \varepsilon < X < x + \varepsilon\}}.$$

由此,我们有下列定义.

定义 3.3.4 对任意给定的正数 ε,$P\{x - \varepsilon < X \leqslant x + \varepsilon\} > 0$,且对任意实数 y,极限

$$\lim_{\varepsilon \to 0+} P\{Y \leqslant y \mid x - \varepsilon < X \leqslant x + \varepsilon\} = \lim_{\varepsilon \to 0+} \frac{P\{x - \varepsilon < X < x + \varepsilon, Y \leqslant y\}}{P\{x - \varepsilon < X < x + \varepsilon\}}$$

存在,则称此极限为条件 $\{X = x\}$ 下 Y 的**条件分布函数**,记为 $P\{Y \leqslant y \mid X = x\}$ 或记为 $F_{Y|X}(y \mid x)$.

设 (X, Y) 的分布函数为 $F(x, y)$,概率密度为 $f(x, y)$,若点 (x, y) 是 $f(x, y)$ 的连续点,x 是边缘概率密度 $f_X(x)$ 的连续点,且 $f_X(x) > 0$,则条件分布函数

$$F_{Y|X}(y \mid x) = \lim_{\varepsilon \to 0+} P\{Y \leqslant y \mid x - \varepsilon < X \leqslant x + \varepsilon\}$$

$$= \lim_{\varepsilon \to 0+} \frac{P\{x - \varepsilon < X < x + \varepsilon,\ Y \leqslant y\}}{P\{x - \varepsilon < X \leqslant x + \varepsilon\}} = \lim_{\varepsilon \to 0+} \frac{F(x + \varepsilon,\ y) - F(x - \varepsilon,\ y)}{F_X(x + \varepsilon) - F_X(x - \varepsilon)}$$

$$= \lim_{\varepsilon \to 0+} \frac{\dfrac{F(x + \varepsilon,\ y) - F(x - \varepsilon,\ y)}{2\varepsilon}}{\dfrac{F_X(x + \varepsilon) - F_X(x - \varepsilon)}{2\varepsilon}} = \frac{\dfrac{\partial F(x,\ y)}{\partial x}}{\dfrac{\mathrm{d} F_X(x)}{\mathrm{d} x}}$$

$$= \frac{\displaystyle\int_{-\infty}^{y} f(x,\ v)\mathrm{d}v}{f_X(x)} = \int_{-\infty}^{y} \frac{f(x,\ v)}{f_X(x)} \mathrm{d}v.$$

若记 $f_{Y|X}(y \mid x)$ 为条件 $\{X = x\}$ 下 Y 的**条件概率密度**,则由上式可得

$$f_{Y|X}(y \mid x) = \frac{f(x,\ y)}{f_X(x)}.$$

同理可得,条件 $\{Y = y\}$ 下 X 的条件分布函数为 $F_{X|Y}(x \mid y) = \displaystyle\int_{-\infty}^{x} \frac{f(u,\ y)}{f_Y(y)} \mathrm{d}u$,其条

件概率密度为 $f_{X|Y}(x \mid y) = \dfrac{f(x,\ y)}{f_Y(y)}$.

例 3.3.5 已知 $(X,\ Y)$ 的概率密度 $f(x,\ y) = \begin{cases} x^2 + \dfrac{1}{3}xy, & 0 \leqslant x < 1,\ 0 \leqslant y \leqslant 2, \\ 0, & \text{其他.} \end{cases}$

求:1. $(X,\ Y)$ 的条件概率密度;

2. $P\left\{Y < \dfrac{1}{2} \,\middle|\, X = \dfrac{1}{2}\right\}$;

3. $P\left\{Y < \dfrac{1}{2} \,\middle|\, X < \dfrac{1}{2}\right\}$.

解 1. 由 $f_X(x) = \displaystyle\int_{-\infty}^{+\infty} f(x,\ y)\mathrm{d}y$,

当 $-\infty < x \leqslant 0$ 或 $x \geqslant 1$ 时,$f(x,\ y) = 0$,边缘概率密度

$$f_X(x) = \int_{-\infty}^{+\infty} f(x,\ y)\mathrm{d}y = 0;$$

当 $0 < x < 1$ 时,边缘概率密度

$$f_X(x) = \int_{-\infty}^{+\infty} f(x,\ y)\mathrm{d}y = \int_{0}^{2} \left(x^2 + \frac{1}{3}xy\right)\mathrm{d}y$$

$$= \left[x^2 y + \frac{1}{6}xy^2\right]_0^2 = 2x^2 + \frac{2}{3}x,$$

故

$$f_X(x) = \begin{cases} 2x^2 + \dfrac{2}{3}x, & 0 \leqslant x < 1, \\ 0, & \text{其他.} \end{cases}$$

因此,当 $0 < x < 1$ 时,条件 $\{X = x\}$ 下 Y 的条件概率密度为

$$f_{Y|X}(y \mid x) = \frac{f(x, y)}{f_X(x)} = \begin{cases} \dfrac{x^2 + \dfrac{1}{3}xy}{2x^2 + \dfrac{2}{3}x}, & 0 \leqslant y \leqslant 2, \\ 0, & \text{其他} \end{cases}$$

$$= \begin{cases} \dfrac{3x + y}{6x + 2}, & 0 \leqslant y \leqslant 2, \\ 0, & \text{其他}. \end{cases}$$

由 $\quad f_Y(y) = \displaystyle\int_{-\infty}^{+\infty} f(x, y)\mathrm{d}x,$

当 $-\infty < y \leqslant 0$, $2 \leqslant y < +\infty$ 时,$f(x, y) = 0$,边缘概率密度为

$$f_Y(y) = 0,$$

当 $0 < y < 2$ 时,边缘概率密度为

$$f_Y(y) = \int_0^1 \left(x^2 + \frac{1}{3}xy\right)\mathrm{d}x = \left[\frac{x^3}{3} + \frac{x^2 y}{6}\right]_0^1 = \frac{1}{3} + \frac{y}{6},$$

即 $\qquad f_Y(y) = \begin{cases} \dfrac{1}{3} + \dfrac{y}{6}, & 0 < y < 2, \\ 0, & \text{其他}. \end{cases}$

因此,当 $0 < y < 2$ 时,条件 $\{Y = y\}$ 下 X 的条件概率密度为

$$f_{X|Y}(x \mid y) = \frac{f(x, y)}{f_Y(y)} = \begin{cases} \dfrac{6x^2 + 2xy}{2 + y}, & 0 < x < 1, \\ 0, & \text{其他}; \end{cases}$$

2. $f_{Y|X}\left(y \left| \dfrac{1}{2}\right.\right) = \begin{cases} \dfrac{\dfrac{3}{2} + y}{3 + 2}, & 0 \leqslant y \leqslant 2, \\ 0, & \text{其他} \end{cases}$

$$= \begin{cases} \dfrac{1}{10}(3 + 2y), & 0 \leqslant y \leqslant 2, \\ 0, & \text{其他}. \end{cases}$$

$$P\left\{Y < \frac{1}{2} \left| X = \frac{1}{2}\right.\right\} = \int_0^{\frac{1}{2}} f_{Y|X}\left(\frac{1}{2}, y\right)\mathrm{d}y$$

$$= \int_0^{\frac{1}{2}} \frac{1}{10}(3 + 2y)\mathrm{d}y = \left[\frac{1}{10}(3y + y^2)\right]_0^{\frac{1}{2}} = \frac{1}{10}\left(\frac{3}{2} + \frac{1}{4}\right)$$

$$= \frac{7}{40};$$

3. $P\left\{Y < \dfrac{1}{2} \left| X < \dfrac{1}{2}\right.\right\} = \dfrac{P\left\{Y < \dfrac{1}{2},\ X < \dfrac{1}{2}\right\}}{P\left\{X < \dfrac{1}{2}\right\}}$

$$= \frac{\int_{-\infty}^{\frac{1}{2}} dy \int_{-\infty}^{\frac{1}{2}} f(x, y) dx}{\int_{-\infty}^{\frac{1}{2}} f_X(x) dx} = \frac{\int_0^{\frac{1}{2}} dy \int_0^{\frac{1}{2}} \left(x^2 + \frac{1}{3}xy\right) dx}{\int_0^{\frac{1}{2}} \left(2x^2 + \frac{2}{3}x\right) dx}$$

$$= \frac{\int_0^{\frac{1}{2}} dy \int_0^{\frac{1}{2}} x^2 dx + \frac{1}{3} \int_0^{\frac{1}{2}} y dy \int_0^{\frac{1}{2}} x dx}{\frac{1}{6}}$$

$$= \frac{5}{32}.$$

5. 随机变量的相互独立性及其性质

由两事件 $\{X \leqslant x\}$，$\{Y \leqslant y\}$ 的独立性可以定义二维连续随机变量的独立性.

定义 3.3.5 设 $F(x, y)$，$F_X(x)$，$F_Y(y)$ 分别是二维随机变量 (X, Y) 的分布函数,边缘分布函数,若 $P\{X \leqslant x, Y \leqslant y\} = P\{X \leqslant x\} \cdot P\{Y \leqslant y\}$,即 $F(x, y) = F_X(x) \cdot F_Y(y)$ 对所有的 x, y 都成立,则称随机变量 X, Y 是相互独立的.

当 (X, Y) 是连续型随机变量时,且随机变量 X, Y 是相互独立的,若 (x, y)，x, y 分别是 $F(x, y)$，$F_X(x)$，$F_Y(y)$ 的连续点,由

$$F(x, y) = F_X(x) \cdot F_Y(y)$$

得

$$\int_{-\infty}^x \left(\int_{-\infty}^y f(x, y) dy\right) dx = \int_{-\infty}^x f_X(x) dx \int_{-\infty}^y f_Y(y) dy$$

有

$$\int_{-\infty}^y f(x, y) dy = \int_{-\infty}^y f_X(x) \cdot f_Y(y) dy$$

有

$$f(x, y) = f_X(x) \cdot f_Y(y).$$

通常我们有下列判别独立性的准则,设 (X, Y) 为二维连续随机变量,则 X, Y 相互独立的充要条件是 $f(x, y) = f_X(x) \cdot f_Y(y)$ 对几乎所有的 (x, y) 都成立.

例 3.3.6 已知 (X, Y) 的联合概率密度为 $f(x, y) = \begin{cases} e^{-(x+y)}, & x > 0, y > 0, \\ 0, & \text{其他}, \end{cases}$
判断 X, Y 是否相互独立.

解 $x \leqslant 0$ 时,$f(x, y) = 0$,有 $f_X(x) = 0$,

$x > 0$ 时,$f_X(x) = \int_{-\infty}^{+\infty} f(x, y) dy = \int_0^{+\infty} e^{-(x+y)} dy$

$= e^{-x} \cdot [-e^{-y}]_0^{+\infty} = e^{-x}[0 - (-1)] = e^{-x}$,

因此,

$$f_X(x) = \begin{cases} e^{-x}, & x > 0, \\ 0, & x \leqslant 0; \end{cases}$$

同理,

$$f_Y(y) = \begin{cases} e^{-y}, & y > 0, \\ 0, & y \leqslant 0. \end{cases}$$

$$\text{故} \qquad f_X(x) \cdot f_Y(y) = \begin{cases} e^{-(x+y)}, & x > 0,\ y > 0, \\ 0, & \text{其他}. \end{cases}$$

从而，$f(x,y) = f_X(x) \cdot f_Y(y)$ 几乎处处成立，故 X, Y 相互独立.

例 3.3.7 设区域 D 为 $\{(x,y) \mid x > 0,\ y > 0,\ x + y < 1\}$，随机变量 (X, Y) 服从区域 D 上的均匀分布，试判定随机变量 X, Y 是否相互独立.

解 由于 (X, Y) 的概率密度为

$$f(x,y) = \begin{cases} 2, & (x,y) \in D, \\ 0, & \text{其他}. \end{cases}$$

如图 3-9 所示，取 $(x,y) = \left(\dfrac{1}{2}, \dfrac{3}{4}\right)$，则

$$P\left\{X \leqslant \frac{1}{2}\right\} = \int_0^{\frac{1}{2}} \mathrm{d}x \cdot \int_0^{1-x} 2\mathrm{d}y = 2 \times \left(\frac{1}{2} - \frac{1}{8}\right) = \frac{3}{4},$$

$$P\left\{Y \leqslant \frac{3}{4}\right\} = \int_0^{\frac{3}{4}} \mathrm{d}y \cdot \int_0^{1-y} 2\mathrm{d}x = 2 \times \left(\frac{3}{4} - \frac{9}{32}\right) = \frac{15}{16},$$

$$P\left\{X \leqslant \frac{1}{2},\ Y \leqslant \frac{3}{4}\right\} = \int_0^{\frac{1}{4}} \mathrm{d}x \cdot \int_0^{\frac{3}{4}} 2\mathrm{d}y + \int_{\frac{1}{4}}^{\frac{1}{2}} \mathrm{d}x \cdot \int_0^{1-x} 2\mathrm{d}y$$

$$= \frac{3}{8} + 2 \times \left(\frac{1}{4} - \frac{3}{32}\right) = \frac{11}{16},$$

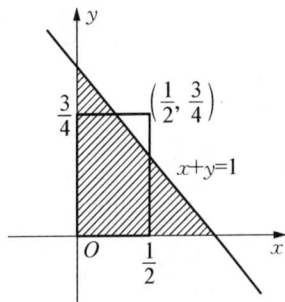

图 3-9

有 $P\left\{X \leqslant \dfrac{1}{2},\ Y \leqslant \dfrac{3}{4}\right\} = \dfrac{11}{16} \neq \dfrac{3}{4} \times \dfrac{15}{16} = P\left\{X \leqslant \dfrac{1}{2}\right\} P\left\{Y \leqslant \dfrac{3}{4}\right\}$.

因此，随机变量 X, Y 不相互独立.

例 3.3.8 已知 $(X, Y) \sim N(\mu_1, \mu_2, \sigma_1^2, \sigma_2^2, \rho)$，问 ρ 为何值时，X, Y 相互独立.

解 由于 $X \sim N(\mu_1, \sigma_1^2)$，$Y \sim N(\mu_2, \sigma_2^2)$，

$$\text{即} \qquad f_X(x) = \frac{1}{\sqrt{2\pi}\sigma_1} e^{-\frac{(x-\mu_1)^2}{2\sigma_1^2}},\quad f_Y(y) = \frac{1}{\sqrt{2\pi}\sigma_2} e^{-\frac{(y-\mu_2)^2}{2\sigma_2^2}},$$

故

$$f_X(x) \cdot f_Y(y) = \frac{1}{2\pi\sigma_1\sigma_2} \cdot e^{-\frac{1}{2}\left[\frac{(x-\mu_1)^2}{\sigma_1^2} + \frac{(y-\mu_2)^2}{\sigma_2^2}\right]},$$

而

$$f(x,y) = \frac{1}{2\pi\sigma_1\sigma_2\sqrt{1-\rho^2}} \exp\left\{-\frac{1}{2(1-\rho^2)}\left[\frac{(x-\mu_1)^2}{\sigma_1^2} - 2\rho\frac{(x-\mu_1)(y-\mu_2)}{\sigma_1\sigma_2} + \frac{(y-\mu_2)^2}{\sigma_2^2}\right]\right\}$$

故当 $\rho = 0$ 时，$f_X(x) \cdot f_Y(y) = f(x,y)$，

即 $\rho = 0$ 时，X, Y 相互独立.

§3.4 随机变量函数的分布

设 Z 是 X, Y 的函数，$Z = Z(X, Y)$ 是一维的随机变量，因此有其概率分布.

本节介绍三种常见的随机变量函数分布的推导，以此掌握推导的规律.

1. $Z = X + Y$ 的分布

设连续型随机变量 (X, Y) 的概率密度为 $f(x, y)$，如图 3-10 所示.

则 $Z = X + Y$ 的分布函数为

$$F_Z(z) = P\{Z \leqslant z\} = P\{X + Y \leqslant z\}$$

$$= \int_{-\infty}^{+\infty} \mathrm{d}x \int_{-\infty}^{z-x} f(x, y)\mathrm{d}y$$

$$= \int_{-\infty}^{+\infty} \mathrm{d}x \int_{-\infty}^{z} f(x, u-x)\mathrm{d}u$$

$$= \int_{-\infty}^{z} \mathrm{d}u \int_{-\infty}^{+\infty} f(x, u-x)\mathrm{d}x;$$

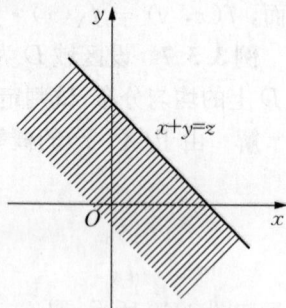

图 3-10

或

$$F_Z(z) = \int_{-\infty}^{+\infty} \mathrm{d}y \int_{-\infty}^{z-y} f(x, y)\mathrm{d}u$$

$$= \int_{-\infty}^{+\infty} \mathrm{d}y \int_{-\infty}^{z} f(u-y, y)\mathrm{d}u$$

$$= \int_{-\infty}^{z} \mathrm{d}u \int_{-\infty}^{+\infty} f(u-y, y)\mathrm{d}y.$$

因此，$Z = X + Y$ 的概率密度为

$$f_Z(z) = F'_Z(z) = \int_{-\infty}^{+\infty} f(x, z-x)\mathrm{d}x = \int_{-\infty}^{+\infty} f(z-y, y)\mathrm{d}y.$$

特别，当 X, Y 相互独立时，有

$$f_Z(z) = \int_{-\infty}^{+\infty} f_X(x) \cdot f_Y(z-x)\mathrm{d}x = \int_{-\infty}^{+\infty} f_X(z-y) \cdot f_Y(y)\mathrm{d}y,$$

通常将上式记为

$$f_Z(z) = f_X(z) * f_Y(z). \quad f_X(z) * f_Y(z)$$

称为函数 $f_X(\cdot)$ 与 $f_Y(\cdot)$ 的**卷积**.

例3.4.1 证明相互独立且服从同一正态分布的两随机变量之和仍服从正态分布.

证 设 $X \sim N(\mu, \sigma^2)$，$Y \sim N(\mu, \sigma^2)$，$Z = X + Y$，
因为 X, Y 相互独立，有

$$f_Z(z) = \int_{-\infty}^{+\infty} f_X(x) \cdot f_Y(z-x)\mathrm{d}x$$

$$= \int_{-\infty}^{+\infty} \frac{1}{\sqrt{2\pi}\sigma} \cdot \mathrm{e}^{-\frac{(x-\mu)^2}{2\sigma^2}} \cdot \frac{1}{\sqrt{2\pi}\sigma} \cdot \mathrm{e}^{-\frac{(z-x-\mu)^2}{2\sigma^2}} \mathrm{d}x$$

$$= \int_{-\infty}^{+\infty} \frac{1}{2\pi\sigma^2} \cdot \mathrm{e}^{-\frac{x^2-2x\mu+\mu^2+z^2+x^2+\mu^2-2xz-2z\mu+2x\mu}{2\sigma^2}} \mathrm{d}x$$

$$= \frac{1}{2\pi\sigma^2} \cdot \mathrm{e}^{-\frac{(z-2\mu)^2}{4\sigma^2}} \cdot \int_{-\infty}^{+\infty} \mathrm{e}^{-\frac{(2x-z)^2}{4\sigma^2}} \mathrm{d}x,$$

令 $\dfrac{2x-z}{\sqrt{2}\sigma}=t$，$\mathrm{d}x=\dfrac{\sqrt{2}}{2}\sigma\mathrm{d}t$，得

$$
\begin{aligned}
f_Z(z) &= \frac{1}{2\pi\sigma^2}\cdot\mathrm{e}^{-\frac{(z-2\mu)^2}{4\sigma^2}}\int_{-\infty}^{+\infty}\mathrm{e}^{-\frac{t^2}{2}}\cdot\frac{\sqrt{2}}{2}\sigma\mathrm{d}t \\
&= \frac{\sqrt{2}}{2}\cdot\frac{1}{\sqrt{2\pi}\sigma}\cdot\mathrm{e}^{-\frac{(z-2\mu)^2}{4\sigma^2}}\frac{1}{\sqrt{2\pi}}\int_{-\infty}^{+\infty}\mathrm{e}^{-\frac{t^2}{2}}\mathrm{d}t \\
&= \frac{1}{\sqrt{\pi}2\sigma}\mathrm{e}^{-\frac{(z-2\mu)^2}{4\sigma^2}}=\frac{1}{\sqrt{2\pi}\cdot\sqrt{2}\sigma}\mathrm{e}^{-\frac{(z-2\mu)^2}{2(\sqrt{2}\sigma)^2}},
\end{aligned}
$$

即　　　$Z\sim N(2\mu,\,2\sigma^2)$.

一般说来，若 X_1，X_2，$\cdots$，X_n 是 n 个服从正态分布且相互独立的随机变量，

$$
X_i\sim N(\mu_i,\,\sigma_i^2)\ (i=1,\,2,\,\cdots,\,n),
$$

则 $X=X_1+X_2+\cdots+X_n$ 仍旧服从正态分布 $X\sim N(\mu,\,\sigma^2)$，其中 $\mu=\displaystyle\sum_{k=1}^{n}\mu_k$，$\sigma^2=\displaystyle\sum_{k=1}^{n}\sigma_k^2$.
上述性质称为正态分布的可加性.

例 3.4.2　已知 $(X,\,Y)$ 的概率密度 $f(x,\,y)=\begin{cases}2\mathrm{e}^{-(x+2y)}, & x>0,\,y>0, \\ 0, & \text{其他},\end{cases}$

求：1. $Z=X+Y$ 的概率密度；
2. 求 $Z=X+2Y$ 的分布函数与概率密度.

解　1. 由

$$
f(x,\,y)=\begin{cases}2\mathrm{e}^{-(x+2y)}, & x>0,\,y>0, \\ 0, & \text{其他},\end{cases}
$$

故 $f(x,\,z-x)$ 仅当 $\begin{cases}x>0, \\ z-x>0\end{cases}$　即 $0<x<z$ 时非零，

因此，$f(x,\,z-x)=\begin{cases}2\mathrm{e}^{-[x+2(z-x)]}, & 0<x<z, \\ 0, & \text{其他},\end{cases}$

从而，由 $f_Z(z)=\displaystyle\int_{-\infty}^{+\infty}f(x,\,z-x)\mathrm{d}x$，得

当 $z\leqslant 0$ 时，$f_Z(z)=0$；

当 $z>0$ 时，$f_Z(z)=\displaystyle\int_0^z 2\mathrm{e}^{-(2z-x)}\mathrm{d}x$，

$$
=2\mathrm{e}^{-2z}\cdot\int_0^z\mathrm{e}^x\mathrm{d}x=2\mathrm{e}^{-2z}(\mathrm{e}^z-1)=2[\mathrm{e}^{-z}-\mathrm{e}^{-2z}],
$$

所以　　　$f_Z(z)=\begin{cases}2(\mathrm{e}^{-z}-\mathrm{e}^{-2z}), & z>0, \\ 0, & z\leqslant 0;\end{cases}$

2. $F_Z(z)=P\{Z\leqslant z\}=P\{X+2Y\leqslant z\}=\displaystyle\iint\limits_{x+2y\leqslant z}f(x,\,y)\mathrm{d}x\mathrm{d}y$，

如图 3-11 所示，$f(x,\,y)$ 仅在第一象限内非零.

当 $z\leqslant 0$ 时，在 $x+2y\leqslant z$ 区域上，$f(x,\,y)=0$，故 $F_Z(z)=0$，

当 $z > 0$ 时，如图 3-11 所示，仅在

$$D = \left\{ (x, y) \,\middle|\, 0 \leqslant x \leqslant z, \, 0 \leqslant y \leqslant \frac{1}{2}(z - x) \right\}$$

内，$f(x, y) \neq 0$. 因此，

$$F_Z(z) = \int_0^z \mathrm{d}x \int_0^{\frac{1}{2}(z-x)} 2\mathrm{e}^{-(x+2y)} \,\mathrm{d}y$$

$$= \int_0^z \mathrm{e}^{-x} \left[-\mathrm{e}^{-2y} \right]_0^{\frac{1}{2}(z-x)} \mathrm{d}x$$

$$= \int_0^z \mathrm{e}^{-x} \left[-\mathrm{e}^{-(z-x)} + 1 \right] \mathrm{d}x = \int_0^z (-\mathrm{e}^{-z} + \mathrm{e}^{-x}) \mathrm{d}x$$

$$= \left[-\mathrm{e}^{-z}x - \mathrm{e}^{-x} \right]_0^z = -z\mathrm{e}^{-z} - \mathrm{e}^{-z} + 1.$$

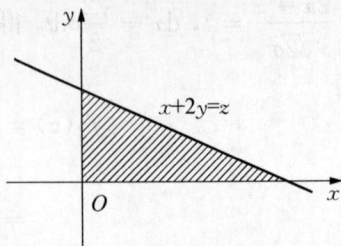

图 3-11

综上所述，$Z = X + 2Y$ 的分布函数为

$$F_Z(z) = \begin{cases} 1 - z\mathrm{e}^{-z} - \mathrm{e}^{-z}, & z > 0, \\ 0, & z \leqslant 0. \end{cases}$$

所以 $Z = X + 2Y$ 的概率密度为

$$f_Z(z) = F_Z'(z) = \begin{cases} z\mathrm{e}^{-z}, & z > 0, \\ 0, & z \leqslant 0. \end{cases}$$

例 3.4.3 设 X, Y 相互独立，且 X, Y 分别服从参数为 $\alpha_1, \beta; \alpha_2, \beta$ 的 Γ-分布，即 X, Y 的概率密度分别为

$$f_X(x) = \begin{cases} \dfrac{\beta^{\alpha_1}}{\Gamma(\alpha_1)} x^{\alpha_1-1} \mathrm{e}^{-\beta x}, & x > 0, \\ 0, & x \leqslant 0; \end{cases}$$

$$f_Y(x) = \begin{cases} \dfrac{\beta^{\alpha_2}}{\Gamma(\alpha_2)} x^{\alpha_2-1} \mathrm{e}^{-\beta x}, & x > 0, \\ 0, & x \leqslant 0. \end{cases}$$

证明：$Z = X + Y \sim \Gamma(\alpha_1 + \alpha_2, \beta)$.

证 当 $z \leqslant 0$ 时，$Z = X + Y$ 的概率密度 $f_Z(z) = 0$，当 $z > 0$ 时，$Z = X + Y$ 的概率密度为

$$f_Z(z) = \int_{-\infty}^{+\infty} f_X(x) \cdot f_Y(z - x) \mathrm{d}x$$

$$= \int_0^z \frac{\beta^{\alpha_1}}{\Gamma(\alpha_1)} x^{\alpha_1-1} \mathrm{e}^{-\beta x} \frac{\beta^{\alpha_2}}{\Gamma(\alpha_2)} (z - x)^{\alpha_2-1} \mathrm{e}^{-\beta(z-x)} \mathrm{d}x$$

$$= \frac{\beta^{\alpha_1} \beta^{\alpha_2} \mathrm{e}^{-\beta z}}{\Gamma(\alpha_1)\Gamma(\alpha_2)} \int_0^z x^{\alpha_1-1} (z - x)^{\alpha_2-1} \mathrm{d}x$$

$$= \frac{\beta^{\alpha_1} \beta^{\alpha_2} \mathrm{e}^{-\beta z}}{\Gamma(\alpha_1)\Gamma(\alpha_2)} z^{\alpha_1+\alpha_2-1} \int_0^1 t^{\alpha_1-1} (1 - t)^{\alpha_2-1} \mathrm{d}t \ (x = zt)$$

$$= \frac{\beta^{\alpha_1} \beta^{\alpha_2} \mathrm{e}^{-\beta z}}{\Gamma(\alpha_1) \Gamma(\alpha_2)} z^{\alpha_1 + \alpha_2 - 1} B(\alpha_1, \alpha_2)$$

$$= \frac{\beta^{\alpha_1 + \alpha_2} \mathrm{e}^{-\beta z}}{\Gamma(\alpha_1) \Gamma(\alpha_2)} z^{\alpha_1 + \alpha_2 - 1} \frac{\Gamma(\alpha_1) \Gamma(\alpha_2)}{\Gamma(\alpha_1 + \alpha_2)}.$$

因此，

$$f_Z(z) = \begin{cases} \dfrac{\beta^{\alpha_1 + \alpha_2}}{\Gamma(\alpha_1 + \alpha_2)} z^{\alpha_1 + \alpha_2 - 1} \mathrm{e}^{-\beta z}, & z > 0, \\ 0, & z \leqslant 0, \end{cases}$$

即 $Z = X + Y \sim \Gamma(\alpha_1 + \alpha_2, \beta)$.

此题证明过程中 $B(\alpha_1, \alpha_2) = \displaystyle\int_0^1 t^{\alpha_1 - 1} (1 - t)^{\alpha_2 - 1} \mathrm{d}x$ 为 Beta 函数，它与 Γ-函数的关系为

$$B(\alpha_1, \alpha_2) = \frac{\Gamma(\alpha_1) \Gamma(\alpha_2)}{\Gamma(\alpha_1 + \alpha_2)}.$$

2. $Z = \dfrac{X}{Y}$ 的分布

如图 3-12 所示，$Z = \dfrac{X}{Y}$ 的分布函数为

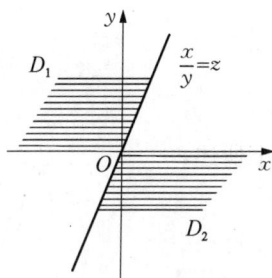

图 3-12

$$F_Z(z) = P\{Z \leqslant z\} = P\{X/Y \leqslant z\} = \iint\limits_{\frac{x}{y} \leqslant z} f(x, y) \mathrm{d}x \mathrm{d}y$$

$$= \left(\iint\limits_{D_1} + \iint\limits_{D_2}\right) f(x, y) \mathrm{d}x \mathrm{d}y \text{(其中} D_1 \text{为} y > 0 \text{部分}, D_2$$

为 $y < 0$ 部分)

$$= \int_0^{+\infty} \mathrm{d}y \int_{-\infty}^{zy} f(x, y) \mathrm{d}x + \int_{-\infty}^0 \mathrm{d}y \int_{zy}^{+\infty} f(x, y) \mathrm{d}x.$$

令 $x = uy$，则 $\mathrm{d}x = y \mathrm{d}u$，有

$$F_Z(z) = \int_0^{+\infty} \mathrm{d}y \int_{-\infty}^z f(uy, y) y \mathrm{d}u + \int_{-\infty}^0 \mathrm{d}y \int_z^{-\infty} f(yu, y) y \mathrm{d}u$$

$$= \int_{-\infty}^z \mathrm{d}u \int_0^{+\infty} y f(uy, y) \mathrm{d}y - \int_{-\infty}^z \mathrm{d}u \int_{-\infty}^0 y f(uy, y) \mathrm{d}y$$

$$= \int_{-\infty}^z \mathrm{d}u \int_0^{+\infty} |y| f(uy, y) \mathrm{d}y + \int_{-\infty}^z \mathrm{d}u \int_{-\infty}^0 |y| f(uy, y) \mathrm{d}y$$

$$= \int_{-\infty}^z \mathrm{d}z \int_{-\infty}^{+\infty} |y| f(zy, y) \mathrm{d}y,$$

从而，$f_Z(z) = \displaystyle\int_{-\infty}^{+\infty} |y| f(zy, y) \mathrm{d}y.$

特别，当 X, Y 相互独立时，$f_Z(z) = \displaystyle\int_{-\infty}^{+\infty} |y| \cdot f_X(yz) \cdot f_Y(y) \mathrm{d}y.$

例3.4.4 已知 X, Y 相互独立，且

$$f_X(x) = \begin{cases} e^{-x}, & x > 0, \\ 0, & x \leqslant 0, \end{cases} \qquad f_Y(y) = \begin{cases} e^{-y}, & y > 0, \\ 0, & y \leqslant 0. \end{cases}$$

求 $Z = \dfrac{X}{Y}$ 的概率密度.

解 由 $f_Z(z) = \displaystyle\int_{-\infty}^{+\infty} |y| \cdot f_X(yz) f_Y(y) \mathrm{d}y,$

当 $z \leqslant 0$ 时,或者 $f_X(yz) = 0$,或者 $f_Y(y) = 0$,

得 $$f_Z(z) = 0,$$

当 $z > 0$ 时,

对于 $y < 0,\ f_X(yz) f_Y(y) = 0,$

对于 $y > 0,\ f_Y(y) = \begin{cases} e^{-y}, & y > 0, \\ 0, & y \leqslant 0, \end{cases} f_X(yz) = \begin{cases} e^{-yz}, & y > 0,\ z > 0, \\ 0, & \text{其他}, \end{cases}$

得
$$\begin{aligned} f_Z(z) &= \int_0^{+\infty} |y| \cdot f_X(yz) f_Y(y) \mathrm{d}y \\ &= \int_0^{+\infty} y \cdot e^{-yz} \cdot e^{-y} \mathrm{d}y \\ &= \int_0^{+\infty} y \cdot e^{-(1+z)y} \mathrm{d}y = \frac{1}{(1+z)^2}, \end{aligned}$$

综上所述,

$$f_Z(z) = \begin{cases} \dfrac{1}{(1+z)^2}, & z > 0, \\ 0, & z \leqslant 0. \end{cases}$$

3. $Z = \max\{X, Y\}, Z = \min\{X, Y\}$ 的分布

图 3-13

$Z = \max\{X, Y\}, Z = \min\{X, Y\}, Z = X+Y$ 这三个随机变量在工程上对系统的寿命估计有较多的应用,$Z = \max\{X, Y\}$ 是并联系统的寿命,$Z = \min\{X, Y\}$ 是串联系统的寿命,$Z = X+Y$ 则是备用系统的寿命(图 3-13).

对于 $Z = \max\{X, Y\}, Z = \min\{X, Y\}$ 这两种随机变量函数的分布,这里仅在 X, Y 相互独立条件下讨论.

(1) $Z = \max\{X, Y\}$

$$\begin{aligned} F_Z(z) &= P\{Z \leqslant z\} = P\{\max\{X, Y\} \leqslant z\} = P\{Z \leqslant z, Y \leqslant z\} \\ &= P\{X \leqslant z\} \cdot P\{Y \leqslant z\} = F_X(z) \cdot F_Y(z). \end{aligned}$$

(2) $Z = \min\{X, Y\}$

$$\begin{aligned} F_Z(z) &= P\{Z \leqslant z\} = P\{\min\{X, Y\} \leqslant z\} = 1 - P\{\min\{X, Y\} > z\} \\ &= 1 - P\{X > z, Y > z\} = 1 - P(\{X > z\} \cdot \{Y > z\}) \\ &= 1 - [1 - P\{X \leqslant z\}] \cdot [1 - P\{Y \leqslant z\}] = 1 - [1 - F_X(z)] \cdot [1 - F_Y(z)]. \end{aligned}$$

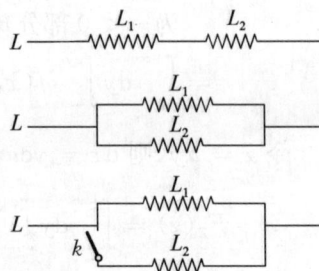

当 X_1，X_2，$\cdots$，X_n 为相互独立的随机变量，记 $M = \max\{X_1, X_2, \cdots, X_n\}$，$N = \min\{X_1, X_2, \cdots, X_n\}$，则

$$F_M(z) = \prod_{i=1}^{n} F_{X_i}(z), \ F_N(z) = 1 - \prod_{i=1}^{n} \left[1 - F_{X_i}(z)\right].$$

特别当 X_1，X_2，$\cdots$，X_n 相互独立且服从同分布，则

$$F_M(z) = \left[F_{X_i}(z)\right]^n, \ F_N(z) = 1 - \left[1 - F_{X_i}(z)\right]^n.$$

例 3.4.5 设相互独立工作的两部件 A，B 的寿命分别为随机变量 X，Y，且 X，Y 的概率密度分别为

$$f_X(x) = \begin{cases} \alpha e^{-\alpha x}, & x > 0, \\ 0, & x \leqslant 0, \end{cases} \ f_Y(y) = \begin{cases} \beta e^{-\beta y}, & y > 0, \\ 0, & y \leqslant 0. \end{cases}$$

求：1. 当 A，B 并联时，系统的寿命的分布函数与概率密度；

2. 当 A，B 串联时，系统的寿命的分布函数与概率密度；

3. 当 A，B 互为备用时，系统的寿命的分布函数与概率密度.

解 1. A，B 并联时，其系统寿命 $Z = \max\{X, Y\}$ 的分布函数为

$$F_Z(z) = F_X(z) \cdot F_Y(z) = \int_{-\infty}^{z} f_X(x)\mathrm{d}x \cdot \int_{-\infty}^{z} f_Y(y)\mathrm{d}y.$$

当 $z > 0$ 时，$F_Z(z) = \int_0^z \alpha e^{-\alpha x}\mathrm{d}x \cdot \int_0^z \beta e^{-\beta y}\mathrm{d}y = (1 - e^{-\alpha z})(1 - e^{-\beta z})$，

当 $z \leqslant 0$ 时，$F_Z(z) = 0$.

因此，$Z = \max\{X, Y\}$ 的分布函数为

$$F_Z(z) = \begin{cases} (1 - e^{-\alpha z})(1 - e^{-\beta z}), & z > 0, \\ 0, & z \leqslant 0, \end{cases}$$

其概率密度为

$$f_Z(z) = \begin{cases} \alpha e^{-\alpha z} + \beta e^{-\beta z} - (\alpha + \beta) e^{-(\alpha + \beta) z}, & z > 0, \\ 0, & z \leqslant 0. \end{cases}$$

2. A，B 串联时，其系统寿命 $Z = \min\{X, Y\}$ 的分布函数为

$$F_Z(z) = 1 - \left[1 - F_X(z)\right]\left[1 - F_Y(z)\right]$$

当 $z > 0$ 时，$F_Z(z) = 1 - \left[1 - \int_0^z \alpha e^{-\alpha x}\mathrm{d}x\right]\left[1 - \int_0^z \beta e^{-\beta y}\mathrm{d}y\right] = 1 - e^{-(\alpha + \beta) z}$，

当 $z \leqslant 0$ 时，$F_Z(z) = 0$.

因此，$Z = \min\{X, Y\}$ 的分布函数为

$$F_Z(z) = \begin{cases} 1 - e^{-(\alpha + \beta) z}, & z > 0, \\ 0, & z \leqslant 0, \end{cases}$$

其概率密度为

$$f_Z(z) = \begin{cases} (\alpha+\beta)e^{-(\alpha+\beta)z}, & z > 0, \\ 0, & z \leqslant 0. \end{cases}$$

3. A, B 互为备用时,系统的寿命为 $Z = X + Y$ 的概率密度

当 $z > 0$ 时

$$f_Z(z) = f_X(z) * f_Y(z) = \int_{-\infty}^{+\infty} f_X(x) f_Y(z-x) \mathrm{d}x$$

$$= \int_0^z \alpha e^{-\alpha x} \beta e^{-\beta(z-x)} \mathrm{d}x = \frac{\alpha\beta}{\beta-\alpha} (e^{-\alpha z} - e^{-\beta z}),$$

当 $z < 0$ 时,$f_Z(z) = 0$,

随机变量 $Z = X + Y$ 的概率密度为

$$f_Z(z) = \begin{cases} \dfrac{\alpha\beta}{\beta-\alpha}(e^{-\alpha z} - e^{-\beta z}), & z > 0, \\ 0, & z \leqslant 0, \end{cases}$$

其分布函数为

$$F_Z(z) = \begin{cases} \dfrac{\beta}{\beta-\alpha}(1-e^{-\alpha z}) - \dfrac{\alpha}{\beta-\alpha}(1-e^{-\beta z}), & z > 0, \\ 0, & z \leqslant 0. \end{cases}$$

由以上三种随机变量函数的分布的求法,可知一般是先求出新随机变量的分布函数,然后再求出概率分布密度,当联合分布密度为分段函数时需分段进行讨论.

小　结

二维随机变量 (X, Y) 是一维随机变量概念的推广. 对二维随机变量 (X, Y),我们可定义其分布函数

$$F(x, y) = P\{X \leqslant x, Y \leqslant y\}, -\infty < x < +\infty, -\infty < y < +\infty.$$

类似于一维随机变量,用分布律和概率密度研究离散型和连续型随机变量的性质. 二维连续型随机变量描述的事件概率为

$$P\{(X, Y) \in D\} = \iint_D f(x, y) \mathrm{d}x\mathrm{d}y.$$

上述公式常用来研究事件 $\{g(X, Y) < a\}$ 的概率.

二维随机变量还必须讨论边缘分布和条件分布,随机变量的相互独立性.

注意若已知联合概率分布或连续型联合概率密度,边缘分布或边缘概率密度可计算出来,但反之由边缘分布或边缘概率密度是得不到联合概率分布或连续型联合概率密度的.

随机变量的相互独立性是随机事件的相互独立性的推广. 通常,随机变量的相互独立性是通过问题的实际意义来判定的.

本章讨论的重要分布为均匀分布和正态分布,读者应熟知其性质.

本章讨论了在随机变量 X, Y 相互独立的条件下,函数 $Z = X + Y$, $Z = \max\{X, Y\}$,

$Z = \min\{X, Y\}$，$Z = X/Y$ 的概率分布，这是比较常用的几个概率分布.

本章计算中，大量应用了分段函数的重积分，望读者能对例题的计算方法进行总结，熟练地掌握其计算方法.

习 题 三

1. 将一枚硬币抛掷三次，以 X 表示三次中出现正面的次数，以 Y 表示三次中出现正面次数与出现反面次数差的绝对值，试写出 X，Y 的联合分布律.

2. 8件产品中有 5 件一等品，2 件二等品，1 件三等品，从中任取 4 件，若 X 为 4 件产品中一等品件数，Y 为二等品件数，求：
   (1) X，Y 的联合分布律；　　　　　(2) (X, Y) 的边缘分布律；
   (3) X 与 Y 是否独立；　　　　　　(4) 在 $Y = 0$ 的条件下，X 的分布律；
   (5) 设 $M = \max\{X, Y\}$，$N = \min\{X, Y\}$，求 (M, N) 的分布律.

3. 已知 X，Y 相互独立且联合分布律为

X \ Y	1	2	3
1	$\dfrac{1}{6}$	$\dfrac{1}{9}$	$\dfrac{1}{18}$
2	$\dfrac{1}{3}$	α	β

求 α，β.

4. 已知相互独立的随机变量 X，Y 具有相同的分布律，且 X 的分布律为

X	0	1
p	$\dfrac{1}{4}$	$\dfrac{3}{4}$

求：(1) X 与 Y 的联合分布律；
　　　(2) $M = \max\{X, Y\}$ 的分布律.

5. 假设一电路由 3 个电气元件装成，每个元件工作状态相互独立，且无故障工作时间服从参数为 $\lambda > 0$ 的指数分布. 假设当 3 个元件全无故障时，电路正常工作，否则整个电路不能正常工作，试求电路正常工作的时间 T 的概率密度函数.

6. 设 (X, Y) 服从区域 A 上的均匀分布，A 是以点 $(0, 0)$，$(1, 0)$，$(0, 2)$ 为顶点的三角形区域，求：(1) $P\{X > Y\}$；(2) $U = X + Y$ 的概率密度.

7. 假设二维连续型随机变量 (X, Y) 的分布函数为
$$F(x, y) = A\left(B + \arctan \frac{x}{2}\right)\left(C + \arctan \frac{y}{2}\right), \quad -\infty < x < +\infty, \ -\infty < y < +\infty,$$
其中 A，B，C 为常数.
求：(1) A，B，C；
　　　(2) (X, Y) 的边缘分布函数；

(3) $P\{0 < X < 2, -2 < Y < 0\}$, $P\{Y < 2\}$.

8. 设 (X, Y) 的概率密度 $f(x, y) = \begin{cases} A, & 0 < x^2 < y < x < 1, \\ 0, & \text{其他}, \end{cases}$

求：(1) A；

(2) $P\{X > 0.5\}$；

(3) $P\{Y < 0.5\}$.

9. 设 (X, Y) 的概率密度为

$$f(x, y) = \begin{cases} Axy, & 0 < x < 2, 0 < y < 4, \\ 0, & \text{其他}, \end{cases}$$

求：(1) A；

(2) $P\{X < 1, Y < 2\}$；

(3) $P\{X + Y \leqslant 2\}$；

(4) (X, Y) 的边缘概率密度；

(5) 判定 X 与 Y 是否相互独立.

10. 设 (X, Y) 的概率密度为

$$f(x, y) = \begin{cases} 1, & 0 \leqslant x \leqslant 1, |y| \leqslant x, \\ 0, & \text{其他}, \end{cases}$$

(1) 求条件概率 $f_{X|Y}(x|y)$，$f_{Y|X}(y|x)$；

(2) 求 $P\left\{X \geqslant \dfrac{1}{2} \middle| Y \geqslant 0\right\}$，$P\left\{Y > \dfrac{1}{2} \middle| X > \dfrac{1}{2}\right\}$.

11. 设 (X, Y) 的概率密度为

$$f(x, y) = \begin{cases} cx^2 y, & x^2 \leqslant y \leqslant 1, \\ 0, & \text{其他}, \end{cases}$$

求：(1) c；

(2) (X, Y) 的边缘概率密度；

(3) $f_{X|Y}(x|y)$，$f_{Y|X}(y|x)$；

(4) $P\left\{Y \geqslant \dfrac{1}{4} \middle| X = \dfrac{1}{2}\right\}$.

12. X, Y 是相互独立的随机变量，X 服从 $(0, 1)$ 上的均匀分布，Y 的概率密度为

$$f_Y(y) = \begin{cases} \dfrac{1}{2} e^{-\frac{y}{2}}, & y > 0, \\ 0, & y \leqslant 0, \end{cases}$$

求：(1) X, Y 的联合概率密度；

(2) 求 t 的二次方程 $t^2 + 2Xt + Y = 0$ 有实根的概率.

13. 设 X, Y 分别表示甲，乙两个元件的寿命（单位千小时），其概率密度分别为

$$f_X(x) = \begin{cases} e^{-x}, & x > 0, \\ 0, & x \leqslant 0, \end{cases} \quad f_Y(y) = \begin{cases} 2e^{-2y}, & y > 0, \\ 0, & y \leqslant 0. \end{cases}$$

若 X, Y 相互独立,两个元件同时开始使用,求甲比乙先坏的概率.

14. 设 X, Y 相互独立,X 服从$(0, 1)$上的均匀分布,Y 的概率密度

$$f_Y(y) = \begin{cases} e^{-y}, & y > 0, \\ 0, & y \leqslant 0, \end{cases}$$

求:(1) $Z = X + Y$ 的概率密度;

(2) $U = 2X + Y$ 的概率密度;

(3) $V = \dfrac{X}{Y}$ 的概率密度;

(4) $M = \max\{X, Y\}$ 的概率密度;

(5) $N = \min\{X, Y\}$ 的概率密度.

15. 设(X, Y)的概率密度为 $f(x, y) = \begin{cases} 1, & 0 < x < 1, 0 < y < 2x, \\ 0, & \text{其他}, \end{cases}$

(1) 求(X, Y)的边缘概率密度 $f_X(x)$, $f_Y(y)$;

(2) 求 $Z = 2X - Y$ 的概率密度 $f_Z(z)$.

16. 设(X, Y)的概率密度为 $f(x, y) = \begin{cases} 2 - x - y, & 0 < x < 1, 0 < y < 1, \\ 0, & \text{其他}, \end{cases}$

(1) 求 $P\{X > 2Y\}$;

(2) 求 $Z = X + Y$ 的概率密度 $f_Z(z)$.

补 充 题 三

1. 填空题

(1) 设(X, Y)的概率密度为

$$f(x, y) = \begin{cases} 6x, & 0 \leqslant x \leqslant y \leqslant 1, \\ 0, & \text{其他}, \end{cases}$$

则 $P\{X + Y \leqslant 1\} = $ _____.

(2) 设随机变量 X, Y 相互独立,且分别服从参数为 1 和参数为 4 的指数分布,则 $P\{X < Y\} = $ _____.

(3) 设随机变量 X, Y 相互独立,且均服从$[0, 3]$上的均匀分布,则 $P\{\max(X, Y) \leqslant 1\} = $ _____ ; $P\{\min(X, Y) \leqslant 1\} = $ _____.

(4) 设随机变量 X, Y 相互独立,$X \sim N(0, 1)$,Y 的概率分布为

$P\{Y = 0\} = P\{Y = 1\} = \dfrac{1}{2}$,$F_Z(z)$ 为 $Z = XY$ 的分布函数,则 $F_Z(z)$ 间断点的个

数为 _____.

2. 已知随机变量 X, Y 有 $P\{X \geqslant 0, Y \geqslant 0\} = \dfrac{3}{7}$, $P\{X \geqslant 0\} = P\{Y \geqslant 0\} = \dfrac{4}{7}$,求

$P\{\max(X, Y) \geqslant 0\}$.

3. 已知随机变量 $X_i (i = 1, 2)$ 的分布律为

X_i	-1	0	1
p	$\dfrac{1}{4}$	$\dfrac{1}{2}$	$\dfrac{1}{4}$

且 $P\{X_1 \cdot X_2 = 0\} = 1$,求 $P\{X_1 = X_2\}$.

4. 已知 (X, Y) 的分布律为

X \ Y	0	1
0	$\dfrac{1}{4}$	b
1	a	$\dfrac{1}{4}$

且事件 $\{X = 0\}$ 与 $\{X + Y = 1\}$ 相互独立,求 a, b.

5. 袋中有 1 只红球, 2 只黑球与 3 只白球,现有放回地从袋中取两次,每次取一只,以 X, Y, Z 分别表示两次取球所取到的红球,黑球与白球数.

(1) 求 $P\{X = 1 \mid Z = 0\}$;

(2) 求二维随机变量 (X, Y) 的概率分布.

6. 假设随机变量 X_1, X_2, $\cdots$, X_n 相互独立,且服从相同的分布,其概率分布为 $P\{X_k = 0\} = 1 - p$, $P\{X_k = 1\} = p$, $0 < p < 1$, $k = 1, 2, \cdots, n$. 证明:随机变量 $X = X_1 + X_2 + \cdots + X_n$ 服从参数为 n, p 的二项分布 $B(n, p)$.

7. 设随机变量 X 的概率密度为

$$f_X(x) = \begin{cases} \dfrac{1}{2}, & -1 < x < 0, \\ \dfrac{1}{4}, & 0 \leqslant x < 2, \\ 0, & \text{其他,} \end{cases}$$

令 $Y = X^2$, $F(x, y)$ 为 (X, Y) 的分布函数.求:

(1) Y 的概率密度 $f_Y(y)$;

(2) $F\left(-\dfrac{1}{2}, 4\right)$.

8. 设 X, Y 的联合概率密度

$$f(x, y) = \begin{cases} Ay(1-x), & 0 \leqslant x \leqslant 1, 0 \leqslant y < x, \\ 0, & \text{其他,} \end{cases}$$

求:(1) A;

(2) (X, Y) 的边缘分布函数;

(3) X, Y 是否独立;

(4) 求 $Z = X + Y$ 的概率密度.

9. 假设市场上 A 种产品需求量(件)均匀分布在 2 000~4 000 之间,B 种产品需求量(件)

均匀分布在 3 000~6 000 之间,并且两种产品的需求量是相互独立的. 试求两种产品的需求量相差不超过 1 000 的概率.

10. 已知 X,Y 相互独立,且服从 $N(0,1)$,证明: $U=X^2+Y^2$ 与 $V=\dfrac{X}{Y}$ 是相互独立的.

11. 设 (X,Y) 的概率密度为 $f(x,y)=Ae^{-2x^2+2xy-y^2}$,求常数 A 及条件概率密度 $f_{Y|X}(y\mid x)$.

12. 设 (X,Y) 的分布函数为

$$F(x,y)=\begin{cases}1-e^{-0.5x}-e^{-0.5y}+e^{-0.5(x+y)}, & x,y\geqslant 0,\\ 0, & \text{其他},\end{cases}$$

(1) 判定 X,Y 是否独立;

(2) 求 $P\{X>100,Y>100\}$.

13. 设 X,Y 的联合概率密度为

$$f(x,y)=\begin{cases}\dfrac{1+xy}{4}, & |x|<1,|y|<1,\\ 0, & \text{其他},\end{cases}$$

(1) 判定 X,Y 是否独立;

(2) 判定 $|X|,|Y|$ 是否独立.

14. 设随机变量 X,Y 相互独立且都服从正态分布 $N(2,\sigma^2)$,如果 $P\{X\leqslant -1\}=\dfrac{1}{4}$,求概率 $P\{\max(X,Y)\leqslant 2,\min(X,Y)\leqslant -1\}$.

15. 设随机变量 X_1,X_2 相互独立,其分布函数分别为

$$F_1(x)=\begin{cases}0, & x<0,\\ \dfrac{1}{4}, & 0\leqslant x<1,\\ 1, & 1\leqslant x,\end{cases}\quad F_2(x)=\begin{cases}0, & x<0,\\ \dfrac{x+1}{2}, & 0\leqslant x<1,\\ 1, & 1\leqslant x.\end{cases}$$

求 X_1+X_2 的分布函数.

16. 设随机变量 X,Y 相互独立, X 的概率分布为 $P\{X=i\}=\dfrac{1}{3}$ $(i=-1,0,1)$, $Y\sim U[0,1]$,记 $Z=X+Y$,求:

(1) $P\left\{Z\leqslant\dfrac{1}{2}\mid X=0\right\}$;

(2) Z 的概率密度 $f_Z(z)$.

第四章

随机变量的数字特征

本章基本要求

1. 理解随机变量数字特征(数学期望、方差、标准差、矩、协方差、相关系数)的概念,会运用数字特征的基本性质,并掌握常用分布的数字特征.

2. 会求随机变量函数的数学期望.

由前面的讨论可知,随机变量的分布函数(或分布律或概率密度)能很完整地描述了随机变量的统计特性,但实际上,要确切地知道随机变量的概率分布有相当的难度. 在实际应用中,通常只需知道随机变量的某些方面的特征. 例如,学生学习成绩的评估的主要内容是考分的平均值及成绩与平均值的偏离程度,通常班级平均成绩高且偏离程度小的班级,班级的学习风气要好一些."平均成绩"和"偏离程度"虽然不能完整地表示随机变量的概率特性,却可用较简洁的方式反映随机变量的某些重要特征. 本章将讨论随机变量的几个重要统计特征:数学期望、方差及两个随机变量之间的协方差与相关系数等概念和计算方式.

§4.1   随机变量的数学期望

在对班级学生学习成绩进行评估时,我们首先需要计算班级平均分. 首先讨论平均成绩的计算方法,设某次考试出现的分数为 x_1, x_2, $\cdots$, x_m,得 x_i 分的人数分别为 k_1, k_2, $\cdots$, k_m,记总人数为 $k_1 + k_2 + \cdots + k_m = n$, 则平均分

$$\bar{x} = \frac{k_1 x_1 + k_2 x_2 + \cdots + k_m x_m}{n} = \sum_{i=1}^{m} x_i \cdot \frac{k_i}{n}.$$

注意 x_i 为每人考分 X 这个随机变量的取值,而 $\dfrac{k_i}{n}$ 为分数 x_i 出现的频率. 由此,建立以下随机变量平均值(数学期望)的定义.

定义 4.1.1   设一维离散型随机变量 X 的分布律为 $P\{X = x_i\} = p_i (i = 1, 2, \cdots)$,若 $\sum_{i=1}^{\infty} |x_i| p_i < \infty$,则称 $\sum_{i=1}^{\infty} x_i p_i$ 为 X 的**数学期望(均值)**,简称为**期望**,记为 EX.

定义 4.1.1 中 $\sum_{i=1}^{\infty} |x_i| p_i$ 的收敛性是为了保证 $\sum_{i=1}^{\infty} x_i p_i$ 的值不随级数项排列次序的改

变而改变,这是必需的.因为数学期望反映客观存在的 X 的集中位置,它自然不应随排序的变化而改变.

类似于离散型随机变量的数学期望的定义,可讨论一维连续型随机变量的数学期望.

对于一维连续型随机变量 X,由于随机点 X 落在区间 $[x,x+\mathrm{d}x]$ 的概率为 $f(x)\mathrm{d}x$,从而随机变量的均值为 $\int_{-\infty}^{+\infty}xf(x)\mathrm{d}x$,因此有下述定义.

定义 4.1.2 设 X 为一维连续型随机变量,其概率密度为 $f(x)$,若

$$\int_{-\infty}^{+\infty}|x|f(x)\mathrm{d}x<\infty,$$

则称 $\int_{-\infty}^{+\infty}xf(x)\mathrm{d}x$ 为 X 的数学期望,记为 EX.

例 4.1.1 已知随机变量 X 的分布律为

X	1	2	3
p	0.1	0.4	0.5

求 EX.

解 $EX=1\times0.1+2\times0.4+3\times0.5=2.4$.

例 4.1.2 已知 X 的概率密度为 $f(x)=\begin{cases}1+x, & -1\leqslant x\leqslant0,\\ 1-x, & 0<x\leqslant1, \\ 0, & \text{其他},\end{cases}$ 求 EX.

解 $EX=\int_{-\infty}^{+\infty}xf(x)\mathrm{d}x=\int_{-1}^{0}x(1+x)\mathrm{d}x+\int_{0}^{1}x(1-x)\mathrm{d}x=0$.

随机变量的函数仍是随机变量,我们不加证明地列出下列定理,它可用于随机变量函数的数学期望的计算.

定理 4.1.1 设 $Y=g(x)$ 是一元随机变量 X 的函数,$g(x)$ 为连续函数,

1. 当 X 是离散型随机变量并且其分布律为 $P\{X=x_i\}=p_i(i=1,2,\cdots)$,则当 $\sum_{i=1}^{\infty}|g(x_i)|p_i<\infty$ 时,

$$EY=E[g(X)]=\sum_{i=1}^{\infty}g(x_i)P\{X=x_i\}=\sum_{i=1}^{\infty}g(x_i)p_i.$$

2. 当 X 为连续型随机变量,其概率密度为 $f(x)$,则当 $\int_{-\infty}^{+\infty}|g(x)|f(x)\mathrm{d}x<\infty$ 时,

$$EY=E[g(X)]=\int_{-\infty}^{+\infty}g(x)f(x)\mathrm{d}x.$$

定理 4.1.1 使我们计算随机变量函数的期望时带来很大的方便,可以不必求函数 $Y=g(X)$ 的分布而直接由 X 的分布就可以求出 $Y=g(X)$ 的期望.

例 4.1.3 求 $0-1$ 分布的数学期望与 $E(X^2)$.

解 $0-1$ 分布的分布律为:

X	0	1
p_i	$1-p$	p

$$EX = \sum_{i=1}^{2} x_i p_i = 0 \times (1-p) + 1 \times p = p,$$

$$E(X^2) = \sum_{i=1}^{2} x_i^2 p_i = 0^2 \times (1-p) + 1^2 \times p = p.$$

例 4.1.4 已知 X 服从 $[a, b]$ 上的均匀分布,求 EX,$E(X^2)$.

解 X 的概率密度为

$$f(x) = \begin{cases} \dfrac{1}{b-a}, & a \leqslant x \leqslant b, \\ 0, & 其他, \end{cases}$$

$$EX = \int_{-\infty}^{+\infty} x f(x) \mathrm{d}x = \int_a^b x \cdot \frac{1}{b-a} \mathrm{d}x = \frac{1}{b-a} \cdot \frac{x^2}{2} \Big|_a^b = \frac{a+b}{2};$$

$$E(X^2) = \int_{-\infty}^{+\infty} x^2 f(x) \mathrm{d}x = \int_a^b x^2 \cdot \frac{1}{b-a} \mathrm{d}x = \frac{1}{b-a} \cdot \frac{x^3}{3} \Big|_a^b = \frac{a^2 + ab + b^2}{3}.$$

例 4.1.5 口袋中有形状、大小完全一样的 10 个球,其中红球 6 个,白球 4 个. 游戏的规则如下:某人从中随机地抽取 5 个球,红球记 10 分,白球记 5 分,根据相加的分值由下表进行奖罚,其中负值表示应罚的金额. 请问:你认为这样的游戏规则对此人有利吗? 试分析说明.

分 值	50	45	40	35	30	25
奖励(元)	50	30	-10	-10	30	50

解 以 X 表示抽取 5 个球中红球的个数,则有

$$P\{X = k\} = \frac{\dbinom{5}{k}\dbinom{5}{5-k}}{\dbinom{10}{5}}, \ k = 0, 1, \cdots, 5, 即$$

X	0	1	2	3	4	5
p_k	$\dfrac{1}{252}$	$\dfrac{25}{252}$	$\dfrac{100}{252}$	$\dfrac{100}{252}$	$\dfrac{25}{252}$	$\dfrac{1}{252}$

以 Y 表示每次游戏所得的奖金数(单位:元),则 Y 的概率分布为

$$P\{Y = 50\} = P\{X = 0\} + P\{X = 5\} = \frac{2}{252} \approx 0.007\,9,$$

$$P\{Y = 30\} = P\{X = 1\} + P\{X = 4\} = \frac{50}{252} \approx 0.198\,4,$$

$$P\{Y = -10\} = P\{X = 3\} + P\{X = 2\} = \frac{200}{252} \approx 0.793\,7,$$

从而 $EY = 50 \times 0.007\,9 + 30 \times 0.198\,4 - 10 \times 0.793\,7 = -1.59$,

即平均每进行一次这样的游戏就要输 1.59 元,即这样的游戏规则对此人是不利的.

概率统计教程

将一维随机变量数学期望的结果推广到二维随机变量的情形,便得到二维随机变量数学期望的计算方式.

设二维离散随机向量 (X, Y) 的分布律为 $P\{X = x_i, Y = y_j\} = p_{ij}$, $i, j = 1, 2, \cdots$,则随机变量 X, Y 和函数 $Z = g(X, Y)$ 的数学期望分别为

$$EX = \sum_{i=1}^{\infty} x_i P\{X = x_i\} = \sum_{i=1}^{\infty} x_i p_{i\cdot} = \sum_{i=1}^{\infty} \sum_{j=1}^{\infty} x_i p_{ij};$$

$$EY = \sum_{j=1}^{\infty} y_j P\{Y = y_j\} = \sum_{j=1}^{\infty} y_j p_{\cdot j} = \sum_{i=1}^{\infty} \sum_{j=1}^{\infty} y_j p_{ij};$$

$$EZ = Eg(X, Y) = \sum_{i=1}^{\infty} \sum_{j=1}^{\infty} g(x_i, y_j) p_{ij}.$$

注:计算二维离散随机向量 (X, Y) 的数学期望往往先求其各自的边缘分布律,再用一维随机向量数学期望的公式求各自的期望.

设二维连续型随机向量 (X, Y) 的概率密度为 $f(x, y)$,则随机变量 X, Y 和函数 $Z = g(X, Y)$ 的数学期望分别为

$$EX = \int_{-\infty}^{+\infty} x f_X(x) \mathrm{d}x = \int_{-\infty}^{+\infty} \mathrm{d}x \int_{-\infty}^{+\infty} x f(x, y) \mathrm{d}y;$$

$$EY = \int_{-\infty}^{+\infty} y f_Y(y) \mathrm{d}y = \int_{-\infty}^{+\infty} \mathrm{d}y \int_{-\infty}^{+\infty} y f(x, y) \mathrm{d}x;$$

$$EZ = E[g(X, Y)] = \int_{-\infty}^{+\infty} \mathrm{d}x \int_{-\infty}^{+\infty} g(x, y) f(x, y) \mathrm{d}y$$

$$= \int_{-\infty}^{+\infty} \mathrm{d}y \int_{-\infty}^{+\infty} g(x, y) f(x, y) \mathrm{d}x.$$

这里假设上面各计算公式所涉及的级数、积分均绝对收敛.

例 4.1.6 已知 (X, Y) 的分布律为

X \ Y	1	2	3
1	0	$\frac{1}{6}$	$\frac{1}{6}$
2	$\frac{1}{6}$	0	$\frac{1}{6}$
3	$\frac{1}{6}$	$\frac{1}{6}$	0

求 EX, EY, $E(X+Y)$, $E(2XY)$.

解 X 的边缘分布律为

X	1	2	3
$p_{i\cdot}$	$\frac{1}{3}$	$\frac{1}{3}$	$\frac{1}{3}$

Y 的边缘分布律为

Y	1	2	3
$p._j$	$\dfrac{1}{3}$	$\dfrac{1}{3}$	$\dfrac{1}{3}$

则
$$EX = 1 \times \frac{1}{3} + 2 \times \frac{1}{3} + 3 \times \frac{1}{3} = 2;$$

同理 $EY = 2$；

$$E(X+Y) = (1+1) \times 0 + (1+2) \times \frac{1}{6} + (1+3) \times \frac{1}{6} + (2+1) \times \frac{1}{6}$$

$$+ (2+2) \times 0 + (2+3) \times \frac{1}{6} + (3+1) \times \frac{1}{6} + (3+2) \times \frac{1}{6}$$

$$+ (3+3) \times 0 = 4;$$

$$E(2XY) = (2 \times 1 \times 1) \times 0 + (2 \times 1 \times 2) \times \frac{1}{6} + (2 \times 1 \times 3) \times \frac{1}{6} + (2 \times 2 \times 1)$$

$$\times \frac{1}{6} + (2 \times 2 \times 2) \times 0 + (2 \times 2 \times 3) \times \frac{1}{6} + (2 \times 3 \times 1) \times \frac{1}{6}$$

$$+ (2 \times 3 \times 2) \times \frac{1}{6} + (2 \times 3 \times 3) \times 0 = \frac{22}{3}.$$

例 4.1.7 已知 (X, Y) 的概率密度 $f(x, y) = \begin{cases} \dfrac{1}{4} \mathrm{e}^{-\frac{1}{2}(x+y)}, & 0 < x < +\infty, \ 0 < y < +\infty, \\ 0, & \text{其他}. \end{cases}$

求 EX, EY, $E(XY)$.

解 $EX = \displaystyle\int_{-\infty}^{+\infty} \mathrm{d}x \int_{-\infty}^{+\infty} x f(x, y) \mathrm{d}y$

$$= \int_{0}^{+\infty} \mathrm{d}x \int_{0}^{+\infty} x \cdot \frac{1}{4} \mathrm{e}^{-\frac{1}{2}(x+y)} \mathrm{d}y = 2;$$

由 X, Y 的对称性,可知 $EY = 2$；

$$E(XY) = \int_{-\infty}^{+\infty} \mathrm{d}x \int_{-\infty}^{+\infty} xy f(x, y) \mathrm{d}y$$

$$= \int_{0}^{+\infty} \mathrm{d}x \int_{0}^{+\infty} xy \cdot \frac{1}{4} \mathrm{e}^{-\frac{1}{2}(x+y)} \mathrm{d}y = 4.$$

由数学期望的定义,数学期望具有下列性质,其中 a, b, c 为常数.

(1) $Ec = c$；

(2) $E(aX) = aEX$；

(3) $E(aX + bY + c) = aEX + bEY + c$；

(4) 若 X, Y 相互独立,则 $E(XY) = EX \cdot EY$.

下面仅就 (X, Y) 为二维连续型随机变量来证明部分性质,其他性质请读者自证.

证明 (3) $E(aX + bY + c) = \displaystyle\int_{-\infty}^{+\infty} \mathrm{d}x \int_{-\infty}^{+\infty} (ax + by + c) f(x, y) \mathrm{d}y$

$$= a \int_{-\infty}^{+\infty} \mathrm{d}x \int_{-\infty}^{+\infty} x f(x, y) \mathrm{d}y + b \int_{-\infty}^{+\infty} \mathrm{d}y \int_{-\infty}^{+\infty} y f(x, y) \mathrm{d}x$$

$$+ c \int_{-\infty}^{+\infty} \mathrm{d}x \int_{-\infty}^{+\infty} f(x, y)\mathrm{d}y$$
$$= aEX + bEY + c;$$

（4）由 X, Y 相互独立，有 $f(x, y) = f_X(x) \cdot f_Y(y)$ 几乎处处成立，

因此，
$$E(XY) = \int_{-\infty}^{+\infty} \mathrm{d}x \int_{-\infty}^{+\infty} xy f(x, y)\mathrm{d}y$$
$$= \int_{\infty}^{+\infty} \mathrm{d}x \int_{-\infty}^{+\infty} xy f_X(x) \cdot f_Y(y)\mathrm{d}y$$
$$= \int_{-\infty}^{+\infty} x f_X(x)\mathrm{d}x \int_{-\infty}^{+\infty} y f_Y(y)\mathrm{d}y$$
$$= EX \cdot EY.$$

在国民经济领域中，比如说国民平均收入，这是我们在上面讨论的数学期望. 但在对国民收入进行合理分配的方案讨论中，经常用到中位数概念，如果大部分职工收入较为接近中位数，有助于社会稳定和谐. 本节最后给出中位数概念的数学定义.

定义 4.1.3 设 X 是随机变量，m 是实数，如果

$$P\{X \geqslant m\} \geqslant \frac{1}{2},\ P\{X \leqslant m\} \geqslant \frac{1}{2},$$

则称 m 是随机变量 X 的中位数.

例 4.1.8 设随机变量 X 的分布律为

X	1	2	3	4
p_k	0.1	0.2	0.3	0.4

求随机变量 X 的中位数.

解 $P\{X \geqslant 3\} = 0.7 \geqslant \frac{1}{2},\ P\{X \leqslant 3\} = 0.6 \geqslant \frac{1}{2},$

因此，随机变量 X 的中位数为 3. 不难讨论此时中位数是唯一的.

例 4.1.9 设随机变量 X 的分布律为

X	1	2	3	4
p_k	0.1	0.4	0.3	0.2

求随机变量 X 的中位数.

解 对任意给定的实数 $m \in [2, 3]$，

$$P\{X \geqslant m\} = 0.5 \geqslant \frac{1}{2},\ P\{X \leqslant m\} = 0.5 \geqslant \frac{1}{2},$$

因此，实数 $m \in [2, 3]$ 是随机变量 X 的中位数. 此时中位数不是唯一的.

例 4.1.10 设随机变量 $X \sim E(\lambda)$，求随机变量 X 的中位数.

解 设 m 是随机变量 X 的中位数，显然 $m > 0$.

$$P\{X \geqslant m\} = \int_m^{+\infty} \lambda e^{-\lambda x} dx = e^{-\lambda m} \geqslant \frac{1}{2},$$

$$P\{X \leqslant m\} = \int_0^m \lambda e^{-\lambda x} dx = 1 - e^{-\lambda m} \geqslant \frac{1}{2},$$

故 $$m = \frac{1}{\lambda} \ln 2.$$

经计算可得 $EX = \int_{-\infty}^{+\infty} x f(x) = \int_0^{+\infty} x \lambda e^{-\lambda x} dx = \frac{1}{\lambda}$，从上例说明，随机变量 X 的中位数与数学期望并不一定是同一个值.

有兴趣的读者可以试图证明下列结论. 设 m 是随机变量 X 的中位数，c 是任意实数，则

$$E(|X-m|) \leqslant E(|X-c|).$$

这个结论说明：随机变量 X 的中位数 m 是下列关于 t 的函数 $g(t) = E(|X-t|)$ 的极小值点.

§4.2　随机变量的方差

数学期望体现了随机变量取值的集中位置，但在许多实际问题中，还需要知道取值的分散程度，我们采用 X 与 EX 偏差平方的均值来表示 X 的分散程度，为此有下列定义.

定义 4.2.1　当 $E(X-EX)^2$ 存在时，称 $E(X-EX)^2$ 为随机变量 X 的**方差**，记为 DX. 称 $\sqrt{DX}$ 为 X 的**标准差或均方差**.

由定义 4.2.1 可知方差是描述随机变量 X 偏离其均值程度的量，并且由数学期望的性质得

$$\begin{aligned}
DX &= E(X-EX)^2 \\
&= E(X^2 - 2XEX + (EX)^2) \\
&= E(X^2) - 2 \cdot EX \cdot EX + (EX)^2 \\
&= E(X^2) - (EX)^2.
\end{aligned}$$

因而方差的常用计算公式为 $DX = E(X^2) - (EX)^2$.

由方差的定义，方差具有下列性质，其中 a, b, c 为常数.

(1) $Dc = 0$；

(2) $D(aX) = a^2 DX$；

(3) 若 X, Y 相互独立，则 $D(aX \pm bY + c) = a^2 DX + b^2 DY$；

(4) $DX = 0$ 的充分必要条件为 $P\{X = EX\} = 1$，即随机变量 X 以概率 1 取常数 EX.

下面证明部分性质，其他性质请读者自证.

证明　(2) $D(aX) = E[aX - E(aX)]^2 = E(aX - aEX)^2$

$$= a^2 E(x - Ex)^2 = a^2 DX；$$

当 X, Y 相互独立时，

(3) $D(aX \pm bY + c) = E[(aX \pm bY + c) - E(aX \pm bY + c)]^2$

$$= E[a(X - EX) \pm b(Y - EY)]^2$$

$$= E[a^2 (X-EX)^2 \pm 2ab(X-EX)(Y-EY)+b^2 (Y-EY)^2]$$

$$= a^2 E(X-EX)^2 \pm 2ab E[(X-EX)(Y-EY)]$$
$$\quad + b^2 E(Y-EY)^2$$

$$= a^2 \cdot DX + b^2 \cdot DY \pm 2ab \cdot E[XY - EX \cdot Y - X \cdot EY$$
$$\quad + EX \cdot EY]$$

$$= a^2 \cdot DX + b^2 \cdot DY \pm 2ab \cdot [E(XY) - EX \cdot EY - EY \cdot EX$$
$$\quad + EX \cdot EY]$$

$$= a^2 \cdot DX + b^2 \cdot DY \pm 2ab \cdot [EX \cdot EY - EX \cdot EY]$$

$$= a^2 \cdot DX + b^2 \cdot DY;$$

(4) 由 §5.1 中的切比雪夫不等式

$$P\{|X-EX|<\varepsilon\} \geqslant 1-\frac{DX}{\varepsilon^2},$$

由 $DX = 0$，则对任意给定的正数 ε，得

$$P\{|X-EX|<\varepsilon\} = 1,$$

从而

$$P\{|X-EX|=0\} = 1,$$

即随机变量 X 以概率 1 取常数 EX.

以上这些性质可以推广到 n 维随机向量.

由例 4.1.3、例 4.1.4 知 0 - 1 分布的方差为 $p(1-p)$，若 $X \sim U(a, b)$，则 $DX = \dfrac{(b-a)^2}{12}$.

下面我们讨论几个典型的随机变量的数字特征.

例 4.2.1 已知 $X \sim \pi(\lambda)$，求 EX，DX.

解 由 $X \sim \pi(\lambda)$，

$$P\{X = k\} = \frac{\lambda^k e^{-\lambda}}{k!}, \ k = 0, 1, 2, \cdots$$

$$EX = \sum_{k=0}^{\infty} k \cdot p_k = \sum_{k=1}^{\infty} k \cdot \frac{\lambda^k e^{-\lambda}}{k!} = \lambda \sum_{k=1}^{\infty} \frac{\lambda^{k-1} e^{-\lambda}}{(k-1)!}$$

$$= \lambda e^{-\lambda} \sum_{i=0}^{\infty} \frac{\lambda^i}{i!} = \lambda e^{-\lambda} \cdot e^{\lambda} = \lambda;$$

$$E(X^2) = \sum_{k=0}^{\infty} k^2 \cdot \frac{\lambda^k e^{-\lambda}}{k!} = \sum_{k=1}^{\infty} \frac{k \cdot \lambda^k e^{-\lambda}}{(k-1)!} = \sum_{k=1}^{\infty} \frac{(k-1+1)\lambda^k e^{-\lambda}}{(k-1)!}$$

$$= \sum_{k=2}^{\infty} \frac{\lambda^k e^{-\lambda}}{(k-2)!} + \sum_{k=1}^{\infty} \frac{\lambda^k e^{-\lambda}}{(k-1)!}$$

$$= \lambda^2 e^{-\lambda} \cdot \sum_{i=0}^{\infty} \frac{\lambda^i}{i!} + \lambda e^{-\lambda} \sum_{i=0}^{\infty} \frac{\lambda^i}{i!}$$

$$= \lambda^2 + \lambda,$$

$$DX = E(X^2) - (EX)^2 = \lambda^2 + \lambda - \lambda^2 = \lambda.$$

例 4.2.2 已知 $X \sim N(\mu, \sigma^2)$，求 EX，DX.

解 X 的概率密度为

$$f(x) = \frac{1}{\sqrt{2\pi}\sigma} e^{-\frac{(x-\mu)^2}{2\sigma^2}}, \quad -\infty < x < +\infty,$$

$$EX = \int_{-\infty}^{+\infty} x \frac{1}{\sqrt{2\pi}\sigma} e^{-\frac{(x-\mu)^2}{2\sigma^2}} dx$$

$$= \int_{-\infty}^{+\infty} \frac{1}{\sqrt{2\pi}\sigma} (x-\mu) e^{-\frac{(x-\mu)^2}{2\sigma^2}} dx + \mu \int_{-\infty}^{+\infty} \frac{1}{\sqrt{2\pi}\sigma} e^{-\frac{(x-\mu)^2}{2\sigma^2}} dx$$

$$= \int_{-\infty}^{+\infty} \frac{1}{\sqrt{2\pi}\sigma} t e^{-\frac{t^2}{2\sigma^2}} dt + \mu = \mu;$$

$$DX = \int_{-\infty}^{+\infty} (x-EX)^2 f(x) dx$$

$$= \int_{-\infty}^{+\infty} (x-\mu)^2 \frac{1}{\sqrt{2\pi}\sigma} e^{-\frac{(x-\mu)^2}{2\sigma^2}} dx$$

$$= -\frac{\sigma^2}{\sqrt{2\pi}\sigma} \int_{-\infty}^{+\infty} (x-\mu) d e^{-\frac{(x-\mu)^2}{2\sigma^2}}$$

$$= -\frac{\sigma^2}{\sqrt{2\pi}\sigma} \left[(x-\mu) e^{-\frac{(x-\mu)^2}{2\sigma^2}} \Big|_{-\infty}^{+\infty} - \int_{-\infty}^{+\infty} e^{-\frac{(x-\mu)^2}{2\sigma^2}} dx \right]$$

$$= -\frac{\sigma^2}{\sqrt{2\pi}\sigma} (-\sqrt{2\pi}\sigma) = \sigma^2.$$

从上例可以看出，正态分布 $N(\mu, \sigma^2)$ 中的参数 μ，σ^2 恰好是其数学期望及方差.

例 4.2.3 已知 X 服从参数为 λ 的指数分布，即 X 的概率密度 $f(x) = \begin{cases} \lambda e^{-\lambda x}, & x \geqslant 0, \\ 0, & x < 0, \end{cases}$
求 EX，DX.

解
$$EX = \int_{-\infty}^{+\infty} x f(x) = \int_0^{+\infty} x \lambda e^{-\lambda x} dx$$

$$= -\int_0^{+\infty} x d e^{-\lambda x} = -x e^{-\lambda x} \Big|_0^{+\infty} + \int_0^{+\infty} e^{-\lambda x} dx$$

$$= -\frac{1}{\lambda} e^{-\lambda x} \Big|_0^{+\infty} = -\frac{1}{\lambda} [0-1] = \frac{1}{\lambda};$$

$$E(X^2) = \int_{-\infty}^{+\infty} x^2 f(x) dx = \int_0^{+\infty} x^2 \lambda e^{-\lambda x} dx = \frac{2}{\lambda^2},$$

$$DX = E(X^2) - (EX)^2 = \frac{2}{\lambda^2} - \left(\frac{1}{\lambda}\right)^2 = \frac{1}{\lambda^2}.$$

例 4.2.4 设 $X \sim B(n, p)$，求 EX，DX.

解 在 n 重的贝努利试验中，记

$$X_i = \begin{cases} 1, & \text{第 } i \text{ 次试验中事件 } A \text{ 发生,} \\ 0, & \text{第 } i \text{ 次试验中事件 } A \text{ 不发生,} \end{cases}$$

则 $X = X_1 + X_2 + \cdots + X_n \sim B(n, p)$,

且 $X_1, X_2, \cdots, X_n$ 相互独立, 都服从 0-1 分布. 由

$$EX_i = p, \ DX_i = pq,$$

有

$$EX = E(X_1 + X_2 + \cdots + X_n) = EX_1 + EX_2 + \cdots + EX_n = np,$$
$$DX = D(X_1 + X_2 + \cdots + X_n)$$
$$= DX_1 + DX_2 + \cdots + DX_n = npq \ (q = 1 - p).$$

例 4.2.5 设随机变量 X, Y 相互独立, 且 $X \sim N\left(0, \dfrac{1}{2}\right)$, $Y \sim N\left(0, \dfrac{1}{2}\right)$, 求 $D \mid X - Y \mid$.

解 记 $Z = X - Y = X + (-Y)$,

由 $X \sim N\left(0, \dfrac{1}{2}\right)$, $-Y \sim N\left(0, \dfrac{1}{2}\right)$ 及 $X, -Y$ 相互独立, 知 $Z = X - Y \sim N(0, 1)$,

因此, $E \mid X - Y \mid = E \mid Z \mid = \displaystyle\int_{-\infty}^{+\infty} \mid z \mid \dfrac{1}{\sqrt{2\pi}} e^{-\frac{z^2}{2}} \mathrm{d}z = \dfrac{2}{\sqrt{2\pi}} \int_0^{+\infty} z e^{-\frac{z^2}{2}} \mathrm{d}z$

$$= -\dfrac{2}{\sqrt{2\pi}} e^{-\frac{z^2}{2}} \Big|_0^{+\infty} = \sqrt{\dfrac{2}{\pi}},$$

$$E \mid X - Y \mid^2 = E(Z^2) = DZ + (EZ)^2 = 1 + 0^2 = 1,$$

$$D \mid X - Y \mid = E \mid X - Y \mid^2 - (E \mid X - Y \mid)^2 = 1 - \left(\sqrt{\dfrac{2}{\pi}}\right)^2 = 1 - \dfrac{2}{\pi} = \dfrac{\pi - 2}{\pi}.$$

二维随机向量 (X, Y) 的数字特征主要由 X, Y 的数学期望 EX, EY, 方差 DX, DY 以及下节中讨论的协方差 $\mathrm{cov}(X, Y)$ 及相关系数 ρ_{XY} 等构成.

§4.3 随机变量的协方差与相关系数

关于多维随机向量, 常需了解随机变量之间的关系, 描述随机变量之间的关系的数字特征是协方差与相关系数.

定义 4.3.1 若 $E[(X - EX)(Y - EY)]$ 存在, 则称其为随机变量 X, Y 的**协方差**, 记为 $\mathrm{cov}(X, Y)$, 而 $\rho_{XY} = \dfrac{\mathrm{cov}(X, Y)}{\sqrt{DX} \cdot \sqrt{DY}}$ 称为 X, Y 的**相关系数**.

由 $\mathrm{cov}(X, Y) = E[(X - EX)(Y - EY)]$
$$= E[XY - EX \cdot Y - EY \cdot X + EX \cdot EY]$$
$$= E(XY) - EX \cdot EY,$$

因此协方差通常可用下列公式计算

$$\mathrm{cov}(X, Y) = E(XY) - EXEY.$$

在计算随机变量函数的方差时常常要用到协方差, 由于

$$D(aX \pm bY + c) = E[aX \pm bY + c - E(aX \pm bY + c)]^2$$

$$= E[a(X-EX) \pm b(Y-EY)]^2$$
$$= E[a^2(X-EX)^2 \pm 2ab(E-EX)(Y-EY) + b^2(Y-EY)^2]$$
$$= a^2DX \pm 2ab\mathrm{cov}(X,Y) + b^2DY,$$

因此,随机变量函数 $aX \pm bY + c$ 的方差为

$$D(aX \pm bY + c) = a^2DX + b^2DY \pm 2ab\mathrm{cov}(X,Y).$$

在讨论协方差和相关系数 ρ_{XY} 的性质前,我们先证明下列引理(Cauchy-Schwarz 不等式).

引理 设 (X,Y) 是二维随机变量,且 $E(X^2)$,$E(Y^2)$ 存在,则

$$|E(XY)| \leqslant \sqrt{E(X^2)E(Y^2)},$$

并且等号成立的充分必要条件存在常数 a,b,使得 $P\{aX + bY = 0\} = 1$.

证明 考虑下列 t 的二次函数

$$g(t) = E[(tX+Y)^2] = t^2E(X^2) + 2tE(XY) + E(Y^2) \geqslant 0,$$

上述不等式对所有的 t 都成立,因此,

$$[E(XY)]^2 - E(X^2)E(Y^2) \leqslant 0,$$

即 $\qquad |E(XY)| \leqslant \sqrt{E(X^2)E(Y^2)}.$

又等号成立时,或者 $E(X^2) = 0$,或者 $t^2E(X^2) + 2tE(XY) + E(Y^2) = 0$ 有解.

当 $E(X^2) = 0$ 时,由方差的性质

$$DX = E(X^2) - (EX)^2 \geqslant 0,$$

得 $EX = 0$.

另一方面,$DX = E(X^2) - (EX)^2 = 0$,因此随机变量 X 依概率 1 取值常数 $EX = 0$,此时,$P\{1 \cdot X + 0 \cdot Y = 0\} = 1$;

当 $t^2E(X^2) + 2tE(XY) + E(Y^2) = 0$ 有解时,即存在 t_0,使得 $E[(t_0X+Y)^2] = 0$ 成立,此时,$P\{t_0 \cdot X + 1 \cdot Y = 0\} = 1$.

协方差和相关系数 ρ_{XY} 有以下性质:

(1) $\mathrm{cov}(X,Y) = \mathrm{cov}(Y,X)$;

(2) $\mathrm{cov}(aX,bY) = ab\mathrm{cov}(X,Y)$;

(3) $\mathrm{cov}(X_1 + X_2, Y) = \mathrm{cov}(X_1,Y) + \mathrm{cov}(X_2,Y)$;

(4) 若 X,Y 相互独立,则 $\mathrm{cov}(X,Y) = 0$,反之不一定成立(见例 4.3.1);

(5) $|\rho_{XY}| \leqslant 1$;

(6) 若 X,Y 相互独立,则 $\rho_{XY} = 0$;

(7) $|\rho_{XY}| = 1$ 的充分必要条件是随机变量 X,Y 依概率 1 线性相关,即存在常数 a,b,使得 $P\{X = aY + b\} = 1$.

我们只证明其中的几个性质,其他性质请读者证明.

证明 (5) 由引理,有

$$|\rho_{XY}| = \frac{|\mathrm{cov}(X,Y)|}{\sqrt{DX \cdot DY}} = \frac{|E[(X-EX)(Y-EY)]|}{\sqrt{E[(X-EX)^2]E[(Y-EY)^2]}} \leqslant 1;$$

（6）由 X,Y 相互独立

$$\mathrm{cov}(X,Y) = E(XY) - EXEY = 0,$$

有 $\rho_{XY} = \dfrac{\mathrm{cov}(X,Y)}{\sqrt{DX \cdot DY}} = 0;$

（7）（充分性）不妨设 $Y = aX + b$,

则

$$\begin{aligned}
\mathrm{cov}(X,Y) &= \mathrm{cov}(X,\ aX+b) \\
&= E[X(aX+b)] - EX \cdot E(aX+b) \\
&= aEX^2 + bEX - EX[aEX+b] \\
&= aEX^2 - a(EX)^2 = aDX,
\end{aligned}$$

又 $DY = D(aX+b) = a^2 DX,$

因此，

$$\rho_{XY} = \frac{\mathrm{cov}(X,Y)}{\sqrt{DX \cdot DY}} = \frac{aDX}{\sqrt{DX \cdot a^2 DX}} = \frac{aDX}{|a|DX}$$

$$= \frac{a}{|a|} = \begin{cases} 1, & a > 0, \\ -1, & a < 0. \end{cases}$$

（必要性） 若 $|\rho_{XY}| = 1$, 有

$$|\rho_{XY}| = \frac{|\mathrm{cov}(X,Y)|}{\sqrt{DX \cdot DY}} = \frac{|E[(X-EX)(Y-EY)]|}{\sqrt{E[(X-EX)^2]E[(Y-EY)^2]}} = 1,$$

从而， $|E[(X-EX)(Y-EY)]| = \sqrt{E[(X-EX)^2]E[(Y-EY)^2]},$

由引理知，存在常数 a_1, b_1, 使得

$$P\{a_1(X-EX) + b_1(Y-EY) = 0\} = 1,$$

故取常数 $a = -\dfrac{b_1}{a_1}$, $b = \dfrac{a_1 EX + b_1 EY}{a_1}$, 有

$$P\{X = aY + b\} = 1.$$

性质（7）表示当 $|\rho_{XY}| = 1$ 时，随机变量 X,Y 之间依概率 1 存在线性关系，特别当 $\rho_{XY} = 1$ 时，称为正线性相关（即 $a>0$）；当 $\rho_{XY} = -1$ 时，称为负线性相关（即 $a<0$）. 当 $|\rho_{XY}| < 1$ 时，这种相关程度随着 $|\rho_{XY}|$ 减少而减弱. 当 $\rho_{XY} = 0$ 时，称随机变量 X,Y **不相关**.

由性质（6），当 X,Y 相互独立时，$\rho_{XY} = 0$，但其逆命题是否成立呢？回答是否定的.

例 4.3.1 已知 (X,Y) 服从 $x^2 + y^2 \leqslant R^2$ 上的均匀分布，求 $f_X(x),f_Y(y),\rho_{XY}$.

解 由 $f(x,y) = \begin{cases} \dfrac{1}{\pi R^2}, & x^2 + y^2 \leqslant R^2, \\ 0, & \text{其他} \end{cases}$ 有

$$f_X(x) = \int_{-\infty}^{+\infty} f(x,y)\mathrm{d}y = \begin{cases} \displaystyle\int_{-\sqrt{R^2-x^2}}^{\sqrt{R^2-x^2}} \frac{1}{\pi R^2}\mathrm{d}y, & |x| \leqslant R, \\ 0, & |x| > R \end{cases}$$

$$= \begin{cases} \dfrac{2\sqrt{R^2-x^2}}{\pi R^2}, & |x| \leqslant R, \\[3mm] 0, & |x| > R, \end{cases}$$

$$f_Y(y) = \begin{cases} \dfrac{2\sqrt{R^2-y^2}}{\pi R^2}, & |y| \leqslant R, \\[3mm] 0, & |y| > R. \end{cases}$$

因此,$EX = \displaystyle\int_{-\infty}^{+\infty} x f_X(x)\mathrm{d}x = \int_{-R}^{R} x \cdot \dfrac{2\sqrt{R^2-x^2}}{\pi R^2}\mathrm{d}x = 0$,

$EY = \displaystyle\int_{-\infty}^{+\infty} y f_Y(y)\mathrm{d}y = 0$,

$E(XY) = \displaystyle\int_{-\infty}^{+\infty} \mathrm{d}x \int_{-\infty}^{+\infty} xy \cdot f(x,y)\mathrm{d}y$

$\qquad\quad = \dfrac{1}{\pi R^2} \displaystyle\int_0^{2\pi} \mathrm{d}\theta \int_0^R r^2 \sin\theta\cos\theta\, r\,\mathrm{d}r = 0$,

从而,$\mathrm{cov}(X,Y) = E(XY) - EX \cdot EY = 0$,得 $\rho_{XY} = 0$.

由上例可知相关系数 $\rho_{XY} = 0$,但 $f_X(x) \cdot f_Y(y) \neq f(x,y)$ 不是几乎处处成立,所以 X, Y 不相互独立. 因此,X, Y 相互独立是 X, Y 不相关的充分条件而不是必要条件.

例 4.3.2 已知 $(X,Y) \sim N(\mu_1, \mu_2, \sigma_1^2, \sigma_2^2, \rho)$,证明:$X$, Y 不相关的充分必要条件为 X, Y 相互独立.

证明 由 $(X,Y) \sim N(\mu_1, \mu_2, \sigma_1^2, \sigma_2^2, \rho)$,

$$f_X(x) = \frac{1}{\sqrt{2\pi}\sigma_1} \cdot \mathrm{e}^{-\frac{(x-\mu_1)^2}{2\sigma_1^2}}, \quad f_Y(y) = \frac{1}{\sqrt{2\pi}\sigma_2} \cdot \mathrm{e}^{-\frac{(y-\mu_2)^2}{2\sigma_2^2}},$$

由一元正态分布的数字特征 $EX = \mu_1$, $EY = \mu_2$, $DX = \sigma_1^2$, $DY = \sigma_2^2$.

$\mathrm{cov}(X,Y) = E[(X-\mu_1)(Y-\mu_2)]$

$$= \int_{-\infty}^{+\infty}\left[\int_{-\infty}^{+\infty}(x-\mu_1)(y-\mu_2)\frac{1}{2\pi\sigma_1\sigma_2\sqrt{1-\rho^2}}\exp^{-\frac{1}{2(1-\rho^2)}\left[\frac{(x-\mu_1)^2}{\sigma_1^2}-2\rho\frac{(x-\mu_1)(y-\mu_2)}{\sigma_1\sigma_2}+\frac{(y-\mu_2)^2}{\sigma_2^2}\right]}\mathrm{d}x\right]\mathrm{d}y$$

$$= \int_{-\infty}^{+\infty}\left[\int_{-\infty}^{+\infty}(x-\mu_1)(y-\mu_2)\frac{1}{2\pi\sigma_1\sigma_2\sqrt{1-\rho^2}}\exp^{-\frac{1}{2(1-\rho^2)}\left\{\left[\frac{(x-\mu_1)}{\sigma_1}-\rho\frac{(y-\mu_2)}{\sigma_2}\right]^2+(1-\rho^2)\frac{(y-\mu_2)^2}{\sigma_2^2}\right\}}\mathrm{d}x\right]\mathrm{d}y$$

令 $\qquad\qquad\qquad z = \dfrac{1}{\sqrt{1-\rho^2}} \cdot \left(\dfrac{x-\mu_1}{\sigma_1} - \rho\dfrac{y-\mu_2}{\sigma_2}\right)$,

则 $\qquad\qquad\qquad x - \mu_1 = \sigma_1\left(\sqrt{1-\rho^2}\,z + \rho\dfrac{y-\mu_2}{\sigma_2}\right)$,

从而,协方差

$\mathrm{cov}(X,Y)$

$$= \frac{1}{2\pi\sigma_1\sigma_2\sqrt{1-\rho^2}}\int_{-\infty}^{+\infty}\left[\int_{-\infty}^{+\infty}(y-\mu_2)\mathrm{e}^{-\frac{z^2}{2}}\mathrm{e}^{-\frac{(y-\mu_2)^2}{2\sigma_2^2}}\sigma_1\left(\sqrt{1-\rho^2}\,z+\rho\frac{y-\mu_2}{\sigma_2}\right)\sqrt{1-\rho^2}\,\sigma_1\,\mathrm{d}z\right]\mathrm{d}y$$

$$= \frac{1}{2\pi\sigma_1\sigma_2\sqrt{1-\rho^2}} \cdot \int_{-\infty}^{+\infty}\left[\int_{-\infty}^{+\infty} (y-\mu_2)\mathrm{e}^{-\frac{z^2}{2}}\mathrm{e}^{-\frac{(y-\mu_2)^2}{2\sigma_2^2}}\sigma_1\rho\frac{y-\mu_2}{\sigma_2}\sqrt{1-\rho^2}\sigma_1\mathrm{d}z\right]\mathrm{d}y$$

$$= \frac{\sigma_1}{2\pi\sigma_2^2}\rho \cdot \int_{-\infty}^{+\infty}\mathrm{e}^{-\frac{z^2}{2}}\mathrm{d}z\int_{-\infty}^{+\infty} (y-\mu_2)^2\mathrm{e}^{-\frac{(y-\mu_2)^2}{2\sigma_2^2}}\mathrm{d}y$$

$$= \rho\sigma_1\frac{1}{\sigma_2}\frac{1}{\sqrt{2\pi}}\int_{-\infty}^{+\infty}\mathrm{e}^{-\frac{z^2}{2}}\mathrm{d}z \cdot \int_{-\infty}^{+\infty} (y-\mu_2)^2 \cdot \frac{1}{\sqrt{2\pi}\sigma_2}\mathrm{e}^{-\frac{(y-\mu_2)^2}{2\sigma_2^2}}\mathrm{d}y$$

$$= \rho\sigma_1\frac{1}{\sigma_2}DY = \rho\sigma_1\sigma_2;$$

相关系数为

$$\rho_{XY} = \frac{\mathrm{cov}(X,Y)}{\sqrt{DX \cdot DY}} = \frac{\rho\sigma_1\sigma_2}{\sqrt{\sigma_1^2 \cdot \sigma_2^2}} = \rho,$$

X,Y 不相关等价于 $\rho = \rho_{XY} = 0$；

X,Y 相互独立等价于 $\rho_{XY} = \rho = 0$。

因此,当 (X,Y) 服从二维正态分布时, X,Y 不相关与相互独立是等价的.

例 4.3.3 设随机变量 X 和 Y 的期望都等于 1,方差都等于 2,其相关系数为 0.25, 记 $U = X + 2Y$, $V = X - 2Y$,求相关系数 ρ_{UV}.

解
$$EU = E(X+2Y) = 3, \quad EV = E(X-2Y) = -1,$$
$$\mathrm{cov}(X,Y) = \rho_{XY}\sqrt{DX}\sqrt{DY} = 0.25 \times \sqrt{2} \times \sqrt{2} = 0.5,$$
$$DU = D(X+2Y) = DX + 4DY + 4\mathrm{cov}(X,Y) = 12,$$
$$DV = D(X-2Y) = DX + 4DY - 4\mathrm{cov}(X,Y) = 8,$$
$$\mathrm{cov}(U,V) = \mathrm{cov}(X+2Y, X-2Y)$$
$$= \mathrm{cov}(X,X) - 4\mathrm{cov}(Y,Y) = DX - 4DY = 2 - 8 = -6,$$
$$\rho_{UV} = \frac{\mathrm{cov}(U,V)}{\sqrt{DU}\sqrt{DV}} = \frac{-6}{4\sqrt{6}} = -\frac{\sqrt{6}}{4}.$$

§4.4 矩与协方差矩阵

若 $(X_1, X_2, \cdots, X_n)$ 为 n 维随机向量,本节将介绍其另外的一些数字特征.

定义 4.4.1 若 EX_i^k 存在, $k = 1, 2, \cdots$,则称它为 X_i 的 k **阶原点矩**；

若 $E(X_i - EX_i)^k$ 存在, $k = 1, 2, \cdots$,则称它为 X_i 的 k **阶中心矩**；

若 $E(X_i^k X_j^l)$ 存在, $k, l = 1, 2, \cdots$, $i \neq j$,则称它为 X_i、X_j 的 $k+l$ **阶混合原点矩**；

若 $E[(X_i - EX_i)^k \cdot (X_j - EX_j)^l]$ 存在, $k, l = 1, 2, \cdots$, $i \neq j$,则称它为 X_i、X_j 的 $k+l$ **阶混合中心矩**.

定义 4.4.2 若 $c_{ij} = \mathrm{cov}(X_i, X_j) = E[(X_i - EX_i)(X_j - EX_j)]$ 存在, $i, j = 1, 2, \cdots$,则称

$$C = \begin{bmatrix} c_{11} & c_{12} & \cdots & c_{1n} \\ c_{21} & c_{22} & \cdots & c_{2n} \\ \cdots & \cdots & \cdots & \cdots \\ c_{n1} & c_{n2} & \cdots & c_{nn} \end{bmatrix}$$

为随机变量$(X_1, X_2, \cdots, X_n)$的**协方差矩阵**.

易于看出,协方差矩阵是对称矩阵.

例4.4.1 已知 $X \sim N(0, 1)$,求 EX^k.

解 $EX^k = \dfrac{1}{\sqrt{2\pi}} \displaystyle\int_{-\infty}^{+\infty} x^k \mathrm{e}^{-\frac{x^2}{2}} \mathrm{d}x$,

当 $k = 2n - 1$ 时$(n = 1, 2, \cdots)$,

$$EX^k = 0 \ (k = 1, 3, 5, \cdots).$$

当 $k = 2n$ 时$(n = 1, 2, \cdots)$,

$$EX^k = \frac{1}{\sqrt{2\pi}} \int_{-\infty}^{+\infty} x^{2n} \mathrm{e}^{-\frac{x^2}{2}} \mathrm{d}x = \frac{2}{\sqrt{2\pi}} \int_{0}^{+\infty} x^{2n} \mathrm{e}^{-\frac{x^2}{2}} \mathrm{d}x,$$

令 $\dfrac{x^2}{2} = t$, $\mathrm{d}x = \dfrac{1}{\sqrt{2t}} \mathrm{d}t$,

$$EX^k = \frac{2}{\sqrt{2\pi}} \int_{0}^{+\infty} 2^n t^n \mathrm{e}^{-t} \frac{1}{\sqrt{2t}} \mathrm{d}t$$

$$= \frac{2^n}{\sqrt{\pi}} \cdot \int_{0}^{+\infty} t^{n-\frac{1}{2}} \mathrm{e}^{-t} \mathrm{d}t = \frac{2^n}{\sqrt{\pi}} \cdot \Gamma\left(\frac{2n+1}{2}\right)$$

$$= \frac{2^n}{\sqrt{\pi}} \cdot \frac{2n-1}{2} \cdot \frac{2n-3}{2} \cdots \frac{3}{2} \cdot \frac{1}{2} \sqrt{\pi} = (2n-1)!!.$$

例4.4.2 设随机向量 $(X, Y) \sim N(\mu_1, \mu_2, \sigma_1^2, \sigma_2^2, \rho)$,

1. 求协方差矩阵 C;

2. 用协方差矩阵 C 表示(X, Y)的概率密度函数.

解 (X, Y)的概率密度为

$$f(x, y) = \frac{1}{2\pi\sigma_1\sigma_2\sqrt{1-\rho^2}} \mathrm{e}^{-\frac{1}{2(1-\rho^2)}\left[\frac{(x-\mu_1)^2}{\sigma_1^2} - 2\rho \cdot \frac{(x-\mu_1)(y-\mu_2)}{\sigma_1\sigma_2} + \frac{(y-\mu_2)^2}{\sigma_2^2}\right]}.$$

1. $c_{11} = E(X - EX)^2 = DX = \sigma_1^2$;

   $c_{22} = E(Y - EY)^2 = DY = \sigma_2^2$;

   $c_{12} = E[(X - EX)(Y - EY)] = \mathrm{cov}(XY) = \rho\sigma_1\sigma_2$;

   $c_{21} = E[(Y - EY)(X - EX)] = \mathrm{cov}(XY) = \rho\sigma_1\sigma_2.$

因此,$C = \begin{pmatrix} \sigma_1^2 & \rho\sigma_1\sigma_2 \\ \rho\sigma_1\sigma_2 & \sigma_2^2 \end{pmatrix}$.

2. 协方差矩阵 C 的行列式为

$$|C| = \sigma_1^2 \sigma_2^2 - \rho^2 \sigma_1^2 \sigma_2^2 = (1-\rho^2) \sigma_1^2 \sigma_2^2,$$

$$C^{-1} = \frac{1}{|C|} \begin{bmatrix} \sigma_2^2 & -\rho\sigma_1\sigma_2 \\ -\rho\sigma_1\sigma_2 & \sigma_1^2 \end{bmatrix} = \frac{1}{1-\rho^2} \begin{bmatrix} \dfrac{1}{\sigma_1^2} & \dfrac{-\rho}{\sigma_1\sigma_2} \\ \dfrac{-\rho}{\sigma_1\sigma_2} & \dfrac{1}{\sigma_2^2} \end{bmatrix},$$

记 $x = \begin{pmatrix} x \\ y \end{pmatrix}, \mu = \begin{pmatrix} \mu_1 \\ \mu_2 \end{pmatrix}$,则

$$-\frac{1}{2(1-\rho^2)} \left[\frac{(x-\mu_1)^2}{\sigma_1^2} - 2\rho \frac{(x-\mu_1)(y-\mu_2)}{\sigma_1\sigma_2} + \frac{(y-\mu_2)^2}{\sigma_2^2} \right]$$

$$= -\frac{1}{2}(x-\mu)^T C^{-1}(x-\mu).$$

则　　$f(x, y) = \dfrac{1}{(\sqrt{2\pi})^2 \sqrt{|C|}} e^{-\frac{1}{2}(x-\mu)^T C^{-1}(x-\mu)}.$

一般说来,若 $(X_1, X_2, \cdots, X_n)$ 服从 n 维正态分布,其协方差矩阵为 C,令 $x = (x_1, x_2, \cdots, x_n)^T, \mu = (\mu_1, \mu_2, \cdots, \mu_n)^T$,其中 $\mu_i = EX_i(i = 1, 2, \cdots, n)$,则 $(X_1, X_2, \cdots, X_n)$ 的概率密度为可表达为

$$f(x_1, x_2, \cdots, x_n) = \frac{1}{(\sqrt{2\pi})^n \sqrt{|C|}} e^{-\frac{1}{2}(x-\mu)^T C^{-1}(x-\mu)}.$$

n 维正态分布是概率统计和随机过程中经常用到的一个分布,我们不加证明的引用它的一些常见性质.

(1) 随机向量 $(X_1, X_2, \cdots, X_n)$ 服从 n 维正态分布的充分必要条件为 $X_1, X_2, \cdots, X_n$ 的任意线性组合 $X = l_1 X_1 + l_2 X_2 + \cdots + l_n X_n$ 服从一维的正态分布;

(2) 设随机向量 $(X_1, X_2, \cdots, X_n)$ 服从 n 维正态分布,且 Y_j 是 $X_1, X_2, \cdots, X_n$ 的线性组合 $(j = 1, 2, \cdots, m)$,则 $(Y_1, Y_2, \cdots, Y_m)$ 服从 m 维正态分布;

(3) 设随机向量 $(X_1, X_2, \cdots, X_n)$ 服从 n 维正态分布,则 $X_1, X_2, \cdots, X_n$ 两两相互独立等价于 $X_1, X_2, \cdots, X_n$ 两两不相关.

n 维正态分布在数理统计和随机过程中是经常出现的概念.

§4.5　应用案例分析

从概率论的发展历史来看,最早的概率问题应来自赌本的公平分配问题,对此问题的讨论产生了概率论理论中的重要概念——数学期望. 可以说,数学期望有着重要的应用背景和价值.下面讨论一些有趣的应用问题.

例4.5.1　(运气轮问题)以下介绍赌博的方法成为"运气轮",在世界各地的狂欢节或赌场十分流行. 赌徒押注于 1 到 6 之间的某一个数,然后庄家掷 3 枚骰子,如果赌徒压的数出现 $i, i = 1, 2, 3$ 次,那么他将赢得 i 单位. 反之,如果赌徒压的数字没有出现,他将损失一个单位.问这个赌博对赌徒是否公平?

解 若以 X 表示赌徒的收益,则 X 的可能取值为 $-1, 1, 2, 3$,其分布律为

$$P\{X = k\} = \binom{3}{k}\left(\frac{1}{6}\right)^k \left(1 - \frac{1}{6}\right)^{3-k}, \ k = 1, 2, 3, \ P\{X = -1\} = \left(\frac{5}{6}\right)^3,$$

从而 $EX = -1 \times \left(\frac{5}{6}\right)^3 + 1 \times \frac{1}{6} \times \left(\frac{5}{6}\right)^2 + 2 \times \left(\frac{1}{6}\right)^2 \times \frac{5}{6} + 3 \times \left(\frac{1}{6}\right)^3 = -\frac{17}{216}$,

即从平均的角度讲,长期赌下去,每 216 局,赌徒将要输掉 17 单位,这个赌博对赌徒来说是不公平的.

例 4.5.2 (验血方案的选择问题)某地区进行疾病普查,需要检验每个人的血液.如果当地有 1 000 人,逐个检验就需要检验 1 000 次.那么采取什么方法可以减少工作量呢?(假设接受检验的人群中,每个人的检验结果是阴性还是阳性是独立的)

解 假设每个人是阳性结果的概率为 p,是阴性结果的概率为 $1 - p = q$. 将 k 个人分成一组,则一组的混合血液结果呈阴性的概率为 q^k,呈阳性结果的概率为 $1 - q^k$. 以 X 表示 k 个人一组进行检验时每人所需的检验次数,则 X 的分布律为

$$P\left\{X = \frac{1}{k}\right\} = q^k, \ P\left\{X = 1 + \frac{1}{k}\right\} = 1 - q^k,$$

则每个人所需的平均检验次数为

$$EX = \frac{1}{k}q^k + \left(1 + \frac{1}{k}\right)(1 - q^k) = 1 - q^k + \frac{1}{k}.$$

如果逐个检验,每人检验一次.

可见,当 $1 - q^k + \dfrac{1}{k} < 1$ 时,用分组的方法(k 个人分成一组)可以减少检验的次数. 显然减少工作量的大小与分组人数 k 有关,也与 q 有关. 若 q 已知,由 $EX = 1 - q^k + \dfrac{1}{k}$,可以选取最合适的整数 k,使得平均检验次数 EX 达到最小值,从而使平均检验次数最少.

表 4-1,表 4-2 分别列出了当 $p = 0.05$,$p = 0.01$ 时不同的分组方法对应的每人的平均检验次数. 由表可知,若 $p = 0.05$,则 $k = 5$ 是最好的分组方法,每 100 个人的平均检验次数为 43 次;若 $p = 0.01$,则 $k = 11$ 是最好的分组方法,每 100 个人的平均检验次数为 19 次.

表 4-1　$p = 0.05$,不同的 k 对应的每个人的平均检验次数

k	2	3	4	5	6	7
EX	0.597 5	0.475 9	0.435 5	0.426 2	0.431 6	0.444 0

表 4-2　$p = 0.01$,不同的 k 对应的每个人的平均检验次数

k	2	3	4	5	6	7
EX	0.519 9	0.363 0	0.289 4	0.249 0	0.225 2	0.210 7

续表 4-2　$p = 0.01$,不同的 k 对应的每个人的平均检验次数

k	8	9	10	11	12
EX	0.202 3	0.197 6	0.195 6	0.194 7	0.196 9

在第二次世界大战期间,所有美国的应征士兵都要进行一次 Wassermann(梅毒的一种间接检验). 真正患有梅毒的士兵约占全部检验者的 0.2%. 由于该检验方法的灵敏度高,为了减少检验计划的巨大开支,采用了上述的分组检验方法,每组人数为 8,减少工作量近 70%.

例 4.5.3 (证券组合投资策略)每种证券在一给定时期内的收益率 r 是随机变量. 人们常用收益率的方差来衡量该证券的风险. 收益率方差不为零的证券称为风险证券. 现有一笔资金按比例 $x:(1-x)(0 \leqslant x \leqslant 1)$ 分别投资两种风险证券 A,B,形成一个投资组合 P,则其收益率 $r_P = xr_A + (1-x)r_B$,其中 r_A,r_B 分别为这两种证券的收益率,如何降低投资风险呢?

解 假设 r_A,r_B 的标准差分别为 σ_A,σ_B,r_A,r_B 的相关系数为 ρ_{AB},则收益率的方差为

$$
\begin{aligned}
D(r_p) &= x^2\sigma_A^2 + (1-x)^2\sigma_B^2 + 2x(1-x)\mathrm{cov}(r_A, r_B) \\
&= x^2\sigma_A^2 + (1-x)^2\sigma_B^2 + 2x(1-x)\rho_{AB}\sigma_A\sigma_B \\
&= [x\sigma_A - (1-x)\sigma_B]^2 + 2x(1-x)(1+\rho_{AB})\sigma_A\sigma_B
\end{aligned}
$$

要使 $D(r_p) = 0$,则需以下条件成立:

$$
\rho_{AB} = -1, \text{且 } x\sigma_A - (1-x)\sigma_B = 0,
$$

即当 $\rho_{AB} = -1$ 且 $x = \dfrac{\sigma_B}{\sigma_A + \sigma_B}$ 时,投资组合 P 无风险. 对于其他的情况,投资组合均有风险. 若令

$$
\frac{\mathrm{d}}{\mathrm{d}x}D(r_p) = 2x^2\sigma_A^2 - 2(1-x)\sigma_B^2 + (2-4x)\rho_{AB}\sigma_A\sigma_B = 0,
$$

则

$$
x = \frac{\sigma_B^2 - \rho_{AB}\sigma_A\sigma_B}{\sigma_A^2 + \sigma_B^2 - 2\rho_{AB}\sigma_A\sigma_B}.
$$

由于 $0 \leqslant x \leqslant 1$,所以 $0 \leqslant \dfrac{\sigma_B^2 - \rho_{AB}\sigma_A\sigma_B}{\sigma_A^2 + \sigma_B^2 - 2\rho_{AB}\sigma_A\sigma_B} \leqslant 1$,

从而 $\rho_{AB} \leqslant \dfrac{\sigma_B}{\sigma_A}$ 且 $\rho_{AB} \leqslant \dfrac{\sigma_A}{\sigma_B}$,于是 $\rho_{AB} \leqslant \dfrac{\min\{\sigma_A, \sigma_B\}}{\max\{\sigma_A, \sigma_B\}}$.

当 $\rho_{AB} = \dfrac{\min\{\sigma_A, \sigma_B\}}{\max\{\sigma_A, \sigma_B\}}$ 时,得 $x = 0$ 或 $x = 1$,此时

$$
D(r_p) = \min\{D(r_A), D(r_B)\}.
$$

当 $\rho_{AB} < \dfrac{\min\{\sigma_A, \sigma_B\}}{\max\{\sigma_A, \sigma_B\}}$ 时,按上述所得证券组合的风险均小于任何单只证券的风险. 但是由于没有考虑总收益的期望,故也不被广大投资者认同.

以马库威茨为首的学者综合考虑了 $E(r_p)$,$D(r_p)$ 的作用,提出了利用计算机及"二次规划"方法,求解在一定收益要求下使风险达到最小的约束优化问题,给出了多数投资者认同的投资策略. 由于在证券组合理论方面的杰出贡献,在 1990 年马库威茨获得了诺贝尔经济

学奖.

由此可见,在一定的条件下,投资组合可以降低风险.

小   结

随机变量的数字特征是由其分布确定的,它能描述随机变量的某些特性,最重要的是数学期望 EX,方差 DX,其意义分别为数学期望 EX 表达的是随机变量 X 取值的平均,方差 $DX = E[(X-EX)^2]$ 表达的是随机变量 X 偏离其数学期望的程度.

随机变量 X 的函数 $Y = g(X)$ 的数学期望的计算公式 $EY = E(g(X)) = \sum\limits_{i=1}^{\infty} g(x_i) p_i$ 及 $EY = \int_{-\infty}^{+\infty} g(x) f(x) \mathrm{d}x$ 有重要的意义,这为计算带来了很大的便利.

方差计算中常用到公式
$$DX = E(X^2) - (EX)^2.$$

下列性质在数学期望和方差的计算中有较多的应用.
(1) 当 X, Y 相互独立或不相关时,$E(XY) = EX \cdot EY$;
(2) k 为常数时,$D(kX) = k^2 DX$;
(3) 当 X, Y 相互独立或不相关时,$D(X \pm Y) = D(X) + D(Y)$;
(4) $D(aX \pm bY + c) = a^2 DX + b^2 DY \pm 2ab \mathrm{cov}(X, Y)$.

相关系数 ρ_{XY} 是表达随机变量 (X, Y) 的两个分量 X, Y 的线性关系紧密程度的量, $\rho_{XY} = 0$ 时,称为不相关,即 X, Y 不存在线性关系.值得注意的是 X, Y 相互独立时,X, Y 必定不相关,但 X, Y 不相关时,X, Y 不一定相互独立.

对于正态分布,即 $(X, Y) \sim N(\mu_1, \mu_2, \sigma_1^2, \sigma_2^2, \rho)$,$X, Y$ 不相关等价于 X, Y 相互独立,读者应熟知二维正态分布的几个参数所含意义.

表 4-3 随机变量的数字特征

分布名称	分布记号	分布律或密度	分布函数	期望	方差
0-1 分布	$X \sim (0-1)$	$P\{X=1\} = p$, $P\{X=0\} = q$ $0 < p < 1$, $p+q = 1$	$F(x) = \begin{cases} 0, & x < 0, \\ q, & 0 \leqslant x \leqslant 1, \\ 1, & x > 1 \end{cases}$	p	pq
二项分布	$X \sim B(n, p)$	$P\{X=k\} = \binom{n}{k} p^k q^{n-k}$ $k = 0, 1, 2, \cdots, n$ $0 < p < 1$, $p+q = 1$	$F(x) = \sum\limits_{k \leqslant x} \binom{n}{k} p^k q^{n-k}$	np	npq
泊松分布	$X \sim \pi(\lambda)$	$P\{X=k\} = \dfrac{\lambda^k}{k!} \mathrm{e}^{-\lambda}$ $k = 0, 1, 2, \cdots, \lambda > 0$	$F(x) = \sum\limits_{k \leqslant x} \dfrac{\lambda^k}{k!} \mathrm{e}^{-\lambda}$	λ	λ
均匀分布	$X \sim U[a, b]$	$f(x) = \begin{cases} \dfrac{1}{b-a}, & a \leqslant x \leqslant b, \\ 0, & \text{其他} \end{cases}$	$F(x) = \begin{cases} 0, & x < a, \\ \dfrac{x-a}{b-a}, & a \leqslant x \leqslant b, \\ 1, & x > b \end{cases}$	$\dfrac{a+b}{2}$	$\dfrac{(b-a)^2}{12}$

分布名称	分布记号	分布律或密度	分布函数	期望	方差
指数分布	$X \sim E(\lambda)$	$f(x) = \begin{cases} \lambda e^{-\lambda x}, & x > 0, \lambda > 0 \\ 0, & x \leqslant 0, \end{cases}$	$F(x) = \begin{cases} 1 - e^{-\lambda x}, & x > 0, \\ 0, & x \leqslant 0 \end{cases}$	$\dfrac{1}{\lambda}$	$\dfrac{1}{\lambda^2}$
正态分布	$X \sim N(\mu, \sigma^2)$	$f(x) = \dfrac{1}{\sqrt{2\pi}\sigma} e^{-\frac{(x-\mu)^2}{2\sigma^2}}$	$F(x) = \displaystyle\int_{-\infty}^{x} \dfrac{1}{\sqrt{2\pi}\sigma} e^{-\frac{(t-\mu)^2}{2\sigma^2}} \mathrm{d}t$ $= \Phi\left(\dfrac{x-\mu}{\sigma}\right)$	μ	σ^2

习 题 四

1. 填空题

(1) 设 X 表示 5 次独立重复射击击中目标的次数,已知每次射中目标的概率为 0.4,则 $EX^2 = $ _____.

(2) 已知随机变量 X 服从 $[1, 3]$ 上均匀分布,则 $E\left(\dfrac{1}{X}\right) = $ _____.

(3) 已知 X 的概率密度 $f(x) = \dfrac{1}{\sqrt{\pi}} \cdot e^{-x^2 + 2x - 1}$,则 $EX = $ _____,$DX = $ _____.

(4) 若 $X \sim B(n, p)$ 且 $EX = 1.6$,$DX = 1.28$,则 $n = $ _____,$p = $ _____.

(5) 若 X 的概率密度 $f(x) = \begin{cases} ax + b, & 0 < x < 1, \\ 0, & \text{其他}, \end{cases}$ 且 $EX = \dfrac{1}{3}$,则 $a = $ _____,$b = $ _____.

(6) 已知 $X \sim \pi(\lambda)$,且 $E[(X-1)(X-2)] = 1$,则 $\lambda = $ _____.

(7) 设随机变量 X,Y 相互独立,$X \sim U[0, 6]$,$Y \sim N(0, 4)$,则 $D(X - 2Y) = $ _____.

(8) 将一枚硬币重复掷 n 次,以 X 和 Y 分别表示出现正面和出现反面的次数,则 X 和 Y 的相关系数等于_____.

(9) 设 $X \sim \pi(1)$,则 $P\{X = E(X^2)\} = $ _____.

(10) 设 X 的分布函数为 $F(x) = 0.3\Phi(x) + 0.7\Phi\left(\dfrac{x-1}{2}\right)$,其中 $\Phi(x)$ 是标准正态分布的分布函数,则 $EX = $ _____.

(11) 设 X 的概率分布为 $P\{X = k\} = \dfrac{C}{k!}$ $(k = 0, 1, 2, \cdots)$,则 $E(X^2) = $ _____.

(12) 设 $(X, Y) \sim N(\mu, \mu, \sigma^2, \sigma^2, 0)$,则 $E(XY^2) = $ _____.

2. 设随机变量 X 的可能取值为 $-1, 0, 1$,且 $EX = 0.1$,$EX^2 = 0.9$,求 X 的分布律.

3. 某车间完成某项生产任务的时间 X(单位:月)为随机变量,它的分布律为

X	10	11	12	13
p	0.4	0.3	0.2	0.1

(1) 求该车间完成此生产任务的平均时间；

(2) 假设该车间所获利润为 $Y = 60(12 - X)$，单位为万元. 试求该车间的平均利润.

4. 设 X 为随机变量，c 是给定常数，证明：$DX \leqslant E(X-c)^2$，仅当 $c = EX$ 时，$E(X-c)^2$ 取最小值 DX.

5. 设随机变量 X 的概率密度 $f(x) = \begin{cases} ax, & 0 < x < 2, \\ cx + b, & 2 \leqslant x \leqslant 4, \\ 0, & 其他, \end{cases}$ 且 $EX = 2$，$P\{1 < X < 3\} = \dfrac{3}{4}$，

(1) 确定 a, b, c 的值；

(2) 对 X 独立重复观察 4 次，Y 表示观察值大于 3 的次数，求 Y^2 的数学期望.

6. 已知某商品出口需求量为 X(吨)，已知 X 服从 $[2\,000, 4\,000]$ 上的均匀分布，设每售出这种商品 1 吨，可赚外汇 3 万元，但若销售不出而囤积仓库，每吨需保养费 1 万元，问应出口多少商品才能使收益的数学期望最大.

7. 公共汽车起点站每小时的 10 分，30 分，55 分发车，乘客在不知发车时间的情况下，在每小时内的任意时刻随机到达车站，问乘客候车时间的数学期望.

8. 某商店出售某种商品，每销售一件可收益 15 元，根据以往的资料，每天的销售量 X 是随机变量，取值为 0，1，2，3 的概率分别为 0.4，0.3，0.2，0.1. 试求一天的平均利润.

9. 已知 X，Y 的联合分布律为

X \ Y	-1	0	1
-1	$\dfrac{1}{8}$	$\dfrac{1}{8}$	$\dfrac{1}{8}$
0	$\dfrac{1}{8}$	0	$\dfrac{1}{8}$
1	$\dfrac{1}{8}$	$\dfrac{1}{8}$	$\dfrac{1}{8}$

求：(1) EX，EY，DX，DY；

(2) ρ_{XY}；

(3) $D(X+Y)$；

(4) X，Y 是否相互独立.

10. 设 X，Y 的联合分布律为

X \ Y	1	2	3
1	$\dfrac{1}{6}$	$\dfrac{1}{9}$	$\dfrac{1}{18}$
2	$\dfrac{1}{3}$	α	β

且 $EY = \dfrac{5}{3}$，求 α，β．

11. 已知 $DX = 4$，$DY = 1$，$\rho_{XY} = 0.6$，求 $D(3X - 2Y)$．

12. 已知 X，Y 的联合概率密度 $f(x, y) = \begin{cases} \dfrac{1}{8}(x + y), & 0 \leqslant x \leqslant 2, 0 \leqslant y \leqslant 2, \\ 0, & \text{其他}, \end{cases}$ 求 EX，

EY，DX，DY，$\mathrm{cov}(X, Y)$，ρ_{XY}，$D(X + Y)$．

13. 假设随机变量 X 在区间 $(-1, 1)$ 上服从均匀分布，随机变量 $Y = \begin{cases} 1, & X > 0, \\ 0, & X = 0, \\ -1, & X < 0, \end{cases}$ 求 DY．

14. 有 100 名战士参加实战演习，假设每名战士一次射击的命中率为 0.8，规定每名战士至多射击 4 次，但若已射中则不再射击．从平均的角度讲，问该次演习至少应准备多少发子弹？

15. 已知 X，Y，Z 为相互独立的随机变量，$X \sim N(4, 5)$，$Y \sim N(-2, 9)$，$Z \sim N(2, 2)$，求 $P\{0 \leqslant X + Y - Z \leqslant 3\}$．

16. 对随机变量 X，Y，Z，有 $EX = EY = 1$，$EZ = -1$，$DX = DY = 1$，$DZ = 4$，$\rho_{XY} = 0$，$\rho_{XZ} = \dfrac{1}{3}$，$\rho_{YZ} = -\dfrac{1}{2}$．求 $E(X + Y + Z)$，$D(X + Y + Z)$，$\mathrm{cov}(2X + Y, 3Z + X)$．

17. 一个学校的 120 名同学分乘 3 辆大客车去听交响乐表演．第一辆车有 36 名同学，第二辆车有 40 名，第三辆车有 44 名．到达目的地后，从 120 名同学中随机抽取一名．令 X 表示被随机选中的同学所乘坐的车上的同学数，求 EX．

18. 设 A，B 是随机事件，$P(A) = \dfrac{1}{4}$，$P(B \mid A) = \dfrac{1}{3}$，$P(A \mid B) = \dfrac{1}{2}$，令

$$X = \begin{cases} 1, & A \text{ 发生}, \\ 0, & A \text{ 不发生}, \end{cases} \qquad Y = \begin{cases} 1, & B \text{ 发生}, \\ 0, & B \text{ 不发生}. \end{cases}$$

求：(1) (X, Y) 的概率分布；(2) ρ_{XY}．

补 充 题 四

1. 选择题

(1) 设 X_1，X_2，$\cdots$，X_n 相互独立且同分布，方差 $\sigma^2 > 0$，记 $Y = \dfrac{X_1 + X_2 + \cdots + X_n}{n}$，

则（　　）．

(A) $\mathrm{cov}(X_1, Y) = \dfrac{\sigma^2}{n}$；　　　　　(B) $\mathrm{cov}(X_1, Y) = \sigma^2$；

(C) $D(X_1 + Y) = \dfrac{n + 2}{n}\sigma^2$；　　　　(D) $D(X_1 - Y) = \dfrac{n + 1}{n}\sigma^2$．

(2) 设 $X \sim N(0, 1)$，$Y \sim N(1, 4)$，且 $\rho_{XY} = 1$，则下列结论中可能正确的是（　　）．

(A) $P\{Y = -2X - 1\} = 1$；　　　　(B) $P\{Y = 2X - 1\} = 1$；

(C) $P\{Y = -2X + 1\} = 1$；　　　　(D) $P\{Y = 2X + 1\} = 1$．

(3) 设 X_1, X_2 相互独立,其概率密度分别为 $f_1(x)$, $f_2(x)$, Y_1 的概率密度为 $\dfrac{f_1(x) + f_2(x)}{2}$, $Y_2 = \dfrac{X_1 + X_2}{2}$, 则( ).

    (A) $EY_1 > EY_2$, $DY_1 > DY_2$;   (B) $EY_1 = EY_2$, $DY_1 = DY_2$;

    (C) $EY_1 = EY_2$, $DY_1 < DY_2$;   (D) $EY_1 = EY_2$, $DY_1 > DY_2$.

(4) 设 X, Y 相互独立, $U = \max(X, Y)$, $V = \min(X, Y)$, 则 $E(UV) = ($ $)$.

    (A) $EU \cdot EV$;   (B) $EX \cdot EY$;   (C) $EU \cdot EY$;   (D) $EX \cdot EV$.

(5) 将长度为 $1\,\text{m}$ 的木棒随机折为两段,则两段长度的相关系数为( ).

    (A) 1;   (B) $1/2$;   (C) $-1/2$;   (D) -1.

2. X, Y 同分布,且 X 的概率密度 $f(x) = \begin{cases} 2\theta^2 x, & 0 < x < \dfrac{1}{6}, \\ 0, & \text{其他}, \end{cases}$ $E[c(X + 2Y)] = \dfrac{1}{\theta}$,

求 c.

3. 某箱中装有 100 件产品,其中一、二和三等品分别为 80 件、10 件、10 件,现从中随机抽取一件,记 $X_i = \begin{cases} 1, & \text{若抽到 } i \text{ 等品}, \\ 0, & \text{其他}, \end{cases}$ 求:

(1) X_1, X_2 的联合分布律;

(2) $\rho_{X_1 X_2}$.

4. 在长为 a 的线段上任取二点,求两点间距离的数学期望与方差.

5. 已知 $X \sim N(1, 3^2)$, $Y \sim N(0, 4^2)$, $\rho_{XY} = -\dfrac{1}{2}$, $Z = \dfrac{1}{3}X + \dfrac{1}{2}Y$. 求:

(1) EZ, DZ;

(2) ρ_{XZ}.

6. (1) 对于随机变量 X, Y,若 EX^2, EY^2 存在,证明: $[E(XY)]^2 \leqslant EX^2 \cdot EY^2$;

(2) 设 X, Y 相互独立,证明 $D(XY) \geqslant DX \cdot DY$.

7. 已知 X 的概率密度 $f(x) = \dfrac{1}{2}\mathrm{e}^{-|x|}$, $-\infty < x < +\infty$,

(1) 求 EX, DX;

(2) 求 X 与 $|X|$ 的协方差 $\mathrm{cov}(X, |X|)$ 并问 X 与 $|X|$ 是否不相关.

(3) 问 X 与 $|X|$ 是否相互独立? 为什么?

8. 一电路装置装有 3 个同种电子元件,其工作状态相互独立,且无故障工作时间服从参数为 λ 的指数分布,当 3 个元件都无故障时,电路正常工作,否则电路不能正常工作,试求电路正常工作时间 T 的概率分布及 T 的期望值.

9. 设随机变量 X 在 $[a, b]$ 上取值,且 EX, DX 存在,证明:

(1) $a \leqslant EX \leqslant b$;

(2) $DX \leqslant \dfrac{(b-a)^2}{4}$.

10. 假设二维随机变量 (X, Y) 服从二维正态分布,证明:随机变量 $U = X + Y$ 与 $V = X - Y$ 不相关的充要条件为 $DX = DY$.

11. 一根长度为 1 的棍子在点 U 处断开,其中 U 服从 $(0, 1)$ 上的均匀分布,$0 \leqslant a \leqslant 1$ 是给

定常数,求包含点 a 的那一截的长度的期望值.

12. 假设一设备开机后无故障工作的时间 X 服从指数分布,平均无故障工作的时间 EX 为 5 小时. 设备定时开机,出现故障时自动关机,而在无故障的情况下工作 2 小时便关机. 试求该设备每次开机无故障工作时间 Y 的分布函数 $F_Y(y)$ 和 EY.

13. 已知甲,乙两箱中装有同种产品,其中甲箱中装有 3 件合格品,3 件次品,乙箱中仅有 3 件合格品. 从甲箱中任取 3 件放入乙箱后,求:

(1) 乙箱中次品件数 X 的数学期望;

(2) 从乙箱中任取一件产品是次品的概率.

14. 设 X_1,X_2,$\cdots$,X_n 相互独立,且 $X_i \sim N(0, 1)$,记 $\overline{X} = \dfrac{X_1 + X_2 + \cdots + X_n}{n}$,$Y_i = X_i - \overline{X}$,$i = 1, 2, \cdots, n$.求:

(1) $D(Y_i)$,$i = 1, 2, \cdots, n$;

(2) $\mathrm{cov}(Y_1, Y_n)$.

15. 已知随机变量 X,Y 以及 XY 的分布律如下表所示,

X	0	1	2
P	1/2	1/3	1/6

Y	0	1	2
P	1/3	1/3	1/3

XY	0	1	2	4
P	7/12	1/3	0	1/12

求:(1) $P\{X = 2Y\}$;(2) $\mathrm{cov}(X - Y, Y)$.

16. 设随机变量 X 的概率分布为 $P\{X = 1\} = P\{X = 2\} = \dfrac{1}{2}$,在给定 $X = i$ 的条件下,随机变量 Y 服从均匀分布 $U[0, i]$,

(1) 求随机变量 Y 的分布函数 $F_Y(y)$;

(2) 求 EY.

17. 设随机变量 X,Y 的概率分布相同,X 的概率分布为 $P\{X = 0\} = \dfrac{1}{3}$,$P\{X = 1\} = \dfrac{2}{3}$,

且 X 与 Y 的相关系数为 $\rho_{XY} = \dfrac{1}{2}$.求:

(1) (X, Y) 的概率分布;

(2) $P\{X + Y \leqslant 1\}$.

第五章

大数定律与中心极限定理

本章基本要求

1. 了解切比雪夫不等式.

2. 了解切比雪夫大数定律、伯努利大数定律和辛钦大数定律(独立同分布随机变量序列的大数定律).

3. 了解棣莫弗-拉普拉斯定理(二项分布以正态分布为极限分布)和列维-林德伯格定理(独立同分布随机变量序列的中心极限定理).

在概率论的开始阶段,就提及随机事件 A 发生的频率 $f_A = \dfrac{n_A}{n}$ 与概率 $P(A)$ 的关系,当试验次数 n 很大时,事件 A 发生的频率 f_A 应接近于稳定的数值 $P(A)$,这是概率论赖以生存发展的基础. 对数学期望的讨论中,随机变量的数学期望就是大量试验结果取值的均值,这个结论是数理统计技术的理论基石,本章中的大数定律对这两个问题进行回答. 在中心极限定理的讨论中,我们对正态分布的来源和应用场合有进一步的认识.

§5.1 大 数 定 律

在对数学期望的讨论中,随机变量的数学期望就是大量试验结果取值的均值,这事实将是数量统计技术的理论基础. 在事件概率的概念讨论中,我们就试验结果分析了随机事件 A 发生的频率 $f_A = \dfrac{n_A}{n}$ 与概率 $P(A)$ 的关系,当试验次数 n 很大时,事件 A 发生的频率 f_A 应接近于稳定的数值 $P(A)$,这是概率论赖以生存发展的基础. 在这一节将讨论经过大量试验,随机变量取值的均值接近于数学期望,随机事件频率接近于事件概率的这一统计性质.

下面先讨论切比雪夫不等式.

引理 (切比雪夫(Chebyshev)不等式) 设随机变量 X 具有有限方差,则对任一正数 ε,有

$$P\{\mid X - EX \mid \geqslant \varepsilon\} \leqslant \frac{DX}{\varepsilon^2}.$$

下面就连续型随机变量情形证明上述引理.

$$P\{\mid X-EX \mid \geqslant \varepsilon\}$$

$$= \int_{\mid x-EX \mid \geqslant \varepsilon} f(x)\mathrm{d}x \leqslant \int_{-\infty}^{-\infty} \frac{(x-EX)^2}{\varepsilon^2} f(x)\mathrm{d}x$$

$$= \frac{1}{\varepsilon^2} \int_{-\infty}^{+\infty} (x-EX)^2 f(x)\mathrm{d}x = \frac{DX}{\varepsilon^2},$$

从而

$$P\{\mid X-EX \mid < \varepsilon\} \geqslant 1 - \frac{DX}{\varepsilon^2}.$$

定理 5.1.1 （切比雪夫大数定律） 设随机变量 X_1, X_2, …相互独立,且有相同的数学期望与方差,即 $EX_i = \mu$, $DX_i = \sigma^2$, $i = 1, 2, \cdots$, 则对任意给定的正数 ε,

$$\lim_{n\to\infty} P\left\{\left|\frac{1}{n}\sum_{i=1}^{n} X_i - \mu\right| < \varepsilon\right\} = 1.$$

证 记 $X = \frac{1}{n}\sum_{i=1}^{n} X_i$, 则

$$EX = E\left(\frac{1}{n}\sum_{i=1}^{n} X_i\right) = \frac{1}{n}\sum_{i=1}^{n} EX_i = \mu,$$

$$DX = D\left(\frac{1}{n}\sum_{i=1}^{n} X_i\right) = \frac{1}{n^2}\sum_{i=1}^{n} DX_i = \frac{\sigma^2}{n},$$

由切比雪夫不等式,

$$P\{\mid X-EX \mid < \varepsilon\} \geqslant 1 - \frac{DX}{\varepsilon^2},$$

得

$$P\left\{\left|\frac{1}{n}\sum_{i=1}^{n} X_i - \mu\right| < \varepsilon\right\} \geqslant 1 - \frac{\sigma^2}{n\varepsilon^2},$$

故
$$\lim_{n\to\infty} P\left\{\left|\frac{1}{n}\sum_{i=1}^{n} X_i - \mu\right| < \varepsilon\right\} \geqslant \lim_{n\to\infty}\left(1 - \frac{\sigma^2}{n\varepsilon^2}\right) = 1,$$

从而

$$\lim_{n\to\infty} P\left\{\left|\frac{1}{n}\sum_{i=1}^{n} X_i - \mu\right| < \varepsilon\right\} = 1.$$

通常,对任意给定的正数 ε,当 $\lim\limits_{n\to\infty} P\left\{\left|\frac{1}{n}\sum_{i=1}^{n} X_i - \mu\right| < \varepsilon\right\} = 1$ 时,称 $X = \frac{1}{n}\sum_{i=1}^{n} X_i$ **依概率收敛于 μ**,记为 $X \xrightarrow{P} \mu (n \to \infty)$.

切比雪夫大数定律要求随机变量的数学期望,方差都存在,但许多随机变量不一定具备此性质. 而定理的结论中并不出现需要方差存在,下面的辛钦大数定律减弱了这个条件.

定理 5.1.2 （辛钦(Xinchin)大数定律） 若 X_1, X_2, …相互独立,服从相同的分布,且数学期望为 $E(X_i) = \mu(i = 1, 2, \cdots)$, 则对任意给定的正数 ε,有

$$\lim_{n \to \infty} P\left\{ \left| \frac{1}{n} \sum_{i=1}^{n} X_i - \mu \right| < \varepsilon \right\} = 1.$$

证明略.

上述两个大数定律的结果表示,当独立重复试验的次数无限增大时,随机变量取值的平均值依概率收敛于其数学期望,这也是通常将试验结果的平均值看成为随机变量的数学期望的理论依据,大数定律构成了数理统计技术的理论基础.

下面我们来回答频率和概率的关系问题.若在重复独立试验中,记

$$X_i = \begin{cases} 1, & \text{第 } i \text{ 次试验中事件 } A \text{ 发生,} \\ 0, & \text{第 } i \text{ 次试验中事件 } A \text{ 不发生,} \end{cases} \quad i = 1, 2, \cdots$$

则在 n 次重复独立试验中,事件 A 发生的频率 $f_A = \frac{n_A}{n} = \frac{1}{n} \sum_{i=1}^{n} X_i$,由切比雪夫定理可知,

当 $n \to \infty$ 时,$f_A \xrightarrow{P} \mu$,因此,我们有如下定理.

定理 5.1.3 (贝努利大数定律) 设 n_A 是 n 次独立重复试验序列中事件 A 发生的次数,p 是事件 A 在每次试验中发生的概率,则对于任意给定的正数 ε,有

$$\lim_{n \to \infty} P\left\{ \left| \frac{n_A}{n} - p \right| < \varepsilon \right\} = 1.$$

显然,贝努利大数定律是上述两个定律的特殊情形,它是最早的一个大数定律. 瑞士数学家雅克·贝努利(1654~1705)首次研究独立重复试验(每次成功概率为 p). 在他的著作《推测术》中,贝努利指出了如果这样的试验次数足够大,那么成功次数所占的比例以概率 1 接近 p. 这一定理给我们在 §1.3 提出的"当 $n \to \infty$ 时,在一定条件下,频率 $f_n(A)$ 趋于 A 的概率 $P(A)$"以严格的数学描述,肯定了大量重复独立试验中事件出现的频率的稳定性,正是因为频率的稳定性,概率的概念才有客观意义.

贝努利大数定律告诉我们如下事实:

1. 由于试验次数 $n \to \infty$ 时,频率和概率发生较大偏差的可能性几乎不存在,因此,通常我们将事件发生的频率的稳定值看成为事件发生的概率,通过做实验来确定事件 A 发生的频率,并把它作为 $P(A)$ 的估计值,这就是所谓的参数估计,是数理统计的主要研究方向之一. 而大数定律就是参数估计的重要理论根据之一.

2. 小概率事件在单次试验中几乎不可能发生,原因在于小概率事件以较高频率发生的可能性几乎不存在.

例 5.1.1 某路灯管理所有 20 000 只路灯,夜晚每盏路灯开灯的概率为 0.6,设路灯开关是相互独立的,试用切比雪夫不等式估计夜晚同时开着的路灯数在 11 000 盏和 13 000 盏之间的概率.

解 记 X 为晚上开着的路灯数,则 $X \sim B(20\,000, 0.6)$,因此

$$EX = 20\,000 \times 0.6 = 12\,000,$$
$$DX = 20\,000 \times 0.6 \times (1 - 0.6) = 4\,800,$$

由切比雪夫不等式,有

$$P\{11\,000 < X < 13\,000\} = P\{|X - 12\,000| < 1\,000\} \geqslant 1 - \frac{4\,800}{1\,000^2} = 0.995\,2.$$

§5.2 中心极限定理

在实际生活中,许多随机变量是由大量的相互独立的随机因素叠加的影响而形成的,而其中个别因素对总量的影响较小(如城市的用电负荷、用水量、成人的身高等随机变量),这种随机变量通常近似地服从正态分布.

定理 5.2.1 (独立同分布的林德伯格-列维(Lindeberg-Levy)中心极限定理) 设随机变量 X_1, X_2, $\cdots$, X_n, $\cdots$ 相互独立,且服从同一分布,记

$$EX_i = \mu, \ DX_i = \sigma^2 \neq 0, \ i = 1, 2, \cdots,$$

则对任意实数 x 有

$$\lim_{n \to \infty} P\left\{ \frac{\sum\limits_{i=1}^{n} X_i - n\mu}{\sqrt{n}\sigma} \leqslant x \right\} = \int_{-\infty}^{x} \frac{1}{\sqrt{2\pi}} e^{-\frac{t^2}{2}} dt = \Phi(x).$$

此定理表示当 n 很大时,随机变量 $X = \dfrac{\sum\limits_{i=1}^{n} X_i - E\left(\sum\limits_{i=1}^{n} X_i\right)}{\sqrt{D\left(\sum\limits_{i=1}^{n} X_i\right)}} = \dfrac{\sum\limits_{i=1}^{n} X_i - n\mu}{\sqrt{n}\sigma}$ 近似地服从标准正态分布 $N(0, 1)$,从而,$\sum\limits_{i=1}^{n} X_i$ 近似服从正态分布 $N(n\mu, n\sigma^2)$.

定理 5.2.2 (独立不同分布的李亚普诺夫(Liapunov)中心极限定理) 设随机变量 X_1, X_2, $\cdots$, X_n, $\cdots$ 相互独立,其数学期望分别为

$$EX_i = \mu_i, \ DX_i = \sigma_i^2 \neq 0, \ i = 1, 2, \cdots,$$

记 $B_n = \sqrt{\sum\limits_{i=1}^{n} \sigma_i^2}$,若存在 $\delta > 0$,使得

$$\frac{1}{B_n^{2+\delta}} \sum_{i=1}^{n} E \mid X_i - \mu_i \mid^{2+\delta} \to 0, \ n \to \infty,$$

则对任意的 x,有

$$\lim_{n \to \infty} P\left\{ \sum_{i=1}^{n} \frac{X_i - \mu_i}{B_n} \leqslant x \right\} = \int_{-\infty}^{x} \frac{1}{\sqrt{2\pi}} e^{-\frac{t^2}{2}} dt = \Phi(x).$$

在定理 5.2.2 中,若 X_i 服从 $0-1$ 分布,$X = \sum\limits_{i=1}^{n} X_i$,则有以下定理:

定理 5.2.3 (德莫弗-拉普拉斯(De Moivre-Laplace)定理) 设 $X \sim B(n, p)$,则对于任意 x,有

$$\lim_{n \to \infty} P\left\{ \frac{X - np}{\sqrt{np(1-p)}} \leqslant x \right\} = \int_{-\infty}^{x} \frac{1}{\sqrt{2\pi}} e^{-\frac{t^2}{2}} dt = \Phi(x).$$

德莫弗-拉普拉斯定理指出,在 n 重贝努利试验中,当试验次数 n 很大时,二项分布可用正态分布近似,即 X 近似服从正态分布 $N(np, np(1-p))$. 由第二章的泊松定理知,当试验次数 n 很大,每次试验中事件发生的概率 p 很小时,二项分布可近似用泊松分布近似,读者应区分上述定理使用的范围.

中心极限定理有许多实际应用.

例 5.2.1 某种螺丝的次品率为 1%,问一盒螺丝中至少要装多少颗螺丝,使得每盒至少有 50 颗合格品的概率超过 0.997.

解 设 $X_i = \begin{cases} 1, & 第\,i\,颗是合格品, \\ 0, & 第\,i\,颗是次品, \end{cases}$

则 X_i, $i = 1, 2, \cdots$,服从 0-1 分布,且 $P\{X_i = 1\} = 0.99$, $P\{X_i = 0\} = 0.01$,

令 $X = \sum\limits_{i=1}^{n} X_i$,则问题转化为求 n,使得

$$P\{X \geqslant 50\} = P\left\{\sum_{i=1}^{n} X_i \geqslant 50\right\} \geqslant 0.997,$$

即

$$P\{X < 50\} = P\left\{\sum_{i=1}^{n} X_i < 50\right\}$$

$$= P\left\{\frac{\sum\limits_{i=1}^{n} X_i - n \cdot 0.99}{\sqrt{n \times 0.99 \times 0.01}} < \frac{50 - n \cdot 0.99}{\sqrt{n \times 0.99 \times 0.01}}\right\}$$

$$\approx \Phi\left(\frac{50 - n \cdot 0.99}{\sqrt{n \times 0.99 \times 0.01}}\right) < 0.003 = \Phi(-2.75),$$

从而

$$\frac{50 - n \cdot 0.99}{\sqrt{n \times 0.99 \times 0.01}} < -2.75,$$

即

$$n - 0.276\,4\sqrt{n} - 50.505 > 0,$$

因此

$$n > 52.51,$$

即一盒螺丝中至少要装 53 颗螺丝,可使每盒至少有 50 颗合格品的概率超过 0.997.

例 5.2.2 某计算器进行加法时,将每个数舍入至其邻近的整数. 设所有的舍入是独立的,且舍入的误差值服从 $[-0.5, 0.5)$ 上的均匀分布.

1. 若将 1 000 个数相加,求误差总和的绝对值超过 10 的概率.

2. 问最多可有几个数相加,可使得误差之和绝对值小于 20 的概率不小于 0.90.

解 设 $X_i(i = 1, 2, \cdots)$ 为每个加数的舍入误差,由题设,$X_i(i = 1, 2, \cdots)$ 独立同分布,都服从 $[-0.5, 0.5)$ 上的均匀分布,因此

$$EX_i = 0, \quad DX_i = \frac{[0.5 - (-0.5)]^2}{12} = \frac{1}{12}, \quad i = 1, 2, \cdots.$$

1. 记 $X = \sum\limits_{i=1}^{1\,000} X_i$,则 $\dfrac{X - 1\,000 \times 0}{\sqrt{1\,000 \times \dfrac{1}{12}}}$ 近似地服从标准正态分布 $N(0, 1)$,所以

$$P\{\mid X \mid > 10\} = 1 - P\{-10 \leqslant X \leqslant 10\}$$

$$1 - P\left\{\frac{-10 - 1\,000 \times 0}{\sqrt{1\,000 \times \frac{1}{12}}} \leqslant \frac{X - 1\,000 \times 0}{\sqrt{1\,000 \times \frac{1}{12}}} \leqslant \frac{10 - 1\,000 \times 0}{\sqrt{1\,000 \times \frac{1}{12}}}\right\}$$

$$\approx 1 - [\Phi(1.1) - \Phi(-1.1)] = 2 - 2\Phi(1.1) = 0.271\,4;$$

2. 依题意,记 $Y = \sum_{i=1}^{n} X_i$,要使得 $P\{\mid Y \mid < 20\} \geqslant 0.90$,

根据中心极限定理

$$\begin{aligned} P\{\mid Y \mid < 20\} &= P\{-20 < Y < 20\} \\ &= P\left\{\frac{-20}{\sqrt{n/12}} < \frac{Y}{\sqrt{n/12}} < \frac{20}{\sqrt{n/12}}\right\} \\ &= \Phi\left(\frac{20}{\sqrt{n/12}}\right) - \Phi\left(-\frac{20}{\sqrt{n/12}}\right) = 2\Phi\left(\frac{20}{\sqrt{n/12}}\right) - 1 \geqslant 0.9, \end{aligned}$$

$$\Phi\left(\frac{20}{\sqrt{n/12}}\right) \geqslant 0.95 = \Phi(1.645),$$

即 $\dfrac{20}{\sqrt{n/12}} \geqslant 1.645$,

从而 $n \leqslant 1\,773.8$.

即最多 $1\,773$ 个数相加,可使得误差之和绝对值小于 20 的概率不小于 0.90.

例 5.2.3 设某车间有 400 台同类型装置,每台电功率为 3 千瓦,如果每台工作时间为总工作时间的 0.5,且每台开机、关机是相互独立的,问至少需供多少电力才能以 99.9% 的概率保证车间正常工作?

解 设 $X_i = \begin{cases} 1, & \text{第 } i \text{ 台工作,} \\ 0, & \text{其他,} \end{cases}$ 所需电量为 Q,

则 $P\{X_i = 1\} = 0.5, P\{X_i = 0\} = 0.5$,

X_i 都服从 0-1 分布 $(i = 1, 2, \cdots, 400)$,且

$$EX_i = p = 0.5, DX_i = 0.5 \times 0.5 = 0.25, i = 1, 2, \cdots, 400,$$

则 $\dfrac{\sum\limits_{i=1}^{400} X_i - 400 \times 0.5}{\sqrt{400 \times 0.5 \times 0.5}}$ 近似地服从标准正态分布 $N(0, 1)$,

依题意有

$$P\left\{3 \sum_{i=1}^{400} X_i \leqslant Q\right\} \geqslant 0.999,$$

又 $P\left\{3 \sum\limits_{i=1}^{400} X_i \leqslant Q\right\} = P\left\{\sum\limits_{i=1}^{400} X_i \leqslant \dfrac{Q}{3}\right\}$

$$= P\left\{\frac{\sum\limits_{i=1}^{400} X_i - 400 \times 0.5}{\sqrt{400 \times 0.5 \times 0.5}} \leqslant \frac{\dfrac{Q}{3} - 400 \times 0.5}{\sqrt{400 \times 0.25}}\right\}$$

$$\approx \Phi\left(\frac{\frac{Q}{3} - 400 \times 0.5}{\sqrt{400 \times 0.25}}\right) \geqslant 0.999 = \Phi(3.1).$$

故 $Q \geqslant 693$，即供应 693 千瓦电力，能以 99.9% 的概率保证车间正常工作.

从例 5.2.3 可以看出，掌握概率的研究方法，在解决问题时可寻求比较优化的方案，达到优化资源和人力配置的目的.

例 5.2.4 某项目进行可行性讨论时，需独立征求多位专家的意见，设每个专家意见的正确率为 60%，项目以多数专家的意见为决策，现要保证项目决策正确的概率超过 95%，问至少要征求多少位专家的意见.

解 设需要征求 n 个专家的意见，以 X 为提出正确意见的专家数，有 $X \sim B(n, 0.6)$，项目决策正确的事件为 $\left\{X > \frac{n}{2}\right\}$，依题意有

$$P\left\{X > \frac{n}{2}\right\} > 0.95.$$

由中心极限定理知，$\dfrac{X - n \times 0.6}{\sqrt{n \times 0.6 \times 0.4}}$ 近似服从标准正态分布 $N(0, 1)$，因此，

$$P\left\{X > \frac{n}{2}\right\} = P\left\{\frac{X - n \times 0.6}{\sqrt{n \times 0.6 \times 0.4}} > \frac{\frac{n}{2} - n \times 0.6}{\sqrt{n \times 0.6 \times 0.4}}\right\}$$

$$\approx 1 - \Phi(-0.204\sqrt{n}) = \Phi(0.204\sqrt{n}) > 0.95 = \Phi(1.645),$$

解得 $n > 64.9.$

故至少要征求 65 位专家的意见，可使得决策正确的概率超过 95%.

通常大数定律与中心极限定理讨论的不是同一个问题. 简而言之，大数定律给出的是：对于独立重复试验，当试验次数无限增大时，事件发生的频率接近于事件概率**几乎**是必然事件，试验结果的均值接近于随机变量的数学期望**几乎**是必然事件. 而中心极限定理给出的是：在一定条件下，独立随机变量的和近似地服从正态分布，由此可给出概率值的近似计算方法. 另一方面，由中心极限定理我们也可获知，正态分布是概率论中最重要的分布的原因之所在.

§5.3 应用案例分析

在工程计算中，对于某些确定性问题也常常采用随机算法，随机算法的思想就是在牺牲少量的计算结果可靠性的前提下，换来问题的可计算性或计算效率的大幅提高. 一个典型算法就是下列的蒙特卡罗模拟.

设随机变量 $X \sim U[0, 1]$，$Y \sim U[0, 1]$，X 与 Y 相互独立，有 (X, Y) 服从 $[0, 1] \times [0, 1]$ 上的均匀分布. $f(x)$ 为从 $[0, 1]$ 到 $[0, 1]$ 的连续函数，（图 5-1）记

$$Z = \begin{cases} 1, & f(X) > Y, \\ 0, & f(X) \leqslant Y, \end{cases}$$

则 $Z \sim (0-1)$，其数学期望为

$$EZ = P\{Z=1\} = P\{f(x) > Y\} = \int_0^1 f(x)\mathrm{d}x.$$

由上述讨论可得到下列的定积分计算的蒙特卡罗算法.

例 5.3.1 （蒙特卡罗算法） 在实际中，经常会碰到复杂函数的(定)积分，虽然积分存在，但是积不出来，这时不得不考虑其数值计算. 蒙特卡罗模拟是一种行之有效的数值计算方法.

图 5-1

解 设 $f(x)$ 为由 $[0,1]$ 到 $[0,1]$ 的连续函数，先考虑用蒙特卡罗(随机)模拟的方法求积分 $\int_0^1 f(x)\mathrm{d}x$ 的数值计算. 假设 X_1，Y_1，X_2，Y_2，$\cdots$ 是独立同分布的随机变量，且 $X_1 \sim U[0,1]$ 并设

$$Z_k = \begin{cases} 1, & f(X_k) > Y_k, \\ 0, & \text{其他}, \end{cases} \quad k = 1, 2, \cdots,$$

则 $\{Z_k\}$ 为独立同分布随机序列，由大数定律知

$$\frac{1}{n} \sum_{k=1}^n Z_k \xrightarrow{P} E(Z_1) = \int_0^1 f(x)\mathrm{d}x,$$

其中 X_k，Y_k 可以利用随机数发生器得到其取样值，由此得到 Z_k 的一系列取样值. 这样，就给出了求积分 $\int_0^1 f(x)\mathrm{d}x$ 的蒙特卡罗(随机)算法.

若 $f(x)$ 为 $[a,b]$ 到 $[c,d]$ 上的连续函数，且 $f(a) = c$，$f(b) = d$，则

$$g(t) = \frac{f[(b-a)t+a]-c}{d-c}$$

为由 $[0,1]$ 到 $[0,1]$ 上的连续函数，且

$$\int_a^b f(x)\mathrm{d}x = (b-a)\left[c + (d-c)\int_0^1 g(t)\mathrm{d}t\right].$$

蒙特卡罗(随机)算法可以很方便地推广到重积分计算情形.

例 5.3.2 （没校出的印刷错误数） 假设一本书有 $1\,000\,000$ 个印刷符号，在打字时每个符号被打错的概率为 $0.000\,1$，校对时每个被打错的符号被改正的概率为 0.9，求校对后错误不多于 15 个的概率.

解 令 $X_i = \begin{cases} 1, & \text{第 } i \text{ 个符号被打错}, \\ 0, & \text{其他}, \end{cases}$ $Y_i = \begin{cases} 1, & \text{第 } i \text{ 个符号校对之后是错的}, \\ 0, & \text{第 } i \text{ 个符号校对之后是对的}, \end{cases}$ $i = 1,$ $2, 3, \cdots, 1\,000\,000,$

由假设 $X_i \sim (0-1)$，$P\{X_i = 1\} = 0.000\,1$，$i = 1, 2, \cdots, 1\,000\,000$，$X_1$，$X_2$，$\cdots$ 相互独立. 并且 Y_i 也独立同分布. 由全概率公式得

$$\begin{aligned} P\{Y_i = 1\} &= P\{X_i = 1\}P\{Y_i = 1 \mid X_i = 1\} + P\{X_i = 0\}P\{Y_i = 1 \mid X_i = 0\} \\ &= P\{X_i = 1\}P\{Y_i = 1 \mid X_i = 1\} \\ &= 0.1 \times 0.000\,1 = 0.000\,01, \end{aligned}$$

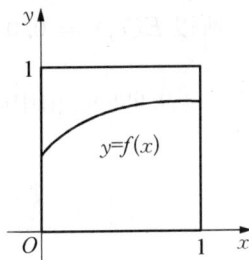

所以 $E(Y_i) = 0.000\,01$，$D(Y_i) = 9.999\,9 \times 10^{-6}$. 记 $Y = \sum\limits_{i=1}^{10^6} Y_i$，则 $E(Y) = 10$，$D(Y) = 9.999\,9$. 由中心极限定理知 $\dfrac{Y-10}{\sqrt{9.999\,9}}$ 近似服从 $N(0, 1)$，故

$$P\Big\{0 \leqslant \sum_{i=1}^{10^6} Y_i \leqslant 15\Big\} = P\Big\{\frac{-10}{\sqrt{9.999\,9}} \leqslant \frac{Y-10}{\sqrt{9.999\,9}} \leqslant \frac{15-10}{\sqrt{9.999\,9}}\Big\}$$

$$\approx \Phi\Big(\frac{15-10}{\sqrt{9.999\,9}}\Big) - \Phi\Big(\frac{-10}{\sqrt{9.999\,9}}\Big)$$

$$= \Phi(1.581\,1) - \Phi(-3.162\,3)$$

$$= 0.942\,2.$$

例 5.3.3 （价格预测问题）

假设某商品每日的价格变化是期望为 0，方差为 2 的随机变量，并且每日商品的价格是否变化是独立的. 如果今天该商品的价格为 100，试估计第 19 天商品价格在 96 到 104 之间的概率.

解 以 Y_n 表示第 n 天该商品的价格，X_n 表示第 n 天该商品的价格变化值，则 $Y_n = Y_{n-1} + X_n$，$n \geqslant 1$ 并且 $E(X_n) = 0$，$D(X_n) = 2$，X_1，X_2，… 相互独立. 若以 Y_1 表示今天该商品的价格，则第 19 天该商品的价格

$$Y_{19} = Y_{18} + X_{19} = Y_{17} + X_{18} + X_{19}$$

$$= \cdots = Y_1 + \sum_{i=2}^{19} X_i = 100 + \sum_{i=2}^{19} X_i.$$

由中心极限定理得 $\dfrac{\sum\limits_{i=2}^{19} X_i}{\sqrt{36}}$ 近似服从 $N(0, 1)$，故

$$P\{96 < Y_{19} < 104\} = P\Big\{96 < 100 + \sum_{i=2}^{19} X_i < 104\Big\}$$

$$= P\Big\{\frac{-4}{\sqrt{36}} < \frac{\sum\limits_{i=2}^{19} X_i}{\sqrt{36}} < \frac{4}{\sqrt{36}}\Big\}$$

$$\approx 2\Phi\Big(\frac{2}{3}\Big) - 1 = 0.494.$$

从计算结果看，18 天后商品价格在 96 到 104 之间的可能性并不大.

小　结

切比雪夫（Chebyshev）不等式给出了随机变量 X 偏离其数学期望的概率的上限估计

$$P\{|X - EX| \geqslant \varepsilon\} \leqslant \frac{DX}{\varepsilon^2}.$$

贝努利大数定律以严格的数学形式论证了事件发生频率的稳定性.切比雪夫大数定律和辛钦大数定律论证了当试验次数无限增加时,随机变量取值的平均接近于其数学期望的概率为1.

中心极限定理表明在相当一般的条件下,当独立随机变量的个数增加时,其和的分布接近于正态分布,揭示了正态分布产生的源泉,同时,说明了为何实际应用中常常用到正态分布,同时提供了独立同分布之和 $\sum_{i=1}^{n} X_i$ 的近似分布,只要 n 充分大,我们不用考虑每个 X_i 的具体分布,都可以用正态分布来近似 $\sum_{i=1}^{n} X_i$ 的分布,这在实际应用和理论上具有重要的意义.

习 题 五

1. 填空题

(1) 设 X 为随机变量, $EX = \mu$, $DX = \sigma^2$,则 $P\{|X-\mu| < 3\sigma\} \geqslant$ _____.

(2) 假设随机变量 X 和 Y 的数学期望都是 2,方差分别为 1 和 4,而相关系数等于 0.5,则根据切比雪夫不等式 $P\{|X-Y| \geqslant 6\} \leqslant$ _____.

(3) 假设随机变量 X 在 $[-1, b]$ 上服从均匀分布,由切比雪夫不等式,则可取 $b =$ _____, $\varepsilon =$ _____,使得 $P\{|X-1| < \varepsilon\} \geqslant \dfrac{2}{3}$.

(4) 若生男孩的概率为 0.515,则在 10 000 个新生婴儿中女孩不少于男孩的概率为 _____.

2. 有一电厂供 1 000 台设备用电,设各设备是否用电是相互独立的,且每台设备每天用电 (kw·h) 在 $[0, 60]$ 上服从均匀分布.

(1) 求这 1 000 台设备用电超过 30 300 kw·h 的概率;

(2) 若以 0.99 的概率保证这 1 000 台设备用电,电厂每天应供应多少电量.

3. 世界原油每桶价格每天的变化是均值为 0,方差为 2 的随机变量(单价:美元),即

$$X_n = X_{n-1} + \varepsilon_n, \ n = 1, 2, \cdots,$$

其中 X_n 表示第 n 天每桶原油的价格,$\varepsilon_1, \varepsilon_2, \cdots$ 为均值是 0,方差为 2 的独立同分布随机变量序列. 如果今天原油每桶价格为 27 美金,求 18 天后每桶原油价格在 23—31 美元之间的概率.

4. 一批产品合格率为 0.6,任取 10 000 件,其中恰有合格品在 5 980 件到 6 020 件之间的概率是多少?

5. 一部件包括 10 部分,每部分长度是一个随机变量,它们相互独立,且服从同一分布,其数学期望为 2 mm,均方差为 0.05 mm. 规定总长度为 (20 ± 0.1) mm 时产品合格,试求产品合格的概率.

6. 某车间有 200 台机床,它们独立地工作,开工率均为 0.6,开工时耗电均为 1 千瓦,问供电所至少要供给这个车间多少电力才能以 99.9% 的概率保证车间不会因供电不足而影响生产.

补 充 题 五

1. 设 X_1，X_2，$\cdots$，X_n 相互独立，服从同一分布的连续型随机变量，且 $EX_i = 0$，$DX_i = 1$，证明：对任意正数 $\lambda > 0$，有 $P\left\{\dfrac{1}{n}\sum\limits_{i=1}^{n}X_i^2 \geqslant \lambda\right\} \leqslant \dfrac{1}{\lambda}$.

2. 对随机变量 X 已知 $E(\mathrm{e}^{kX})$ 存在 $(k > 0)$，证明：对于 $\varepsilon > 0$，$P\{X \geqslant \varepsilon\} \leqslant \dfrac{1}{\mathrm{e}^{k\varepsilon}} \cdot E\mathrm{e}^{kX}$.

3. (1) 设一系统由 100 个相互独立的部件组成，运行期间每个部件损坏的概率为 0.1，且至少由 85 个部件完好工作时系统才能正常工作，求系统正常工作的概率.

   (2) 如果上述系统由 n 个部件组成，至少由 82% 的部件完好时系统才能正常工作，问 n 为多大时才能使正常工作的概率不小于 0.95.

4. 某运输公司有 500 辆汽车参加保险，在一年里每辆汽车出事故的概率为 0.006，参加保险的每辆汽车每年交 800 元保险费，若出事故保险公司每辆赔 5 万元，试利用中心极限定理计算保险公司一年的利润超过 20 万元的概率.

5. 甲，乙两个戏院在竞争 1 000 名观众，假设每个观众可随意选择戏院，观众之间相互独立，问每个戏院应该设有多少座位才能保证因缺少座位而使观众离去的概率小于 1%.

概率统计教程

第六章

数理统计的基本概念

本章基本要求

1. 理解总体、简单随机样本、统计量、样本均值、样本方差及样本矩的概念. 其中样本方差定义为

$$S^2 = \frac{1}{n-1} \sum_{i=1}^{n} (X_i - \bar{X})^2.$$

2. 了解 χ^2 分布、t 分布和 F 分布的概念及性质, 了解分位数的概念并会查表计算.

3. 了解正态总体的常用抽样分布.

从前面概率论的学习中, 我们知道随机变量及其分布完整地描述了随机现象的统计规律性, 然而, 在实际生活中, 随机变量的分布未必知道, 如某条道路某天的交通事故数所服从的分布事先往往不知道, 学生的考试成绩一般说来服从正态分布, 但其数学期望(平均成绩), 均方差在阅卷过程中却不知道. 因此, 应用中要求找到随机变量的分布或者其概率分布中的参数的任务摆在我们面前, 而这正是数理统计所要讨论的内容之一.

数理统计是运用概率论的知识, 研究如何有序地对带有随机性影响的数据进行收集、整理、分析和推断的学科. 数理统计与概率论一样, 其研究对象也是随机现象, 但研究方法不同, 在数理统计中是通过对随机现象的分析与推断去寻找隐藏在数据中的统计规律性.

随着计算机技术的发展, 数理统计的研究和应用也得到了迅速的发展. 目前数理统计已发展成为两大类: 一是研究如何对随机现象进行观测, 试验, 以取得有代表性的观测值, 称为描述统计学; 二是研究对已取得有代表性的观测值进行整理、分析, 作出推断、决策, 称为推断统计学.

本章只简要介绍统计推断的基本内容和基本方法. 着重介绍几个常用统计量及抽样分布.

§6.1 基 本 概 念

在数理统计中, 我们往往研究有关对象的某一项数量指标(例如研究某种型号电视机寿

命这一数量指标). 为此,考虑与这一数量指标相联系的随机试验,对这一数量指标进行试验或观察. 我们将试验的全部可能的观测值称为**总体**(也称**母体**),每一个可能的观察值称为**个体**. 例如研究一批灯泡的平均寿命时,该批灯泡的全体构成了研究的总体,其中每只灯泡就是个体. 总体中所包含的个体的个数成为总体的**容量**. 容量为有限的称为**有限总体**,容量为无限的称为**无限总体**. 当个体个数很大时,通常把有限总体看作无限总体.

总体中的每个个体是随机试验的一个观察值,随着试验的不同而变化. 因此观察值为随机变量. 这样,一个总体对应于一个随机变量 X. 对总体的研究就是对一个随机变量的研究, X 的分布函数和数字特征称为总体的分布函数和数字特征. 今后将不区分总体与相应的随机变量,笼统称为总体 X.

在实际中,总体的分布一般是未知的. 即使有时有足够的理由可以认为总体 X 服从某种类型的分布,但这个分布的参数还是未知的. 在数理统计中,人们一般通过从总体中抽取一部分个体,根据获得的数据来对总体分布进行推断,从总体中抽出的部分个体组成的集合称为**样本**(也称**子样**),样本中样品的个数称为**样本容量**(也称**样本量**).

例如,某食品厂用自动装罐机生产净重为 345 克的午餐肉罐头,由于随机性,每个罐头的净重都有差别. 现从生产线上随机抽取 10 只罐头,秤其净重,得如下结果:

$$344, 346, 345, 342, 340, 338, 344, 343, 344, 343,$$

这是一个容量为 10 的样本观察值,它是来自该生产线罐头净重这一总体的一个样本的观察值. 从总体中抽出容量为 n 的样本一般记为 $X_1, X_2, \cdots, X_n$,而一次具体的观察值记为 $x_1, x_2, \cdots, x_n$.

我们抽取样本的目的是为了对总体进行推断. 为了能从样本正确推断总体就要求所抽取的样本能很好地反映总体的信息,所以要有一个正确地抽取样本的方法. 最常用的抽取样本的方法是简单随机抽样,它要求抽取样满足如下要求:

1. 具有代表性,即要求每个个体都有相同机会被选入样本,这便意味着每一样品 X_i 与总体 X 有相同的分布.

2. 具有独立性,即要求样本中每个样品取什么值不受其他样品取值的影响,这便意味着 $X_1, X_2, \cdots, X_n$ 相互独立.

满足上述两条的样本称为简单随机样本,今后无特别说明,所说样本均指**简单随机样本**,简称**样本**.

对于有限总体,采用放回抽样就能得到简单随机样本,但放回抽样使用并不方便,甚至在某些情形是不可能的,如灯泡寿命、混凝土结构强度试验等都是破坏性试验,不可能采用放回抽样方法. 因此在实际中,当个体总数 N 远大于样本容量 n 时 $\left(通常 \dfrac{N}{n} \geqslant 10 时\right)$,将不放回抽样近似当作放回抽样来处理(见 §1.7).

设 $X_1, X_2, \cdots, X_n$ 是取自总体 X 的一个样本,如果 X 的分布函数为 $F(x)$,那么由 $X_1, X_2, \cdots, X_n$ 相互独立,且每个 X_i 的分布函数都是 $F(x)(i = 1, 2, \cdots, n)$,可得出样本 $(X_1, X_2, \cdots, X_n)$ 的分布函数为

$$F^*(x_1, x_2, \cdots, x_n) = \prod_{i=1}^{n} F(x_i).$$

类似地,当总体 X 的密度函数为 $f(x)$ 时,样本 $(X_1, X_2, \cdots, X_n)$ 的密度函数为

$$f^*(x_1, x_2, \cdots, x_n) = \prod_{i=1}^{n} f(x_i).$$

总之,所谓总体就是随机变量 X,样本就是相互独立且与总体 X 有相同分布的随机变量 $X_i (i = 1, 2, \cdots, n)$ 所组成 n 维随机变量 $(X_1, X_2, \cdots, X_n)$,每次抽样所得的具体数据 $(x_1, x_2, \cdots, x_n)$ 就是样本值.

§6.2 经验分布函数

一般情况下,总体 X 的分布是未知的,因而总体 X 的分布函数 $F(x)$ 也是未知的,能否根据已知的样本观测值来推测未知的总体分布函数? 为此引入经验分布函数概念.

定义 6.2.1 设总体的样本 $X_1, X_2, \cdots, X_n$ 的观测值为 $(x_1, x_2, \cdots, x_n)$,将这组值由小到大排列成 $x_1^* \leqslant x_2^* \leqslant \cdots \leqslant x_n^*$,则

$$F_n(x) = \begin{cases} 0, & x < x_1^*, \\ \dfrac{k}{n}, & x_k^* \leqslant x < x_{k+1}^*, k = 1, 2, \cdots, n-1, \\ 1, & x \geqslant x_n^*, \end{cases}$$

则称 $F_n(x)$ 为该样本的**经验分布函数**.

经验分布函数 $F_n(x)$ 在 x 点的函数值其实就是观测值 $(x_1, x_2, \cdots, x_n)$ 中小于或等于 x 的频率,它是一个右连续的非降函数,且 $0 \leqslant F_n(x) \leqslant 1$,因而它具有分布函数的性质,我们可以将它看成以等概率取 $x_1, x_2, \cdots, x_n$ 的离散型随机变量的分布函数. 经验分布函数的图象是一个非降右连续的阶梯函数. 容易推知

$$F_n(x) \approx \frac{1}{n} \{(x_1, x_2, \cdots, x_n) \text{ 中不超过 } x \text{ 的个数}\}, \quad -\infty < x < +\infty.$$

例 6.2.1 有 10 位儿童身高如下:(单位:厘米)

$$148, 139, 145, 149, 148, 140, 145, 151, 139, 145,$$

求对应的经验分布函数 $F_{10}(x)$.

解 由所给数据可得如下频率分布

身高值	139	140	145	148	149	151
出现的频率	2	1	3	2	1	1

由此得经验分布函数为

$$F_{10}(x) = \begin{cases} 0, & x < 139, \\ 0.2, & 139 \leqslant x < 140, \\ 0.3, & 140 \leqslant x < 145, \\ 0.6, & 145 \leqslant x < 148, \\ 0.8, & 148 \leqslant x < 149, \\ 0.9, & 149 \leqslant x < 151, \\ 1, & x \geqslant 151. \end{cases}$$

定理 6.2.1 设 X_1，X_2，$\cdots$，X_n 是取自总体 X 的一个样本，总体分布函数为 $F(x)$，对于任意一个实数 x 与任意正数 ε，有

$$\lim_{n \to \infty} P\{|\, F_n(x) - F(x)\, | \geqslant \varepsilon\} = 0.$$

证 对于任意一个固定的 x，定义随机变量

$$Y_i = \begin{cases} 1, & X_i \leqslant x, \\ 0, & X_i > x, \end{cases} \quad i = 1,\, 2,\, \cdots,\, n.$$

Y_1，Y_2，$\cdots$，Y_n 是独立同分布的随机变量，且每个 $Y_i \sim B(1,\, p)$，其中

$$p = P\{Y_i = 1\} = P\{X_i \leqslant x\} = F(x),$$

由经验分布定义知道，$F_n(x) = \dfrac{1}{n} \sum\limits_{i=1}^{n} Y_i$. 再由切比雪夫大数定律，$F_n(x)$ 依概率收敛于 $F(x)$，即

$$\lim_{n \to \infty} P\{|\, F_n(x) - F(x)\, | \geqslant \varepsilon\} = 0.$$

上述定理表明，当 n 足够大时，用经验分布函数 $F_n(x)$ 来近似未知的总体分布函数 $F(x)$ 是合理的.

§6.3 抽 样 分 布

样本是我们进行分析和推断的依据. 在实际应用中，我们往往不是直接利用样本进行推断，而是对样本进行一番"加工"和"提炼"，将分散于样本中的信息集中起来，为此，下面引进统计量的概念.

定义 6.3.1 设 X_1，X_2，$\cdots$，X_n 是来自总体 X 的一个样本，$g(X_1, X_2, \cdots, X_n)$ 为一个 n 元连续函数，若 $g(X_1, X_2, \cdots, X_n)$ 中不含任何未知参数，则称 $g(X_1, X_2, \cdots, X_n)$ 是一个**统计量**.

显然统计量也是一个随机变量. 针对不同的问题我们总是构造相对应的统计量以实现对总体的统计、推断，下面列出几个常用统计量.

设 X_1，X_2，$\cdots$，X_n 是来自总体 X 的一个样本，$(x_1, x_2, \cdots, x_n)$ 是这一样本的观察值，定义

样本均值

$$\overline{X} = \frac{1}{n} \sum_{i=1}^{n} X_i;$$

样本方差

$$S^2 = \frac{1}{n-1} \sum_{i=1}^{n} (X_i - \overline{X})^2 = \frac{1}{n-1} \Big(\sum_{i=1}^{n} X_i^2 - n\overline{X}^2 \Big);$$

样本标准差

$$S = \sqrt{S^2} = \sqrt{\frac{1}{n-1} \sum_{i=1}^{n} (X_i - \overline{X})^2};$$

样本的 k 阶原点矩

$$A_k = \frac{1}{n} \sum_{i=1}^{n} X_i^k, \ k = 1, \ 2, \ \cdots;$$

样本的 k 阶中心矩

$$B_k = \frac{1}{n} \sum_{i=1}^{n} (X_i - \bar{X})^k, \ k = 1, \ 2, \ \cdots.$$

它们的观察值分别为

$$\bar{x} = \frac{1}{n} \sum_{i=1}^{n} x_i;$$

$$s^2 = \frac{1}{n-1} \sum_{i=1}^{n} (x_i - \bar{x})^2 = \frac{1}{n-1} \Big(\sum_{i=1}^{n} x_i^2 - n\bar{x}^2 \Big);$$

$$s = \sqrt{\frac{1}{n-1} \Big(\sum_{i=1}^{n} x_i^2 - n\bar{x}^2 \Big)};$$

$$a_k = \frac{1}{n} \sum_{i=1}^{n} x_i^k, \ k = 1, \ 2, \ \cdots;$$

$$b_k = \frac{1}{n} \sum_{i=1}^{n} (x_i - \bar{x})^k, \quad k = 1, \ 2, \ \cdots.$$

这些观察值仍分别称为样本均值,样本方差,样本标准差,样本的 k 阶原点矩及样本的 k 阶中心矩.

下面讨论一些样本矩的典型性质.

定理 6.3.1 设 X_1, X_2, $\cdots$, X_n 是来自总体 X 的一个样本, $EX = \mu$, $DX = \sigma^2$, 则

(1) $E\bar{X} = \mu$, $D\bar{X} = \dfrac{\sigma^2}{n}$;

(2) $ES^2 = \sigma^2$, $EB_2 = \dfrac{n-1}{n}\sigma^2$;

(3) 当 $n \to \infty$ 时, $\bar{X} \xrightarrow{P} \mu$;

(4) 当 $n \to \infty$ 时, $S^2 \xrightarrow{P} \sigma^2$, $B_2 \xrightarrow{P} \sigma^2$.

证 由于 X_1, X_2, $\cdots$, X_n 相互独立,且与总体 X 同分布,因此

$$EX_i = EX = \mu, DX_i = DX = \sigma^2, i = 1, \ 2, \ \cdots, \ n.$$

(1) $E\bar{X} = E\left(\dfrac{\sum\limits_{i=1}^{n} X_i}{n} \right) = \dfrac{\sum\limits_{i=1}^{n} EX_i}{n} = \mu,$

$$D\bar{X} = D\left(\dfrac{\sum\limits_{i=1}^{n} X_i}{n} \right) = \dfrac{\sum\limits_{i=1}^{n} DX_i}{n^2} = \dfrac{\sigma^2}{n};$$

(2) 由于

$$S^2 = \frac{1}{n-1} \sum_{i=1}^{n} (X_i - \bar{X})^2 = \frac{1}{n-1} \sum_{i=1}^{n} \left[(X_i - \mu) - (\bar{X} - \mu) \right]^2$$

$$= \frac{1}{n-1} \left[\sum_{i=1}^{n} (X_i - \mu)^2 - n(\bar{X} - \mu)^2 \right],$$

得

$$ES^2 = \frac{1}{n-1} \left[\sum_{i=1}^{n} E(X_i - \mu)^2 - nE(\bar{X} - \mu)^2 \right]$$

$$= \frac{1}{n-1} \left[\sum_{i=1}^{n} DX_i - nD\bar{X} \right]$$

$$= \frac{1}{n-1} \left[n\sigma^2 - n \cdot \frac{\sigma^2}{n} \right] = \sigma^2,$$

由 $B_2 = \frac{n-1}{n} S^2$，知 $EB_2 = \frac{n-1}{n} ES^2 = \frac{n-1}{n} \sigma^2$；

(3) 由独立同分布情形的大数定律，有当 $n \to \infty$ 时，$\bar{X} \xrightarrow{P} \mu$；

(4) 由 $X_1^2, X_2^2, \cdots, X_n^2$ 相互独立并且同分布，

$$E(X_i^2) = DX_i + (EX_i)^2 = \mu^2 + \sigma^2,$$

由大数定律知，当 $n \to \infty$ 时，

$$\frac{1}{n} \sum_{i=1}^{n} X_i^2 \xrightarrow{P} \mu^2 + \sigma^2,$$

于是，当 $n \to \infty$ 时，

$$B_2 = \frac{1}{n} \sum_{i=1}^{n} (X_i - \bar{X})^2 = \frac{1}{n} \left[\sum_{i=1}^{n} X_i^2 - n\bar{X}^2 \right] \xrightarrow{P} (\mu^2 + \sigma^2) - \mu^2 = \sigma^2,$$

进而，$S^2 = \frac{n}{n-1} B_2 \xrightarrow{P} \sigma^2 (n \to \infty)$.

在使用统计量进行统计推断时必须知道它的分布，在数理统计中，统计量的分布称为**抽样分布**，本节介绍来自正态总体的三类重要分布.

1. χ^2分布

设 $X_1, X_2, \cdots, X_n$ 是来自总体 $N(0, 1)$ 的样本，则称统计量 $\chi^2 = X_1^2 + X_2^2 + \cdots + X_n^2$ 服从自由度为 n 的 χ^2 **分布**，记为 $\chi^2 \sim \chi^2(n)$. 这里，自由度 n 是指独立变量的个数.

用求随机变量函数的概率密度函数的方法可求得 χ^2 分布的概率密度为

$$f(y) = \begin{cases} \dfrac{1}{2^{\frac{n}{2}} \Gamma\left(\dfrac{n}{2}\right)} y^{\frac{n}{2}-1} e^{-\frac{y}{2}}, & y > 0, \\ 0, & y \leqslant 0. \end{cases}$$

$f(y)$ 的图形如图 6-1 所示.

其中 $\Gamma\left(\dfrac{n}{2}\right)$ 为 Γ-函数,其定义为

$$\Gamma(\alpha) = \int_0^{+\infty} x^{\alpha-1}\mathrm{e}^{-x}\mathrm{d}x.$$

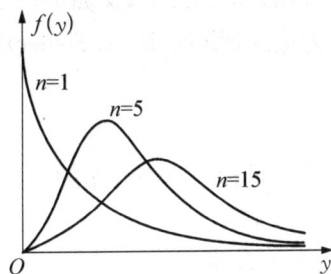

图 6-1

事实上,从 §2.4 例 2.4.3 及 §3.4 例 3.4.3 知,自由度为 n 的 χ^2 分布就是 $\Gamma\left(\dfrac{n}{2}, \dfrac{1}{2}\right)$ 分布. 由 $X_i \sim N(0, 1)$ 知,$X_i^2 \sim \chi^2(1)$ $(i = 1, 2, \cdots, n)$,即 $\chi^2(1)$ 分布就是 $\Gamma\left(\dfrac{1}{2}, \dfrac{1}{2}\right)$ 分布. 由 $X_1, X_2, \cdots, X_n$ 的相互独立性知,X_1^2, $X_2^2, \cdots, X_n^2$ 相互独立,从而由 Γ 分布的可加性,得

$$\chi^2 = X_1^2 + X_2^2 + \cdots + X_n^2 \sim \Gamma\left(\frac{n}{2}, \frac{1}{2}\right),$$

即　　$\chi^2 \sim \chi^2(n)$.

可以证明 χ^2 分布具有下列性质

(1) 当 $Y \sim \chi^2(n)$ 时,$E(Y) = n$,$D(Y) = 2n$;

(2) 设 X 与 Y 相互独立,且 $X \sim \chi^2(m)$,$Y \sim \chi^2(n)$,那么 $X + Y \sim \chi^2(m+n)$.

事实上,因为 $X_i \sim N(0, 1)$,所以 $E(X_i^2) = DX_i + (EX_i)^2 = 1$,

$$D(X_i^2) = E(X_i^4) - (EX_i^2)^2 = 3 - 1^2 = 2,$$

因此,得性质(1).

$$E(Y) = E(X_1^2 + X_2^2 + \cdots + X_n^2) = E(X_1^2) + E(X_2^2) + \cdots + E(X_n^2) = n,$$
$$D(Y) = D(X_1^2 + X_2^2 + \cdots + X_n^2) = D(X_1^2) + D(X_2^2) + \cdots + D(X_n^2) = 2n;$$

由于 $X \sim \Gamma\left(\dfrac{m}{2}, \dfrac{1}{2}\right)$,$Y \sim \Gamma\left(\dfrac{n}{2}, \dfrac{1}{2}\right)$,且相互独立,由 Γ 分布的可加性,得

$$X + Y \sim \Gamma\left(\frac{m+n}{2}, \frac{1}{2}\right),$$

即　　$X + Y \sim \chi^2(m+n)$.

用数学归纳法可将性质(2)推广到 n 个相互独立的随机变量和情形,即若 $X_1, X_2, \cdots, X_n$ 相互独立,分别服从 $\chi^2(n_i)$,$i = 1, 2, \cdots, k$,则 $\displaystyle\sum_{i=1}^{k} X_i \sim \chi^2\left(\sum_{i=1}^{k} n_i\right)$.

对于给定的正数 α,$0 < \alpha < 1$,称满足条件

$$P\{\chi^2 > \chi_\alpha{}^2(n)\} = \int_{\chi_\alpha^2(n)}^{+\infty} f(y)\mathrm{d}y = \alpha$$

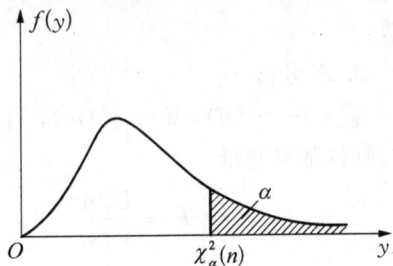

图 6-2

的点 $\chi_\alpha^2(n)$ 为 $\chi^2(n)$ 分布的上 α **分位点**,如图 6-2 所示.

对于不同的 α,n,上 α 分位点的值已制成表格,可以查用附表 3,如 $\alpha = 0.01$,$n = 10$,查表可得

$\chi^2_{0.01}(10) = 23.209$，又如 $\alpha = 0.05$，$n = 6$，查表可得 $\chi^2_{0.05}(6) = 12.592$，但该表只详列到 $n = 45$ 为止，费歇尔(R. A. Fisher)曾证明，当 n 充分大时，近似地有

$$\chi^2_\alpha(n) \approx \frac{1}{2}(z_\alpha + \sqrt{2n-1})^2,$$

其中 z_α 是标准正态分布的上 α 分位点.

2. t 分布

设 $X \sim N(0, 1)$，$Y \sim \chi^2(n)$，且 X 与 Y 相互独立，则称随机变量 $T = \dfrac{X}{\sqrt{Y/n}}$ 服从自由度为 n 的 t 分布，记为 $T \sim t(n)$.

$t(n)$ 分布的概率密度函数为

$$h(t) = \frac{\Gamma\left(\dfrac{n+1}{2}\right)}{\sqrt{n\pi}\,\Gamma\left(\dfrac{n}{2}\right)}\left(1 + \frac{t^2}{n}\right)^{-\frac{n+1}{2}}, \quad -\infty < t < +\infty.$$

图 6-3 中画出了 $h(t)$ 的图形. 由图可见 $h(t)$ 的图形关于 $t = 0$ 对称，与标准正态分布的密度函数形状类似，只是峰比标准正态分布低一些，尾部的概率比标准正态分布的大一些. 并且当 n 充分大时，t 分布接近标准正态分布，因此在应用中，当 $n > 45$ 时，有 $t_\alpha(n) \approx z_\alpha$.

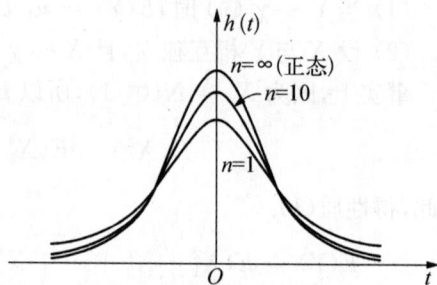

图 6-3

t 分布又称**学生氏(Student)分布**，它与标准正态分布的微小差别是由英国统计学家哥塞特 (Gosset)通过大量的实验发现并于 1908 年以 "Student" 的笔名发表了此项研究成果，故后人也称 t 分布为学生氏分布. t 分布是正态分布发现后的重要发现，它开创了小样本统计推断的新纪元.

对于给定的 α，$0 < \alpha < 1$，称满足条件

$$P\{T > t_\alpha(n)\} = \int_{t_\alpha(n)}^{+\infty} h(t)\mathrm{d}t = \alpha$$

的点 $t_\alpha(n)$ 为 $t(n)$ 分布的上 α **分位点**. 如图 6-4.

由 t 分布上 α 分位点的定义及 $h(t)$ 图形的对称性可知 $t_{1-\alpha}(n) = -t_\alpha(n)$.

3. F 分布

设 $U \sim \chi^2(n)$，$V \sim \chi^2(m)$，且 U，V 相互独立，则称随机变量

$$F = \frac{U/n}{V/m}$$

服从自由度为 (n, m) 的 F **分布**，记为 $F \sim F(n, m)$.

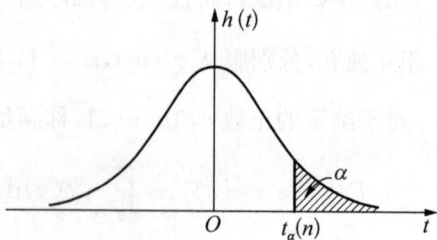

图 6-4

$F(n, m)$分布的概率密度为

$$\psi(y) = \begin{cases} \dfrac{\Gamma\left(\dfrac{n+m}{2}\right)\left(\dfrac{n}{m}\right)^{\frac{n}{2}} y^{\frac{n}{2}-1}}{\Gamma\left(\dfrac{n}{2}\right)\Gamma\left(\dfrac{m}{2}\right)\left(1+\dfrac{n}{m}y\right)^{\frac{n+m}{2}}}, & y > 0, \\ 0, & \text{其他}. \end{cases}$$

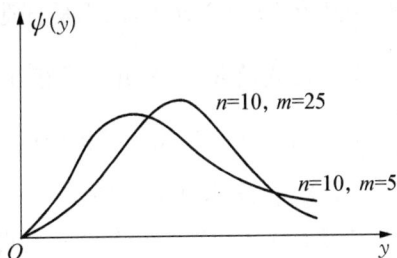

图 6-5

图 6-5 画出了 $\psi(y)$ 的图形.

由 F 分布定义易知 $t^2(n) = F(1, n)$,

$\dfrac{1}{F} \sim F(m, n)$.

F 分布的分位点 对于给定的 α, $0 < \alpha < 1$, 称满足条件

$$P\{F > F_\alpha(n, m)\} = \int_{F_\alpha(n, m)}^{+\infty} \psi(y)\mathrm{d}y = \alpha$$

的点 $F_\alpha(n, m)$ 为 $F(n, m)$ 分布的上 α 分位点, 如图 6-6 所示.

F 分布的上 α 分位点有如下性质:

$$F_{1-\alpha}(m, n) = \frac{1}{F_\alpha(n, m)}.$$

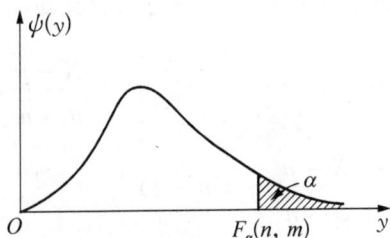

图 6-6

事实上, 设 $F \sim F(n, m)$, 则 $\dfrac{1}{F} \sim F(m, n)$ 且

$$\alpha = P\{F \geqslant F_\alpha(n, m)\} = P\left\{\frac{1}{F} \leqslant \frac{1}{F_\alpha(n, m)}\right\}$$

$$= 1 - P\left\{\frac{1}{F} > \frac{1}{F_\alpha(n, m)}\right\},$$

于是 $\quad P\left\{\dfrac{1}{F} > \dfrac{1}{F_\alpha(n, m)}\right\} = 1 - \alpha$,

由上 α 分位点的定义, 有 $F_{1-\alpha}(m, n) = \dfrac{1}{F_\alpha(n, m)}$.

从概率论的理论上来说, 若总体的分布已知, 统计量的分布总是确定的. 但对一般的总体分布, 统计量的分布往往很复杂, 甚至不能求出. 这里我们仅考虑正态总体的抽样分布. 一方面是因为抽样分布较容易求出, 另一方面是正态分布可以作为很多统计问题中总体分布的近似.

定理 6.3.2 设 $X_1, X_2, \cdots, X_n$ 是来自总体 $N(\mu, \sigma^2)$ 的样本, $\overline{X}, S^2$ 分别为样本均值和样本方差, 则有

(1) $\dfrac{(n-1)S^2}{\sigma^2} \sim \chi^2(n-1)$;

(2) $\overline{X} \sim N\left(\mu, \dfrac{\sigma^2}{n}\right)$;

(3) $\overline{X}$ 与 S^2 相互独立.

定理 6.3.2 的结论(1),(3)的证明较为复杂,这里省略.这里我们仅解释一下结论(1),为何服从 $\chi^2(n-1)$ 分布,而不是直觉上的 $\chi^2(n)$ 分布.注意到 $\dfrac{(n-1)S^2}{\sigma^2} = \sum\limits_{i=1}^{n} \dfrac{(X_i-\bar{X})^2}{\sigma^2}$ 中的 n 个随机变量 $X_i-\bar{X}$ 并不是相互独立的,它们之间存在一个线性约束关系 $\sum\limits_{i=1}^{n}(X_i-\bar{X}) = 0$,这表示随机变量 X_1,X_2,$\cdots$,X_{n-1} 取值给定时,X_n 就给定了,因此 X_1,X_2,$\cdots$,X_n 的自由度至多是 $n-1$ 个.

定理 6.3.3 设 X_1,X_2,$\cdots$,X_n 是来自总体 $N(\mu, \sigma^2)$ 的样本,$\bar{X}$,S^2 分别为样本均值和样本方差,则

$$\frac{\bar{X}-\mu}{S/\sqrt{n}} \sim t(n-1).$$

证 由定理 6.3.1 知

$$\frac{\bar{X}-\mu}{\sigma/\sqrt{n}} \sim N(0,\,1),\ \frac{(n-1)S^2}{\sigma^2} \sim \chi^2(n-1),$$

且两者相互独立,由 t 分布定义知

$$\frac{\bar{X}-\mu}{\sigma/\sqrt{n}} \bigg/ \sqrt{\frac{(n-1)S^2}{\sigma^2(n-1)}} \sim t(n-1),$$

即 $\quad \dfrac{\bar{X}-\mu}{S/\sqrt{n}} \sim t(n-1).$

对于两个正态总体的样本均值和样本方差有以下定理.

定理 6.3.4 设 X_1,X_2,$\cdots$,X_n;Y_1,Y_2,$\cdots$,Y_m 分别来自正态总体 $N(\mu_1, \sigma_1^2)$ 和 $N(\mu_2, \sigma_2^2)$ 的样本,且两样本之间相互独立,若 $\bar{X} = \dfrac{1}{n}\sum\limits_{i=1}^{n}X_i$,$\bar{Y} = \dfrac{1}{m}\sum\limits_{i=1}^{m}Y_i$,

$S_1^2 = \dfrac{1}{n-1}\sum\limits_{i=1}^{n}(X_i-\bar{X})^2$,$S_2^2 = \dfrac{1}{m-1}\sum\limits_{i=1}^{m}(Y_i-\bar{Y})^2$,则有

(1) $\dfrac{S_1^2/S_2^2}{\sigma_1^2/\sigma_2^2} \sim F(n-1, m-1)$;

(2) 当 $\sigma_1^2 = \sigma_2^2 = \sigma^2$ 时,$\dfrac{(\bar{X}-\bar{Y})-(\mu_1-\mu_2)}{S_w\sqrt{\dfrac{1}{n}+\dfrac{1}{m}}} \sim t(n+m-2)$,

其中 $S_w^2 = \dfrac{(n-1)S_1^2+(m-1)S_2^2}{n+m-2}$,$S_w = \sqrt{S_w^2}$.

证 (1) $\dfrac{(n-1)S_1^2}{\sigma_1^2} \sim \chi^2(n-1)$,$\dfrac{(m-1)S_2^2}{\sigma_2^2} \sim \chi^2(m-1)$,

由 S_1^2 与 S_2^2 相互独立及 F 分布定义可知

$$\frac{S_1^2/\sigma_1^2}{S_2^2/\sigma_2^2} \sim F(n-1, m-1),$$

即 $\dfrac{S_1^2/S_2^2}{\sigma_1^2/\sigma_2^2} \sim F(n-1,\,m-1).$

(2) 由 $\bar{X} - \bar{Y} \sim N\left(\mu_1 - \mu_2,\,\dfrac{\sigma^2}{n} + \dfrac{\sigma^2}{m}\right),$

有 $U = \dfrac{\bar{X} - \bar{Y} - (\mu_1 - \mu_2)}{\sigma\sqrt{\dfrac{1}{n} + \dfrac{1}{m}}} \sim N(0,\,1),$

又 $\dfrac{(n-1)S_1^2}{\sigma^2} \sim \chi^2(n-1),\ \dfrac{(m-1)S_2^2}{\sigma^2} \sim \chi^2(m-1),$

由 χ^2 分布的可加性知

$$V = \dfrac{(n-1)S_1^2}{\sigma^2} + \dfrac{(m-1)S_2^2}{\sigma^2} \sim \chi^2(n+m-2),$$

可以证明 U 与 V 相互独立，从而按 t 分布定义知

$$\dfrac{U}{\sqrt{V/(n+m-2)}} = \dfrac{\bar{X} - \bar{Y} - (\mu_1 - \mu_2)}{S_w\sqrt{\dfrac{1}{n} + \dfrac{1}{m}}} \sim t(n+m-2).$$

本节所介绍的几个分布和定理，在后面各章中经常用到，必须记住.

例 6.3.1 从正态总体 $N(\mu,\,25)$ 中抽取容量为 16 的样本，试求样本均值 $\bar{X}$ 与总体均值 μ 之差的绝对值小于 3 的概率.

解 由 $\dfrac{\bar{X} - \mu}{\sigma/\sqrt{n}} \sim N(0,\,1)$ 可知，

$$P\{|\bar{X} - \mu| < 3\} = P\left\{\dfrac{|\bar{X} - \mu|}{5/4} < \dfrac{3}{5/4}\right\}$$
$$= \Phi(2.4) - \Phi(-2.4) = 2\Phi(2.4) - 1 = 0.983\,6.$$

例 6.3.2 设总体 $X \sim N(0,\,1)$，$X_1,\,X_2,\,\cdots,\,X_5$ 为总体 X 的样本，证明：
$$Y = \dfrac{1}{3}(X_1 + X_2 + X_3)^2 + \dfrac{1}{2}(X_4 + X_5)^2 \text{ 服从 } \chi^2(2) \text{ 分布.}$$

解 由 $X_1 + X_2 + X_3 \sim N(0,\,3)$，$X_4 + X_5 \sim N(0,\,2)$，从而

$$\dfrac{X_1 + X_2 + X_3}{\sqrt{3}} \sim N(0,\,1),$$

$$\dfrac{X_4 + X_5}{\sqrt{2}} \sim N(0,\,1),$$

且 $\dfrac{X_1 + X_2 + X_3}{\sqrt{3}}$，$\dfrac{X_4 + X_5}{\sqrt{2}}$ 相互独立，因此

$$\left(\dfrac{X_1 + X_2 + X_3}{\sqrt{3}}\right)^2 + \left(\dfrac{X_4 + X_5}{\sqrt{2}}\right)^2 \sim \chi^2(2),$$

即随机变量 $Y = \dfrac{1}{3}(X_1 + X_2 + X_3)^2 + \dfrac{1}{2}(X_4 + X_5)^2$ 服从 $\chi^2(2)$ 分布.

例 6.3.3 设总体 X 服从正态分布 $N(72, 100)$，为使样本均值大于 70 的概率不小于 95%，则样本容量至少应取多少？

解 设所需样本容量为 n，由于 $\dfrac{\bar{X} - \mu}{\sigma/\sqrt{n}} \sim N(0, 1)$，从而

$$
\begin{aligned}
P\{\bar{X} > 70\} &= P\left\{ \frac{\bar{X} - 72}{10/\sqrt{n}} > \frac{70 - 72}{10/\sqrt{n}} \right\} \\
&= 1 - P\left\{ \frac{\bar{X} - 72}{10/\sqrt{n}} \leqslant \frac{70 - 72}{10/\sqrt{n}} \right\} \\
&= 1 - \Phi(-0.2\sqrt{n}) \\
&= \Phi(0.2\sqrt{n}).
\end{aligned}
$$

由 $\Phi(0.2\sqrt{n}) \geqslant 0.95$ 得 $0.2\sqrt{n} \geqslant 1.645$，即 $n \geqslant 67.65$.

因此样本容量至少为 68，才能使样本均值大于 70 的概率不小于 95%.

小　结

本章介绍了数理统计的一些基本概念：总体，样本，个体，统计量，经验分布，抽样分布，分位点.

统计量是样本的函数，它是一个随机变量，是进行统计推断的工具. 三个来自正态总体的分布：χ^2 分布、t 分布、F 分布在数理统计中有着广泛的应用，关于样本值 $\bar{X}$，样本方差 S^2 有以下结果：

1. 设总体 $X \sim N(\mu, \sigma^2)$，$X_1, X_2, \cdots, X_n$ 是来自 X 的样本，则有

(1) $\bar{X} \sim N(\mu, \sigma^2/n)$；

(2) $\dfrac{(n-1)S^2}{\sigma^2} \sim \chi^2(n-1)$；

(3) $\bar{X}$ 与 S^2 相互独立；

(4) $\dfrac{\bar{X} - \mu}{S/\sqrt{n}} \sim t(n-1)$.

2. 设 $X_1, X_2, \cdots, X_n$ 来自正态总体 $N(\mu_1, \sigma_1^2)$，$Y_1, Y_2, \cdots, Y_m$ 来自正态总体 $N(\mu_2, \sigma_2^2)$，且两个样本相互独立，$\bar{X}, \bar{Y}$ 为两样本的均值，S_1^2, S_2^2 为两样本的样本方差，则有

(1) $\dfrac{S_1^2/S_2^2}{\sigma_1^2/\sigma_2^2} \sim F(n-1, m-1)$；

(2) 当 $\sigma_1^2 = \sigma_2^2$ 时，$\dfrac{\bar{X} - \bar{Y} - (\mu_1 - \mu_2)}{S_w\sqrt{\dfrac{1}{n} + \dfrac{1}{m}}} \sim t(n+m-2)$，

其中 $S_w = \sqrt{\dfrac{(n-1)S_1^2 + (m-1)S_2^2}{n+m-2}}$.

习 题 六

1. 选择题

(1) 假设总体 X 服从正态分布 $N(\mu, \sigma^2)$，其中 μ 已知，σ^2 未知，X_1, X_2, X_3 是取自总体 X 的一个样本，则不是统计量的为（　　）.

(A) $\dfrac{1}{3}(X_1 + X_2 + X_3)$；

(B) $X_1 + X_2 + 2\mu$；

(C) $\max(X_1, X_2, X_3)$；

(D) $\dfrac{1}{\sigma^2}(X_1 + X_2 + X_3)$.

(2) 设 $X_1, X_2, \cdots, X_n$ 是来自正态总体 $N(\mu, \sigma^2)$ 的简单随机样本，$\overline{X}$ 是样本均值，记

$$S_1^2 = \frac{1}{n-1}\sum_{i=1}^{n}(X_i - \overline{X})^2, \quad S_2^2 = \frac{1}{n}\sum_{i=1}^{n}(X_i - \overline{X})^2,$$

$$S_3^2 = \frac{1}{n-1}\sum_{i=1}^{n}(X_i - \mu)^2, \quad S_4^2 = \frac{1}{n}\sum_{i=1}^{n}(X_i - \mu)^2,$$

则服从自由度为 $(n-1)$ 的 t 分布的随机变量是（　　）.

(A) $t = \dfrac{\overline{X} - \mu}{S_1/\sqrt{n-1}}$；

(B) $t = \dfrac{\overline{X} - \mu}{S_2/\sqrt{n-1}}$；

(C) $t = \dfrac{\overline{X} - \mu}{S_3/\sqrt{n}}$；

(D) $t = \dfrac{\overline{X} - \mu}{S_4/\sqrt{n}}$.

(3) 设 X 服从 $N(1, 2^2)$，$X_1, X_2, \cdots, X_n$ 为 X 的样本，则（　　）.

(A) $\dfrac{\overline{X} - 1}{2} \sim N(0, 1)$；

(B) $\dfrac{\overline{X} - 1}{4} \sim N(0, 1)$；

(C) $\dfrac{\overline{X} - 1}{2/\sqrt{n}} \sim N(0, 1)$；

(D) $\dfrac{\overline{X} - 1}{\sqrt{n}} \sim N(0, 1)$.

(4) 设随机变量 X 和 Y 都服从标准正态分布，则下列结论中正确的是（　　）.

(A) $X + Y$ 服从正态分布；

(B) $X^2 + Y^2$ 服从 χ^2 分布；

(C) X^2 和 Y^2 都服从 χ^2 分布；

(D) $\dfrac{X^2}{Y^2}$ 服从 F 分布.

(5) 设随机变量 $X \sim t(n)(n > 1)$，$Y = \dfrac{1}{X^2}$，则（　　）.

(A) $Y \sim \chi^2(n)$；　　(B) $Y \sim \chi^2(n-1)$；　　(C) $Y \sim F(n, 1)$；　　(D) $Y \sim F(1, n)$.

(6) 设 $X \sim N(0, 1)$，对给定的 $\alpha > 0$，u_α 满足 $P\{X > u_\alpha\} = \alpha$. 若 $P\{|X| < x\} = \alpha$，则 $x = $（　　）.

(A) $u_{\frac{\alpha}{2}}$；　　　　(B) $u_{1-\frac{\alpha}{2}}$；　　　　(C) $u_{\frac{1-\alpha}{2}}$；　　　　(D) $u_{1-\alpha}$.

(7) 设 $X_1, X_2, \cdots, X_n$ 是来自正态总体 $N(0, 1)$ 的简单随机样本 $(n \geq 2)$，$\overline{X}$ 是样本均值，S^2 是样本方差，则（　　）.

(A) $n\overline{X} \sim N(0, 1)$；

(B) $nS^2 \sim \chi^2(n)$；

(C) $\dfrac{(n-1)\overline{X}}{S} \sim t(n-1)$；

(D) $\dfrac{(n-1)X_1^2}{\sum\limits_{i=2}^{n} X_i^2} \sim F(1, n-1)$.

(8) 设 X_1，X_2，$\cdots$，X_n 是来自正态总体 $N(0, \sigma^2)$ 的简单随机样本，则统计量 $\dfrac{X_1 - X_2}{\sqrt{2}\,|\,X_3\,|}$ 服从分布（ ）.

(A) $F(1, 1)$;   (B) $F(2, 1)$;   (C) $t(1)$;   (D) $t(2)$.

(9) 设 X_1，X_2，$\cdots$，X_n 是来自总体分布 $\chi^2(n)$，$\overline{X}$ 表示样本均值，则（ ）.

(A) $E(\overline{X}) = n$ $D(\overline{X}) = 2$;   (B) $E(\overline{X}) = 1$ $D(\overline{X}) = 2$;

(C) $E(\overline{X}) = n$ $D(\overline{X}) = 2n$;   (D) $E(\overline{X}) = 1$ $D(\overline{X}) = 2n$.

(10) 设 X_1，X_2，$\cdots$，X_n 是来自总体 $X \sim N(\mu, \sigma^2)$，$\overline{X}$，S^2 分别表示样本均值和样本方差，则下面结论不成立的是（ ）.

(A) $\overline{X}$ 与 S^2 独立;   (B) $\overline{X}$ 与 $(n-1)S^2$ 独立;

(C) $\overline{X}$ 与 $\dfrac{1}{\sigma^2}\sum\limits_{i=1}^{n}(X_i - \overline{X})^2$ 独立;   (D) $\overline{X}$ 与 $\dfrac{1}{\sigma^2}\sum\limits_{i=1}^{n}(X_i - \mu)^2$ 独立.

(11) 设 X_1，X_2，$\cdots$，X_n 是来自总体 $X \sim N(\mu, \sigma^2)$，$\overline{X}$，S^2 分别表示样本均值和样本方差，则下面结论正确的是（ ）.

(A) $2X_2 - X_1 \sim N(\mu, \sigma^2)$;   (B) $\dfrac{n(\overline{X} - \mu)^2}{S^2} \sim F(1, n-1)$;

(C) $\dfrac{S^2}{\sigma^2} \sim \chi^2(n-1)$;   (D) $\dfrac{\overline{X} - \mu}{S}\sqrt{n-1} \sim t(n-1)$.

(12) 设 X_1，X_2，$\cdots$，X_n 是来自总体 $X \sim N(\mu, \sigma^2)$，S^2 表示样本方差，则 $D(S^2)$ 为（ ）.

(A) $\dfrac{\sigma^4}{n}$;   (B) $\dfrac{2\sigma^4}{n}$;   (C) $\dfrac{\sigma^4}{n-1}$;   (D) $\dfrac{2\sigma^4}{n-1}$.

2. 填空题

(1) 从正态总体 $N(1, \sigma^2)$ 中抽取样本 X_1，X_2，$\cdots$，X_{10}，$\overline{X}$，S 分别表示样本均值和样本均方差，已知 $P\{\overline{X} \leqslant 1, S^2 \leqslant \sigma^2\} = \dfrac{1}{3}$，则 $P\{S \leqslant \sigma\} = \underline{\hspace{2cm}}$.

(2) 设 X_1，X_2，X_3，X_4 是来自总体 $X \sim N(0, 4)$ 的样本，$X = a(X_1 - 2X_2)^2 + b(3X_3 - 4X_4)^2$，则当 $a = \underline{\hspace{1.5cm}}$，$b = \underline{\hspace{1.5cm}}$ 时，统计量 X 服从 χ^2 分布，其自由度为 $\underline{\hspace{1.5cm}}$.

(3) 设总体 $X \sim N(\mu_1, \sigma_1^2)$，$Y \sim N(\mu_2, \sigma_2^2)$，从两样本总体中分别抽样，得如下方差分析的结果 $n_1 = 8$，$s_1^2 = 8.75$，$n_2 = 10$，$s_2^2 = 2.66$，则 $P\{\sigma_1^2 > \sigma_2^2\} = \underline{\hspace{2cm}}$.

(4) 设样本 X 和 Y 相互独立，都服从正态分布 $N(30, 9)$，X_1，X_2，$\cdots$，X_{20}，及 Y_1，Y_2，$\cdots$，Y_{25} 分别来自 X 和 Y 的样本，则 $P\{|\overline{X} - \overline{Y}| > 0.4\} = \underline{\hspace{2cm}}$.

(5) 设 $X \sim t(n)$，$Y \sim F(1, n)$，给定 $a(0 < a < 0.5)$，常数 c 满足 $P\{X > c\} = a$，则 $P\{Y > c^2\} = \underline{\hspace{2cm}}$.

3. 设 X_1，X_2，$\cdots$，X_n 是来自总体 $X \sim N(\mu, \sigma^2)$ 的样本，求 $E(\overline{X})$，$D(\overline{X})$，$E(S^2)$.

4. 在总体 $N(52, 36)$ 中随机抽取一容量为 49 的样本，求样本均值 $\overline{X}$ 落在 50.4 到 54.2 之间的概率.

5. 在总体 $N(80, 400)$ 中随机抽样一容量为 400 的样本，问样本均值与总体均值之差的绝对值大于 3 的概率为多少？

6. 求总体 $X \sim N(20, 3)$ 的容量分别为 10, 15 的两个独立随机样本平均值差的绝对值大于 0.3 的概率.

7. 已知 $X \sim t(n)$, 证明: $X^2 \sim F(1, n)$.

8. 从正态总体 $N(\mu, 0.25)$ 中抽取样本 $X_1, X_2, \cdots, X_{10}$

(1) 已知 $\mu = 0$ 时, 求概率 $P\left\{ \sum_{i=1}^{10} X_i^2 \geqslant 4 \right\}$;

(2) 未知 μ 时, 求概率 $P\left\{ \sum_{i=1}^{10} (X_i - \bar{X})^2 \geqslant 2.85 \right\}$.

9. 从某总体中抽取一个样本, 样本观测值为: 2, 1, -1, 2, 试求经验分布函数 $F_4(x)$.

10. 设 $X_1, X_2, \cdots, X_n$ 为 $N(0, 0.09)$ 的一个样本, 求 $P\left\{ \sum_{i=1}^{10} X_i^2 > 1.44 \right\}$.

11. 设 $X_1, X_2, \cdots, X_5$ 是来自总体 $X \sim N(0, \sigma^2)$ 的样本, 试证

(1) 当 $k = \dfrac{3}{2}$ 时, $k \cdot \dfrac{(X_1 + X_2)^2}{X_3^2 + X_4^2 + X_5^2} \sim F(1, 3)$;

(2) 当 $k = \sqrt{\dfrac{3}{2}}$ 时, $k \cdot \dfrac{X_1 + X_2}{\sqrt{X_3^2 + X_4^2 + X_5^2}} \sim t(3)$.

补 充 题 六

1. 设 X_1, X_2 是来自总体 X 的样本, 记 $U = X_1 - \bar{X}$, $V = X_2 - \bar{X}$, 试证: 相关系数 $\rho_{UV} = -1$, 其中 $\bar{X} = \dfrac{1}{2}(X_1 + X_2)$.

2. 设 X_1, X_2 是来自总体 X 的样本, 总体 X 服从期望为 λ 的指数分布, 设 $Y = \sqrt{X_1 X_2}$, 证明: $E\left(\dfrac{4Y}{\pi}\right) = \lambda$.

3. 设 $X_1, X_2, \cdots, X_n$ 是来自总体 $X \sim N(\mu, \sigma^2)$ 的样本, 证明:

$$E[(\bar{X}S^2)^2] = \left(\frac{\sigma^2}{n} + \mu^2\right)\left(\frac{2\sigma^4}{n-1} + \sigma^4\right).$$

4. 设在总体 $N(\mu, \sigma^2)$ 中抽取一容量为 16 的样本, μ, σ^2 未知, 求:

(1) 求 $P\left\{\dfrac{S^2}{\sigma^2} \leqslant 2.041\right\}$, 其中 S^2 为样本方差;   (2) 求 $D(S^2)$.

5. 设 $X_1, X_2, \cdots, X_n, X_{n+1}$ 是来自总体 $X \sim N(\mu, \sigma^2)$ 的样本, 记 $\bar{X} = \dfrac{1}{n}\sum_{i=1}^{n} X_i$, $S^2 = \dfrac{1}{n-1}\sum_{i=1}^{n}(X_i - \bar{X})^2$, 试证: 统计量 $\sqrt{\dfrac{n}{n+1}} \cdot \dfrac{X_{n+1} - \bar{X}}{S} \sim t(n-1)$.

第七章

参 数 估 计

本章基本要求

1. 理解参数的点估计、估计量与估计值的概念.

2. 掌握矩估计法(一阶矩、二阶矩)和最大似然估计法.

3. 了解估计量的无偏性、有效性(最小方差性)和一致性(相合性)的概念,并会验证估计量的无偏性.

4. 了解区间估计的概念,会求单个正态总体的均值和方差的置信区间,会求两个正态总体的均值差和方差比的置信区间.

数理统计的基本任务之一是根据样本所提供的信息对未知的总体分布进行各种推断. 估计的理论与方法是统计推断的重要组成部分. 估计的形式分成两类: 点估计与区间估计. 本章主要介绍进行参数估计的方法及其评价等.

§7.1 点 估 计

参数估计,就是要从样本出发构造一个统计量作为总体中某未知参数的一个估计量. 设总体 X 的分布函数的形式为已知,但它的一个或多个参数为未知,借助于怎样的一个样本去估计总体未知参数的值的问题就是参数的点估计问题.

设总体 X 的分布函数为 $F(x; \theta)$,其中 θ 为未知参数, $X_1, X_2, \cdots, X_n$ 为总体的一个样本, $x_1, x_2, \cdots, x_n$ 是相应的一个样本观测值,点估计问题就是要构造一个适当的统计量 $\hat{\theta}(X_1, X_2, \cdots, X_n)$ 作为未知参数 θ 的估计量,用它的观测值 $\hat{\theta}(x_1, x_2, \cdots, x_n)$ 作为未知参数 θ 的近似值. 我们称 $\hat{\theta}(X_1, X_2, \cdots, X_n)$ 为 θ 的估计量,称 $\hat{\theta}(x_1, x_2, \cdots, x_n)$ 为 θ 的估计值. 显然估计量是一个统计量,估计值是这个统计量的观测值. 在不致引起误解的情况下,估计量与估计值简称估计,简记为 $\hat{\theta}$. 它的具体含义要视上下文而定.

下面介绍两种常用的构造估计量的方法: 矩估计法和最大似然估计法.

1. 矩估计法

1900 年英国统计学家皮尔逊(K. Pearson)提出了一个替换原则,用样本矩去替换总体矩,后来人们就称此为矩估计法. 矩是由随机变量的分布唯一确定,而样本来源于总体,样本矩在一定程度上反映总体矩的特征,因此用样本矩来估计总体矩就是矩估计法,也称数字特征法.

设 X 为连续型随机变量,其概率密度为 $f(x; \theta_1, \theta_2, \cdots, \theta_k)$,或 X 为离散型随机变量,其分布律为 $P\{X = x_i\} = p(x_i; \theta_1, \theta_2, \cdots, \theta_k)$,其中 $\theta_1, \theta_2, \cdots, \theta_k$ 为待估计参数,$i = 1, 2, \cdots$,$X_1, X_2, \cdots, X_n$ 是来自 X 的样本. 假设总体的前 k 阶矩

$$\mu_l = E(X^l) = \int_{-\infty}^{+\infty} x^l f(x; \theta_1, \theta_2, \cdots, \theta_k) \mathrm{d}x \ (X \text{ 为连续型}),$$
$$l = 1, 2, \cdots, k$$

或 $\quad \mu_l = E(X^l) = \sum_{i=1}^{\infty} x^l p(x_i; \theta_1, \theta_2, \cdots, \theta_k) \ (X \text{ 为离散型}),$

存在,一般来说,它们是 $\theta_1, \theta_2, \cdots, \theta_k$ 的函数. 由于样本矩 $A_l = \dfrac{1}{n} \sum_{i=1}^{n} X_i^l$ 依概率收敛于相应的总体矩 $\mu_l(l = 1, 2, \cdots, k)$. 当样本容量较大时,我们可以用样本矩作为总体矩的估计量,由此得到关于 $\theta_1, \theta_2, \cdots, \theta_k$ 的方程组

$$\mu_l(\theta_1, \theta_2, \cdots, \theta_k) = \frac{1}{n} \sum_{i=1}^{n} X_i^l, \ l = 1, 2, \cdots, k.$$

记方程组的解为 $\hat{\theta}_1, \hat{\theta}_2, \cdots, \hat{\theta}_k$,则 $\hat{\theta}_1, \hat{\theta}_2, \cdots, \hat{\theta}_k$ 分别为 $\theta_1, \theta_2, \cdots, \theta_k$ 的**矩估计量**. 矩估计量的观察值称为**矩估计值**.

在作矩估计时,也可用中心矩建立关于未知参数的方程组,可得矩估计量是不唯一的. 另一方面,方程组 $\mu_l(\theta_1, \theta_2, \cdots, \theta_k) = \dfrac{1}{n} \sum_{i=1}^{n} X_i^l$ 中的 k 个方程不一定是 $l = 1, 2, \cdots, k$,可以是 $l = n_1, n_2, \cdots, n_k$,其中 $n_1 < n_2 < \cdots < n_k$ 是自然数,这也得出矩估计量的不唯一性. 但若总体矩不存在,则矩估计失效.

例 7.1.1 设总体 X 的密度函数为

$$f(x; \theta) = \begin{cases} \theta(\theta + 1) x^{\theta - 1}(1 - x), & 0 < x < 1, \\ 0, & \text{其他}, \end{cases}$$

其中 θ 未知且 $\theta > 0$,$X_1, X_2, \cdots, X_n$ 是来自 X 的样本,试求 θ 的矩估计量.

解
$$E(X) = \int_0^1 x\theta(\theta + 1)x^{\theta - 1}(1 - x)\mathrm{d}x$$
$$= \theta(\theta + 1) \int_0^1 x^\theta (1 - x)\mathrm{d}x = \frac{\theta}{\theta + 2}.$$

令 $A_1 = \bar{X} = E(X)$,则 θ 的矩估计量为

$$\hat{\theta} = \frac{2\bar{X}}{1 - \bar{X}}.$$

对于应用统计工作者来说,也许更关心的是求某个未知参数的估计值,有了估计量之后,这个问题是相当简单的. 如本例中,假定我们得到了一批如下数据:

$$0.1, \ 0.8, \ 0.6, \ 0.4, \ 0.6, \ 0.5, \ 0.7, \ 0.3,$$

由此可得样本均值 $\bar{x} = \dfrac{1}{8} \sum_{i=1}^{8} x_i = 0.5$,于是未知参数 θ 的估计值为

$$\hat{\theta} = \frac{2\bar{x}}{1-\bar{x}} = \frac{2 \times 0.5}{1-0.5} = 2,$$

因此,可以认为总体 X 的密度函数为

$$f(x) = \begin{cases} 6x(1-x), & 0 < x < 1, \\ 0, & \text{其他}. \end{cases}$$

例7.1.2 设总体 X 的均值 μ 及方差 σ^2 都存在,且有 $\sigma^2 > 0$,但 μ, σ^2 均未知,又 X_1, X_2, $\cdots$, X_n 是来自 X 的样本,试求 μ, σ^2 的矩估计量.

解 因 $\mu_1 = E(X) = \mu$, $\mu_2 = E(X^2) = \sigma^2 + \mu^2$,

令 $\begin{cases} \mu = A_1 = \bar{X}, \\ \sigma^2 + \mu^2 = A_2, \end{cases}$

得 $\hat{\mu} = \bar{X}, \hat{\sigma}^2 = A_2 - A_1^2 = \frac{1}{n}\sum_{i=1}^{n} X_i^2 - \bar{X}^2 = \frac{1}{n}\sum_{i=1}^{n}(X_i - \bar{X})^2.$

例7.1.3 设总体 X 服从参数为 λ 的泊松分布,求参数 λ 的矩估计量.

解 由于 $\lambda = E(X) = D(X)$,由例 7.1.2 可知.

$$\hat{\lambda} = \bar{X}\left(\text{或} \hat{\lambda} = \frac{1}{n}\sum_{i=1}^{n}(X_i - \bar{X})^2\right).$$

矩估计是一种经典的估计方法.它比较直观,使用也比较方便,在总体分布未知场合也可使用.它的缺点是结果不唯一,譬如例 7.1.3 中结果.此外样本各阶矩的观测值受异常值影响较大,从而不够稳健.

2. 最大似然估计法

矩估计虽然常用,但有时候其估计量不是很理想.最大似然估计是点估计的另一种常用方法.它最早是由高斯所提出的.后来英国数学家费希尔(R. A. Fisher)利用在试验中发生概率较大的事件推断为最有可能发生的直观思想,重新提出了这种想法,并且证明了这种方法的一些性质,使得最大似然估计得到了广泛的应用,最大似然估计这一名称也是由费希尔给出的.由样本统计量的观测值去估计总体的未知参数 θ,总希望找到估计量 $\hat{\theta}$,使得总体接近或取到观测值的概率达到或接近其最大值,这正是最大似然估计法的基本出发点.为了进一步理解最大似然估计法的思想,下面先来看一个例子.

例7.1.4 设有甲,乙两个口袋,袋中各装有 4 只同样大小的球,其中甲有 3 只白球和 1 只黑球,乙袋中装有 3 只黑球和 1 只白球.

1. 现任取 1 袋,再从这袋中任取 1 球,发现是黑球,试问该球最可能来自哪一袋?

2. 现任取 1 袋,再从该袋中有返回地任取三球,其中恰好有 1 个黑球,试问此时最可能来自哪一袋?

解 1. 设 p 为抽到黑球的概率,从甲袋中抽 1 球是黑球的概率 $p_1 = \frac{1}{4}$;从乙袋中抽 1 球是黑球的概率为 $p_2 = \frac{3}{4}$.由于 $p_1 < p_2$,这意味着此黑球来自乙袋的可能性比来自甲袋的可能性大.因而判断该球最可能是来自乙袋.

2. 设 X 是抽取 3 个球中黑球的个数,又设 p 为袋中黑球所占比例,则

$$X \sim B(3, p).$$

即 $\quad P\{X = k\} = \binom{3}{k} p^k (1 - p)^{3-k}, \quad k = 0, 1, 2, 3.$

从甲袋中恰好取到一个黑球的概率为

$$P_1\{X = 1\} = 3 \times \frac{1}{4} \times \left(\frac{3}{4}\right)^2 = \frac{27}{64},$$

从乙袋中恰好取到一个黑球的概率为

$$P_2\{X = 1\} = 3 \times \left(\frac{1}{4}\right)^2 \times \frac{3}{4} = \frac{9}{64},$$

由于 $P_1\{X = 1\} > P_2\{X = 1\}$,因而判断此时最可能在甲袋中取球.

上面例子中的判断方法就是最大似然估计的基本思想. 设总体含有待估计参数 θ,它可以取很多值,要在 θ 的一切可能取值之中选出一个使样本观测值出现的概率为最大的 θ 值(记为 $\hat{\theta}$)作为 θ 的估计,并称 $\hat{\theta}$ 为 θ 的最大似然估计.

下面对 X 的分布是离散与连续两种情形加以讨论.

(1) 离散型最大似然估计

设总体 X 是离散型随机变量,其分布中含有未知参数 θ,其分布律为

$$P\{X = x_j\} = p(x_j; \theta), j = 1, 2, \cdots; \theta \in \Theta,$$

Θ 是 θ 的可能取值范围.

设 $X_1, X_2, \cdots, X_n$ 是来自 X 的样本,则 $X_1, X_2, \cdots, X_n$ 的联合分布律为

$$P\{X_1 = x_1, X_2 = x_2, \cdots, X_n = x_n\} = \prod_{i=1}^{n} p(x_i; \theta).$$

又设 $x_1, x_2, \cdots, x_n$ 是相应与样本 $X_1, X_2, \cdots, X_n$ 的一个样本值,则事件 $\{X = x_1, X = x_2, \cdots, X = x_n\}$ 的概率为

$$L(\theta) = L(x_1, x_2, \cdots, x_n; \theta) = \prod_{i=1}^{n} p(x_i; \theta), \theta \in \Theta.$$

显然 $L(\theta)$ 随 θ 的取值而变化,它是 θ 的函数,$L(\theta)$ 称为样本的**似然函数**.

在 $\theta \in \Theta$ 的范围内选取 $\hat{\theta}$ 作为 θ 的估计,使得 $\hat{\theta}$ 满足

$$L(x_1, x_2, \cdots, x_n; \hat{\theta}) = \max_{\theta \in \Theta} L(x_1, x_2, \cdots, x_n; \theta).$$

这样得到的 $\hat{\theta}$ 与样本值 $x_1, x_2, \cdots, x_n$ 有关,常记为 $\hat{\theta}(x_1, x_2 \cdots, x_n)$,$\hat{\theta}(x_1, x_2, \cdots, x_n)$ 称为参数 θ 的**最大似然估计值**,而相应的统计量 $\hat{\theta}(X_1, X_2, \cdots, X_n)$ 称为参数 θ 的**最大似然估计量**.

(2) 连续型最大似然估计

若总体 X 是连续型随机变量,其概率密度为 $f(x; \theta), \theta \in \Theta$,其中 θ 为未知参数,Θ 为 θ 的可能取值范围. 设 $X_1, X_2, \cdots, X_n$ 是来自总体 X 的样本,$x_1, x_2, \cdots, x_n$ 是相应于样本

X_1，X_2，$\cdots$，X_n 的一个样本值，则样本 $(X_1$，X_2，$\cdots$，$X_n)$ 落在观察值 $(x_1$，x_2，$\cdots$，$x_n)$ 的一个边长为 $\mathrm{d}x$ 的一个立方体领域中的概率为 $\prod_{i=1}^{n} \left[f(x_i ; \theta) \mathrm{d}x \right] = \mathrm{d}x^n \prod_{i=1}^{n} f(x_i ; \theta)$，上述概率最大等价于 $\prod_{i=1}^{n} f(x_i ; \theta)$ 最大，因此称

$$L(\theta) = L(x_1，x_2，\cdots，x_n ; \theta) = \prod_{i=1}^{n} f(x_i ; \theta)$$

为样本的似然函数.

若存在 $\hat{\theta} = \hat{\theta}(x_1，x_2，\cdots，x_n) \in \Theta$，使得

$$L(x_1，x_2，\cdots，x_n ; \hat{\theta}) = \max_{\theta \in \Theta} L(x_1，x_2，\cdots，x_n ; \theta)，$$

则称 $\hat{\theta}(x_1，x_2，\cdots，x_n)$ 称为参数 θ 的**最大似然估计值**，相应的 $\hat{\theta}(X_1，X_2，\cdots，X_n)$ 为 θ 的最大似然估计量.

在很多情形下，$p(x_i ; \theta)$ 和 $f(x_i ; \theta)$ 关于 θ 可微，这时 $\hat{\theta}$ 可由方程 $\dfrac{\mathrm{d}}{\mathrm{d}\theta} L(\theta) = 0$ 解得，方程 $\dfrac{\mathrm{d}}{\mathrm{d}\theta} L(\theta) = 0$ 称为**似然方程**. 又因 $L(\theta)$ 与 $\ln L(\theta)$ 在同一处取得极值，因此，θ 的最大似然估计也可以从方程 $\dfrac{\mathrm{d}}{\mathrm{d}\theta} \ln L(\theta) = 0$ 求得，而从后一方程求解往往比较方便，称方程 $\dfrac{\mathrm{d}}{\mathrm{d}\theta} \ln L(\theta) = 0$ 为**对数似然方程**.

最大似然估计法也使用于分布中含有多个未知参数 $\theta_1, \theta_2, \cdots, \theta_k$ 的情况，各未知参数 θ_i 的最大似然估计值 $\hat{\theta}_i (i = 1, 2, \cdots, k)$ 由对数似然方程组 $\dfrac{\partial}{\partial \theta_i} \ln L(\theta) = 0 (i = 1, 2, \cdots, k)$ 求得.

最大似然估计的函数仍然为最大似然估计，即，如果 $\hat{\theta}(X_1，X_2，\cdots，X_n)$ 为 θ 的最大似然估计，则对任一函数 $g(\theta)$，其最大似然函数为 $g(\hat{\theta})$. 该性质称为最大似然估计的不变性，从而使一些复杂结构的参数的最大似然估计变得容易了.

例 7.1.5 设某工序生产的产品的不合格率为 p，抽取 n 个产品做检验，试求 p 的最大似然估计值和最大似然估计量.

解 记

$$X = \begin{cases} 1，& 取到不合格品， \\ 0，& 取到合格品， \end{cases}$$

则 X 服从参数为 p 的 $0-1$ 分布 $B(1，p)$，即

$$P\{X = k\} = p^k (1-p)^{1-k}，k = 0，1.$$

抽查 n 个产品，则得样本 $X_1，X_2，\cdots，X_n$，其观测值为 $x_1，x_2，\cdots，x_n$，则似然函数为

$$L(p) = \prod_{i=1}^{n} p^{x_i} (1-p)^{1-x_i}$$
$$= p^{\sum_{i=1}^{n} x_i} (1-p)^{n - \sum_{i=1}^{n} x_i}，$$

有
$$\ln L(p) = \Big(\sum_{i=1}^{n} x_i\Big) \ln p + \Big(n - \sum_{i=1}^{n} x_i\Big) \ln(1-p),$$

由对数似然方程

$$\frac{\mathrm{d}\ln L(p)}{\mathrm{d}p} = 0,$$

可解得 p 的最大似然估计值 $\hat{p} = \dfrac{1}{n} \sum_{i=1}^{n} x_i = \bar{x}$,

因此, p 的最大似然估计量 $\hat{p} = \dfrac{1}{n} \sum_{i=1}^{n} X_i = \bar{X}$.

例 7.1.6 设某机床加工的轴的直径与图纸规定的中心尺寸的偏差 $X \sim N(\mu, \sigma^2)$, 其中 μ, σ^2 未知, 为估计 μ, σ^2 从中随机抽取 100 根轴, 测得其偏差为 $x_1, x_2, \cdots, x_{100}$, 且 $\sum\limits_{i=1}^{100} x_i = 26$ (单位: mm), $\sum\limits_{i=1}^{100} x_i^2 = 7.04$, 试求 μ 及 σ^2 的最大似然估计.

解 X 的概率密度为

$$f(x; \mu, \sigma^2) = \frac{1}{\sqrt{2\pi}\sigma} \mathrm{e}^{-\frac{(x-\mu)^2}{2\sigma^2}},$$

似然函数为

$$L(\mu, \sigma^2) = \prod_{i=1}^{n} \frac{1}{\sqrt{2\pi}\sigma} \mathrm{e}^{-\frac{(x_i-\mu)^2}{2\sigma^2}},$$

对数似然函数为

$$\ln L(\mu, \sigma^2) = -\frac{n}{2}\ln(2\pi) - \frac{n}{2}\ln\sigma^2 - \frac{\sum\limits_{i=1}^{n}(x_i-\mu)^2}{2\sigma^2},$$

由对数似然方程

$$\begin{cases} \dfrac{\partial \ln L(\mu, \sigma^2)}{\partial \mu} = \dfrac{2\sum\limits_{i=1}^{n}(x_i-\mu)}{2\sigma^2} = 0, \\[4mm] \dfrac{\partial \ln L(\mu, \sigma^2)}{\partial \sigma^2} = -\dfrac{n}{2\sigma^2} + \dfrac{\sum\limits_{i=1}^{n}(x_i-\mu)^2}{2\sigma^4} = 0 \end{cases}$$

得最大似然估计值为

$$\hat{\mu} = \frac{\sum\limits_{i=1}^{n} x_i}{n} = \bar{x}, \quad \hat{\sigma}^2 = \frac{\sum\limits_{i=1}^{n}(x_i-\bar{x})^2}{n} = b_2 = \frac{\sum\limits_{i=1}^{n} x_i^2}{n} - \bar{x}^2,$$

将观测值代入得

$$\hat{\mu} = \frac{26}{100} = 0.26, \quad \hat{\sigma}^2 = \frac{1}{100}\sum_{i=1}^{100} x_i^2 - \frac{1}{100^2}\Big(\sum_{i=1}^{100} x_i\Big)^2 = 0.0028.$$

当似然函数的非零区域与未知参数有关时,通常无法通过解似然方程来获得未知参数的最大似然估计,这时可以从定义出发直接求 $L(\theta)$ 的最大值点.

例 7.1.7 设总体 X 服从区间 $(0, \theta)$ 上的均匀分布,$X_1, X_2, \cdots, X_n$ 为来自 X 的样本,$x_1, x_2, \cdots, x_n$ 为观测值且 $0 < x_i < \theta$, $i = 1, 2, \cdots, n$,试求 θ 的最大似然估计量.

解 似然函数 $L(\theta) = \begin{cases} \theta^{-n}, & 0 \leqslant x_1, x_2, \cdots, x_n \leqslant \theta, \\ 0, & \text{其他,} \end{cases}$

易知 $\dfrac{\mathrm{d}L(\theta)}{\mathrm{d}\theta} = 0$ 不能求出 θ 的最大似然估计量. 为此由定义直接求 $L(\theta)$ 的最大值.

将 $x_1, x_2, \cdots, x_n$ 由小到大排列记为 $x_{(1)}, x_{(2)}, \cdots, x_{(n)}$,则似然函数可记为:

$$L(\theta) = \begin{cases} \theta^{-n}, & 0 \leqslant x_{(1)} < x_{(2)} < \cdots < x_{(n)} \leqslant \theta, \\ 0, & \text{其他,} \end{cases}$$

为使 $L(\theta)$ 达到最大,就必须使 θ 尽可能小,但 θ 不能小于 $x_{(n)}$,因而当 θ 取 $x_{(n)}$ 时,便使 $L(\theta)$ 达到了最大. 故 θ 的最大似然估计值为 $\hat{\theta} = x_{(n)} = \max(x_1, x_2, \cdots, x_n)$,最大似然估计量为 $\hat{\theta} = \max(X_1, X_2, \cdots, X_n)$.

例 7.1.8 设总体 X 具有概率密度

$$f(x) = \frac{1}{2}\lambda \mathrm{e}^{-\lambda|x|}, \quad -\infty < x < +\infty,$$

其中 $\lambda > 0$ 为待估参数. 求 λ 的矩估计量和最大似然估计量.

解 由于 $\quad EX = \displaystyle\int_{-\infty}^{+\infty} x \frac{1}{2}\lambda \mathrm{e}^{-\lambda|x|} \,\mathrm{d}x = 0,$

因此无法用 $EX = \bar{X}$ 得到 θ 的矩估计量.

而 $\quad E(X^2) = \displaystyle\int_{-\infty}^{+\infty} x^2 \frac{1}{2}\lambda \mathrm{e}^{-\lambda|x|} \,\mathrm{d}x = \frac{2}{\lambda^2},$

令 $\quad E(X^2) = A_2 = \dfrac{1}{n}\sum_{k=1}^{n} X_k^2,$

得 $\quad A_2 = \dfrac{2}{\lambda^2},$

故矩估计量为 $\lambda = \sqrt{\dfrac{2}{A_2}}.$

似然函数为

$$L(\lambda) = L(x_1, x_2, \cdots, x_n; \lambda) = \prod_{i=1}^{n}\Big(\frac{1}{2}\lambda \mathrm{e}^{-\lambda|x_i|}\Big) = \frac{1}{2^n}\lambda^n \mathrm{e}^{-\lambda\sum_{i=1}^{n}|x_i|},$$

由对数似然方程

$$\frac{\mathrm{d}L(\lambda)}{\mathrm{d}\lambda} = \frac{n}{\lambda} - \sum_{i=1}^{n}|x_i| = 0,$$

得最大似然估计值为 $\hat{\lambda} = \dfrac{n}{\sum\limits_{i=1}^{n} |x_i|}$,

故最大似然估计量为 $\hat{\lambda} = \dfrac{n}{\sum\limits_{i=1}^{n} |X_i|}$.

矩估计与最大似然估计是两种不同的估计方法,对同一未知参数,有时候它们的估计结果相同,有时候它们的估计结果不同. 一般在已知总体 X 的分布类型时,最好使用最大似然估计. 当然,先决条件是能够由似然方程(或似然方程组)或其他方法较容易得到最大似然估计.

§7.2 估计量的评选标准

对于同一个未知参数,可以有不同的点估计,矩估计与最大似然估计仅仅是提供了两种常用的估计而已,即使用同一种方法,有时也可得到多个估计量. 在众多估计中我们自然希望挑选最优的估计,这里涉及到一个评选标准问题. 在本节中我们给出三个评价标准.

1. 无偏性

定义 7.2.1 若未知参数 θ 的估计量 $\hat{\theta}(X_1, X_2, \cdots, X_n)$ 的数学期望

$$E[\hat{\theta}(X_1, X_2, \cdots, X_n)] = \theta$$

对所有 $\theta \in \Theta$ 成立,则称 $\hat{\theta}$ 为 θ 的**无偏估计量**. 否则称 $\hat{\theta}$ 为 θ 的**有偏估计量**.

在科学技术中,$E(\hat{\theta}) - \theta$ 称为以 $\hat{\theta}$ 作为 θ 的估计的系统误差. 无偏估计的实际意义就是无系统误差. 但是要注意的是无偏性不具有不变性. 即若 $\hat{\theta}$ 为 θ 的无偏估计,一般而言,$g(\hat{\theta})$ 不是 $g(\theta)$ 的无偏估计,只有当 $g(\theta)$ 是 θ 的线性函数时才成立. 例如,S^2 是 σ^2 的无偏估计,但 S 不是 σ 的无偏估计.

例 7.2.1 设总体 X 的数学期望为 μ(未知),$X_1, X_2, \cdots, X_n$ 为取自 X 的样本,$a_i(i=1, 2, \cdots, n)$ 为常数,证明:统计量 $T = \sum\limits_{i=1}^{n} a_i X_i$ 是 μ 的无偏估计量的充分必要条件为 $\sum\limits_{i=1}^{n} a_i = 1$.

证 由 $E(T) = E\left(\sum\limits_{i=1}^{n} a_i X_i\right) = \sum\limits_{i=1}^{n} E(a_i X_i) = \sum\limits_{i=1}^{n} a_i E(X_i)$

$$= \sum\limits_{i=1}^{n} a_i \mu = \mu \sum\limits_{i=1}^{n} a_i = \mu.$$

因此统计量 T 是 μ 的无偏估计量.

特别值得注意的是样本均值是数学期望 μ 的无偏估计量.

例 7.2.2 设总体 X 的数学期望 μ,方差 σ^2 均未知,$X_1, X_2, \cdots, X_n$ 为取自 X 的样本,

证明:样本方差 $S^2 = \dfrac{1}{n-1} \sum\limits_{i=1}^{n} (X_i - \bar{X})^2$ 为 σ^2 的无偏估计,而样本二阶中心矩

$$B_2 = \frac{1}{n} \sum_{i=1}^{n} (X_i - \overline{X})^2$$ 不是 σ^2 的无偏估计量.

证 由 $\dfrac{(n-1)S^2}{\sigma^2} \sim \chi^2(n-1)$, 得

$$E\left[\frac{(n-1)S^2}{\sigma^2}\right] = n-1,$$

因此 $E(S^2) = \sigma^2$, 这就表明了 S^2 为 σ^2 的无偏估计.

又 $B_2 = \dfrac{n-1}{n} \dfrac{\sum\limits_{i=1}^{n}(X_i - \overline{X})^2}{n-1} = \dfrac{n-1}{n}S^2,$

得 $E(B_2) = E\left(\dfrac{n-1}{n}S^2\right) = \dfrac{n-1}{n}\sigma^2 \neq \sigma^2,$

这表明 B_2 不是 σ^2 的无偏估计.

例 7.2.3 设总体 $X \sim N(\mu, \sigma^2)$, $X_1, X_2, \cdots, X_n$ 为来自 X 的样本, $T = \overline{X}^2 - \dfrac{1}{n}S^2$.

1. 证明 T 是 μ^2 的无偏估计量;
2. $\mu = 0$, $\sigma = 1$ 时, 求 DT.

解 1. 由于 $\overline{X}$, S^2 相互独立, 有

$$ET = E\left(\overline{X}^2 - \frac{1}{n}S^2\right) = E(\overline{X}^2) - \frac{1}{n}ES^2$$

$$= D\overline{X} + (E\overline{X})^2 - \frac{1}{n}ES^2 = \frac{1}{n}\sigma^2 + \mu^2 - \frac{1}{n}\sigma^2 = \mu^2,$$

因此, T 是 μ^2 的无偏估计量.

2. 当 $\mu = 0$, $\sigma = 1$ 时, $\overline{X} \sim N\left(0, \dfrac{1}{n}\right)$, $\sqrt{n}\,\overline{X} \sim N(0, 1)$, $(\sqrt{n}\,\overline{X})^2 \sim \chi^2(1)$,

$$(n-1)S^2 \sim \chi^2(n-1), \quad D[(n-1)S^2] = 2(n-1),$$

$$DT = D\left(\overline{X}^2 - \frac{1}{n}S^2\right) = D(\overline{X}^2) + \frac{1}{n^2}D(S^2)$$

$$= \frac{1}{n^2}D[(\sqrt{n}\,\overline{X})^2] + \frac{1}{n^2}\frac{1}{(n-1)^2}D[(n-1)S^2]$$

$$= \frac{2}{n^2} + \frac{1}{n^2}\frac{1}{(n-1)^2}2(n-1) = \frac{2}{n(n-1)}.$$

2. 有效性

一般来说, 总体参数的无偏估计量不是唯一的, 如例 7.2.1 中给定满足条件 $\sum\limits_{i=1}^{n} a_i = 1$ 的不同组 $(a_1, a_2, \cdots, a_n)$ 得到 μ 的不同估计量. 对于不同参数 θ 的无偏估计量, 它与真值之间的偏差越小越好, 也就是无偏估计量的方差越小越有效.

定义 7.2.2 设 $\hat{\theta}_1$, $\hat{\theta}_2$ 均为未知参数 θ 的无偏估计量, 若 $D(\hat{\theta}_1) < D(\hat{\theta}_2)$, 则称 $\hat{\theta}_1$ 比 $\hat{\theta}_2$ 有效.

例 7.2.4 设总体 $X \sim N(\mu, \sigma^2)$，X_1，X_2，X_3 为来自 X 的样本,证明:

$$\hat{\theta}_1 = \frac{1}{3}X_1 + \frac{1}{3}X_2 + \frac{1}{3}X_3, \hat{\theta}_2 = \frac{1}{6}X_1 + \frac{1}{2}X_2 + \frac{1}{3}X_3$$

都是 μ 的无偏估计量,但 $\hat{\theta}_1$ 比 $\hat{\theta}_2$ 有效.

证 由 $E(\hat{\theta}_1) = \frac{1}{3}E(X_1) + \frac{1}{3}E(X_2) + \frac{1}{3}E(X_3)$

$$= \frac{1}{3}\mu + \frac{1}{3}\mu + \frac{1}{3}\mu = \mu,$$

$$E(\hat{\theta}_2) = \frac{1}{6}E(X_1) + \frac{1}{2}E(X_2) + \frac{1}{3}E(X_3)$$

$$= \frac{1}{6}\mu + \frac{1}{2}\mu + \frac{1}{3}\mu = \mu$$

知 $\hat{\theta}_1$，$\hat{\theta}_2$ 都是 μ 的无偏估计.

而 $D(\hat{\theta}_1) = \frac{1}{9}D(X_1) + \frac{1}{9}D(X_2) + \frac{1}{9}D(X_3) = \frac{1}{3}\sigma^2$,

$$D(\hat{\theta}_2) = \frac{1}{36}D(X_1) + \frac{1}{4}D(X_2) + \frac{1}{9}D(X_3) = \frac{7}{18}\sigma^2,$$

得 $D(\hat{\theta}_1) < D(\hat{\theta}_2)$, 由此可知 $\hat{\theta}_1$ 比 $\hat{\theta}_2$ 有效.

3. 相合性

前面所述的无偏性与有效性都是在样本容量 n 固定的前提下提出的,如果样本容量越大,样本所含的总体分布的信息应该越多,也就是说样本容量越大就越能精确地估计总体的未知参数,随着 n 的无限增大,一个好的估计量与被估计参数的真值之间任意接近的可能性会越来越大,估计量的这种性质称为**相合性**或**一致性**.

定义 7.2.3 设 $\hat{\theta}(X_1, X_2, \cdots, X_n)$ 为参数 θ 的估计量,若对于任意给定的 $\varepsilon > 0$,都有 $\lim\limits_{n \to \infty} P\{|\hat{\theta} - \theta| \geqslant \varepsilon\} = 0$,即 $\hat{\theta}$ 依概率收敛于参数 θ,则称 $\hat{\theta}$ 为 θ 的**相合估计量**或**一致估计量**.

例 7.2.5 设 $\hat{\theta}$ 为 θ 的无偏估计量,若成立 $\lim\limits_{n \to \infty} D(\hat{\theta}) = 0$,则 $\hat{\theta}$ 为 θ 的一致估计量.

证 由切比雪夫不等式可知,对任意 $\varepsilon > 0$, 都有

$$P\{|\hat{\theta} - \theta| \geqslant \varepsilon\} \leqslant \frac{D(\hat{\theta})}{\varepsilon^2},$$

由 $\lim\limits_{n \to \infty} D(\hat{\theta}) = 0$, 得

$$\lim_{n \to \infty} P\{|\hat{\theta} - \theta| \geqslant \varepsilon\} = 0.$$

因此, $\hat{\theta}$ 为 θ 的一致估计量.

在实际问题中,我们自然希望估计量具有无偏性一致性和有效性,但往往不能同时满足,尤其是相合性,要求容量充分大,这在实际问题中不易做到,而无偏性和有效性无论在直观上还是理论上都比较合理,故应用场合较多.

§7.3 区 间 估 计

在上一节中我们讨论了参数的点估计,只要给定样本观测值就能算出参数的估计值.但用点估计的方法得到的估计值不一定是参数的真值,因为点估计量本身就是随机变量,即便点估计值与真值相等也无法判断(因为总体参数本身是未知的),也就是说,由点估计得到的参数估计值只是参数的近似值,它没有告诉近似值的精确程度及可靠程度.在实际应用中,往往需要知道参数的一个范围,并且能知道这个范围包含参数真值的可靠程度.这就是所谓的区间估计.

定义 7.3.1 设 X_1, X_2, $\cdots$, X_n 是总体的一个样本,$\theta \in \Theta$ 为未知参数 (Θ 为 θ 的可能取值范围),对于给定值 $\alpha(0 < \alpha < 1)$,如果对确定的两个统计量 $\underline{\theta} = \underline{\theta}(X_1, X_2, \cdots, X_n)$ 和 $\bar{\theta} = \bar{\theta}(X_1, X_2, \cdots, X_n)$ 满足

$$P\{\underline{\theta}(X_1, X_2, \cdots, X_n) < \theta < \bar{\theta}(X_1, X_2, \cdots, X_n)\} = 1 - \alpha,$$

则称随机区间 $(\underline{\theta}, \bar{\theta})$ 是 θ 的置信度为 $1 - \alpha$ 的**置信区间**,$\underline{\theta}$ 和 $\bar{\theta}$ 分别称为置信度为 $1 - \alpha$ 的双侧置信区间的**置信下限**和**置信上限**,$1 - \alpha$ 称为**置信度**.

由定义 7.3.1 可知,置信区间是以统计量为端点的随机区间.不同的样本所得到的置信区间 $(\underline{\theta}, \bar{\theta})$ 不同.其直观意义是,对于一个待估参数 θ,若重复抽样多次(每次容量不变,均为 n),每次抽样所对应的样本值都对应确定的区间 $(\underline{\theta}(x_1, x_2, \cdots, x_n), \bar{\theta}(x_1, x_2, \cdots, x_n))$,尽管不能保证每一次的 $(\underline{\theta}, \bar{\theta})$ 包含真值 θ,但大约有 $1 - \alpha$ 的机会包含真值 θ.即取 $\alpha = 0.05$ 时,在 100 次区间估计中,大约有 95 个区间包含真值 θ,而不含 θ 的区间约占 5 个.

下面通过具体例子给出构造置信区间的方法与步骤.

例 7.3.1 设 X_1, X_2, $\cdots$, X_n 为来自正态总体 $X \sim N(\mu, \sigma^2)$ 的样本,其中 σ^2 已知,μ 未知,求 μ 的置信度为 $1 - \alpha$ 的置信区间.

解 因样本均值 $\bar{X}$ 是 μ 的最大似然估计量,且

$$\bar{X} \sim N\left(\mu, \frac{\sigma^2}{n}\right),$$

故统计量 $U = \dfrac{\bar{X} - \mu}{\sigma / \sqrt{n}} \sim N(0, 1)$.

由标准正态分布的上 α 分位点的定义可知(图 7-1)

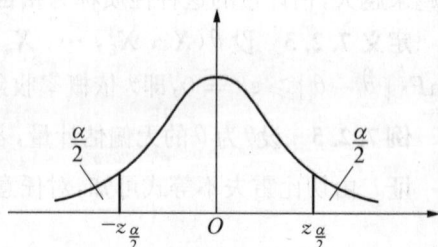

图 7-1

$$P\{-Z_{\frac{\alpha}{2}} < U < z_{\frac{\alpha}{2}}\} = 1 - \alpha.$$

即 $P\left\{-Z_{\frac{\alpha}{2}} < \dfrac{\bar{X} - \mu}{\sigma / \sqrt{n}} < z_{\frac{\alpha}{2}}\right\} = P\left\{\bar{X} - \dfrac{\sigma}{\sqrt{n}} z_{\frac{\alpha}{2}} < \mu < \bar{X} + \dfrac{\sigma}{\sqrt{n}} z_{\frac{\alpha}{2}}\right\} = 1 - \alpha,$

再由置信区间的定义可知 $\left(\bar{X} - \dfrac{\sigma}{\sqrt{n}} z_{\frac{\alpha}{2}}, \bar{X} + \dfrac{\sigma}{\sqrt{n}} z_{\frac{\alpha}{2}}\right)$ 即为 μ 的置信度为 $1 - \alpha$ 的置信区间.

置信度为 $1-\alpha$ 的置信区间并不是唯一的,如上例中 μ 的 $1-\alpha$ 的置信区间也可由

$$P\left\{-Z_{\frac{\alpha}{3}}<\frac{\overline{X}-\mu}{\sigma/\sqrt{n}}<z_{\frac{2}{3}\alpha}\right\}=1-\alpha$$ 得出,此时对应的置信区间为

$$\left(\overline{X}-\frac{\sigma}{\sqrt{n}}Z_{\frac{2}{3}\alpha},\ \overline{X}+\frac{\sigma}{\sqrt{n}}Z_{\frac{\alpha}{2}}\right).$$

由上例可知,求未知参数 θ 的置信区间的具体步骤如下:

(1) 寻求一个样本 $X_1,\ X_2,\ \cdots,\ X_n$ 的函数

$$W=W(X_1,\ X_2,\ \cdots,\ X_n;\ \theta),$$

它包含待估参数 θ,但不包含其他未知参数,并且要求 W 的分布为已知.

(2) 对于给定的置信度 $1-\alpha$,定出两个常数 a,b,使得

$$P\{a<W(X_1,\ X_2,\ \cdots,\ X_n;\ \theta)<b\}\geqslant 1-\alpha,$$

通常取 b 为 W 的 $\frac{\alpha}{2}$ 分位点,a 为 W 的 $1-\frac{\alpha}{2}$ 分位点.

(3) 将 $a<W(X_1,\ X_2,\ \cdots,\ X_n;\ \theta)<b$ 变形得到等价不等式

$$\underline{\theta}(X_1,\ X_2,\ \cdots,\ X_n)<\theta<\overline{\theta}(X_1,\ X_2,\ \cdots,\ X_n),$$

其中 $\underline{\theta}=\underline{\theta}(X_1,\ X_2,\ \cdots,\ X_n)$ 和 $\overline{\theta}=\overline{\theta}(X_1,\ X_2,\ \cdots,\ X_n)$ 都是统计量,则 $(\underline{\theta},\ \overline{\theta})$ 就是 θ 的一个置信度为 $1-\alpha$ 的置信区间. 函数 $W(X_1,\ X_2,\ \cdots,\ X_n;\ \theta)$ 通常由未知参数 θ 的最大似然估计量改造得到.

§7.4　正态总体均值与方差的区间估计

1. 单个总体 $N(\mu,\ \sigma^2)$ 的情形

设已给定置信度为 $1-\alpha$,并设 $X_1,\ X_2,\ \cdots,\ X_n$ 为总体 $N(\mu,\ \sigma^2)$ 的样本,$\overline{X}$,S^2 分别为样本均值和样本方差.

(1) 均值的置信区间

(a) σ^2 为已知,由例 7.3.1 可知,μ 的置信度为 $1-\alpha$ 的置信区间为

$$\left(\overline{X}-\frac{\sigma}{\sqrt{n}}z_{\frac{\alpha}{2}},\ \overline{X}+\frac{\sigma}{\sqrt{n}}z_{\frac{\alpha}{2}}\right).$$

(b) σ^2 为未知,因 S^2 为 σ^2 的无偏估计,且

$$\frac{\overline{X}-\mu}{S/\sqrt{n}}\sim t(n-1),$$

由

$$P\left\{-t_{\frac{\alpha}{2}}(n-1)<\frac{\overline{X}-\mu}{S/\sqrt{n}}<t_{\frac{\alpha}{2}}(n-1)\right\}=1-\alpha$$

(图 7-2),

得

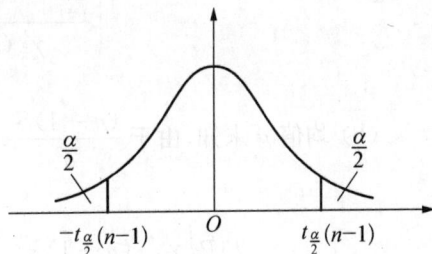

图 7-2

$$P\left\{\bar{X}-\frac{S}{\sqrt{n}}t_{\frac{\alpha}{2}}(n-1)<\mu<\bar{X}+\frac{S}{\sqrt{n}}t_{\frac{\alpha}{2}}(n-1)\right\}=1-\alpha,$$

于是 μ 的一个置信度为 $1-\alpha$ 的置信区间为

$$\left(\bar{X}-\frac{S}{\sqrt{n}}t_{\frac{\alpha}{2}}(n-1),\ \bar{X}+\frac{S}{\sqrt{n}}t_{\frac{\alpha}{2}}(n-1)\right).$$

例 7.4.1 某灯泡厂从当天生产的灯泡中随机抽取 10 只进行寿命测试,取得数据如下(单位:小时):1 050,1 100,1 080,1 120,1 200,1 250,1 040,1 130,1 300,1 200.

假设灯泡寿命服从正态分布 $N(\mu,\sigma^2)$,试求当天生产的全部灯泡的平均寿命 μ 的置信区间 ($\alpha=0.05$).

解 由题意方差未知,采用统计量 $T=\dfrac{\bar{X}-\mu}{S/\sqrt{n}}\sim t(n-1)$,由

$$P\left\{-t_{\frac{\alpha}{2}}(n-1)<\frac{\bar{X}-\mu}{S/\sqrt{n}}<t_{\frac{\alpha}{2}}(n-1)\right\}=1-\alpha,$$

得 μ 的置信区间为 $\left(\bar{X}-\dfrac{S}{\sqrt{n}}t_{\frac{\alpha}{2}}(n-1),\ \bar{X}+\dfrac{S}{\sqrt{n}}t_{\frac{\alpha}{2}}(n-1)\right).$

将 $\bar{x}=1\,147$,$s=87.057$,$n=10$,$t_{0.025}(9)=2.262\,2$ 代入得 μ 的置信区间为 $(1\,084.72,\ 1\,209.28)$.

(2) 方差 σ^2 的置信区间

(a) 均值 μ 已知,因 σ^2 的最大似然估计为

$$\hat{\sigma}^2=\frac{1}{n}\sum_{i=1}^{n}(X_i-\mu)^2,\ 且\ \frac{\sum\limits_{i=1}^{n}(X_i-\mu)^2}{\sigma^2}\sim\chi^2(n),$$

由

$$P\left\{\chi^2_{1-\frac{\alpha}{2}}(n)<\frac{\sum\limits_{i=1}^{n}(X_i-\mu)^2}{\sigma^2}<\chi^2_{\frac{\alpha}{2}}(n)\right\}=1-\alpha\ (图\ 7-3),$$

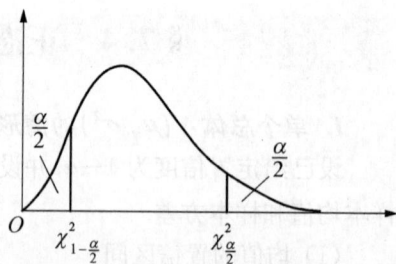

图 7-3

可得 σ^2 的置信度为 $1-\alpha$ 的置信区间为

$$\left(\frac{\sum\limits_{i=1}^{n}(X_i-\mu)^2}{\chi^2_{\frac{\alpha}{2}}(n)},\ \frac{\sum\limits_{i=1}^{n}(X_i-\mu)^2}{\chi^2_{1-\frac{\alpha}{2}}(n)}\right).$$

(b) 均值 μ 未知,由于 $\dfrac{(n-1)S^2}{\sigma^2}\sim\chi^2(n-1)$,而

$$P\left\{\chi^2_{1-\frac{\alpha}{2}}(n-1)<\frac{(n-1)S^2}{\sigma^2}<\chi^2_{\frac{\alpha}{2}}(n-1)\right\}=1-\alpha,$$

如图 7-3,可得 σ^2 的一个置信度为 $1-\alpha$ 的置信区间为

概率统计教程

$$\left(\frac{(n-1)S^2}{\chi^2_{\frac{\alpha}{2}}(n-1)}, \frac{(n-1)S^2}{\chi^2_{1-\frac{\alpha}{2}}(n-1)} \right).$$

易知 σ 的一个置信度为 $1-\alpha$ 的置信区间为

$$\left(\frac{\sqrt{n-1}S}{\sqrt{\chi^2_{\frac{\alpha}{2}}(n-1)}}, \frac{\sqrt{n-1}S}{\sqrt{\chi^2_{1-\frac{\alpha}{2}}(n-1)}} \right).$$

注意,在密度函数不对称时,如 χ^2 分布和 F 分布,习惯上仍取对称的分位点(如 $\chi^2_{\frac{\alpha}{2}}(n-1)$ 与 $\chi^2_{1-\frac{\alpha}{2}}(n-1)$)来确定置信区间,此时置信区间的长度一般不是最短,对概率密度的图形是单峰且对称的情况下(如标准正态分布),取对称的分位点,所得的置信区间长度为最短.

例 7.4.2 为了确定某种溶液中甲醇浓度,取得 4 个独立测量值的样本,并算得样本均值 $\bar{x} = 8.34$,样本标准差 $s = 0.03$,设被测总体 $X \sim N(\mu, \sigma^2)$,求置信度为 0.95 下 μ 和 σ^2 的置信区间.

解 σ^2 未知时,采用统计量 $T = \dfrac{\bar{X} - \mu}{S/\sqrt{n}} \sim t(n-1)$,由

$$P\left\{ -t_{\frac{\alpha}{2}}(n-1) < \frac{\bar{X} - \mu}{S/\sqrt{n}} < t_{\frac{\alpha}{2}}(n-1) \right\} = 1 - \alpha,$$

μ 的置信区间为

$$\left(\bar{X} - \frac{S}{\sqrt{n}}t_{\frac{\alpha}{2}}(n-1), \ \bar{X} + \frac{S}{\sqrt{n}}t_{\frac{\alpha}{2}}(n-1) \right).$$

由 $\bar{x} = 8.34$,$s = 0.03$,$n = 4$,$\alpha = 0.05$,$t_{0.025}(3) = 3.1824$ 代入可得 μ 的置信度为 0.95 的置信区间为 $(8.292, 8.388)$.

μ 未知时,采用统计量 $\dfrac{(n-1)S^2}{\sigma^2} \sim \chi^2(n-1)$,而

$$P\left\{ \chi^2_{1-\frac{\alpha}{2}}(n-1) < \frac{(n-1)S^2}{\sigma^2} < \chi^2_{\frac{\alpha}{2}}(n-1) \right\} = 1 - \alpha,$$

σ^2 的置信区间为 $\left(\dfrac{(n-1)S^2}{\chi^2_{\frac{\alpha}{2}}(n-1)}, \dfrac{(n-1)S^2}{\chi^2_{1-\frac{\alpha}{2}}(n-1)} \right)$.

将 $s^2 = 0.03^2$,$\chi^2_{\frac{\alpha}{2}}(n-1) = \chi^2_{0.025}(3) = 9.348$,$\chi^2_{1-\frac{\alpha}{2}}(n-1) = \chi^2_{0.975}(3) = 0.216$ 代入,可得 σ^2 的置信度为 0.95 的置信区间为 $(0.00029, 0.0125)$.

2. 两个总体 $N(\mu_1, \sigma_1^2)$,$N(\mu_2, \sigma_2^2)$ 的情形

在实际问题中常遇到下面问题:

已知产品的某一质量指标服从正态分布,但由于原料、设备条件、操作人员不同或工艺过程改变等因素,引起总体均值、总体方差有所改变,我们需要知道这些变化有多大,这就需要考虑两个正态总体均值差或方差比的估计问题.

设已给定置信度为 $1-\alpha$,样本 $X_1, X_2, \cdots, X_n$ 来自正态总体 $N(\mu_1, \sigma_1^2)$,样本 Y_1,$Y_2, \cdots, Y_m$ 来自样本 $N(\mu_2, \sigma_2^2)$,两个样本相互独立,$\bar{X}, S_1^2, \bar{Y}, S_2^2$ 分别表示两个样本的均

值和方差.

(1) 两个总体均值 $\mu_1-\mu_2$ 的置信区间

(a) σ_1^2, σ_2^2 均已知,因 $\overline{X}$, $\overline{Y}$ 分别为 μ_1, μ_2 的无偏估计,故 $\overline{X}-\overline{Y}$ 为 $\mu_1-\mu_2$ 的无偏估计,由 $\overline{X}$, $\overline{Y}$ 的独立性及 $\overline{X}\sim N\left(\mu_1,\dfrac{\sigma_1^2}{n}\right)$, $\overline{Y}\sim N\left(\mu_2,\dfrac{\sigma_2^2}{m}\right)$ 得

$$\overline{X}-\overline{Y}\sim N\left(\mu_1-\mu_2,\ \frac{\sigma_1^2}{n}+\frac{\sigma_2^2}{m}\right).$$

即

$$\frac{(\overline{X}-\overline{Y})-(\mu_1-\mu_2)}{\sqrt{\dfrac{\sigma_1^2}{n}+\dfrac{\sigma_2^2}{m}}}\sim N(0,\ 1).$$

由此可得 $\mu_1-\mu_2$ 的一个置信度为 $1-\alpha$ 的置信区间为

$$\left(\overline{X}-\overline{Y}-z_{\frac{\alpha}{2}}\sqrt{\frac{\sigma_1^2}{n}+\frac{\sigma_2^2}{m}},\ \overline{X}-\overline{Y}+z_{\frac{\alpha}{2}}\sqrt{\frac{\sigma_1^2}{n}+\frac{\sigma_2^2}{m}}\right).$$

(b) 若 $\sigma_1^2=\sigma_2^2=\sigma^2$($\sigma^2$ 为未知)记

$$S_w^2=\frac{(n-1)S_1^2+(m-1)S_2^2}{n+m-2},\ S_w=\sqrt{S_w^2},$$

由

$$T=\frac{\overline{X}-\overline{Y}-(\mu_1-\mu_2)}{S_w\sqrt{\dfrac{1}{n}+\dfrac{1}{m}}}\sim t(n+m-2),$$

可得 $\mu_1-\mu_2$ 一个置信度为 $1-\alpha$ 的置信区间为

$$\left(\overline{X}-\overline{Y}-t_{\frac{\alpha}{2}}(n+m-2)S_w\sqrt{\frac{1}{n}+\frac{1}{m}},\ \overline{X}-\overline{Y}+t_{\frac{\alpha}{2}}(n+m-2)S_w\sqrt{\frac{1}{n}+\frac{1}{m}}\right).$$

(c) σ_1^2, σ_2^2 均未知,且不知两者是否相等,但 $n=m$,即进行配对试验.

令 $Z=X_i-Y_i$,则

$$Z\sim N(\mu_1-\mu_2,\ \sigma_1^2+\sigma_2^2),\ i=1,\ 2,\ \cdots,\ n,$$

这样 $Z_1,Z_2,\cdots,Z_n$ 可视为来自总体 $Z\sim N(\mu_1-\mu_2,\ \sigma_1^2+\sigma_2^2)$ 的一个样本,根据单个正态总体的区间估计方法,可得 $\mu_1-\mu_2$ 的置信区间为

$$\left(\overline{Z}-t_{\frac{\alpha}{2}}(n-1)\frac{S_Z}{\sqrt{n}},\overline{Z}+t_{\frac{\alpha}{2}}(n-1)\frac{S_Z}{\sqrt{n}}\right),$$

其中 $\overline{Z}=\overline{X}-\overline{Y}$, $S_Z^2=\dfrac{1}{n-1}\displaystyle\sum_{i=1}^{n}\left[X_i-Y_i-(\overline{X}-\overline{Y})\right]^2$.

(d) 若 σ_1^2, σ_2^2 均未知,但 n, m 都很大(实际中 n, m 均大于 50 即可),即所谓大样本时的情形,可分别用样本方差 S_1^2, S_2^2 代替 σ_1^2, σ_2^2,然后用 σ_1^2, σ_2^2 均已知情形的结果将

概率统计教程

$$\left(\overline{X} - \overline{Y} - z_{\frac{\alpha}{2}} \sqrt{\frac{S_1^2}{n} + \frac{S_2^2}{m}}, \ \overline{X} - \overline{Y} + z_{\frac{\alpha}{2}} \sqrt{\frac{S_1^2}{n} + \frac{S_2^2}{m}} \right),$$

作为 $\mu_1 - \mu_2$ 的置信度为 $1-\alpha$ 的近似置信区间.

例7.4.3 某厂用两条流水线生产番茄酱小包装,现从两条流水线上各随机抽取一个样本,容量分别为 $n_1 = 6$, $n_2 = 7$,称重后算得(单位:克): $\bar{x} = 10.6$, $s_1^2 = 0.0125$, $\bar{y} = 10.1$, $s_2^2 = 0.01$ 假设两条流水线上所装番茄酱的重量分别服从正态分布 $N(\mu_1, \sigma^2)$ 和 $N(\mu_2, \sigma^2)$, 求 $\mu_1 - \mu_2$ 的置信度为 0.90 的置信区间.

解 $\sigma_1^2 = \sigma_2^2 = \sigma^2$ (σ^2 为未知)记

$$S_w^2 = \frac{(n-1)S_1^2 + (m-1)S_2^2}{n+m-2}, \ S_w = \sqrt{S_w^2},$$

采用统计量 $\quad T = \dfrac{\overline{X} - \overline{Y} - (\mu_1 - \mu_2)}{S_w \sqrt{\dfrac{1}{n} + \dfrac{1}{m}}} \sim t(n+m-2),$

得 $\mu_1 - \mu_2$ 的置信区间为

$$\left(\overline{X} - \overline{Y} - t_{\frac{\alpha}{2}}(n+m-2) s_w \sqrt{\frac{1}{n} + \frac{1}{m}}, \ \overline{X} - \overline{Y} + t_{\frac{\alpha}{2}}(n+m-2) s_w \sqrt{\frac{1}{n} + \frac{1}{m}} \right),$$

其中 $\dfrac{\alpha}{2} = 0.05$, $n = 6$, $m = 7$, $s_w^2 = \dfrac{(n_1-1)s_1^2 + (n_2-1)s_2^2}{n+m-2} = 0.01114$,

$$s_w = 0.1055, \bar{x} - \bar{y} = 0.5, t_{0.05}(11) = 1.7959,$$

代入数据可得 $\mu_1 - \mu_2$ 的置信度为 0.90 的置信区间为 $(0.3946, 0.6054)$.

(2) **两个总体方差比 $\dfrac{\sigma_1^2}{\sigma_2^2}$ 的置信区间**

我们仅讨论总体均值 μ_1, μ_2 为未知的情况.

由 $\dfrac{S_1^2/S_2^2}{\sigma_1^2/\sigma_2^2} \sim F(n-1, m-1)$ 可得

$$P\left\{ F_{1-\frac{\alpha}{2}}(n-1, m-1) < \frac{S_1^2/S_2^2}{\sigma_1^2/\sigma_2^2} < F_{\frac{\alpha}{2}}(n-1, m-1) \right\} = 1-\alpha,$$

即 $\quad P\left\{ \dfrac{S_1^2}{S_2^2} \dfrac{1}{F_{\frac{\alpha}{2}}(n-1, m-1)} < \dfrac{\sigma_1^2}{\sigma_2^2} < \dfrac{S_1^2}{S_2^2} \dfrac{1}{F_{1-\frac{\alpha}{2}}(n-1, m-1)} \right\} = 1-\alpha,$

于是得到 $\dfrac{\sigma_1^2}{\sigma_2^2}$ 的一个置信度为 $1-\alpha$ 的置信区间为

$$\left(\frac{S_1^2}{S_2^2} \frac{1}{F_{\frac{\alpha}{2}}(n-1, m-1)}, \ \frac{S_1^2}{S_2^2} \frac{1}{F_{1-\frac{\alpha}{2}}(n-1, m-1)} \right).$$

易知 $\dfrac{\sigma_1}{\sigma_2}$ 的一个置信度为 $1-\alpha$ 的置信区间为

$$\left(\frac{S_1}{S_2} \frac{1}{\sqrt{F_{\frac{\alpha}{2}}(n-1,\ m-1)}},\ \frac{S_1}{S_2} \frac{1}{\sqrt{F_{1-\frac{\alpha}{2}}(n-1,\ m-1)}} \right).$$

例7.4.4 有甲,乙两个化验员独立地测定某种聚合物的含氯量,他们采用相同的方法对容量都是 10 的样本进行测定,得到测定值的方差分别为 $s_甲^2 = 0.541\,9$,$s_乙^2 = 0.606\,5$,如果该聚合物的含氯量服从正态分布,设 $\sigma_甲^2$,$\sigma_乙^2$ 分别表示甲,乙两人所考察的总体方差,试利用样本求出 $\dfrac{\sigma_甲^2}{\sigma_乙^2}$ 的置信度为 0.95 的置信区间.

解 由 $\dfrac{S_1^2/S_2^2}{\sigma_1^2/\sigma_2^2} \sim F(n-1,\ m-1)$ 可得

$$P\left\{ F_{1-\frac{\alpha}{2}}(n-1,\ m-1) < \frac{S_1^2/S_2^2}{\sigma_1^2/\sigma_2^2} < F_{\frac{\alpha}{2}}(n-1,\ m-1) \right\} = 1-\alpha,$$

$\dfrac{\sigma_甲^2}{\sigma_乙^2}$ 的置信度为 $1-\alpha$ 的置信区间为

$$\left(\frac{S_甲^2}{S_乙^2} \cdot \frac{1}{F_{\frac{\alpha}{2}}(n-1,\ m-1)},\ \frac{S_甲^2}{S_乙^2} \cdot \frac{1}{F_{1-\frac{\alpha}{2}}(n-1,\ m-1)} \right).$$

而 $s_甲^2 = 0.541\,9$,$s_乙^2 = 0.606\,5$,$n=10$,$m=10$,$\alpha=0.05$,$F_{0.025}(9,\ 9)=4.03$,$F_{0.975}(9,\ 9)=0.248\,1$,代入可得 $\dfrac{\sigma_甲^2}{\sigma_乙^2}$ 的置信度为 0.95 的置信区间为 $(0.222,\ 3.601)$.

§7.5 0-1分布参数的区间估计

在实际工作中常常遇到这样一类统计问题:在已知总体服从 0-1 分布 $B(1,\ p)$ 的前提下,如何根据样本 X_1, X_2, $\cdots$, X_n 所提供的信息来估计未知参数 p.

设总体 $X \sim B(1,\ p)$,其中 p 未知,X_1, X_2, $\cdots$, X_n 是来自这个总体的一个样本,当样本容量较大时,由中心极限定理知

$$\frac{\sum\limits_{i=1}^{n} X_i - np}{\sqrt{np(1-p)}} = \frac{n\overline{X} - np}{\sqrt{np(1-p)}}$$

近似地服从标准正态分布 $N(0,\ 1)$,于是有

$$P\left\{ -z_{\frac{\alpha}{2}} < \frac{n\overline{X} - np}{\sqrt{np(1-p)}} < z_{\frac{\alpha}{2}} \right\} \approx 1-\alpha,$$

而不等式 $-z_{\frac{\alpha}{2}} < \dfrac{n\overline{X} - np}{\sqrt{np(1-p)}} < z_{\frac{\alpha}{2}}$ 等价于

$$(n + z_{\frac{\alpha}{2}}^2)p^2 - (2n\overline{X} + z_{\frac{\alpha}{2}}^2)p + n\overline{X}^2 < 0,$$

记 $\quad p_1 = \dfrac{1}{2a}(-b - \sqrt{b^2 - 4ac}), \quad p_2 = \dfrac{1}{2a}(-b + \sqrt{b^2 - 4ac}),$

其中 $a = n + z_{\frac{\alpha}{2}}^2$, $b = -(2n\overline{X} + z_{\frac{\alpha}{2}}^2)$, $c = n\overline{X}^2$, 则可得到 p 的一个近似置信度为 $1-\alpha$ 的置信区间 (p_1, p_2).

例 7.5.1 从一批产品中抽取 100 个样品, 得到一级品 60 只, 求这批产品中一级品率 p 的置信度为 0.95 的置信区间.

解 一级品率 p 是 0-1 分布中的参数,

由 $n = 100$, $\overline{x} = \dfrac{60}{100} = 0.6$, $1-\alpha = 0.95$, $\dfrac{\alpha}{2} = 0.025$, $z_{\frac{\alpha}{2}} = 1.96$, 得

$$a = n + z_{\frac{\alpha}{2}}^2 = 103.84, \ b = -2(n\overline{x} + z_{\frac{\alpha}{2}}^2) = -123.84, \ c = n\overline{x}^2 = 36.$$

故 $\quad p_1 = \dfrac{1}{2a}(-b - \sqrt{b^2 - 4ac}) = 0.50$, $p_2 = \dfrac{1}{2a}(-b + \sqrt{b^2 - 4ac}) = 0.69$,

因此, p 的一个置信度为 0.95 的近似置信区间为 $(0.50, 0.69)$.

§7.6 单侧置信区间

在一些实际问题中, 我们往往关心某些参数的上限或下限. 例如对某合金钢的强度来讲, 人们总希望其强度越大越好, 这时强度的"下限"是一个很重要的指标, 而对某种药物的毒性来讲, 人们总希望其毒性越小越好, 这时药物毒性的"上限"便成了一个重要的指标. 这些问题都可以归结为寻求未知参数的单侧置信区间问题.

定义 7.6.1 设 θ 是总体分布中的未知参数, 对于给定的 $\alpha(0 < \alpha < 1)$, 由样本 X_1, X_2, $\cdots$, X_n 所确定的统计量 $\underline{\theta} = \underline{\theta}(X_1, X_2, \cdots, X_n)$ 满足

$$P\{\theta > \underline{\theta}\} \geqslant 1 - \alpha,$$

则称 $\underline{\theta}$ 为 θ 的置信度为 $1-\alpha$ 的**单侧置信下限**, $(\underline{\theta}, +\infty)$ 为 θ 的置信度为 $1-\alpha$ 的**单侧置信区间**, 又若由样本 X_1, X_2, $\cdots$, X_n 所确定的统计量 $\overline{\theta} = \overline{\theta}(X_1, X_2, \cdots, X_n)$ 满足

$$P\{\theta < \overline{\theta}\} \geqslant 1 - \alpha,$$

则称 $\overline{\theta}$ 为 θ 的置信度为 $1-\alpha$ 的**单侧置信上限**, $(-\infty, \overline{\theta})$ 为 θ 的置信度为 $1-\alpha$ 的**单侧置信区间**.

例 7.6.1 为研究某种汽车轮胎的磨损特性, 随机地取 16 只轮胎实际使用, 记录其用到磨坏时所行驶的路程 (单位: 公里) 测得 $\overline{x} = 41\,116$, $s = 6\,346$, 假定样本来自正态总体 $N(\mu, \sigma^2)$, 求这种轮胎平均行驶路程 μ 的置信度为 0.95 的置信下限.

解 由 $\dfrac{\overline{X} - \mu}{S/\sqrt{n}} \sim t(n-1)$ 得

$$P\left\{\frac{\bar{X}-\mu}{S/\sqrt{n}} < t_\alpha(n-1)\right\} = 1-\alpha,$$

即 $P\left\{\mu > \bar{X} - \frac{S}{\sqrt{n}}t_\alpha(n-1)\right\} = 1-\alpha,$

于是 μ 的置信度为 $1-\alpha$ 的单侧置信下限为

$$\underline{\mu} = \bar{X} - \frac{S}{\sqrt{n}}t_\alpha(n-1).$$

将 $\bar{x} = 41\,116$，$s = 6\,346$，$n = 16$，$t_{0.05}(15) = 1.753\,1$ 代入得

$$\underline{\mu} = 38\,334,$$

由此可知 μ 的置信度为 0.95 的置信下限为 38 334.

例 7.6.2 用仪器间接测量炉子的温度，其测量值服从正态分布 $N(\mu, \sigma^2)$，现重复测 5 次，结果为

$$1\,250℃, 1\,265℃, 1\,245℃, 1\,260℃, 1\,275℃,$$

试求 σ 的置信度为 0.95 的置信上限.

解 由 $\frac{(n-1)S^2}{\sigma^2} \sim \chi^2(n-1)$ 得

$$P\left\{\frac{(n-1)S^2}{\sigma^2} > \chi^2_{1-\alpha}(n-1)\right\} = 1-\alpha,$$

即 $P\left\{\sigma^2 < \frac{(n-1)S^2}{\chi^2_{1-\alpha}(n-1)}\right\} = 1-\alpha,$

于是 σ 的置信度为 $1-\alpha$ 的置信上限为

$$\bar{\sigma} = S\sqrt{\frac{n-1}{\chi^2_{1-\alpha}(n-1)}}.$$

由样本值 $s = 11.9$，及 $n = 5$，$\alpha = 0.05$，$\chi^2_{0.95}(4) = 0.711$ 可求得 σ 的置信度为 0.95 的置信上限为 28.2.

§7.7 应用案例分析

例 7.7.1 （估计湖中鱼的数量） 假设湖中有 N 条鱼，如何估计湖中鱼的数量.

解 我们可以采用下面的方法估计湖中鱼的数量. 先从湖中同时捕出 r 条鱼，将鱼做好记号放入湖中（假设记号不会丢失），过几天后，再从湖中捕出 s 条鱼，假设其中有 $k(0 \leqslant k \leqslant r)$ 条鱼带有记号，若以 X 表示捕出的带有记号的鱼的数量，则 X 为随机变量，并且 X 服从超几何分布，

$$P\{X=k\} = \frac{\binom{r}{k}\binom{N-r}{s-k}}{\binom{N}{s}}, \; 0 \leqslant k \leqslant r.$$

解法 1 应用最大似然估计的思想求鱼的数量 N,使 $P\{X=k\}$ 的值达到最大.记

$$L(N, k) = P\{X=k\} = \frac{\binom{r}{k}\binom{N-r}{s-k}}{\binom{N}{s}}, \; 0 \leqslant k \leqslant r,$$

考虑比值

$$\frac{P\{X=k; N\}}{P\{X=k; N-1\}} = \frac{(N-s)(N-r)}{N(N-r-s+k)},$$

显然当 $N > \dfrac{sr}{k}$ 时,这个比值小于 1;当 $N < \dfrac{sr}{k}$ 时,这个比值大于 1,即随着 N 增大,序列 $P\{X=k; N\}$ 先上升而后下降;当 N 为不超过 $\dfrac{sr}{k}$ 的最大整数时,达到最大值,所以湖中鱼的数目 N 的最大似然估计为

$$\hat{N} = \left[\frac{sr}{k}\right],$$

$\left[\dfrac{sr}{k}\right]$ 为不超过 $\dfrac{sr}{k}$ 的最大整数.

解法 2 (比例法) 设想第二次捕鱼之前,r 条做记号的鱼与其他没有做记号的鱼是充分混合的.因此,第二次捕鱼之前,湖中做了记号的鱼的数量与总鱼数之比 $\dfrac{r}{N}$ 应等于捕出的做了记号的鱼数与捕出的总鱼数之比 $\dfrac{k}{s}$,即 $\dfrac{r}{N} = \dfrac{k}{s}$,从而 $N = \dfrac{sr}{k}$,于是湖中鱼的数量近似为 $\hat{N} = \left[\dfrac{sr}{k}\right]$.

例 7.7.2 (估计袋中硬币的数量) 一袋中有 N 个均匀的硬币,其中有 a 个是普通硬币,其余的硬币两面都是正面.现从袋中随机地摸出一个并将其连续掷两次,记下结果并将其放回袋中,但是不查看它属于哪种硬币.将这个实验重复的进行 n 次.如果掷出 0 次,1 次,2 次正面的次数分别为 n_0,n_1,n_2,试估计袋中普通硬币的数量.

解 以 X 表示从袋中任摸一个硬币重复掷两次出现正面的次数,则 X 的可能取值为 0,1,2.A 为事件"摸出普通硬币".则

$$P\{X=0\} = P(A)P(X=0|A) + P(\bar{A})P(X=0|\bar{A}) = \frac{a}{4N},$$

$$P\{X=1\} = P(A)P(X=1|A) + P(\bar{A})P(X=1|\bar{A}) = \binom{2}{1}\left(\frac{1}{2}\right)^2 \frac{a}{N} = \frac{a}{2N},$$

同理可得，
$$P\{X=2\}=\frac{4N-3a}{4N}.$$

因此，
$$EX=1\times\frac{a}{2N}+2\times\frac{4N-3a}{4N}=\frac{2N-a}{N}.$$

以 X_i 表示第 i 次摸出的硬币连掷两次出现正面的次数. 则 X_i 与 X 有相同的分布，且 X_1，X_2，$\cdots$，X_n 相互独立. 令 $\bar{X}=\sum_{i=1}^{n}X_i$，则 $\bar{x}=\frac{1}{n}(0\times n_0+1\times n_1+2\times n_2)=\frac{n_1+2n_2}{n}$. 由矩估计法，用 $\bar{X}$ 代替 EX 得

$$\frac{2N-a}{N}=\frac{n_1+2n_2}{n}.$$

所以 a 的矩估计值为 $\hat{a}=\frac{N}{n}(2n_0+n_1)$.

例 7.7.3 （应用 Excel 解决实际问题）

某厂生产的零件质量 $X\sim N(\mu,\sigma^2)$，今从这批零件中随机的抽取 9 个，测得其质量（单位：克）为

$$21.1,\ 21.3,\ 21.4,\ 21.5,\ 21.3,\ 21.7,\ 21.4,\ 21.3,\ 21.6,$$

试求参数 μ，σ^2 在置信度 0.95 下的置信区间.

解 表 7-1 列出了用 Excel 求得的 μ，σ^2 的置信区间的结果和应用的函数. 其中均值的计算公式为 Excel 内置的求算术平均值函数，括号中的 $A2$：$A10$ 表示对 $A2$ 到 $A10$ 的全部数据求算术平均，$E4$ 是 Excel 内置的求 t 分布的双侧分位点的公式，第一个变量为显著性水平，第二个变量为自由度，其余的类似，有了这个模板，可以很方便地更换显著性水平，从而直观地显示置信区间的变化.

表 7-1 Excel 分析表

	A	B	C	D	E
1	零件重量				
2	21.1		均值的置信区间		
3	21.3		样本均值	21.4	=AVERAGEA(A2:A10)
4	21.4		t值0.05	2.306006	=TINV(0.05,8)
5	21.5		样本方差	0.0325	=VAR(A2:A10)
6	21.3		样本容量	9	
7	21.7		置信下限	21.26143	=C3-SQRT(D5/D6)*D4
8	21.4		置信上限	21.53857	=C3+SQRT(D5/D6)*D4
9	21.3				
10	21.6		方差的置信区间		
11			卡方值	17.53454	=CHINV(0.025,8)
12				2.179725	=CHINV(0.975,8)
13			置信下限	0.014828	=(D6-1)*D5/D11
14			置信上限	0.119281	=(D6-1)*D5/D12

下表对正态均值和方差的置信区间与单侧置信限进行了归纳，必要时可查用.

正态总体均值、方差的置信区间与单侧置信限（置信度为 1−α）

	待估参数	其他参数	W 的分布	置信区间	单侧置信限
一个正态总体	μ	σ^2已知	$Z = \dfrac{\bar{X} - \mu}{\sigma/\sqrt{n}} \sim N(0, 1)$	$\left(\bar{X} \pm \dfrac{\sigma}{\sqrt{n}} z_{\frac{\alpha}{2}}\right)$	$\bar{\mu} = \bar{X} + \dfrac{\sigma}{\sqrt{n}} z_\alpha$ $\underline{\mu} = \bar{X} - \dfrac{\sigma}{\sqrt{n}} z_\alpha$
	μ	σ^2未知	$T = \dfrac{\bar{X} - \mu}{S/\sqrt{n}} \sim t(n-1)$	$\left(\bar{X} \pm \dfrac{S}{\sqrt{n}} t_{\frac{\alpha}{2}}(n-1)\right)$	$\bar{\mu} = \bar{X} + \dfrac{S}{\sqrt{n}} t_\alpha(n-1)$ $\underline{\mu} = \bar{X} - \dfrac{S}{\sqrt{n}} t_\alpha(n-1)$
	σ^2	μ未知	$\chi^2 = \dfrac{(n-1)S^2}{\sigma^2} \sim \chi^2(n-1)$	$\left(\dfrac{(n-1)S^2}{\chi^2_{\frac{\alpha}{2}}(n-1)}, \dfrac{(n-1)S^2}{\chi^2_{1-\frac{\alpha}{2}}(n-1)}\right)$	$\overline{\sigma^2} = \dfrac{(n-1)S^2}{\chi^2_{1-\alpha}(n-1)}$ $\underline{\sigma^2} = \dfrac{(n-1)S^2}{\chi^2_{\alpha}(n-1)}$
两个正态总体	$\mu_1 - \mu_2$	σ_1^2, σ_2^2已知	$Z = \dfrac{\bar{X} - \bar{Y} - (\mu_1 - \mu_2)}{\sqrt{\dfrac{\sigma_1^2}{n} + \dfrac{\sigma_2^2}{m}}} \sim N(0, 1)$	$\left(\bar{X} - \bar{Y} \pm z_{\frac{\alpha}{2}}\sqrt{\dfrac{\sigma_1^2}{n} + \dfrac{\sigma_2^2}{m}}\right)$	$\overline{\mu_1 - \mu_2} = \bar{X} - \bar{Y} + z_\alpha\sqrt{\dfrac{\sigma_1^2}{n} + \dfrac{\sigma_2^2}{m}}$ $\underline{\mu_1 - \mu_2} = \bar{X} - \bar{Y} - z_\alpha\sqrt{\dfrac{\sigma_1^2}{n} + \dfrac{\sigma_2^2}{m}}$
	$\mu_1 - \mu_2$	$\sigma_1^2 = \sigma_2^2 = \sigma^2$未知	$Z = \dfrac{\bar{X} - \bar{Y} - (\mu_1 - \mu_2)}{S_w\sqrt{\dfrac{1}{n} + \dfrac{1}{m}}} \sim t(n+m-2)$	$\left(\bar{X} - \bar{Y} \pm t_{\frac{\alpha}{2}}(n+m-2)S_w \times \sqrt{\dfrac{1}{n} + \dfrac{1}{m}}\right)$	$\overline{\mu_1 - \mu_2} = \bar{X} - \bar{Y} + t_\alpha(n+m-2)\sqrt{\dfrac{1}{n} + \dfrac{1}{m}}$ $\underline{\mu_1 - \mu_2} = \bar{X} - \bar{Y} - t_\alpha(n+m-2)\sqrt{\dfrac{1}{n} + \dfrac{1}{m}}$
	$\dfrac{\sigma_1^2}{\sigma_2^2}$	μ_1, μ_2未知	$F = \dfrac{S_1^2/S_2^2}{\sigma_1^2/\sigma_2^2} \sim F(n-1, m-1)$	$\left(\dfrac{S_1^2}{S_2^2}\dfrac{1}{F_{\frac{\alpha}{2}}(n-1, m-1)}, \dfrac{S_1^2}{S_2^2}\dfrac{1}{F_{1-\frac{\alpha}{2}}(n-1, m-1)}\right)$	$\overline{\left(\dfrac{\sigma_1^2}{\sigma_2^2}\right)} = \dfrac{S_1^2}{S_2^2}\dfrac{1}{F_{1-\alpha}(n-1, m-1)}$ $\underline{\left(\dfrac{\sigma_1^2}{\sigma_2^2}\right)} = \dfrac{S_1^2}{S_2^2}\dfrac{1}{F_{\alpha}(n-1, m-1)}$

本 章 小 结

参数估计问题分为点估计和区间估计.

点估计是根据样本去估计未知参数即求未知参数的近似值. 在抽样前看,点估计是一个统计量,它是一个随机变量;而在抽样后看,点估计是一个具体的数值. 点估计的两种基本方法是矩估计法和最大似然估计法.

矩估计法的基本思想是"替换",即用样本矩来估计总体矩. 最大似然估计法的基本思想是未知参数的估计值在观察结果中出现的可能性最大,即使样本的似然函数 $L(\theta)$ 取得最大值的 $\hat{\theta}$ 作为未知参数 θ 的估计值. 在统计问题中往往先使用最大似然估计法,在最大似然估计法使用起来不方便时,再用矩估计法.

对于同一未知参数存在不同的估计方法,因而存在不同的估计量. 考虑估计量的优劣时,应从某种整体性能去衡量,而不能看它在个别样本下表现如何. 本章介绍了三个标准:无偏性、有效性和相合性.

点估计不能反映估计的精度,为此引入区间估计. 区间估计是用一个区间在一定的置信度下去估计未知参数所在的范围. 在抽样前看区间估计的两个端点是统计量,而在抽样后看区间估计是一个区间.

本章不但介绍了双侧置信区间,同时还介绍了单侧置信区间,单侧置信下限和单侧置信上限.

习 题 七

1. 填空题

(1) 设 X_1, X_2, $\cdots$, X_n 来自总体 $X \sim N(\mu, \sigma^2)$ 的样本,且 $\sum\limits_{i=1}^{n-1} c\,(X_{i+1} - X_i)^2$ 为 σ^2 的无偏估计,则 $c =$ _____ .

(2) 设 X_1, X_2, $\cdots$, $X_n (n \geqslant 3)$ 为总体 $X \sim N(\mu, \sigma^2)$ 的一个样本,当 $2\bar{X} - X_1$, $\bar{X}$, 及 $\dfrac{1}{5} X_1 + \dfrac{3}{10} X_2 + \dfrac{1}{2} X_3$ 作为 μ 的无偏估计时,最有效的是 _____ .

(3) 设某批产品的废品率为 p,从中随机抽取 75 件,发现废品有 10 件,则 p 的最大似然估计值是 _____ .

2. 对某一距离进行独立测量,设测量值 $X \sim N(\mu, \sigma^2)$. 今测量了 5 次,得数据:

$$2\,781,\ 2\,836,\ 2\,807,\ 2\,763,\ 2\,858(单位:米).$$

求 μ 和 σ^2 的矩估计值.

3. 设 X_1, X_2, $\cdots$, X_n 为总体 X 的一个样本,x_1, x_2, $\cdots$, x_n 为相应的样本观测值,总体 X 的分布密度为

$$f(x) = \begin{cases} \dfrac{1}{\theta - 1}, & 1 < x < \theta, \\ 0, & \text{其他}, \end{cases}$$

求参数 θ 的矩估计量和矩估计值.

4. 设总体 X 的分布律为

X	1	2	3
P	θ^2	$2\theta(1-\theta)$	$(1-\theta)^2$

$0 < \theta < 1$,已知取得了样本观测值为 $2,3,1,2$,试求参数 θ 的矩估计值和最大似然估计值.

5. 给定一个容量为 n 的样本:$X_1,X_2,\cdots,X_n$,求下列分布中未知参数 θ 的最大似然估计.

(1) $f(x;\theta) = \begin{cases} \theta x^{\theta-1}, & 0 < x < 1, \\ 0, & \text{其他}; \end{cases}$

(2) $f(x;\theta) = \dfrac{1}{2\theta}\mathrm{e}^{-\frac{|x|}{\theta}}, -\infty < x < +\infty.$

6. 设总体 X 的分布函数为 $F(x,\beta) = \begin{cases} 1-\dfrac{1}{x^\beta}, & x \geqslant 1, \\ 0, & x < 1, \end{cases}$ 其中 $\beta > 1$ 是未知参数,设 X_1,
$X_2,\cdots,X_n$ 是来自总体 X 的样本.求:
(1) β 的矩估计量;
(2) β 的最大似然估计量.

7. 设总体 X 的概率密度为 $f(x) = \begin{cases} \lambda^2 x\mathrm{e}^{-\lambda x}, & x \geqslant 0, \\ 0, & x < 0, \end{cases}$ 其中 $\lambda > 0$ 是未知参数,设 X_1,
$X_2,\cdots,X_n$ 是来自总体 X 的样本.求:
(1) λ 的矩估计量;
(2) λ 的最大似然估计量.

8. 设总体 X 的概率密度为 $f(x) = \begin{cases} \dfrac{\theta^2}{x^3}\mathrm{e}^{-\frac{\theta}{x}}, & x > 0, \\ 0, & x \leqslant 0, \end{cases}$ 其中 $\theta > 0$ 是未知参数,设 X_1,
$X_2,\cdots,X_n$ 是来自总体 X 的样本.求:
(1) θ 的矩估计量;
(2) θ 的最大似然估计量.

9. 设总体 X 的概率密度为 $f(x,\theta) = \begin{cases} \theta, & 0 < x < 1, \\ 1-\theta, & 1 \leqslant x < 2, \\ 0, & \text{其他}, \end{cases}$ 其中 $0 < \theta < 1$ 是未知参数,设
$X_1,X_2,\cdots,X_n$ 来自总体 X 的简单随机样本,记 N 为样本值 $x_1,x_2,\cdots,x_n$ 中小于 1 的个数,求 θ 的最大似然估计.

10. 设总体 X 服从 $N(\mu_0,\sigma^2)$,其中 μ_0 已知,σ^2 未知,设 $X_1,X_2,\cdots,X_n$ 来自总体 X 的简单随机样本,记 $\overline{X}$ 为样本均值,S^2 为样本方差.
(1) 求 σ^2 的最大似然估计量 $\hat{\sigma}^2$;
(2) 计算 $E\hat{\sigma}^2$,$D\hat{\sigma}^2$.

11. 设 X 与 Y 相互独立,且分别服从正态分布 $N(\mu, \sigma^2)$, $N(\mu, 2\sigma^2)$,其中 σ 未知,$Z = X - Y$,

(1) 求 Z 的概率密度 $f(z; \sigma^2)$;

(2) 设 Z_1, Z_2, $\cdots$, Z_n 是来自总体 Z 的简单随机样本,求 σ^2 的最大似然估计量 $\hat{\sigma}^2$;

(3) 证明 $\hat{\sigma}^2$ 为 σ^2 的无偏估计量.

12. 设 X_1, X_2, X_3 为来自总体 $X \sim N(\mu, \sigma^2)$ 的样本,记

$$T_1 = \frac{1}{6}X_1 + \frac{1}{2}X_2 + \frac{1}{3}X_3, \quad T_2 = \frac{1}{3}X_1 + \frac{1}{3}X_2 + \frac{1}{3}X_3, \quad T_3 = \frac{1}{5}X_1 + \frac{1}{4}X_2 + \frac{1}{3}X_3.$$

(1) 当 μ, σ^2 均未知时,指出 T_1, T_2, T_3 中哪几个是参数的无偏估计量?

(2) 在上述参数 μ 的无偏估计中指出哪个较为有效?

(3) 设 $\mu = \mu_0$ 已知,问 σ^2 的两个无偏估计量 $S_1^2 = \dfrac{1}{n} \sum\limits_{i=1}^{n} (X_i - \mu_0)^2$ 和

$$S_2^2 = \frac{1}{n-1} \sum_{i=1}^{n} (X_i - \bar{X})^2 \text{ 哪个更有效?}$$

13. 某工厂生产的一批滚珠,其直径 $X \sim N(\mu, 0.05)$,今从中抽取 8 个,测得其直径(单位:毫米)分别为:

$$14.7, \ 15.1, \ 14.8, \ 14.9, \ 15.2, \ 14.2, \ 14.6, \ 15.1,$$

求直径均值的 95% 的置信区间.

14. 设某种清漆的 9 个样品,其干燥时间(以小时计)分别为

$$7.0, \ 5.7, \ 5.8, \ 6.5, \ 7.0, \ 6.3, \ 5.6, \ 6.1, \ 5.0,$$

假定干燥时间总体服从正态分布 $X \sim N(\mu, \sigma^2)$,求 μ 的置信度为 95% 的置信区间.

15. 随机地取某种炮弹 9 发作试验,测得炮口速度的样本均方差为 11 米/秒,设炮口速度服从正态分布 $X \sim N(\mu, \sigma^2)$,求这种炮弹的炮口速度均方差 σ 的置信度为 95% 的置信区间.

16. 为了研究我国所生产的真丝被面的销路,在纽约举办了一次展销会,对 1 000 名成年人进行调查,得知其中有 600 人喜欢这种产品,试以 95% 的置信度确定纽约市民成年人喜欢此种产品的比率的置信区间.

17. 随机地从 A 种导线抽取 4 根,从 B 种导线中抽取 5 根,测得其电阻如下:

A 种导线:0.143   0.142   0.137   0.143,

B 种导线:0.140   0.142   0.136   0.138   0.140.

设测试数据分别服从正态分布 $N(\mu_1, \sigma^2)$, $N(\mu_2, \sigma^2)$ 并且两样本独立,μ_1, μ_2, σ^2 均未知,试求 $\mu_1 - \mu_2$ 的置信度为 0.95 的置信区间.

18. 为了比较 A, B 两种灯泡的寿命,从 A 型号中随机地抽取 80 只,测得平均寿命 $\bar{x} = 2\,000$(小时),样本标准方差 $s_1 = 80$(小时),从 B 型号中随机抽取 100 只,测得平均寿命 $\bar{y} = 1\,900$(小时),样本标准差 $s_2 = 100$(小时),假定两种型号的灯泡寿命分别服从正态分布 $N(\mu_1, \sigma_1^2)$ 和 $N(\mu_2, \sigma_2^2)$ 且相互独立,试求:

(1) 置信度为 0.99 的 $\mu_1 - \mu_2$ 的置信区间;

(2) $\dfrac{\sigma_1^2}{\sigma_2^2}$ 的置信度为 0.90 的置信区间.

19. 从一批电子元件中随机地取出 5 只作寿命试验,测得寿命数据(单位:小时)如下:

$$1050, \quad 1100, \quad 1120, \quad 1250, \quad 1280,$$

若寿命服从正态分布,试求寿命均值的置信度为 0.95 的置信下限.

20. 从一批某种型号电子管中抽取容量为 10 的样本,计算出标准差 $s=45$(单位:小时),假设整批电子管寿命服从正态分布,试求这批电子管寿命标准差 σ 的置信水平为 0.95 的单侧置信上限.

补 充 题 七

1. 选择题

(1) 设总体 $X \sim N(\mu, \sigma^2)$(σ^2 未知),若样本容量 n 和置信度 $1-\alpha$ 不变,对于不同的样本观测值,总体均值 μ 的置信区间长度与样本标准差 S 的关系为(　　).

(A) 当 S 较大时,区间的长度也较大;

(B) 区间长度与 S 无关;

(C) 当 S 较大时,区间的长度也较小;

(D) 不能确定.

(2) 设总体 $X \sim N(\mu, \sigma^2)$(σ^2 已知),总体均值 μ 的置信区间长度 L 与置信度 $1-\alpha$ 的关系为(　　).

(A) 当 $1-\alpha$ 减少时,L 增大;　　　　(B) 当 $1-\alpha$ 减少时,L 缩短;

(C) 当 $1-\alpha$ 减少时,L 不变;　　　　(D) 不能确定.

(3) 设 $X_1, X_2, \cdots, X_n$ 来自总体 $X \sim N(\mu, \sigma^2)$ 的样本,要使 $\hat{\theta} = k \sum_{i=1}^{n} | X_i - \bar{X} |$ 是 σ 的无偏估计量,则 k 的值为(　　).

(A) $\dfrac{1}{\sqrt{n}}$;　　　　　　　　　　(B) $\dfrac{1}{n}$;

(C) $\dfrac{\pi}{\sqrt{n-1}}$;　　　　　　　　(D) $\sqrt{\dfrac{\pi}{2n(n-1)}}$.

2. 某种电子器件的寿命(以小时计)T 服从指数分布,概率密度为

$$f(t) = \begin{cases} \lambda e^{-\lambda t}, & t > 0, \\ 0, & \text{其他}, \end{cases}$$

其中 $\lambda > 0$ 未知.从这批器件中任取 n 只,在时刻 $t=0$ 时投入寿命试验.试验进行到预定时间 T_0 时结束.此时有 k 只$(0 < k < n)$ 失败.试求 λ 的最大似然估计.

3. 假设某市每月死于交通事故的人数 X 服从参数为 λ 的泊松分布,$\lambda > 0$ 为未知参数,现有以下样本值

$$3, 2, 0, 5, 4, 3, 1, 0, 7, 2, 0, 2,$$

试求月无死亡的概率的最大似然估计值.

4. 设总体 X 服从 Γ 分布,其概率密度为

$$f(x) = \begin{cases} \dfrac{1}{\beta^{\alpha}\Gamma(\alpha)}x^{\alpha-1}\mathrm{e}^{-\frac{x}{\beta}}, & x > 0, \\ 0, & \text{其他,} \end{cases}$$

其中 $\alpha > 0$ 已知,β 未知且 $\beta > 0$,今有样本值 x_1,x_2,$\cdots$,x_n,求 β 的最大似然估计值.

5. 设总体 X 服从指数分布,其概率密度为

$$f(x) = \begin{cases} \dfrac{1}{\theta}\mathrm{e}^{-\frac{x}{\theta}}, & x > 0, \\ 0, & \text{其他,} \end{cases} \quad (\theta > 0 \text{ 未知})$$

从总体中抽取一容量为 n 的样本 X_1,X_2,$\cdots$,X_n.

(1) 证明:$\dfrac{2n\bar{X}}{\theta} \sim \chi^2(2n)$;

(2) 求 θ 的置信度为 $1-\alpha$ 的单侧置信下限.

6. 设总体 X 的分布函数为 $F(x) = \begin{cases} 1-\mathrm{e}^{-\frac{x^2}{\theta}}, & x \geqslant 0, \\ 0, & x < 0, \end{cases}$ 其中 $\theta > 0$ 是未知参数,设 X_1,

X_2,$\cdots$,X_n 来自总体 X 的简单随机样本. 求:

(1) 求 EX 和 EX^2;

(2) 求 θ 的最大似然估计量 $\hat{\theta}_n$;

(3) 是否存在实数 a,使得对于任何 $\varepsilon > 0$,都有 $\lim\limits_{n\to\infty}P\{|\hat{\theta}_n - a| \geqslant \varepsilon\} = 0$.

7. 设总体 X 的概率密度为 $f(x) = \begin{cases} 2\mathrm{e}^{-2(x-\theta)}, & x \geqslant \theta, \\ 0, & x < \theta, \end{cases}$ 其中 $\theta > 0$ 是未知参数,设 X_1,

X_2,$\cdots$,X_n 来自总体 X 的简单随机样本,$\hat{\theta} = \min(X_1, X_2, \cdots, X_n)$.

(1) 求总体 X 的分布函数;

(2) 求统计量 $\hat{\theta}$ 的分布函数 $F_{\hat{\theta}}(x)$;

(3) 如果用 $\hat{\theta}$ 作为 θ 的估计量,讨论它是否具有无偏性.

8. 设总体 X 的概率密度为 $f(x, \theta) = \begin{cases} \dfrac{1}{2\theta}, & 0 < x < \theta, \\ \dfrac{1}{2(1-\theta)}, & \theta \leqslant x < 1, \\ 0, & \text{其他,} \end{cases}$ 其中 $0 < \theta < 1$ 是未知

参数,设 X_1,X_2,$\cdots$,X_n 来自总体 X 的简单随机样本,记 $\bar{X}$ 为样本均值.

(1) 求 θ 的矩估计量;

(2) 判断 $4\bar{X}^2$ 是否是 θ^2 的无偏估计量,并说明理由.

9. 设 X_1,X_2,$\cdots$,X_n 来自总体 $X \sim N(\mu, \sigma^2)$ 的简单随机样本,记

$$\bar{X} = \frac{1}{n}\sum_{i=1}^{n}X_i, \quad S^2 = \frac{1}{n-1}\sum_{i=1}^{n}(X_i - \bar{X})^2, \quad T = \bar{X}^2 - \frac{1}{n}S^2,$$

(1) 证明:T 是 μ^2 的无偏估计量;

(2) 当 $\mu = 0$,$\sigma = 1$ 时,求 DT.

10. 设总体 X 的分布律为

X	1	2	3
P	$1-\theta$	$\theta(1-\theta)$	θ^2

其中 $0<\theta<1$ 是未知参数,以 N_i 表示来自总体 X 的样本中等于 i 的样本个数($i=1$,2,3).试求常数 a_1,a_2,a_3,使得 $T=\sum\limits_{i=1}^{3}a_i N_i$ 为 θ 的无偏估计量,并求 T 的方差.

第八章

假　设　检　验

本章基本要求

1. 理解显著性检验的基本思想,掌握假设检验的基本步骤,了解假设检验可能产生的两类错误.

2. 了解单个及两个正态总体的均值和方差的假设检验.

第七章介绍了对总体中未知参数的估计方法,这一章将讨论统计推断的另一重要内容——统计假设检验. 在总体的分布未知情况下,给予总体分布以某种假设,用来说明总体可能具备的性质,这种假设称为**统计假设**. 例如根据问题背景给假设总体服从泊松分布、正态分布或假设总体均值为某个常数等. 这类假设是否成立,则需要通过试验来检验,这就是所谓的**假设检验**. 通过试验,最终决定是接受假设,还是拒绝假设. 本章将介绍假设检验的基本方法.

§8.1　假设检验的基本思想

假设检验是统计推断的另一种重要形式. 根据样本所提供的信息,推断(或检验)事先给出的关于总体分布的假设是否合理,这就是假设检验,即假设检验是研究如何根据抽样后获得的样本来检验抽样前所作出的假设. 本节首先通过分析一个实际例子,引出假设检验中的一些基本概念与解决一个假设检验问题的一般步骤.

例8.1.1　某厂用包装机包装奶粉,包装机正常工作时,奶粉重量(克)服从正态分布 $N(500, 15^2)$,为检验包装机工作是否正常,随机抽 9 袋奶粉,称得净重量(克)为

$$514, 498, 524, 513, 499, 508, 512, 516, 515,$$

问该包装机工作是否正常?(假定标准差不会发生变化)

在这个问题中,总体 $X \sim N(\mu, 15^2)$,其中 μ 未知, $x_1, x_2, \cdots, x_9$ 是取自这个总体 X 的一组样本观测值,且样本均值 $\bar{x} = \dfrac{1}{9} \sum_{i=1}^{9} x_i = 511$,我们需要在假设"$\mu = 500$"与"$\mu \neq 500$"之间作出判断. 这里"$\mu = 500$"认为包装机工作正常,"$\mu \neq 500$"则认为包装机工作不正常. 在数理统计中,把它们看作是两个假设. 习惯上,称"$\mu = 500$"为原假设(或零假设),记作 H_0;

称"$\mu \neq 500$"为备择假设(意指在原假设被拒绝后可供选择的假设).

为检验 $H_0: \mu = \mu_0 = 500$ 是否成立,需要由样本数据来进行推断. 样本均值 $\bar{x}$ 与 μ_0 之间有差异,对它们之间的差异有两种解释:第一种差异是由抽样的随机性造成的,而统计假设 $H_0: \mu = \mu_0 = 500$ 是正确的;第二种差异是由系统工作不正常造成的,即统计假设 $H_0: \mu = \mu_0 = 500$ 不成立. 到底哪一种解释比较合理呢?

从定性的角度去分析,如果机器工作正常,即 $\mu = \mu_0 = 500$,那么观察值 $\bar{x}$ 与 500 应该相差不大;反过来,若 $\bar{x}$ 与 500 相差很大,自然认为 $\mu \neq \mu_0 = 500$,即机器工作不正常,即由 $|\bar{x} - \mu_0|$ 的大小来推断 H_0 是否成立.

考虑到 $H_0: \mu = \mu_0 = 500$ 成立时,$\dfrac{\bar{X} - \mu_0}{\sigma / \sqrt{n}} \sim N(0,1)$,因而衡量 $|\bar{x} - \mu_0|$ 的大小归结为衡量 $\left| \dfrac{\bar{x} - \mu_0}{\sigma / \sqrt{n}} \right|$ 的大小,适当选定一个正数 k,当观察值 $\bar{x}$ 满足 $\left| \dfrac{\bar{x} - \mu_0}{\sigma / \sqrt{n}} \right| \geqslant k$ 时,就拒绝假设 H_0;反之,若 $\left| \dfrac{\bar{x} - \mu_0}{\sigma / \sqrt{n}} \right| < k$,就不否认 H_0.

由于作出决策的根据是由样本数据推断的,而由样本数据的随机性可知,当 H_0 成立时,仍可能作出拒绝 H_0 的决策. 这是一种错误,犯这种错误的概率记为

$$P\{拒绝\ H_0 \mid H_0\ 为真\}.$$

因为我们无法排除犯这类错误的可能性,因此自然希望将犯这类错误的概率控制在一定限度之内,即给出一个较小的正数 $\alpha\ (0 < \alpha < 1)$,使犯这类错误的概率不超过 α,即使得 $P\{拒绝\ H_0 \mid H_0\ 为真\} \leqslant \alpha$.

令 $P\{拒绝\ H_0 \mid H_0\ 为真\} = \alpha$,得

$$P\left\{ \left| \frac{\bar{X} - \mu_0}{\sigma / \sqrt{n}} \right| \geqslant k \right\} = \alpha.$$

由于当 H_0 为真时,$Z = \dfrac{\bar{X} - \mu_0}{\sigma / \sqrt{n}} \sim N(0,1)$,根据标准正态分布分位点的定义有 $k = z_{\frac{\alpha}{2}}$,

因而,若 Z 的观察值满足 $|z| = \left| \dfrac{\bar{x} - \mu_0}{\sigma / \sqrt{n}} \right| \geqslant k = z_{\frac{\alpha}{2}}$,则拒绝 H_0,称 $|z| \geqslant z_{\frac{\alpha}{2}}$ 为拒绝域;

而若 $|z| = \left| \dfrac{\bar{x} - \mu_0}{\sigma / \sqrt{n}} \right| < k = z_{\frac{\alpha}{2}}$,则不否认 H_0.

在本例中,取 $\alpha = 0.05$,则 $k = z_{0.025} = 1.96$,又 $n = 9$,$\sigma = 15$,$\bar{x} = 511$,即

$$\left| \frac{\bar{x} - \mu_0}{\sigma / \sqrt{n}} \right| = 2.2 \geqslant 1.96,$$

于是拒绝 H_0,认为这天包装机工作不正常.

通过以上分析,我们知道假设检验法则符合实际推断原理. 因通常 α 总是取得较小,例如取 $\alpha = 0.01,\ 0.05$ 等,数 α 称为**显著性水平**. 因而若 H_0 成立,即 $\mu = \mu_0$ 时,$\left\{ \left| \dfrac{\bar{X} - \mu_0}{\sigma / \sqrt{n}} \right| \geqslant z_{\frac{\alpha}{2}} \right\}$ 是一个小概率事件(其概率为 α),根据实际推断原理可知,当 H_0 成立时,

由一次试验得到的观察值 $\bar{x}$ 满足不等式 $\left|\dfrac{\bar{x}-\mu_0}{\sigma/\sqrt{n}}\right| \geqslant z_{\frac{\alpha}{2}}$ 几乎是不会发生的. 如果发生,则有理由怀疑原来的假设,因而拒绝 H_0;反之,观察值 $\bar{x}$ 满足 $\left|\dfrac{\bar{x}-\mu_0}{\sigma/\sqrt{n}}\right| < z_{\frac{\alpha}{2}}$,此时没有理由拒绝假设 H_0,因此不否认假设 H_0.

统计量 $Z = \dfrac{\bar{X}-\mu_0}{\sigma/\sqrt{n}}$ 称为**检验统计量**. 当检验统计量取某个区域的值时,就拒绝 H_0,称该区域为假设 H_0 的**拒绝域**. 拒绝域的边界点称为**临界点**. 上述举例中的临界点为 $z = \pm z_{\frac{\alpha}{2}}$.

将上述检验思想总结起来,得到参数假设检验的一般步骤:

(1) 根据实际问题建立原假设 H_0 及备择假设 H_1;

(2) 选择合适的并知道其分布的统计量 Z 及拒绝域形式;

(3) 对预先给定的小概率(显著性水平)$\alpha > 0$,确定临界值 $z_{\frac{\alpha}{2}}$;

(4) 由样本值计算统计量 Z 的观察值 z,若 $|z| \geqslant z_{\frac{\alpha}{2}}$,则拒绝 H_0,否则不否认 H_0.

对于形如 $H_0 : \mu = \mu_0$ 的假设检验,由于备择假设 $H_1 : \mu \neq \mu_0$,表示 μ 可能大于 μ_0,也可能小于 μ_0,因此称为**双边备择假设**,这类假设检验又称为**双边假设检验**.

对形如 $H_0 : \mu \leqslant \mu_0$;$H_1 : \mu > \mu_0$ 或 $H_0 : \mu \geqslant \mu_0$;$H_1 : \mu < \mu_0$ 的假设检验称为**单边检验**. 下面讨论单边检验的拒绝域.

设总体 $X \sim N(\mu, \sigma^2)$,σ^2 已知,$X_1, X_2, \cdots, X_n$ 来自 X 的样本,给定显著性水平 α,确定检验问题 $H_0 : \mu \leqslant \mu_0$ 的拒绝域.

当 H_0 为真时,$\bar{x}$ 不应太大,$\bar{x}$ 过大,应拒绝 H_0,因而拒绝域形式为 $\bar{x} \geqslant k$(k 待定),又

$$P\{\text{拒绝 } H_0 \mid H_0 \text{ 为真}\} = P\{\bar{X} \geqslant k\} = P\left\{\frac{\bar{X}-\mu_0}{\sigma/\sqrt{n}} \geqslant \frac{k-\mu_0}{\sigma/\sqrt{n}}\right\},$$

因 H_0 为真,故 $\mu \leqslant \mu_0$,从而 $\dfrac{\bar{X}-\mu}{\sigma/\sqrt{n}} \geqslant \dfrac{\bar{X}-\mu_0}{\sigma/\sqrt{n}}$,

即 $\left\{\dfrac{\bar{X}-\mu_0}{\sigma/\sqrt{n}} \geqslant \dfrac{k-\mu_0}{\sigma/\sqrt{n}}\right\} \subset \left\{\dfrac{\bar{X}-\mu}{\sigma/\sqrt{n}} \geqslant \dfrac{k-\mu_0}{\sigma/\sqrt{n}}\right\}.$

令 $P\left\{\dfrac{\bar{X}-\mu}{\sigma/\sqrt{n}} \geqslant \dfrac{k-\mu_0}{\sigma/\sqrt{n}}\right\} = \alpha$,

则必有 $P\{\text{拒绝 } H_0 \mid H_0 \text{ 为真}\} \leqslant \alpha$.

由 $\dfrac{\bar{X}-\mu}{\sigma/\sqrt{n}} \sim N(0, 1)$ 及 $P\left\{\dfrac{\bar{X}-\mu}{\sigma/\sqrt{n}} \geqslant \dfrac{k-\mu_0}{\sigma/\sqrt{n}}\right\} = \alpha$ 可得,

$$\frac{k-\mu_0}{\sigma/\sqrt{n}} = z_\alpha, \quad \text{即} \quad k = \mu_0 + \frac{\sigma}{\sqrt{n}}z_\alpha,$$

由此可得拒绝域为 $z = \dfrac{\bar{x}-\mu_0}{\sigma/\sqrt{n}} \geqslant z_\alpha$,即 $\bar{x} \geqslant \mu_0 + \dfrac{\sigma}{\sqrt{n}}z_\alpha$.

综上所述,对形如 $H_0 : \mu \leqslant \mu_0$;$H_1 : \mu > \mu_0$ 的单边检验问题,利用 $\dfrac{\bar{X}-\mu}{\sigma/\sqrt{n}} \sim N(0, 1)$,我

们仍旧利用检验统计量 $Z = \dfrac{\overline{X} - \mu_0}{\sigma / \sqrt{n}}$，由此得到拒绝域为

$$z = \frac{\overline{x} - \mu_0}{\sigma / \sqrt{n}} \geqslant z_\alpha, \text{即} \ \overline{x} \geqslant \mu_0 + \frac{\sigma}{\sqrt{n}} z_\alpha.$$

类似地,可得左边检验问题

$$H_0 : \mu \geqslant \mu_0, \ H_1 : \mu < \mu_0.$$

利用 $\dfrac{\overline{X} - \mu}{\sigma / \sqrt{n}} \sim N(0, 1)$，检验统计量 $Z = \dfrac{\overline{X} - \mu_0}{\sigma / \sqrt{n}}$，拒绝域为

$$z = \frac{\overline{x} - \mu_0}{\sigma / \sqrt{n}} \leqslant - z_\alpha, \text{即} \ \overline{x} \leqslant \mu_0 - \frac{\sigma}{\sqrt{n}} z_\alpha.$$

在假设检验中,我们是通过一个样本来作出判断的,由于样本的随机性,在作出判断时,我们还是有可能出现错误,出现错误的类型为:

第Ⅰ类错误 当原假设 H_0 为真时,却作出了拒绝 H_0 的判断,这类错误称为**弃真错误**,由样本的随机性,犯这类错误是难免的,其概率记为 α,即 $P\{拒绝 \ H_0 \mid H_0 \ 为真\} = \alpha$;

第Ⅱ类错误 当原假设 H_0 不成立时,却作出了不否认 H_0 的判断,这类错误称为**取伪错误**,由样本的随机性,犯这类错误同样是难免的,其概率记为 β,即 $P\{不否认 \ H_0 \mid H_0 \ 不成立\} = \beta$.

很自然的想法是在确定检验法则时,应希望犯这两类错误的概率同时很小,事实上,在样本容量 n 固定的情况下,这办不到. 因为当 α 减小时,β 往往增大;反之,当 β 减小时,α 就增大. 要做到犯这两类错误的概率同时很小,只能增加样本容量.

那么,怎样处理上述问题呢? 通常在实际应用中,对原假设 H_0 的提出,我们是经过充分思考的. 从经验看,原假设在条件没产生大的变化时,不会轻易被拒绝. 因此,在 H_0 和 H_1 之间,应考虑优先保护 H_0,即 H_0 确实成立时,作出拒绝 H_0 的结论的概率很小,即将出现弃真错误的概率限制在事先给定的 α 范围内,而不考虑犯第Ⅱ类错误的概率. 这种只考虑弃真错误概率的检验问题,称为显著性检验问题.

§8.2 正态总体均值的假设检验

下面我们讨论正态总体参数的假设检验问题.

1. 单个总体 $N(\mu, \sigma^2)$ 均值 μ 的检验

(1) σ^2 已知,关于 μ 的检验(Z 检验)

在 §8.1 中,已讨论过正态总体 $N(\mu, \sigma^2)$,当 σ^2 已知时,关于 μ 的检验问题. 在这些检验问题中,我们都是利用统计量 $Z = \dfrac{\overline{X} - \mu_0}{\sigma / \sqrt{n}}$ 来确定拒绝域的. 这种检验法通常称为 **Z 检验法**.

(2) σ^2 未知,关于 μ 的检验(t 检验)

设总体 $X \sim N(\mu, \sigma^2)$,其中 μ, σ^2 未知,我们来求检验问题 $H_0 : \mu = \mu_0$, $H_1 : \mu \neq \mu_0$ 的拒

绝域(显著性水平为 α).

设 X_1，X_2，$\cdots$，X_n 是来自总体 X 的样本，由于 σ^2 未知，$\dfrac{\overline{X}-\mu_0}{\sigma/\sqrt{n}}$ 已不能作为检验统计量，由于样本方差 S^2 是 σ^2 的无偏估计量，因此用 S 来代替 σ，采用

$$T = \frac{\overline{X}-\mu_0}{S/\sqrt{n}}$$

作为检验统计量，在 H_0 为真时，统计量 $T \sim t(n-1)$，当观察值 $|t| = \left| \dfrac{\overline{x}-\mu_0}{s/\sqrt{n}} \right|$ 过分大时就拒绝 H_0，拒绝域形式为

$$|t| = \left| \frac{\overline{x}-\mu_0}{s/\sqrt{n}} \right| \geqslant k.$$

由 $P\{拒绝\ H_0\ |\ H_0\ 为真\} = P\left\{ \left| \dfrac{\overline{X}-\mu_0}{S/\sqrt{n}} \right| \geqslant k \right\} = \alpha,$

得 $k = t_{\frac{\alpha}{2}}(n-1)$，即拒绝域为

$$|t| = \left| \frac{\overline{x}-\mu_0}{s/\sqrt{n}} \right| \geqslant t_{\frac{\alpha}{2}}(n-1).$$

对于正态总体 $N(\mu,\ \sigma^2)$，当 σ^2 未知时，关于 μ 的单边检验拒绝域在表 8-1 中给出.

上述利用 t 统计量得出的检验法称为 t **检验法**.

例 8.2.1 设某产品指标服从正态分布，它的均方差 σ 已知为 150 小时，今由一批产品中随机地抽查了 26 个，测得指标的平均值为 1 637 小时，问在 0.05 的显著性水平下，能否认为这批产品的指标为 1 600 小时？

解 由题意知需检验：

$$H_0:\mu = \mu_0 = 1\,600;\ H_1:\mu \neq \mu_0.$$

检验统计量为 $Z = \dfrac{\overline{X}-\mu_0}{\sigma/\sqrt{n}} \sim N(0,\ 1).$

在 H_0 为真时拒绝域为 $\qquad |z| = \dfrac{|\overline{x}-\mu_0|}{\sigma/\sqrt{n}} \geqslant z_{\frac{\alpha}{2}}.$

而 $n = 26$，$\sigma = 150$，$\overline{x} = 1\,637$，$z_{\frac{\alpha}{2}} = 1.96$ 代入得：

$|z| = 1.257\,8 < 1.96$，所以不否认 H_0. 即在 0.05 的显著性水平下，只能认为这批产品的指标是 1 600 小时.

例 8.2.2 从某种试验物中取出 24 个样品，测量其发热量，算得平均值 $\overline{x} = 11\,958$，样本均方差 $s = 316$. 假设发热量服从正态分布，问在显著性水平 $\alpha = 0.05$ 下，能否认为该试验物发热量的期望值为 12 100？

解 假设发热量 $X \sim N(\mu,\ \sigma^2)$，而 μ，σ^2 均未知，需检验假设

$$H_0:\mu = \mu_0 = 12\,100;\ H_1:\mu \neq \mu_0.$$

检验统计量为

$$T = \frac{\overline{X} - \mu_0}{S/\sqrt{n}} \sim t(n-1).$$

在 H_0 为真时拒绝域为

$$|t| = \left| \frac{\overline{x} - \mu_0}{s/\sqrt{n}} \right| \geqslant t_{\frac{\alpha}{2}}(n-1),$$

由题意 $n = 24$, $\overline{x} = 11\,958$, $s = 316$, $t_{\frac{\alpha}{2}}(23) = t_{0.025}(23) = 2.068\,7$,

$$|t| = \frac{|\overline{x} - \mu_0|}{s/\sqrt{n}} = \frac{|11\,958 - 12\,100|}{316/\sqrt{24}} = 2.201\,4.$$

由于 $|t| = 2.201\,4 > t_{0.025}(23) = 2.068\,7$ 落在拒绝域中,所以拒绝 H_0,即在显著性水平 $\alpha = 0.05$ 下,认为该试验物发热量的期望值不是 $12\,100$.

例 8.2.3 用某仪器间接测量温度,重复 5 次,测得结果为:

$$1\,250, 1\,265, 1\,275, 1\,245, 1\,260(℃),$$

设测量值 X 服从正态分布 $N(\mu, \sigma^2)$,在显著性水平 $\alpha = 0.05$ 和 $\alpha = 0.01$ 下,是否有理由认为该仪器测量的平均值低于 $1\,277℃$?

解 由题意知需检验

$$H_0 : \mu \geqslant \mu_0 = 1\,277; \quad H_1 : \mu < 1\,277.$$

利用 $\dfrac{\overline{X} - \mu}{S/\sqrt{n}} \sim t(n-1)$,

检验统计量为

$$T = \frac{\overline{X} - \mu_0}{S/\sqrt{n}}.$$

在 H_0 为真时拒绝域为

$$t = \frac{\overline{x} - \mu_0}{s/\sqrt{n}} \leqslant -t_\alpha(n-1),$$

由样本得 $\overline{x} = 1\,259$, $s = 11.937\,3$, $n = 5$,

当显著性水平为 $\alpha = 0.05$ 时,$t_{0.05}(4) = 2.131\,8$,代入可得

$$t \approx -3.371\,7 < -2.131\,8.$$

t 值落在拒绝域内,故拒绝 H_0,即在显著性水平 $\alpha = 0.05$ 下,认定测量的平均值低于 $1\,277℃$.

当显著性水平为 $\alpha = 0.01$ 时,$t_{0.01}(4) = 3.746\,9$,代入可得

$$t \approx -3.371\,7 > -3.746\,9.$$

t 值不在拒绝域内,故不否认 H_0,即在显著性水平 $\alpha = 0.01$ 下,不能认定测量的平均值

低于 1 277℃.

上例可以看出,当显著性水平较高(α 较大)时,拒绝域较大,我们容易得到否定原假设的结论. 当显著性水平较低(α 较小)时,拒绝域较小,我们难以得到否定原假设的结论.

例 8.2.4 根据某地区环境保护法规定,倾入河流的废水中,某种有毒化学物质含量不得超过 3 ppm. 该地区环保组织对沿河某厂进行检查,测定每日倾入河流的废水中该物质的含量,其记录为:

3.1,3.2,3.3,2.9,3.5,3.4,2.5,4.3,2.9,3.6,3.2,3.0,2.7,3.5,2.9,

假定废水中的有毒物质含量 $X \sim N(\mu, \sigma^2)$,试在显著性水平 $\alpha = 0.05$ 下判断该厂废水排放是否超标?

解 由题意知,需检验

$$H_0: \mu \leqslant \mu_0 = 3; \quad H_1: \mu > 3.$$

利用 $\dfrac{\overline{X} - \mu}{S/\sqrt{n}} \sim t(n-1)$,

检验统计量为

$$T = \frac{\overline{X} - \mu_0}{S/\sqrt{n}}.$$

在 H_0 为真时拒绝域为

$$t = \frac{\bar{x} - \mu_0}{s/\sqrt{n}} \geqslant t_\alpha(n-1),$$

其中 $\mu_0 = 3$, $n = 15$, $t_{0.05}(14) = 1.7613$,又由样本可求得 $\bar{x} = 3.2$, $s = 0.436$,

$$t = \frac{3.2 - 3}{0.436/\sqrt{15}} = 1.7766 \geqslant 1.7613.$$

因此检验统计量的观察值落在拒绝域内,从而拒绝 H_0,即认为该厂废水中有毒物质含量并不符合环保规定.

2. 两个正态总体均值差的检验

设 $X_1, X_2, \cdots, X_n$ 是来自正态总体 $N(\mu_1, \sigma_1^2)$ 的样本,$Y_1, Y_2, \cdots, Y_m$ 是来自正态总体 $N(\mu_2, \sigma_2^2)$ 的样本,且两样本相互独立,又分别记它们的样本均值为 $\overline{X}$, $\overline{Y}$,记样本方差为 S_1^2, S_2^2.

现在来求检验问题:

$$H_0: \mu_1 - \mu_2 = \delta; \quad H_1: \mu_1 - \mu_2 \neq \delta \ (\delta \text{ 为已知常数})$$

在显著性水平 α 下的拒绝域.

(1) 当方差 σ_1^2, σ_2^2 为已知时,$\mu_1 - \mu_2$ 的估计量 $\overline{X} - \overline{Y}$ 在 H_0 为真时有

$$\bar{X} - \bar{Y} \sim N\left(\delta, \frac{\sigma_1^2}{n} + \frac{\sigma_2^2}{m}\right),$$

这时可取检验统计量为

$$Z = \frac{(\bar{X} - \bar{Y}) - \delta}{\sqrt{\dfrac{\sigma_1^2}{n} + \dfrac{\sigma_2^2}{m}}}.$$

易知 $Z \sim N(0, 1)$.

从而拒绝域为

$$|z| = \frac{|(\bar{x} - \bar{y}) - \delta|}{\sqrt{\dfrac{\sigma_1^2}{n} + \dfrac{\sigma_2^2}{m}}} \geqslant z_{\frac{\alpha}{2}}.$$

(2) 当方差 σ_1^2, σ_2^2 为未知,但已知 $\sigma_1^2 = \sigma_2^2$ 时,可取检验统计量为

$$T = \frac{(\bar{X} - \bar{Y}) - \delta}{S_w\sqrt{\dfrac{1}{n} + \dfrac{1}{m}}},$$

其中 $\quad S_w^2 = \dfrac{(n-1)S_1^2 + (m-1)S_2^2}{n+m-2}$, $S_w = \sqrt{S_w^2}$,

当 H_0 为真时,统计量 $T \sim t(n+m-2)$,从而易知拒绝域为

$$|t| = \frac{|(\bar{x} - \bar{y}) - \delta|}{s_w\sqrt{\dfrac{1}{n} + \dfrac{1}{m}}} \geqslant t_{\frac{\alpha}{2}}(n+m-2).$$

关于均值差的单边检验问题的拒绝域在表 8-1 中给出.

例 8.2.5 自动车床采用新旧两种工艺加工同种零件,测量的加工偏差(单位:微米)分别为:

旧工艺 2.7, 2.4, 2.5, 3.1, 2.7, 3.5, 2.9, 2.7, 3.5, 3.3,

新工艺 2.6, 2.1, 2.7, 2.8, 2.3, 3.1, 2.4, 2.4, 2.7, 2.3,

设旧工艺、新工艺测量的加工偏差分别服从正态分布 $N(\mu_1, \sigma^2)$ 和 $N(\mu_2, \sigma^2)$,其中 μ_1, μ_2, σ^2 均未知.试问自动车床在新旧两种工艺下的加工精度有无显著差异?(取 $\alpha = 0.05$)

解 由题意知需检验假设

$$H_0: \mu_1 = \mu_2; \ H_1: \mu_1 \neq \mu_2.$$

检验统计量为 $\quad T = \dfrac{\bar{X} - \bar{Y}}{S_w\sqrt{\dfrac{1}{n} + \dfrac{1}{m}}} \sim t(n+m-2).$

在 H_0 为真时拒绝域为

$$t = \frac{|\bar{x} - \bar{y}|}{s_w\sqrt{\dfrac{1}{n} + \dfrac{1}{m}}} \geqslant t_{\frac{\alpha}{2}}(n+m-2),$$

这里，$n = m = 10$，$\alpha = 0.05$，$t_{0.025}(18) = 2.1009$，

由样本算得 $\bar{x} = 2.93$，$\bar{y} = 2.54$，$s_w \approx 0.3516$，

于是
$$t = \frac{|2.93 - 2.54|}{0.3516 \times \sqrt{\frac{1}{10} + \frac{1}{10}}} = 2.4803 > 2.1009 \text{ 落在拒绝域中，}$$

故拒绝 H_0. 即认为在显著性水平 $\alpha = 0.05$ 下，认定新旧工艺对零件的加工精度均值有差异.

例 8.2.6 设甲，乙两种矿石中含铁量分别服从 $N(\mu_1, 11)$ 与 $N(\mu_2, 18)$，现分别从两种矿石中各取若干样品测其含铁量，其样本量，样本均值分别为

$$\text{甲矿石} \quad n = 10, \bar{x} = 16.01,$$
$$\text{乙矿石} \quad m = 5, \bar{y} = 18.98,$$

在显著性水平 $\alpha = 0.01$ 下可否认为甲矿石含铁量低于乙矿石？

解 由题意知需检验假设

$$H_0: \mu_1 \geqslant \mu_2; \quad H_1: \mu_1 < \mu_2,$$

检验统计量为

$$Z = \frac{\bar{X} - \bar{Y}}{\sqrt{\frac{\sigma_1^2}{n} + \frac{\sigma_2^2}{m}}} \sim N(0, 1).$$

在 H_0 为真时拒绝域为

$$z = \frac{\bar{x} - \bar{y}}{\sqrt{\frac{\sigma_1^2}{n} + \frac{\sigma_2^2}{m}}} \leqslant -z_{0.01}.$$

这里 $n = 10$，$m = 5$，$\sigma_1^2 = 11$，$\sigma_2^2 = 18$，$\bar{x} = 16.01$，$\bar{y} = 18.98$，$z_{0.01} = 2.325$，

于是 $\quad z = \dfrac{16.01 - 18.98}{\sqrt{\dfrac{11}{10} + \dfrac{18}{5}}} \approx -1.37 > -2.325.$

因样本观察值不落在拒绝域内，故不否认 H_0，即在显著性水平 $\alpha = 0.01$ 下，不能认为甲矿石含铁量低于乙矿石.

§8.3 正态总体方差的假设检验

1. 单个总体的方差 σ^2 的检验

设样本 $X_1, X_2, \cdots, X_n$ 来自总体 $X \sim N(\mu, \sigma^2)$，μ, σ^2 均未知，要求检验假设（显著性水平为 α）

$$H_0: \sigma^2 = \sigma_0^2; \quad H_1: \sigma^2 \neq \sigma_0^2 (\sigma_0^2 \text{ 为已知常数}).$$

由于 S^2 是 σ^2 的无偏估计，当 H_0 为真时，观察值 S^2 与 σ_0^2 的比值 $\dfrac{S^2}{\sigma_0^2}$ 一般来说应在 1 附近

摆动,而不应过分大于 1 或过分小于 1,当 H_0 为真时,由于 $\dfrac{(n-1)S^2}{\sigma_0^2} \sim \chi^2(n-1)$,因此我们可取检验统计量为

$$\chi^2 = \frac{(n-1)S^2}{\sigma_0^2}.$$

其拒绝域应具有以下形式

$$\frac{(n-1)S^2}{\sigma_0^2} \leqslant k_1 \text{ 或} \frac{(n-1)S^2}{\sigma_0^2} \geqslant k_2;$$

这里 k_1, k_2 的值由下式确定

$$P\{拒绝\ H_0 \mid H_0\ 为真\} = P\left\{\left(\frac{(n-1)S^2}{\sigma_0^2} \leqslant k_1\right) \bigcup \left(\frac{(n-1)S^2}{\sigma_0^2} \geqslant k_2\right)\right\} = \alpha.$$

为了计算方便起见,习惯上取

$$P\left\{\frac{(n-1)S^2}{\sigma_0^2} \leqslant k_1\right\} = \frac{\alpha}{2}, \quad P\left\{\frac{(n-1)S^2}{\sigma_0^2} \geqslant k_2\right\} = \frac{\alpha}{2},$$

由此可得 $k_1 = \chi^2_{1-\frac{\alpha}{2}}(n-1)$, $k_2 = \chi^2_{\frac{\alpha}{2}}(n-1)$,
于是拒绝域为

$$\chi^2 = \frac{(n-1)s^2}{\sigma_0^2} \leqslant \chi^2_{1-\frac{\alpha}{2}}(n-1) \text{ 或 } \chi^2 = \frac{(n-1)s^2}{\sigma_0^2} \geqslant \chi^2_{\frac{\alpha}{2}}(n-1).$$

上述检验法利用了服从 χ^2 分布的统计量,故称为 χ^2 **检验法**. 从以上的构造过程可知 k_1, k_2 的取法可以不唯一,我们这样对称的取法在于方便计算.

容易推知,下列单边检验问题的拒绝域(显著性水平为 α):

右边检验问题

$$H_0: \sigma^2 \leqslant \sigma_0^2; \quad H_1: \sigma^2 > \sigma_0^2$$

的拒绝域为

$$\chi^2 = \frac{(n-1)s^2}{\sigma_0^2} \geqslant \chi^2_{\alpha}(n-1).$$

左边检验问题

$$H_0: \sigma^2 \geqslant \sigma_0^2; \quad H_1: \sigma^2 < \sigma_0^2$$

的拒绝域为

$$\chi^2 = \frac{(n-1)s^2}{\sigma_0^2} < \chi^2_{1-\alpha}(n-1).$$

例 8.3.1 某种导线的电阻服从 $N(\mu, \sigma^2)$,μ 未知,其中一个质量指标是电阻标准差不得大于 0.005 欧姆. 现从中抽取九根导线测其电阻,测得样本标准差 $s = 0.0066$ 欧姆,试问在显著性水平 $\alpha = 0.05$ 下能否认为这批导线的电阻波动超标?

解 由题意可知需检验假设

$$H_0: \sigma^2 \leqslant \sigma_0^2 = 0.005^2; \quad H_1: \sigma^2 > 0.005^2,$$

利用

$$\frac{(n-1)S^2}{\sigma^2} \sim \chi^2(n-1),$$

检验统计量为 $\quad \chi^2 = \dfrac{(n-1)S^2}{\sigma_0^2}.$

在 H_0 为真时拒绝域为

$$\chi^2 = \frac{(n-1)s^2}{\sigma_0^2} \geqslant \chi_\alpha^2(n-1),$$

这里 $\sigma_0^2 = 0.005^2$, $n = 9$, $\alpha = 0.05$, $\chi_{0.05}^2(8) = 15.507$,

由此得 $\chi^2 = \dfrac{8 \times 0.006\,6^2}{0.005^2} \approx 13.94 < 15.507.$

故不否认 H_0, 即在显著性水平 $\alpha = 0.05$ 下, 不能否定这批导线的电阻波动超标.

例 8.3.2 从一台车床加工的一批轴中抽取 15 件测量其椭圆度, 计算得 $s^2 = 0.03^2$, 问该批轴椭圆度的总体方差与规定的 $\sigma_0^2 = 0.02^2$ 有无显著差别($\alpha = 0.05$, 假设椭圆度服从正态分布)?

解 由题意可知需检验假设

$$H_0: \sigma^2 = \sigma_0^2 = 0.02^2; \quad H_1: \sigma^2 \neq 0.02^2.$$

检验统计量为 $\quad \chi^2 = \dfrac{(n-1)S^2}{\sigma_0^2} \sim \chi^2(n-1).$

在 H_0 为真时的拒绝域为

$$\chi^2 = \frac{(n-1)s^2}{\sigma_0^2} \geqslant \chi_{\frac{\alpha}{2}}^2(n-1) \text{ 或 } \chi^2 = \frac{(n-1)s^2}{\sigma_0^2} \leqslant \chi_{1-\frac{\alpha}{2}}^2(n-1),$$

由条件 $n - 1 = 15 - 1 = 14$, $s^2 = 0.03^2$, $\sigma_0^2 = 0.02^2$, $\alpha = 0.05$, $\chi_{0.025}^2(14) = 26.119$,
$\chi_{0.975}^2(14) = 5.629$, 代入上式得

$$\chi^2 = \frac{14 \times 0.03^2}{0.02^2} = 31.5 > \chi_{0.025}^2(14)$$

落在拒绝域中, 故拒绝 H_0, 即在显著性水平 $\alpha = 0.05$ 下, 总体方差与 $\sigma_0^2 = 0.02^2$ 有显著差别.

2. 两个总体方差之比 $\dfrac{\sigma_1^2}{\sigma_2^2}$ 的假设检验

设 $X_1, X_2, \cdots, X_n$ 来自总体 $N(\mu_1, \sigma_1^2)$ 的样本, $Y_1, Y_2, \cdots, Y_m$ 来自总体 $N(\mu_2, \sigma_2^2)$ 的样本, 且两样本独立, $\mu_1, \mu_2, \sigma_1^2, \sigma_2^2$ 均为未知, S_1^2, S_2^2 为相应样本方差, 检验假设为

$$H_0: \sigma_1^2 = \sigma_2^2; \quad H_1: \sigma_1^2 \neq \sigma_2^2.$$

由于样本方差 S_1^2 和 S_2^2 分别是 σ_1^2 和 σ_2^2 的无偏估计,容易推知,当 H_0 为真时,$\dfrac{S_1^2}{S_2^2}$ 应在 1 附近摆动,当此比值过分大于 1 或过分小于 1 时,都不大可能成立. 又因为

$$\frac{S_1^2/\sigma_1^2}{S_2^2/\sigma_2^2} \sim F(n-1,\, m-1).$$

在 H_0 成立时,$F = \dfrac{S_1^2}{S_2^2} \sim F(n-1,\, m-1)$,因此可得在显著性水平 α 下的拒绝域为

$$f = \frac{s_1^2}{s_2^2} \geqslant F_{\frac{\alpha}{2}}(n-1,\, m-1) \ \text{或} \ f = \frac{s_1^2}{s_2^2} \leqslant F_{1-\frac{\alpha}{2}}(n-1,\, m-1).$$

容易得到,右边检验问题

$$H_0: \sigma_1^2 \leqslant \sigma_2^2;\ H_1: \sigma_1^2 > \sigma_2^2$$

的拒绝域为

$$f = \frac{s_1^2}{s_2^2} \geqslant F_\alpha(n-1,\, m-1).$$

左边检验问题

$$H_0: \sigma_1^2 \geqslant \sigma_2^2;\ H_1: \sigma_1^2 < \sigma_2^2$$

的拒绝域为

$$f = \frac{s_1^2}{s_2^2} \leqslant F_{1-\alpha}(n-1,\, m-1).$$

上述检验法利用了服从 F 分布的统计量,故称为 F **检验法**.

例 8.3.3 现有甲,乙两台车床生产同一型号的滚珠. 根据经验认为两台车床生产的滚珠直径都服从正态分布,假设它们分别服从 $N(\mu_1,\, \sigma_1^2)$ 和 $N(\mu_2,\, \sigma_2^2)$. 现从这两台车床生产的产品中分别抽出 8 个和 9 个,测得直径(单位:mm)分别为:

> 甲:15.0, 14.5, 15.2, 15.5, 14.8, 15.1, 15.2, 14.8,
> 乙:15.2, 15.0, 14.8, 15.2, 15.0, 15.0, 14.8, 15.1, 14.8,

试问在显著性水平 $\alpha = 0.05$ 下是否可认为乙车床生产的滚珠直径的方差比甲床生产的小?

解 由题意可知需检验假设

$$H_0: \sigma_1^2 \leqslant \sigma_2^2;\ H_1: \sigma_1^2 > \sigma_2^2,$$

利用 $\dfrac{S_1^2/\sigma_1^2}{S_2^2/\sigma_2^2} = \dfrac{S_1^2/S_2^2}{\sigma_1^2/\sigma_2^2} \sim F(n-1,\, m-1)$,取检验统计量为 $F = \dfrac{S_1^2}{S_2^2}$,

在 H_0 为真时拒绝域为

$$f = \frac{s_1^2}{s_2^2} \geqslant F_\alpha(n-1,\, m-1),$$

这里 $n=8$, $m=9$, $\alpha=0.05$, $F_{0.05}(7, 8)=3.50$,

由样本算得 $s_1^2 \approx 0.0955$, $s_2^2 \approx 0.0261$,

于是 $\quad f = \dfrac{s_1^2}{s_2^2} \approx 3.66 > 3.50$.

因为观察值落在拒绝域内,故拒绝 H_0,即显著性水平 $\alpha=0.05$ 下,认为乙车床生产的滚珠直径的方差比甲车床生产的小.

例 8.3.4 两台机床加工同一种零件,分别取 6 个和 9 个零件测量其长度,计算得 $s_1^2 = 0.345$, $s_2^2 = 0.357$,假定零件长度服从正态分布,问是否可认为两台机床加工的零件长度的方差有显著差异($\alpha=0.05$)?

解 由题意可知需检验假设

$$H_0: \sigma_1^2 = \sigma_2^2;\ H_1: \sigma_1^2 \neq \sigma_2^2.$$

利用

$$F = \frac{S_1^2/\sigma_1^2}{S_2^2/\sigma_2^2} = \frac{S_1^2}{S_2^2} \sim F(n-1,\ m-1).$$

在 H_0 为真时拒绝域为

$$f = \frac{s_1^2}{s_2^2} \geqslant F_{\frac{\alpha}{2}}(n-1,\ m-1)\ \text{或}\ f = \frac{s_1^2}{s_2^2} \leqslant F_{1-\frac{\alpha}{2}}(n-1,\ m-1),$$

其中 $n=6$, $m=9$, $\alpha=0.05$, $F_{0.025}(5, 8)=4.82$, $F_{0.975}(5, 8)=\dfrac{1}{6.76}=0.1479$, $s_1^2 = 0.345$, $s_2^2 = 0.357$,从而 $f = \dfrac{s_1^2}{s_2^2} = \dfrac{0.345}{0.357} = 0.9664$,没有落在拒绝域内,因而不否认 H_0,即在显著性水平 $\alpha=0.05$ 下,不能认为两台机床加工的零件长度的方差有显著差异.

§8.4 假设检验问题的 p 值法

介绍假设检验问题的 p 值法之前,先看一个例题.

例 8.4.1 某材料中硫化物的含量 X 服从正态分布 $N(\mu, 1)$,质量标准规定硫化物的平均含量小于 1.5 毫克才算合格. 现从工厂生产的材料中随机取 20 件进行检测,测得硫化物的平均含量 $\bar{x}=1.97$ 毫克,分别在显著性水平 $\alpha=0.01$ 和 $\alpha=0.05$ 下检验该厂生产的材料是否合格.

解 由条件需要检验假设

$$H_0: \mu \leqslant \mu_0 = 1.5;\ H_1: \mu > 1.5.$$

利用 $\dfrac{\bar{X}-\mu}{\sigma/\sqrt{n}} \sim N(0, 1)$,取检验统计量为 $Z = \dfrac{\bar{X}-\mu_0}{\sigma/\sqrt{n}}$.

在 H_0 为真,显著性水平 $\alpha=0.01$ 时拒绝域为

$$z = \frac{\bar{x}-1.5}{\sigma/\sqrt{n}} > z_{0.01}.$$

这里 $n = 20$, $\sigma^2 = 1$, $\bar{x} = 1.97$, $z_{0.01} = 2.33$,

于是　　$z = \dfrac{1.97 - 1.5}{1/\sqrt{20}} \approx 2.10 < 2.33$.

因样本观察值不落在拒绝域内,故不否认 H_0,即认为该厂生产的材料合格.

在 H_0 为真,显著性水平 $\alpha = 0.05$ 时拒绝域为

$$z = \frac{\bar{x} - 1.5}{\sigma/\sqrt{n}} > z_{0.05}.$$

这里 $n = 20$, $\sigma^2 = 1$, $\bar{x} = 1.97$, $z_{0.05} = 1.645$,

于是　　$z = \dfrac{1.97 - 1.5}{1/\sqrt{20}} \approx 2.10 > 1.645$.

因样本观察值落在拒绝域内,故拒绝 H_0,即认为该厂生产的材料不合格.

由前面的知识我们知道,对于一个假设检验问题,在显著性水平给定的情况下,不是拒绝原假设就是不否认原假设.但例题 8.4.1 在较高的显著性水平 ($\alpha = 0.05$) 下得到拒绝原假设的结论,而在一个较低的显著性水平 ($\alpha = 0.01$) 下却得到不否认原假设的结论.这种情况在理论上很容易解释:显著性水平变低后,检验的拒绝域变小了,这样原来落在拒绝域内的观察值就可能落在不否认域内.这种现象在实际检验中会带来一些问题.例如若有人认为例 8.4.1 应取显著性水平 $\alpha = 0.05$,而有人主张取 $\alpha = 0.01$,该问题到底该如何处理呢?换一个角度看例题 8.4.1,

$$z = \frac{1.97 - 1.5}{1/\sqrt{20}} \approx 2.10.$$

由于 z_α 关于 α 的单调递减,检验统计量为 $Z = \dfrac{\bar{X} - \mu_0}{\sigma/\sqrt{n}}$ 的观测值 $z = 2.10$,对于给定的显著性水平 α,存在 α_0,使得 $z_{\alpha_0} = 2.10$.当显著性水平 $\alpha \geqslant \alpha_0$ 时,$z = 2.10 = z_{\alpha_0} \geqslant z_\alpha$,落在拒绝域中,此时拒绝假设 $H_0 : \mu \leqslant \mu_0 = 1.5$.当显著性水平 $\alpha < \alpha_0$ 时,$z = 2.10 = z_{\alpha_0} < z_\alpha$,不在拒绝域中,此时不能否认假设 $H_0 : \mu \leqslant \mu_0 = 1.5$.

上述讨论过程中 α_0 由下列方法确定.设随机变量 $Y \sim N(0, 1)$,由 $z_{\alpha_0} = 2.10$,因此 $P\{Y \leqslant 2.10\} = \Phi(2.10) = 1 - \alpha_0$,故 $\alpha_0 = 1 - \Phi(2.10) = 0.0179$.

从上述讨论能够看出,0.0179 是能用观测值 2.10 做出"拒绝 H_0"的最低的显著性水平,这就是 p 值.

定义 8.4.1　假设检验问题的 p 值就是根据检验统计量的观察值得出的原假设能被拒绝的最低显著性水平.

引进检验的 p 值的概念首先避免了事先确定显著性水平,可以比较客观的做出判定;其次由检验的 p 值和人们心目中的显著性水平 α 进行对比,比较容易做出判定,即

若 $\alpha \geqslant p$,则在显著性水平 α 下拒绝 H_0;

若 $\alpha < p$,则在显著性水平 α 下不否认 H_0;

p 值在应用方面很有用,在现代计算机统计软件中,一般都给出检验问题的 p 值.有了上面的两条结论就能方便的作出拒绝还是不否认 H_0 的结论,这种利用 p 值来进行检验假

设的方法称为 p 值法.

例 8.4.2 设某元件寿命 X(小时)服从正态分布 $N(\mu, \sigma^2)$, μ, σ^2 未知,现测得 16 只元件的寿命如下:

$$159 \quad 280 \quad 101 \quad 212 \quad 224 \quad 379 \quad 179 \quad 264$$
$$222 \quad 362 \quad 168 \quad 250 \quad 149 \quad 260 \quad 485 \quad 170$$

用 p 值法检验问题 $H_0: \mu \leqslant \mu_0 = 225$; $H_1: \mu > \mu_0 = 225$, $\alpha = 0.05$.

解 检验统计量 $T = \dfrac{\bar{X} - \mu_0}{S/\sqrt{n}}$ 的观测值为

$$t_0 = \frac{\bar{x} - \mu_0}{s/\sqrt{n}} = \frac{241.5 - 225}{98.7259/\sqrt{16}} = 0.6685,$$

由统计软件算得 p 值 $= P_{\mu_0}\{t \geqslant 0.6685\} = 0.2570$,

p 值 $> \alpha = 0.05$,故不否认 $H_0: \mu \leqslant \mu_0 = 225$.

p 值表示反对原假设 H_0 的依据的强度,p 值越小,反对 H_0 的依据越强、越充分(例如对于某个假设检验问题的检验统计量的 p 值若为 0.0009,则几乎不可能在 H_0 为真时出现目前的观察值,说明拒绝 H_0 的理由很强,所以拒绝 H_0). 一般来说,若 p 值 $\leqslant 0.01$,称推断拒绝 H_0 的依据很强或称检验是高度显著的;若 $0.01 < p$ 值 $\leqslant 0.05$,称推断拒绝 H_0 的依据是强的或称检验是显著的;若 $0.05 < p$ 值 $\leqslant 0.1$,称推断拒绝 H_0 的依据是弱的或称检验是不显著的;若 p 值 > 0.1,则没有理由拒绝 H_0.

表 8-1 正态总体均值、方差的检验法(显著性水平为 α)

	原假设 H_0	备择假设 1	检验统计量	拒绝域
1	$\mu \leqslant \mu_0$ $\mu \geqslant \mu_0$ $\mu = \mu_0$ (σ^2 已知)	$\mu > \mu_0$ $\mu < \mu_0$ $\mu \neq \mu_0$	$Z = \dfrac{\bar{X} - \mu_0}{\sigma/\sqrt{n}}$	$z \geqslant z_\alpha$ $z \leqslant -z_\alpha$ $\lvert z \rvert \geqslant z_{\frac{\alpha}{2}}$
2	$\mu \leqslant \mu_0$ $\mu \geqslant \mu_0$ $\mu = \mu_0$ (σ^2 未知)	$\mu > \mu_0$ $\mu < \mu_0$ $\mu \neq \mu_0$	$T = \dfrac{\bar{X} - \mu_0}{S/\sqrt{n}}$	$t \geqslant t_\alpha(n-1)$ $t \leqslant -t_\alpha(n-1)$ $\lvert t \rvert \geqslant t_{\frac{\alpha}{2}}(n-1)$
3	$\mu_1 - \mu_2 \leqslant \delta$ $\mu_1 - \mu_2 \geqslant \delta$ $\mu_1 - \mu_2 = \delta$ (σ_1^2, σ_2^2 已知)	$\mu_1 - \mu_2 > \delta$ $\mu_1 - \mu_2 < \delta$ $\mu_1 - \mu_2 \neq \delta$	$Z = \dfrac{\bar{X} - \bar{Y} - \delta}{\sqrt{\dfrac{\sigma_1^2}{n} + \dfrac{\sigma_2^2}{m}}}$	$z \geqslant z_\alpha$ $z \leqslant -z_\alpha$ $\lvert z \rvert \geqslant z_{\frac{\alpha}{2}}$
4	$\mu_1 - \mu_2 \leqslant \delta$ $\mu_1 - \mu_2 \geqslant \delta$ $\mu_1 - \mu_2 = \delta$ ($\sigma_1^2 = \sigma_2^2 = \sigma^2$ 未知)	$\mu_1 - \mu_2 > \delta$ $\mu_1 - \mu_2 < \delta$ $\mu_1 - \mu_2 \neq \delta$	$T = \dfrac{\bar{X} - \bar{Y} - \delta}{S_w\sqrt{\dfrac{1}{n} + \dfrac{1}{m}}}$ $S_w^2 = \dfrac{(n-1)S_1^2 + (m-1)S_2^2}{n+m-2}$	$t \geqslant t_\alpha(n+m-2)$ $t \leqslant -t_\alpha(n+m-2)$ $\lvert t \rvert \geqslant t_{\frac{\alpha}{2}}(n+m-2)$

	原假设 H_0	备择假设 1	检验统计量	拒绝域
5	$\sigma^2 \leqslant \sigma_0^2$ $\sigma^2 \geqslant \sigma_0^2$ $\sigma^2 = \sigma_0^2$ （μ 未知）	$\sigma^2 > \sigma_0^2$ $\sigma^2 < \sigma_0^2$ $\sigma^2 \neq \sigma_0^2$	$\chi^2 = \dfrac{(n-1)S^2}{\sigma_0^2}$	$\chi^2 \geqslant \chi_\alpha^2(n-1)$ $\chi^2 \leqslant \chi_{1-\alpha}^2(n-1)$ $\chi^2 \geqslant \chi_{\frac{\alpha}{2}}^2(n-1)$ 或 $\chi^2 \leqslant \chi_{1-\frac{\alpha}{2}}^2(n-1)$
6	$\sigma^2 \leqslant \sigma_0^2$ $\sigma^2 \geqslant \sigma_0^2$ $\sigma^2 = \sigma_0^2$ （μ_1, μ_2 未知）	$\sigma_1^2 > \sigma_2^2$ $\sigma_1^2 < \sigma_2^2$ $\sigma_1^2 \neq \sigma_2^2$	$F = \dfrac{S_1^2}{S_2^2}$	$f \geqslant F_\alpha(n-1, m-1)$ $f \leqslant F_{1-\alpha}(n-1, m-1)$ $f \geqslant F_{\frac{\alpha}{2}}(n-1, m-1)$ 或 $f \leqslant F_{1-\frac{\alpha}{2}}(n-1, m-1)$
7	$\mu_D \leqslant 0$ $\mu_D \geqslant 0$ $\mu_D = 0$ （成对数据）	$\mu_D > 0$ $\mu_D < 0$ $\mu_D \neq 0$	$T = \dfrac{\overline{D}-0}{S_D/\sqrt{n}}$	$t \geqslant t_\alpha(n-1)$ $t \leqslant -t_\alpha(n-1)$ $\|t\| \geqslant t_{\frac{\alpha}{2}}(n-1)$

§8.5 分布拟合检验

在上节中,我们介绍了正态总体的参数的假设检验问题,这些假设检验问题都是在总体分布形式为已知的条件下进行的. 但在实际问题中,我们往往事先并不知道总体的分布类型,这时需要根据样本对总体的分布或分布类型提出假设并进行检验,这种检验一般称为**分布拟合检验**或**非参数检验**,在本节中,我们介绍一种分布拟合检验方法——非参数 χ^2 检验.

我们需要检验假设

H_0：X 的分布函数为 $F(x)$；H_1：X 的分布函数不为 $F(x)$.

等价的检验假设为：若总体为离散型,就需要检验假设

H_0：总体 X 的分布律为 $P\{X = x_i\} = p_i (i = 1, 2, \cdots)$；

若总体为连续型,就需要检验假设

H_0：总体 X 的概率密度为 $f(x)$.

至于分布律,概率密度的具体形式,可根据实际背景及样本数据的分析来推测,然后利用 χ^2 分布拟合检验方法来检验 H_0 是否成立.

1. 总体可分为有限类,且总体分布不含未知参数

设总体 X 可以分成 r 类,记为 $A_1, A_2, \cdots, A_r$（即将随机试验的样本空间分解成两两互斥的事件之和 $S = A_1 \bigcup A_2 \bigcup \cdots \bigcup A_r, A_i A_j = \Phi, i \neq j$）,现在需要检验假设

H_0：$P(A_i) = p_i$；H_1：$P(A_i) \neq p_i, i = 1, 2, \cdots, r$,

其中 $\sum\limits_{i=1}^{r} p_i = 1$ 且 p_i 为已知. 此类备择假设一般可以不写出.

现对总体进行 n 次观察,各类出现的频数分别为 n_1,n_2,$\cdots$,n_r,且 $\sum_{i=1}^{r} n_i = n$. 若 H_0 为真,由大数定律,有 $\dfrac{n_i}{n} \xrightarrow{P} p_i$,即各概率 p_i 与频率 $\dfrac{n_i}{n}$ 应相差不大,意味着各类观察频数 n_i 与理论频数 np_i 应比较接近. 据此想法,英国统计学家皮尔逊提出了一个检验统计量

$$\chi^2 = \sum_{i=1}^{r} \frac{(n_i - np_i)^2}{np_i},$$

并指出,当 H_0 为真且样本容量 n 充分大时(一般要求 $n \geqslant 50$),χ^2 近似地服从自由度为 $r-1$ 的 χ^2 分布. 容易推知显著性水平为 α 的拒绝域为

$$\chi^2 = \sum_{i=1}^{r} \frac{(n_i - np_i)^2}{np_i} \geqslant \chi_\alpha^2(r-1).$$

计算 χ^2 值时,要求 $np_i \geqslant 5$,否则相邻组要合并.

例 8.5.1 某公司的人事部门想了解公司职工的病假是否均匀分布在周一到周五,以便合理安排工作. 如今抽取 100 名病假职工,其病假日分布如下:

工作日	周一	周二	周三	周四	周五
频 数	17	27	10	28	18

试问该公司病假是否均匀分布在一周五个工作日中 $(\alpha = 0.05)$?

解 若病假均匀分布在五个工作日内,则应有 $p_i = \dfrac{1}{5}$,$i = 1, 2, \cdots, 5$,以 A_i 表示"病假在周 i"的事件,则需要检验假设

$$H_0: P(A_i) = \frac{1}{5},\ i = 1, 2, 3, 4, 5.$$

拒绝域 $\chi^2 \geqslant \chi_\alpha^2(r-1)$

因观察值

$$\chi^2 = \sum_{i=1}^{5} \frac{(n_i - np_i)^2}{np_i} = \frac{(17-20)^2}{20} + \frac{(27-20)^2}{20} + \frac{(10-20)^2}{20}$$
$$+ \frac{(28-20)^2}{20} + \frac{(18-20)^2}{20} = 11.30$$

而 $\chi_{0.05}^2(4) = 9.49$,显然 $11.30 > 9.49$,表明样本落在拒绝域内. 因而在 $\alpha = 0.05$ 下拒绝 H_0,即认为该公司职工病假在五个工作日中不是均匀分布的.

2. 总体可分为有限类,但总体分布中含有未知参数

设总体 X 可以分为 r 类,记为 A_1,A_2,$\cdots$,A_r,需检验假设

$$H_0: P(A_i) = p_i,\ i = 1, 2, \cdots, r,$$

其中 P_i 为未知参数 θ_1,θ_2,$\cdots$,θ_k 的函数,即 $P_i = P_i(\theta_1, \theta_2, \cdots, \theta_k)$,$i = 1, 2, \cdots, r$.

首先利用样本求出 θ_i 的最大似然估计,记为 $\hat{\theta}_i$,$1 \leqslant i \leqslant k$,然后计算出,$\hat{P}_i = P_i(\hat{\theta}_1,$ $\hat{\theta}_2, \cdots, \hat{\theta}_k)$,构造相应的统计量 $\chi^2 = \sum\limits_{i=1}^{r} \dfrac{(n_i - n\hat{p}_i)^2}{n\hat{p}_i}$.

可以证明,当 H_0 为真时,统计量 χ^2 近似服从自由度为 $r-k-1$ 的分布($r > k+1$),由此可得相应的拒绝域为

$$\chi^2 = \sum_{i=1}^{r} \frac{(n_i - n\hat{p}_i)^2}{n\hat{p}_i} \geqslant \chi_\alpha^2(r-k-1).$$

例 8.5.2 在一实验中,每隔一定时间观察一次由某种铀所放射的到达计算器上的粒子数,共观察了 100 次. 得结果如下:

i	0	1	2	3	4	5	6	7	8	9	10	11	$\geqslant 12$
n_i	1	5	16	17	26	11	9	9	2	1	2	1	0

其中 n_i 为观察到 i 个 α 粒子的次数. 根据实验结果,试问 α 粒子出现的次数 X 可否认为服从泊松分布 $(\alpha = 0.05)$?

解 根据题意需检验:

$$H_0: P\{X = i\} = \frac{\lambda^i \mathrm{e}^{-\lambda}}{i!}, \quad i = 0, 1, 2, \cdots.$$

记 $A_i = \{X = i\}$,$(i = 0, 1, 2, \cdots, 11)$,$A_{12} = \{X \geqslant 12\}$,等价检验为

$$H_0: P(A_i) = \frac{\lambda^i \mathrm{e}^{-\lambda}}{i!}, \quad i = 0, 1, 2, \cdots, 11,$$

$$P(A_{12}) = 1 - \sum_{i=0}^{11} \frac{\lambda^i \mathrm{e}^{-\lambda}}{i!}.$$

由最大似然估计得

$$\hat{\lambda} = \bar{x} = 4.2$$

由此可得

$$\hat{p}_i = P(A_i) = \frac{4.2^i \mathrm{e}^{-4.2}}{i!}, \quad i = 0, 1, 2, \cdots, 11$$

$$\hat{p}_{12} = P(A_{12}) = 1 - \sum_{i=0}^{11} \frac{4.2^i \mathrm{e}^{-4.2}}{i!} = 0.002.$$

结果见下表

A_i	n_i	$\hat{p}_i$	$n\hat{p}_i$	$n_i - n\hat{p}_i$	$\dfrac{(n_i - n\hat{p}_i)^2}{n\hat{p}_i}$
A_0	1	0.015	1.5	-1.8	0.415
A_1	5	0.063	6.3		
A_2	16	0.132	13.2	2.8	0.594
A_3	17	0.185	18.5	-1.5	0.122
A_4	26	0.194	19.4	6.6	2.245

A_i	n_i	$\hat{p}_i$	$n\hat{p}_i$	$n_i - n\hat{p}_i$	$\dfrac{(n_i - n\hat{p}_i)^2}{n\hat{p}_i}$
A_5	11	0.163	16.3	-5.3	1.723
A_6	9	0.114	11.4	-2.4	0.505
A_7	9	0.069	6.9	2.1	0.639
A_8	2	0.036	3.6		
A_9	1	0.017	1.7		
A_{10}	2	0.007	0.7	-0.5	0.038 5
A_{11}	1	0.003	0.3		
A_{12}	0	0.002	0.2		
合　计					6.281 5

注意到有些 $n\hat{p}_i < 5$ 的组与相邻组进行适当合并，使 $n\hat{p}_i \geqslant 5$，上述表格的前 2 行，最后 5 行需进行并组，并组后 $r = 8$ 即分为 8 类.

因为 $\chi_\alpha^2(r-k-1) = \chi_{0.05}^2(8-1-1) = 12.592 > 6.281\,5$，因此不否认 H_0. 即认为 α 粒子出现的次数服从泊松分布.

3. 总体为连续分布的情形

设样本 $X_1, X_2, \cdots, X_n$ 为来自总体 X 的一个样本，要检验假设

$$H_0 : X \text{ 的分布函数为 } F(x),$$

其中 $F(x)$ 中含有 k 个未知参数.

在这种情形下检验 H_0 的做法如下：

（1）把 X 的取值范围分成 r 个区间，为方便起见，不妨设为：

$$-\infty = a_0 < a_1 < a_2 < \cdots < a_{r-1} < a_r = +\infty;$$

设各区间为 $A_1 = (a_0, a_1]$，$A_2 = (a_1, a_2]$，$\cdots$，$A_{r-1} = (a_{r-2}, a_{r-1}]$，$A_{r-1} = (a_{r-1}, a_r)$；

（2）统计样本落入这 r 个区间的频数，分别记为 $n_1, n_2, \cdots, n_r$，这里要求各 $n_i \geqslant 5$；

（3）由样本用最大似然估计法求出未知参数的估计值，从而求出

$$\hat{p}_i = \hat{P}\{a_{i-1} < X \leqslant a_i\}.$$

这样就把检验问题转化为分类数据检验问题.

例 8.5.3 为了研究 12 岁男孩身高，在某地随机地抽取 120 名男孩测量其身高得如下数据（单位：cm）：

128.1	144.4	150.3	146.2	140.6	139.7	134.1	124.3	147.9
143.0	143.1	142.7	126.0	125.6	127.7	154.4	142.3	141.2
133.4	131.0	125.4	130.3	146.3	146.8	142.7	137.6	136.9

122.7	131.8	147.7	135.8	134.8	139.1	139.0	132.3	134.7
138.4	136.6	136.2	141.6	141.0	138.4	145.1	147.4	139.9
140.6	140.2	131.0	150.4	142.7	144.3	136.4	134.5	132.3
152.7	148.1	139.6	138.9	136.1	135.9	140.3	137.3	134.6
145.2	128.2	135.9	140.2	136.6	139.5	135.7	139.8	129.1
141.4	139.7	136.2	138.4	138.1	132.9	142.9	144.7	118.8
138.3	135.3	140.6	142.2	152.1	142.4	142.7	136.2	135.0
154.3	147.9	141.3	143.8	138.1	139.7	127.4	146.0	155.8
141.2	146.4	139.4	140.8	127.7	150.7	100.3	148.5	147.5
138.9	123.1	126.0	150.0	143.7	156.9	133.1	142.8	136.8
133.1	144.5	142.4						

试问能否认为该地区 12 岁男孩的身高服从正态分布？$(\alpha = 0.05)$

解 记 X 为该地区 12 岁男孩的身高，由题意需检验：

$$H_0: X \sim N(\mu, \sigma^2).$$

由于 H_0 中含有两个未知参数，因此需先进行参数估计. μ 与 σ^2 的最大似然估计值分别为：

$$\hat{\mu} = \bar{x} = 138.9, \quad \hat{\sigma}^2 = \frac{1}{n} \sum_{i=1}^{n} (x_i - \bar{x})^2 = 66.7.$$

因为 X 是连续型随机变量，为利用非参数 χ^2 检验，首先将 X 的取值分组如下表：

区间	$(-\infty, 126]$	$(126, 130]$	$(130, 134]$	$(134, 138]$	$(138, 142]$
频数	9	6	10	22	31
区间	$(142, 146]$	$(146, 150]$	$(150, 154]$	$(154, +\infty]$	
频数	21	12	5	4	

由于 $\hat{p}_1 = \hat{P}\{X < 126\} = \Phi\left(\dfrac{126 - \hat{\mu}}{\hat{\sigma}}\right)$,

$$\hat{p}_i = \hat{P}\{a_{i-1} < X \leqslant a_i\} = \Phi\left(\frac{a_i - \hat{\mu}}{\hat{\sigma}}\right) - \Phi\left(\frac{a_{i-1} - \hat{\mu}}{\hat{\sigma}}\right), \quad i = 2, 3, \cdots, 8,$$

$$\hat{p}_9 = \hat{P}\{154 < X < +\infty\} = 1 - \Phi\left(\frac{154 - \hat{\mu}}{\hat{\sigma}}\right).$$

因而可得如下结果表：

A_i	n_i	$\hat{p}_i$	$n\hat{p}_i$	$n_i - n\hat{p}_i$	$\dfrac{(n_i - n\hat{p}_i)^2}{n\hat{p}_i}$
$X \leqslant 126$	9	0.057	6.84	2.160	0.682 105
$126 < X \leqslant 130$	6	0.080 9	9.708	−3.708	1.416 282
$130 < X \leqslant 134$	10	0.136 3	16.356	−6.356	2.469 964

A_i	n_i	$\hat{p}_i$	$n\hat{p}_i$	$n_i - n\hat{p}_i$	$\dfrac{(n_i - n\hat{p}_i)^2}{n\hat{p}_i}$
$134 < X \leqslant 138$	22	0.182	21.84	0.160	0.001 172
$138 < X \leqslant 142$	31	0.191 8	23.016	7.984	2.769 563
$142 < X \leqslant 146$	21	0.159 9	19.188	1.812	0.171 114
$146 < X \leqslant 150$	12	0.105 2	12.624	−0.624	0.030 844
$150 < X \leqslant 154$	5	0.054 7	6.564	−1.428	0.195 549
$154 < X \leqslant +\infty$	4	0.032 2	3.864		
合　计					7.736 594

注意,上述表格最后两行需进行并组.

显然分组数 $r = 8$,参数数量 $k = 2$,

$$\chi_\alpha^2(r-k-1) = \chi_{0.05}^2(8-2-1) = 11.071.$$

检验统计量的观测值 7.736 594 不在拒绝域 $\chi^2 > \chi_\alpha^2(r-k-1)$ 中,因此不否认 H_0,即认为该地区 12 岁男孩身高服从正态分布.

由本例可知,对连续型分布进行检验时,需将取值区间进行分组,从而检验结果依赖于分组,分组不同有可能写出不同的结论,这便是在连续分布情形下 χ^2 拟合优度检验的不足之处. 分布拟合检验还有其他方法,这里不再介绍.

§8.6　应用案例分析

假设检验的方法实际上是一种反证法,先假设原假设 H_0 成立,然后利用小概率事件在一次抽样试验中几乎不可能发生的原理进行推理. 如果该小概率事件发生了(即推出矛盾),我们就做出拒绝 H_0 的判断,认为 H_1 成立,这时犯错误的概率是很小的 α;若没有推出矛盾,就不能拒绝 H_0,可以认为是无可奈何的不否认 H_0,但并不是说 H_0 就一定成立. 所以,当不能拒绝 H_0 时,应进一步进行检验,否则我们犯错误的概率可能是较大的 β. 原假设 H_0 一般是根据实际问题的背景和已知的信息提出来的,没有充分的理由是不能拒绝它的,也是很难拒绝它的,这就是原假设的"惰性". 例如下面的例子

例8.6.1　(原假设的"惰性")　某电子元件的寿命 $X \sim N(\mu, 100^2)$,现对 16 件产品进行试验,测得元件的寿命(小时)如下:

159,280,101,212,379,224,179,264,170,362,168,485,260,149,250,222,

问在显著性水平 $\alpha = 0.05$ 下,是否有理由认为该种元件的平均寿命大于 220 小时?

解　由条件需检验假设

$$H_0: \mu \leqslant \mu_0; \quad H_1: \mu > \mu_0.$$

σ 已知,检验统计量为 $Z = \dfrac{\bar{X} - \mu}{\sigma/\sqrt{n}}$,拒绝域为 $\dfrac{\bar{x} - \mu_0}{\sigma/\sqrt{n}} \geqslant z_\alpha$,由

$n = 16, \mu_0 = 220, z_{0.05} = 1.645, \bar{x} = 241.5, \sigma = 100$ 得

$$\frac{\bar{x} - \mu_0}{\sigma/\sqrt{n}} = \frac{241.5 - 220}{100/\sqrt{16}} = 0.86 < 1.645,$$

没有落在拒绝域中, 所以不否认 H_0, 认为元件的平均寿命不大于 220 小时.

但是如果检验假设 $H'_0 : \mu > \mu_0$; $H'_1 : \mu \leqslant \mu_0$, 则

拒绝域为 $\dfrac{\bar{x} - \mu_0}{\sigma/\sqrt{n}} < -z_\alpha, 0.86 > -1.645$, 不否认 H'_0, 认为元件的平均寿命大于 220 小时.

实际问题中我们经常会遇到上面这种情况, 通过检验不同的假设, 得出两种完全相反的结果. 是什么原因造成这种情况呢? 实际上这里有个考察点的问题, 当我们提出原假设 H_0 时, 我们感兴趣的是"认为元件的平均寿命不超过 220 小时"(根据以往这种元件的情况或生产这种元件的厂方不好的信誉), 只有非常有利于厂方的观察结果才能改变我们对这种元件不信任的看法. 当我们提出原假设 H'_0 时, 我们感兴趣的是"认为元件的平均寿命超过 220 小时"(根据以往这种元件的情况或生产这种元件的厂方良好的信誉), 没有充分的理由是不能改变我们对这种元件的好的看法的.

由上可知, 原假设是根据以往的经验和信息提出的, 没有充分的理由或非常不利于原假设的观察结果是不能拒绝原假设的, 即原假设具有较大的"惰性", 没有充分的理由是不能拒绝它的. 因此, 当观察数据既不能拒绝 H_0, 也不能拒绝 H'_0 时, 考察问题的着眼点就决定了最后的结论. 因此, 提出什么样的原假设就显得非常重要. 根据以往的信息仔细考虑, 提出恰当的原假设, 当根据实验数据拒绝了原假设, 说明原假设是显著不成立的, 因此原假设的检验称为显著性检验. H_0 的选择常应遵循"包含等号"、"尊重原假设", 以及"控制严重后果"这三个原则.

解决上例这一类矛盾的方法可以增大 α, 即增大犯第一类错误的概率. 如上例若取 $\alpha = 0.25$, 则可以得出拒绝 H_0, 但不拒绝 H'_0 的结论, 此时两种检验的结果一致, 即认为元件的平均寿命大于 220 小时.

例 8.6.2 ("恩格尔系数"的估算及检验)

所谓食品支出的"恩格尔系数"是由德国统计学家恩格尔提出的反映食品支出与收入水平之间的函数关系式. 最简单的恩格尔函数, 假设在商品价格不变的条件下, 食品的实际支出 Y 与收入水平 X 间可用线性关系表示, 即

$$Y_i = \beta_0 + \beta_1 X_i + \varepsilon_i, \quad i = 1, 2, \cdots,$$

其中 X_i, Y_i 分别表示人月均收入与月支出的第 i 次观察值; ε_i 为相应的观察误差及其他的因素合成的随机误差项, 对不同的 i, 假设 ε_i 相互独立并且服从相同的正态分布 $N(0, \sigma^2)$. 试通过下表的抽样数据, 对参数 β_0, β_1, σ^2 进行估计, 并对估计结果进行检验及利用估计结果进行预测. 表 8-2 列出了 15 个抽样数据.

表 8-2 抽样数据

编号 i	1	2	3	4	5	6	7
人月均收入 X	1 020	960	970	1 020	910	1 580	540
人月均支出 Y	270	260	250	280	270	360	190

编号 i	8	9	10	11	12	13	14	15
人月均收入 X	830	1 230	1 060	1 290	1 380	810	920	640
人月均支出 Y	260	310	310	340	380	270	280	200

1. 用最小二乘法估计 β_0, β_1, σ^2

记 $Q = \sum\limits_{i=1}^{n} [Y_i - (\beta_0 + \beta_1 X_i)]^2$，对 Q 关于 β_0，β_1 求偏导数并令其为零得

$$\begin{cases} \dfrac{\partial Q}{\partial \beta_0} = -2\sum (y_i - \beta_0 - \beta_1 x_i) = 0, \\ \dfrac{\partial Q}{\partial \beta_1} = -2\sum (y_i - \beta_0 - \beta_1 x_i)x_i = 0, \end{cases}$$

解得

$$\begin{cases} \hat{\beta}_1 = \dfrac{\sum x_i y_i - \dfrac{1}{n}\left(\sum x_i\right)\left(\sum y_i\right)}{\sum x_i^2 - \dfrac{1}{n}\left(\sum x_i\right)^2} = \dfrac{\sum (x_i - \bar{x})(y_i - \bar{y})}{\sum (x_i - \bar{x})^2}, \\ \hat{\beta}_0 = \bar{y} - \beta_1 \bar{x}, \end{cases}$$

其中 $\bar{x} = \dfrac{1}{n}\sum x_i$，$\bar{y} = \dfrac{1}{n}\sum y_i$.

记 $S_{xx} = \sum (x_i - \bar{x})^2$，$S_{yy} = \sum (y_i - \bar{y})^2$，$S_{xy} = \sum (x_i - \bar{x})(y_i - \bar{y})$，有

$$\begin{cases} \hat{\beta}_1 = \dfrac{S_{xy}}{S_{xx}}, \\ \hat{\beta}_0 = \bar{y} - \hat{\beta}_1 \bar{x}. \end{cases}$$

进一步可得对误差项 ε_i 中的方差 σ^2 的估计为 $\hat{\sigma}^2 = \dfrac{S_{yy} - \hat{\beta}_1 S_{xy}}{n-2}$（线性回归理论）.

代入数据可得，$\hat{\beta}_0 = 99.87$，$\hat{\beta}_1 = 0.180\ 2$，$\hat{\sigma}^2 = 334.37$，从而回归方程为 $\hat{Y}_i = 99.87 + 0.180\ 2 X_i$，从而恩格尔系数（食品月支出在月收入中所占的比例）为

$$\frac{\hat{Y}_i}{X_i} = \frac{99.87}{X_i} + 0.180\ 2.$$

由上式可以看出，恩格尔系数会随着 X_i 的增加而减少.

2. 区间估计

可以证明 $\hat{\beta}_0$，$\hat{\beta}_1$ 分别是 β_0，β_1 的无偏估计，且 $\hat{\beta}_0$，$\hat{\beta}_1$ 都服从正态分布，分布中的两个参数分别为

概率统计教程

$$E(\hat{\beta}_0) = \beta_0, \quad D(\hat{\beta}_0) = \sigma^2 \left[\frac{1}{n} + \frac{(\bar{X})^2}{\sum\limits_{i=1}^{n}(X_i - \bar{X})^2} \right],$$

$$E(\hat{\beta}_1) = \beta_1, \quad D(\hat{\beta}_1) = \frac{\sigma^2}{\sum\limits_{i=1}^{n}(X_i - \bar{X})^2}.$$

构造统计量 $t_{\beta_0} = \dfrac{\hat{\beta}_0 - \beta_0}{S_{\hat{\beta}_0}} \sim t(n-2)$，$t_{\beta_1} = \dfrac{\hat{\beta}_1 - \beta_1}{S_{\hat{\beta}_1}} \sim t(n-2)$，其中

$S_{\hat{\beta}_0} = \sqrt{D\hat{\beta}_0}\,|_{\sigma=\hat{\sigma}}$，$S_{\hat{\beta}_1} = \sqrt{D\hat{\beta}_1}\,|_{\sigma=\hat{\sigma}}$，代入数值计算得 $S_{\hat{\beta}_1} = 0.0179$，从而 β_1 的置信水平为 $1-\alpha$ 的置信区间为 $[\hat{\beta}_1 - S_{\hat{\beta}_1} \times t_{1-\frac{\alpha}{2}}(n-2),\ \hat{\beta}_1 + S_{\hat{\beta}_1} \times t_{1-\frac{\alpha}{2}}(n-2)]$，若取 $\alpha = 0.05$，代入数值得 β_1 的置信区间为 $[0.1415, 0.2189]$.

类似可求 β_0 的置信区间为 $[59.4817, 140.2615]$.

3. 假设检验

对 β_1 进行检验，检验假设 $H_0: \beta_1 = 0$；$H_1: \beta_1 \neq 0$.

检验统计量为 $t_{\beta_1} = \dfrac{\hat{\beta}_1 - \beta_1}{S_{\hat{\beta}_1}} \sim t(n-2)$，当 $H_0: \beta_1 = 0$ 为真时，则 $t_{\beta_1} = \dfrac{\hat{\beta}_1 - 0}{S_{\hat{\beta}_1}} = \dfrac{\hat{\beta}_1}{S_{\hat{\beta}_1}}$，其观察值为 $\hat{t}_{\beta_1} = \dfrac{0.1802}{0.0179} = 10.06797$，对应的 p 值为 $\hat{p} = 1.66E-07$，由于 $\hat{p} < \alpha$，所以 $\hat{t}_{\beta_1}$ 落入拒绝域中，拒绝 H_0，即认为 β_1 不会等于 0，认为变量 X 对输出 Y 有显著的影响，系数 β_0 也可进行类似的假设检验.

例 8.6.3（利用 Excel 求解假设检验问题）

假设在一次测量发动机的推力实验中，两台推力记录结果如表 8-3 所示

表 8-3 推力记录表

推力计 I	33.8	33.9	33.5	33.3	34.5	33.1	33.4	33.9	33.9
	34.3	34.7	34.0	33.6	34.2	34.5	34.8	33.5	33.9
推力计 II	34.8	34.4	34.4	34.9	34.9	34.6	34.7	35.0	34.1
	34.6	34.5	34.1	34.5	33.9	34.2	35.2	34.5	34.9

试推断这两台推力计的推力是否有显著差异？（$\alpha = 0.05$）

解 分别采用几种方法对发动机的推力进行假设检验.

假设发动机的推力服从正态分布，检验假设 $H_0: \mu_1 = \mu_2$；$H_1: \mu_1 \neq \mu_2$.

（1）两样本容量相同，可以采用成对双样本平均差检验，过程如下：

将数据输入 Excel 表格中，选取"工具"中的"数据分析"，选定"t 检验：平均值的成对两样本分析"，在弹出的对话框中分别输入变量区域，如：A1：A18，在"标记"复选框中输入 $\alpha = 0.05$，假设平均差中输入 0，选择确定即得到表 8-4 所示的结果. 由表 8-4 可知，检验统计量 $T = \dfrac{\bar{X} - \bar{Y}}{S_z} \sqrt{n}$ 的样本值为 -4.18193，临界值为 2.119905；因为 $|t| = 4.18193 >$

2. 119 905 或 p 值 0.000 7 小于预定的显著性水平 0.05,所以拒绝原假设,不否认 H_1,即认为两种推力有显著差异.

表 8 - 4 t 检验:平均值的成对两样本分析

	A	B	C	D	E	F
1	33.8	34.8		t-检验:成对双样本均值分析		
2	33.9	34.4				
3	33.5	34.4			33.8	34.8
4	33.3	34.9		平均	33.94118	34.54706
5	34.5	34.9		方差	0.253824	0.122647
6	33.1	34.6		观测值	17	17
7	33.4	34.7		泊松相关系数	0.055635	
8	33.9	35		假设平均差	0	
9	33.9	34.1		df	16	
10	34.3	34.6		t Stat	-4.18193	
11	34.7	34.5		P(T<=t) 单尾	0.000352	
12	34	34.1		t 单尾临界	1.745884	
13	33.6	34.5		P(T<=t) 双尾	0.000705	
14	34.2	33.9		t 双尾临界	2.119905	
15	34.5	34.2				
16	34.8	35.2				
17	33.5	34.5				
18	33.9	34.9				

(2) 采用方差相等的两样本 t 检验,过程如下:

选取"工具"中的"数据分析",选定"t 检验:双样本等方差假设",其他过程如上,结果如表 8 - 5 所示.由于检验统计量 $T = \dfrac{\overline{X} - \overline{Y}}{S_w \sqrt{\dfrac{1}{n} + \dfrac{1}{m}}}$ 的样本值为 $-4.071\,43$,临界值为 2.036 932;因为 $|t| = 4.071\,43 > 2.036\,932$ 或 p 值 0.000 286 小于预定的显著性水平 0.05,所以同样拒绝原假设,不否认 H_1,即认为两种推力有显著差异.

以上两种方法都说明拒绝 $H_0: \mu_1 = \mu_2$,说明两台推力计有显著差异.另外,选择采用等方差的检验还是不等方差的检验前,需要先对两样本的方差进行检验.

(3) 两总体方差相等的 F 检验.即检验 $H_0: \sigma_1^2 = \sigma_2^2$,$H_1: \sigma_1^2 \neq \sigma_2^2$.检验过程如下:

选取"工具"中的"数据分析",选定"F 检验:双样本方差",其他过程如上,结果如表 8 - 6 所示.由于检验统计量 $F = \dfrac{S_X^2}{S_Y^2}$ 的样本值为 2.069 544,临界值为 2.333 486;因为 2.333 486 > 2.069 544,所以不否认 H_0,即认为两样本的方差是相等的.

表 8 - 5 t 检验:双样本等方差假设

H	I	J
t-检验:双样本等方差假设		
	33.8	34.8
平均	33.94118	34.54706
方差	0.253824	0.122647
观测值	17	17
合并方差	0.188235	
假设平均差	0	
df	32	
t Stat	-4.07143	
P(T<=t) 单尾	0.000143	
t 单尾临界	1.693888	
P(T<=t) 双尾	0.000286	
t 双尾临界	2.036932	

表 8 - 6 F 检验:双样本方差

L	M	N
F-检验 双样本方差分析		
	33.8	34.8
平均	33.94118	34.54706
方差	0.253824	0.122647
观测值	17	17
df	16	16
F	2.069544	
P(F<=f) 单尾	0.078236	
F 单尾临界	2.333486	

　　假设检验是根据样本所提供的信息对所考虑的原假设作出不否认或拒绝的决策. 作出决策的依据是"实际推断原理",即"概率很小的事件在一次试验中实际上不可能出现"原理. 对同一个问题,原假设 H_0 与备择假设 H_1 尽管是一对应的假设,但选哪个作为 H_0 需要小心,不同选择,有可能作出不同的决策. 在实际问题中,如何选取 H_0,H_1 往往根据实际情况作出.

　　注意,拒绝域的形式是由 H_1 确定的.

　　假设检验有两类情形：一类 H_0 是关于总体分布的某个参数给出的,称为参数检验. 另一类 H_0 是关于总体分布本身而给出的,称为非参数检验. 在参数检验中,关于的期望的检验常用到标准正态分布(方差已知时)或 t 分布(方差未知时),关于方差的检验常用到 χ^2 分布(单个总体)或 F 分布(两个总体),而非参数检验本章中介绍了 χ^2 分布拟合检验.

习　题　八

1. 设某厂生产的一种钢索,其断裂强度 $X(\mathrm{kg/cm^2})$ 服从正态分布 $N(\mu,40^2)$,从中选取一个容量为 9 的样本,得 $\bar{x}=780\,\mathrm{kg/cm^2}$. 在显著性水平 $\alpha=0.05$ 下可否据此认为这批钢索的断裂强度为 $800\,\mathrm{kg/cm^2}$？

2. 一批矿砂的 5 个样品中的镍含量经测定数据如下：(%)

$$3.25,\ 3.27,\ 3.24,\ 3.26,\ 3.24,$$

设镍含量总体服从正态分布,问在显著性水平 $\alpha=0.01$ 下可否认为这批矿砂的镍含量均值为 3.25？

3. 某厂生产乐器用合金弦线,其抗拉强度服从均值为 10 560 的正态分布. 现从一批产品中抽取 10 根,测得其抗拉强度为 10 512, 10 623, 10 668, 10 554, 10 776, 10 707, 10 557, 10 581, 10 666, 10 670,问这批产品的抗拉强度有无显著变化. ($\alpha=0.05$)

4. 某元件为合格品标准是使用寿命不低于 1 000 小时,今从一批这种元件中随机地抽取 25 件,测得其寿命的平均值为 1 030 小时,已知该种元件寿命服从标准差为 $\sigma=100$ 小时的正态分布,试在显著性水平 $\alpha=0.05$ 下确定这批元件是否合格？ 即需检验假设：

$$H_0:\mu<1\,000;\quad H_1:\mu\geqslant 1\,000.$$

5. 已知某维尼纶纤度在正常条件下服从正态分布 $N(\mu,0.048^2)$,μ 未知. 某日取 5 根纤维,测得其纤度为 1.32, 1.55, 1.36, 1.40, 1.44,问这一天纤度总体标准是否正常 ($\alpha=0.05$)？

6. 随机地挑选 20 位失眠者,分别服用甲,乙两种安眠药,记录下他们睡眠的延长时间(单位：小时),得如下数据：

服用甲药　1.9, 0.8, 1.1, -0.1, 0.1, 4.4, 5.6, 1.6, 4.6, 3.4,

服用乙药　0.7, -1.6, -0.2, -0.1, 3.4, 3.7, 0.8, -1.2, 2.0, 0.

试问能否认为甲药的疗效显著高于乙药？ 即需检验假设

$$H_0: \mu_1 \leqslant \mu_2; \quad H_1: \mu_1 > \mu_2.$$

（假设总体服从正态分布，取显著性水平 $\alpha = 0.05$）.

7. 某种溶液中含有水分，测定了 10 个样本，得到样本均方差 $s = 0.037\%$，设测定值总体服从正态分布，σ^2 为总体方差，试在显著性水平 $\alpha = 0.05$ 下检验假设：

$$H_0: \sigma \geqslant 0.04\%; \quad H_1: \sigma < 0.04\%.$$

8. 电工器材厂生产一批保险丝，取 10 根测得其熔化时间（秒）为

$$42, 65, 75, 78, 59, 57, 68, 54, 55, 71,$$

问是否可以认为整批保险丝的熔化时间的方差不大于 80？（$\alpha = 0.05$，熔化时间为正态变量）

9. 甲，乙两个铸造厂生产同一种铸件，假设两厂铸件的重量都服从正态分布，测得重量如下：（单位：公斤）

甲	93.3	92.0	94.7	90.1	95.6	90.0	94.7
乙	95.6	94.9	96.2	95.1	95.8	96.3	

问乙厂铸件重量的方差是否比甲厂小（$\alpha = 0.05$）？

补 充 题 八

1. 在 20 世纪 70 年代后期人们发现，在酿造啤酒时，麦芽干燥过程中会形成致癌物质亚硝基二甲胺（NDMA）. 到了 80 年代初期开发了一种新的麦芽干燥过程. 下面给出分别在新老两种过程中形成 NDMA 含量（以 10 亿份中的份数计）

新过程	6	4	5	5	6	5	5	6	4	6	7	4
老过程	2	1	2	2	1	0	3	2	1	0	1	3

设两样本分别来自正态总体，且两总体的方差相等，两样本相互独立. 分别以 μ_1，μ_2 表示老、新过程的总体均值，试检验假设（取 $\alpha = 0.05$）

$$H_0: \mu_1 - \mu_2 \leqslant 2; \quad H_1: \mu_1 - \mu_2 > 2.$$

2. 一药厂生产一种新的止痛片，厂方希望验证服用新药片后至开始起作用的时间间隔较原有止痛片缩短一半. 因此厂方提出需检验假设

$$H_0: \mu_1 \leqslant 2\mu_2; \quad H_1: \mu_1 > 2\mu_2.$$

此处 μ_1，μ_2 分别是服用原有止痛片和服用新止痛片后起作用的时间间隔的总体均值. 设两总体均服从正态分布且方差为已知值 σ_1^2，σ_2^2. 现分别从两总体中取一样本 X_1，X_2，$\cdots$，X_n 和 Y_1，Y_2，$\cdots$，Y_m，且两样本独立. 试给出上述假设 H_0 的拒绝域（取显著性水平为 α）.

3. 甲，乙两个农业试验区种植玉米，除了甲区施磷肥外，其他试验条件都相同. 把两个试验区分别均分成 10 个小区统计产量（单位：千克），得数据如下：

甲区	62	57	65	60	63	58	57	60	60	58
乙区	50	59	56	57	58	57	56	55	57	55

假定甲,乙两区中每小块的玉米产量分别服从 $N(\mu_1, \sigma^2)$ 和 $N(\mu_2, \sigma^2)$,试问在 $\alpha = 0.1$ 下磷肥对玉米产量有无显著影响?

4. 查了一本书的 100 页,记录各页中印刷错误的个数,其结果为:

错误个数 f_i	0	1	2	3	4	5	6	$\geqslant 7$
含 f_i 个错误的页数	36	40	19	2	0	2	1	0

问能否认为一页的印刷错误个数服从泊松分布(取 $\alpha = 0.05$)?

5. 一批灯泡中抽取 300 只作寿命试验,其结果如下:

寿命 t(小时)	$0 \leqslant t \leqslant 100$	$100 \leqslant t \leqslant 200$	$200 \leqslant t \leqslant 300$	$t > 300$
灯泡数	121	78	43	58

取 $\alpha = 0.05$,试检验假设:

H_0:灯泡寿命服从指数分布

$$\varphi(t) = \begin{cases} 0.005\mathrm{e}^{-0.005t}, & t \geqslant 0, \\ 0, & t < 0. \end{cases}$$

6. 某车床生产滚珠,随机抽取 50 个产品,测得它们直径(单位:毫米)数据如下:

15.0	15.8	15.2	15.1	15.9	14.7	14.8	15.5	15.6
15.3	15.1	15.3	15.0	15.6	15.7	14.8	14.5	14.2
14.9	14.9	15.2	15.0	15.3	15.6	15.1	14.9	14.2
14.6	15.8	15.2	15.9	15.2	15.0	14.9	14.8	14.5
15.1	15.5	15.5	15.1	15.1	15.0	15.3	14.7	14.5
15.0	15.5	14.7	14.6	14.2				

试根据以上数据判别滚珠直径是否服从正态分布?($\alpha = 0.05$)

第九章

方差分析与回归分析初步

方差分析和回归分析是统计推断中的重要内容,它们本质上是利用参数估计与假设检验处理一类特定数据的有效方法,这类数据往往受到一个或多个自变量的影响.本章只简单介绍单因素方差分析和一元线性回归.

§9.1　单因素方差分析

在科学试验和生产实践中,影响试验或生产的因素往往很多,我们通常需要分析哪种因素对事物的影响是显著的.比如在农业科学试验中,为了提高农作物的产量需要考虑种子的品种、化肥的种类和数量等因素对农作物产量的影响,并希望从中找出最佳搭配.方差分析就是通过试验数据,分析各因素的效应,从而找出有显著影响的因素的统计方法,它的应用非常广泛.方差分析是 20 世纪 20 年代由英国统计学家费歇尔(R. A. Fisher)首先使用在农业试验中,其后,成功地推广到其他科技领域的应用中.

在试验中,我们所要考察的指标称为**试验指标**.影响试验指标的条件称为**因素**.因素可分为两类:一类是人们可以控制的,如种子品种,化肥种类等;另一类是人们难以控制的,如测量误差、气象条件等,以下所说的因素都是指可控因素.因素所处状态,称为**因素水平**.在一项试验中,如果只考虑一个因素的效应,而让其余因素保持不变,称之为**单因素试验**.多于一个因素在改变的试验称为多因素试验.在本章中,只介绍单因素试验.

例 9.1.1　随机选取用于计算器的四种类型的电路的响应时间(以毫秒计)得如下数据:

类　型	Ⅰ	Ⅱ	Ⅲ	Ⅳ
响	19	20	16	18
应	22	27	18	22
时	20	19	26	19
间	18		17	

这里,试验的指标是电路的响应时间.电路的类型为因素,这一因素有 4 个水平.这是一个单因素的试验,试验目的是为了考察各种类型电路的响应时间有无显著差异.

例 9.1.2　在工业生产中将产出的产品总量与投入的各种原料的总重量之比称为产品的得率.现考察温度对某化工厂产品的得率的影响,选取 5 种不同温度,对同一温度都做了 3 次试验,测得结果如下:

温 度	60℃	65℃	70℃	75℃	80℃
得率(%)	90	97	96	84	86
	92	93	96	83	86
	88	92	93	88	82

这里,试验的指标为得率,温度为因素,5 种不同温度代表 5 种不同的水平,这也是一个单因素试验,试验目的是了解不同的水平对产品得率有无显著影响.

下面讨论单因素试验的方差分析. 试验指标记为 X,对其有影响的因素记为 A,设 A 有 s 个水平 A_1,A_2,$\cdots$,A_s,在水平 $A_j(i=1,2,\cdots,s)$ 下进行 $n_j(n_j \geqslant 2)$ 次独立试验,得到如下表所示的结果

观察值 ＼ 水平	A_1	A_2	$\cdots$	A_s
	X_{11}	X_{12}	$\cdots$	X_{1s}
	X_{21}	X_{22}	$\cdots$	X_{2s}
	$\cdots$	$\cdots$	$\cdots$	$\cdots$
	$X_{n_1 1}$	$X_{n_2 2}$	$\cdots$	$X_{n_s s}$
样本总和	$T._1$	$T._2$	$\cdots$	$T._s$
样本均值	$\overline{X}._1$	$\overline{X}._2$	$\cdots$	$\overline{X}._s$
总体均值	μ_1	μ_2	$\cdots$	μ_s

其中,X_{ij} 表示在水平 A_j 下进行第 i 次试验的结果 $(j=1,2,\cdots,s,i=1,2,\cdots,n_j)$,$n = \sum_{j=1}^{s} n_j$ 为全部试验次数.

我们假定在各水平 $A_j(j=1,2,\cdots,s)$ 下的样本 X_{1j},X_{2j},$\cdots$,$X_{n_j j}$ 来自均值分别为 $\mu_j(j=1,2,\cdots,s)$ 且具有相同方差 σ^2 的正态总体 $N(\mu_j,\sigma^2)$,μ_j 与 σ^2 均未知,且不同水平 A_j 下样本之间相互独立.

由于 $X_{ij} \sim N(\mu_j,\sigma^2)$,则有 $X_{ij} - \mu_j \sim N(0,\sigma^2)$.

记 $\varepsilon_{ij} \sim X_{ij} - \mu_j$,则 $\varepsilon_{ij} \sim N(0,\sigma^2)$,$\varepsilon_{ij}$ 表示随机误差,这样上述单因素模型可表示为:

$$X_{ij} = \mu_j + \varepsilon_{ij}, j=1,2,\cdots,s,i=1,2,\cdots,n_j,$$

其中 $\varepsilon_{ij} \sim N(0,\sigma^2)$,各 ε_{ij} 相互独立.

对于单因素模型,方差分析的主要任务为

(1) 检验在各个水平下的均值是否相等,即检验假设

$$H_0: \mu_1 = \mu_2 = \cdots = \mu_s; H_1: \mu_1,\mu_2,\cdots,\mu_s \text{ 不全相等}.$$

(2) 给出未知参数 μ_1,μ_2,$\cdots$,μ_s,σ^2 的估计.

为了便于讨论,我们记

$$n = \sum_{j=1}^{s} n_j, \mu = \frac{1}{n} \sum_{j=1}^{s} n_j \mu_j,$$
$$\delta_j = \mu_j - \mu, j=1,2,\cdots,s,$$

其中 μ 称为**理论总平均**，δ_j 称为在水平 A_j 下的**效应**，易知 $\sum\limits_{j=1}^{s} n_j \delta_j = 0$，利用这些记号，单因素模型可以写成

$$X_{ij} = \mu + \delta_j + \varepsilon_{ij}, \ j = 1, 2, \cdots, s, \ i = 1, 2, \cdots, n_j,$$

$$\varepsilon_{ij} \sim N(0, \sigma^2)，各 \varepsilon_{ij} 相互独立，$$

$$\sum_{j=1}^{s} n_j \delta_j = 0,$$

而检验假设等价于检验假设

$$H_0: \delta_1 = \delta_2 = \cdots = \delta_s = 0; \ H_1: \delta_1, \delta_2, \cdots, \delta_s \ 不全为零.$$

为了检验不同水平的影响是否有显著差异，需要对影响以度量. 在方差分析中，常用偏差平方和来刻画影响的大小，并从偏差平方和的分解着手，导出假设检验问题的检验统计量.

记样本总平均 $\overline{X} = \dfrac{1}{n} \sum\limits_{j=1}^{s} \sum\limits_{i=1}^{n_j} X_{ij}$，

称总偏差平方和为

$$S_T = \sum_{j=1}^{s} \sum_{i=1}^{n_j} (X_{ij} - \overline{X})^2.$$

S_T 能反映全部试验数据之间的差异，S_T 也称为总变差.

又记 $\overline{X}_{\cdot j} = \dfrac{1}{n_j} \sum\limits_{i=1}^{n_j} X_{ij}$ 为水平 A_j 下的样本均值.

记 $S_E = \sum\limits_{j=1}^{s} \sum\limits_{i=1}^{n_j} (X_{ij} - \overline{X}_{\cdot j})^2$，$S_A = \sum\limits_{j=1}^{s} n_j (\overline{X}_{\cdot j} - \overline{X})^2$.

由
$$S_T = \sum_{j=1}^{s} \sum_{i=1}^{n_j} (X_{ij} - \overline{X})^2 = \sum_{j=1}^{s} \sum_{i=1}^{n_j} \left[(X_{ij} - \overline{X}_{\cdot j}) + (\overline{X}_{\cdot j} - \overline{X}) \right]^2$$

$$= \sum_{j=1}^{s} \sum_{i=1}^{n_j} (X_{ij} - \overline{X}_{\cdot j})^2 + 2 \sum_{j=1}^{s} \sum_{i=1}^{n_j} (X_{ij} - \overline{X}_{\cdot j})(\overline{X}_{\cdot j} - \overline{X}) + \sum_{j=1}^{s} \sum_{i=1}^{n_j} (\overline{X}_{\cdot j} - \overline{X})^2$$

$$= \sum_{j=1}^{s} \sum_{i=1}^{n_j} (X_{ij} - \overline{X}_{\cdot j})^2 + 2 \sum_{j=1}^{s} (\overline{X}_{\cdot j} - \overline{X}) \sum_{i=1}^{n_j} (X_{ij} - \overline{X}_{\cdot j}) + \sum_{j=1}^{s} \sum_{i=1}^{n_j} (\overline{X}_{\cdot j} - \overline{X})^2$$

$$= \sum_{j=1}^{s} \sum_{i=1}^{n_j} (X_{ij} - \overline{X}_{\cdot j})^2 + \sum_{j=1}^{s} n_j (\overline{X}_{\cdot j} - \overline{X})^2.$$

故
$$S_T = S_E + S_A.$$

其中 S_E 中的各项 $(X_{ij} - \overline{X}_{\cdot j})^2$ 表示样本观测值与样本均值的误差程度，它是由随机误差引起的，S_E 反映随机误差对总体指标的影响，故 S_E 称为**误差平方和**.

S_A 中各项 $n_j (\overline{X}_{\cdot j} - \overline{X})^2$ 表示在水平 A_j 下样本均值与数据总平均的差异，它是由水平 A_j 以及随机误差引起的，反映了在 A 的不同水平对总体指标的影响程度，称 S_A 为因素 A 的**效应平方和**.

注意到事实 $X_{ij} \sim N(\mu_j, \sigma^2)$，因此

$$\frac{\sum_{i=1}^{n_j}(X_{ij}-\bar{X}_{.j})^2}{\sigma^2} \sim \chi^2(n_j-1), \ j=1,2,\cdots,s,$$

故 $\quad \dfrac{S_E}{\sigma^2} = \dfrac{\sum_{j=1}^{s}\sum_{i=1}^{n_j}(X_{ij}-\bar{X}_{.j})^2}{\sigma^2} \sim \chi^2\Big[\sum_{j=1}^{s}(n_j-1)\Big],$

即 $\quad \dfrac{S_E}{\sigma^2} \sim \chi^2(n-s).$

同样的方法可以证明 $\dfrac{S_A}{\sigma^2} \sim \chi^2(s-1).$

进一步的证明还可得到当 H_0 成立时，S_A 与 S_E 相互独立.

由此可知，在 H_0 成立时，$F=\dfrac{S_A/(s-1)}{S_E/(n-s)} \sim F(s-1, \ n-s)$

在显著性水平 α 下，假设检验的拒绝域为

$$F=\frac{S_A/(s-1)}{S_E/(n-s)} \geqslant F_\alpha(s-1, \ n-s).$$

通常将上述结果列成下表，称为方差分析表.

表 9-1 单因素方差分析表

方差来源	平方和	自由度	均方误差	均方误差比	F 的临界值
因素 A	S_A	$s-1$	$\bar{S}_A=\dfrac{S_A}{s-1}$	$F=\dfrac{\bar{S}_A}{\bar{S}_E}$	$F_\alpha(s-1, \ n-s)$
误　差	S_E	$n-s$	$\bar{S}_E=\dfrac{S_E}{n-s}$		
总　和	S_T	$n-1$			

在实际计算时，常按下面的简便公式计算

$$S_T = \sum_{j=1}^{s}\sum_{i=1}^{n_j}X_{ij}^2 - n\bar{X}^2 = \sum_{j=1}^{s}\sum_{i=1}^{n_j}X_{ij}^2 - \frac{T_{..}^2}{n},$$

$$S_A = \sum_{j=1}^{s}n_j\bar{X}_{.j}^2 - n\bar{X}^2 = \sum_{j=1}^{s}\frac{T_{.j}^2}{n_j} - \frac{T_{..}^2}{n},$$

$$S_E = S_T - S_A,$$

其中 $T_{.j}=\sum_{i=1}^{n_j}X_{ij}, \ j=1,2,\cdots,s, \ T_{..}=\sum_{j=1}^{s}\sum_{i=1}^{n_j}X_{ij}.$

例 9.1.3 取显著性水平 $\alpha=0.01$，对例 9.1.2 检验假设：

$$H_0: \mu_1=\mu_2=\mu_3=\mu_4=\mu_5; \ H_1: \mu_1, \mu_2, \mu_3, \mu_4, \mu_5 \ 不全相等.$$

解 $\quad S=5, \ n_1=n_2=n_3=n_4=n_5=3, \ n=15,$

$$S_T = \sum_{j=1}^{5} \sum_{i=1}^{3} x_{ij}^2 - \frac{T_{..}^2}{15}$$

$$= 121\,116 - \frac{1\,346^2}{15}$$

$$= 334.9,$$

$$S_A = \sum_{j=1}^{5} \frac{T_{.j}^2}{n_j} - \frac{T_{..}^2}{n} = 282.3,$$

$$S_E = S_T - S_A = 52.6,$$

由此得方差分析表如下：

方差来源	平方和	自由度	均方误差	均方误差比
因　素	282.3	4	70.6	13.3
随机误差	52.6	10	5.3	
总　和	334.9	14		

而 $13.3 > F_{0.01}(4, 10) = 5.99$，均方误差比落在拒绝域中，故在水平 $\alpha = 0.01$ 下拒绝 H_0，即认为不同温度水平对产品得率有显著的影响.

例 9.1.4　设在例 9.1.1 中的四种类型电路的响应时间的总体均为正态，且各总体的方差相同，但参数均未知. 又设各样本相互独立，试取水平 $\alpha = 0.05$ 检验各类型电路的响应时间是否有显著性差异.

解　分别以 μ_1，μ_2，μ_3，μ_4，记类型 I，II，III，IV 四种电路响应时间总体的平均值，需检验假设

$$H_0: \mu_1 = \mu_2 = \mu_3 = \mu_4; \quad H_1: \mu_1, \mu_2, \mu_3, \mu_4 \text{ 不全相等}.$$

现在 $n = 14$，$s = 4$，$n_1 = n_3 = 4$，$n_2 = n_4 = 3$，

$$S_T = \sum_{j=1}^{4} \sum_{i=1}^{n_j} x_{ij}^2 - \frac{T_{..}^2}{14}$$

$$= 5\,773 - \frac{281^2}{14} = 132.93,$$

$$S_A = \sum_{j=1}^{4} \frac{T_{.j}^2}{n_j} - \frac{T_{..}^2}{14}$$

$$= \left[\frac{1}{4}(79^2 + 77^2) + \frac{1}{3}(66^2 + 59^2) \right] - \frac{281^2}{4}$$

$$= 14.76,$$

$$S_E = S_T - S_A = 118.17.$$

由此得方差分析表

方差来源	平方和	自由度	均方误差	均方误差比
因 素	17.76	3	4.92	
随机误差	118.17	10	11.817	0.416 3
总 和	284.93	13		

因 $0.416\,3 < F_{0.05}(3, 10) = 3.71$，故在显著性水平 $\alpha = 0.05$ 下不能拒绝 H_0，只能接受 H_0，即认为各类型电路的响应时间无显著差异.

§9.2 一元线性回归分析

1. 回归分析的思想

在客观世界中，很多变量之间存在着一定的关系，我们可以将这些关系分为两类. 一类为确定性关系，即函数关系，例如，圆的面积 A 与半径 r 的关系 $A = \pi r^2$；匀速直线运动中物体经过的路程 s 与时间 t 的关系 $s = vt$. 函数关系的基本特征是当自变量 x 的值确定后，因变量 y 值也随之确定，因此函数是研究变量之间确定性关系的数学工具. 另一类为非确定性关系，例如，人的身高与体重，这两个变量之间存在某种关系，这种关系不能用一个函数来表达. 因为当人的身高确定后人的体重并不随之确定，它们之间存在某种不确定关系. 又如农作物的亩产量与施肥量之间存在某种关系，这种关系也不能用函数关系来表达. 在统计学上称这种非确定性关系为"相关关系". 回归分析就是研究变量之间相互关系的统计方法.

在有相关关系的变量中，可将其中一个看成因变量，其他变量看成自变量. 我们会遇到各种情况，如因变量、自变量都是随机变量的情形，或者因变量是随机变量，而自变量是可以测量或控制的非随机变量（即普通变量）的情形等. 本章只讨论因变量为随机变量，而自变量为普通变量的情形.

设因变量 Y 与自变量 x 之间存在相关关系，由于自变量 x 给定之后，因变量 Y 并不随之确定，它是一个与 x 有关的随机变量，因此直接研究 x 与 Y 之间的关系是比较困难的. 注意到均值 $E(Y)$ 反映了随机变量 Y 的平均取值，因此可考虑研究 x 与 $E(Y)$ 之间的关系，如果 $E(Y)$ 存在，则 $E(Y)$ 显然是 x 的函数，记为 $E(Y) = \mu(x)$，称 $\mu(x)$ 为 Y 对 x 的回归函数. 回归函数描述了因变量 Y 的均值 $\mu(x)$ 与自变量 x 之间的关系.

由于 Y 的分布函数通常是未知的，因此回归函数 $\mu(x)$ 也就无法求得. 我们只能利用试验数据对 $\mu(x)$ 进行估计. 求 Y 对 x 的回归问题转化为对 $\mu(x)$ 的估计问题. 由此可知，回归分析的基本思想就是利用回归函数反映因变量与自变量之间的相关关系.

本节将通过对一个实例进行分析来建立一元线性回归分析的数学模型，并由此给出一般的回归分析方法.

2. 一元线性回归模型

首先考察一个例子.

例 9.2.1 为了研究营业税税收总额 Y 与社会商品零售总额 x 之间的关系，现收集了八组数据如下表所示：（单位：亿元）

零售总额	142	177	205	243	316	342	389	453
税收总额	3.93	5.96	7.85	9.82	12.50	15.55	16.39	18.45

把这些数据点 $(x_i, y_i)(i = 1, 2, \cdots,$ 8) 标在 xOy 坐标系中如图 9-1 所示,这种图形通常称为散点图.

从散点图可以看出,这 8 个点虽然不在同一条直线上,但大致上在直线 L 的周围.记这条直线为 $y = \beta_0 + \beta_1 x$,于是可把 x_i 与 Y_i 之间的关系表示为:

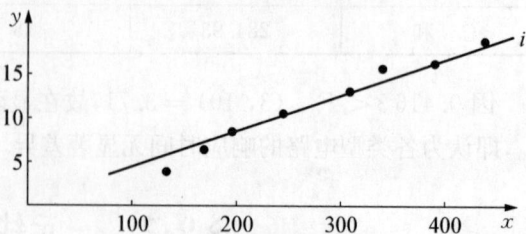

图 9-1

$$Y_i = (\beta_0 + \beta_1 x_i) + \varepsilon_i \quad (i = 1, 2, \cdots, 8)$$

这里 ε_i 表示试验误差,它反映了自变量 x 与因变量 Y 之间的不确定性关系,通常假定 $\varepsilon_i \sim N(0, \sigma^2)$,且 $\varepsilon_1, \varepsilon_2, \cdots, \varepsilon_8$ 相互独立.

一般地,假定要考察的自变量 x 与因变量 Y 之间存在相关关系,且 $Y = \beta_0 + \beta_1 x + \varepsilon$,其中 $\varepsilon \sim N(0, \sigma^2)$. 首先对这组变量 (x, Y) 作 n 次观察,得到 n 组观测值 (x, Y),(x_1, Y_1),$\cdots$,(x_n, Y_n),由上例可得到如下的一元线性回归模型.

$$Y_i = \beta_0 + \beta_1 x_i + \varepsilon_i \quad (i = 1, 2, \cdots, n)$$
$$\varepsilon_1, \varepsilon_2, \cdots, \varepsilon_n \text{ 相互独立且 } \varepsilon_i \sim N(0, \sigma^2).$$

易知 $Y \sim N(\beta_0 + \beta_1 x, \sigma^2)$,因此 $E(Y) = \beta_0 + \beta_1 x$,称这个函数为回归函数,称 β_1 为回归系数,$\beta_0, \beta_1, \sigma^2$ 都是未知参数,回归函数 $\mu(x) = \beta_0 + \beta_1 x$ 反映了自变量 x 与因变量 Y 之间的相关关系. 回归分析就是要根据样本 $(x_1, Y_1), (x_2, Y_2), \cdots, (x_n, Y_n)$ 找到 β_0 与 β_1 适当估计值 $\hat{\beta}_0, \hat{\beta}_1$ 从而用经验公式

$$\hat{y} = \hat{\beta}_0 + \hat{\beta}_1 x$$

来近似地刻画自变量 x 与因变量 Y 之间的相关关系. 这个经验公式也称为经验回归函数.

3. 最小二乘法

估计 β_0, β_1 的一个直观想法便是要求观测值 y_i 与均值 $\beta_0 + \beta_1 x_i$ 的偏离越小越好,为了避免正负偏差抵消,可要求偏差平方和 $\theta(\beta_0, \beta_1) = \sum_{i=1}^{n} (y_i - \beta_0 - \beta_1 x_i)^2$ 达到最小.

用这个方法得到的 β_0, β_1 的估计称为最小二乘估计,这个估计方法称为**最小二乘法**.

由于 $\theta(\beta_0, \beta_1)$ 是一个非负二次型,对 β_0, β_1 的偏导数存在,因而可通过 θ 关于 β_0, β_1 的偏导数为零来求出 β_0, β_1 的估计值. 为方便起见,本节中将用 "$\sum$" 表示 "$\sum_{i=1}^{n}$".

由

$$\begin{cases} \dfrac{\partial \theta}{\partial \beta_0} = -2 \sum (y_i - \beta_0 - \beta_1 x_i) = 0, \\ \dfrac{\partial \theta}{\partial \beta_1} = -2 \sum (y_i - \beta_0 - \beta_1 x_i) x_i = 0, \end{cases}$$

整理得到

$$\begin{cases} n\beta_0 + \left(\sum x_i\right)\beta_1 = \sum y_i, \\ \left(\sum x_i\right)\beta_0 + \left(\sum x_i^2\right)\beta_1 = \sum x_i y_i. \end{cases}$$

通常称上述方程组为正则方程组,由正则方程组可解得

$$\begin{cases} \hat{\beta}_1 = \dfrac{\sum x_i y_i - \dfrac{1}{n}\left(\sum x_i\right)\left(\sum y_i\right)}{\sum x_i^2 - \dfrac{1}{n}\left(\sum x_i\right)^2} = \dfrac{\sum (x_i - \bar{x})(y_i - \bar{y})}{\sum (x_i - \bar{x})^2}, \\ \hat{\beta}_0 = \bar{y} - \beta_1 \bar{x}, \end{cases}$$

其中 $\bar{x} = \dfrac{1}{n}\sum x_i$, $\bar{y} = \dfrac{1}{n}\sum y_i$.

记 $S_{xx} = \sum (x_i - \bar{x})^2$, $S_{yy} = \sum (y_i - \bar{y})^2$, $S_{xy} = \sum (x_i - \bar{x})(y_i - \bar{y})$,

有

$$\begin{cases} \hat{\beta}_1 = \dfrac{S_{xy}}{S_{xx}}, \\ \hat{\beta}_0 = \bar{y} - \hat{\beta}_1 \bar{x}. \end{cases}$$

由此可求出经验回归函数为 $\hat{y} = \hat{\beta}_0 + \hat{\beta}_1 x$.

例 9.2.2 为了研究某一化学反应过程中,温度 $x(\text{℃})$ 对产品得率 $Y(\%)$ 的影响,测得数据如下:

温度 $x(\text{℃})$	100	110	120	130	140	150	160	170	180	190
得率 $Y(\%)$	45	51	54	61	66	70	74	78	85	89

试求出 Y 关于 x 的一元线性回归方程.

解 由所给数据可计算得

$$S_{xx} = 8\,250, \ S_{xy} = 3\,985, \ \bar{y} = 67.3, \ \bar{x} = 145,$$

故得 $\hat{\beta}_1 = \dfrac{S_{xy}}{S_{xx}} \approx 0.483,$

$$\hat{\beta}_0 = \bar{y} - \hat{\beta}_1 \bar{x} \approx -2.739.$$

于是所求一元线性回归方程为 $\hat{y} = -2.739 + 0.483x$.

下面不加证明地给出最小二乘估计性质:

定理 9.2.1 $\hat{\beta}_0$, $\hat{\beta}_1$ 分别是 β_0, β_1 的无偏估计,且

$$\hat{\beta}_0 \sim N\left(\beta_0, \frac{\sigma^2 \sum x_i^2}{n \sum (x_i - \bar{x})^2}\right), \ \hat{\beta}_1 \sim N\left(\beta_1, \frac{\sigma^2}{\sum (x_i - \bar{x})^2}\right).$$

由该定理易知,$\hat{\beta}_0$, $\hat{\beta}_1$ 分别是 β_0, β_1 的无偏估计.

记 $SS_e = \sum (y_i - \hat{y}_i)^2$，称 SS_e 为**残差平方和**，残差平方和反映了试验的累计误差.

定理 9.2.2 $\dfrac{SS_e}{\sigma^2} \sim \chi^2 (n-2)$.

由该定理可知 $\hat{\sigma}^2 = \dfrac{SS_e}{n-2}$ 为 σ^2 的无偏估计.

4. 线性假设的显著性检验

在上面讨论中，我们假定回归模型是线性模型，且回归函数为最简单的线性函数 $\hat{y} = \hat{\beta_0} + \hat{\beta_1} x$，由此得到的回归直线是否与实际情形拟合，必须对回归函数是否为线性函数的假设作出显著性检验. 如果回归函数为线性函数，则 β_1 不应为零，若 β_1 等于零，则 Y 与 x 之间不存在线性关系，为此作出检验假设为：$H_0: \beta_1 = 0$；$H_1: \beta_1 \neq 0$.

称上述假设检验，在本质上相同的方法有三种：t 检验、F 检验和相关系数检验，而相关系数检验法是工程技术上广泛应用的一种检验方法. 因为它对 x 与 Y 之间的线性相关关系给出了一个数量表示.

相关系数检验法：取检验统计量

$$R = \frac{\sum (x_i - \bar{x})(Y_i - \bar{Y})}{\sqrt{\sum (x_i - \bar{x})^2} \sqrt{\sum (Y_i - \bar{Y})^2}}.$$

通常称 R 为相关系数，R 的取值 r 反映了自变量 x 与因变量 Y 之间的线性相关关系. 在显著性水平 α 下，当 $|r| > c$ 时拒绝 H_0，其中临界值 c 可由相关系数检验的临界值 $\gamma_{\frac{\alpha}{2}}(n-2)$ 查附表 6 得出. 另外，r 值可由 $r = \dfrac{S_{xy}}{\sqrt{S_{xx}S_{yy}}}$ 计算出.

5. 可化为一元线性回归的问题

在实际问题中，常常会遇到这样的情形，散点图上的 n 个数据点明显地不在一条直线附近，而在某条曲线周围. 这表明自变量 x 与因变量 Y 之间不存在线性相关关系. 如果还用线性回归分析方法来处理，往往会发现回归效果不显著，这时选取适当的曲线回归可能符合实际情况，这种方法称为非线性回归分析，它主要步骤为：

（1）根据专业知识或散点图选择适当的非线性回归方程；

（2）通过变量代换，把非线性回归问题转化为线性回归问题.

例 9.2.3 电容器充电后，电压达到 100 伏，然后开始放电，测得时刻 t_i 时的电压 u_i 如下表所示：

t(s)	0	1	2	3	4	5	6	7	8	9	10
u(V)	100	75	55	40	30	20	15	10	10	5	5

试求电压 u 对时间 t 的回归方程.

解：先画散点图 9-2. 根据散点图的形状，设回归方程为

$$u = ae^{bt}, \quad b < 0, a > 0,$$

取对数得 $\ln u = \ln a + bt$，

作变量代换：令 $x = t$，$y = \ln u$，$A = \ln a$，$B = b$
得 $y = A + Bx$.

于是问题转化为 y 对 x 的回归.

由所给数据可计算得到，$\bar{x} = 5$，$\bar{y} = 3.05$，$S_{xx} = 110$，$S_{xy} = -34.389$，$S_{yy} = 10.841$

于是 $\hat{B} = \dfrac{S_{xy}}{S_{xx}} = -0.3126$，$\hat{A} = \bar{y} - \hat{B}\bar{x} = 4.613$，

因此，y 对 x 的回归方程为：

$$\hat{y} = 4.613 - 0.3126x.$$

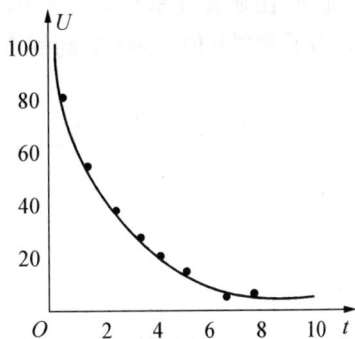

图 9-2

由此可得 u 对 t 的回归方程为：

$$\hat{u} = 100.786\mathrm{e}^{-0.3126t}.$$

又 $r = \dfrac{S_{xy}}{\sqrt{S_{xx}S_{yy}}} = -0.9958$，查取 $\alpha = 0.01$，查附表 6 得 $\gamma_{0.01}(9) = 0.735$.

显然，$|r| > \gamma_{0.01}(9)$，所以 y 与 x 之间的线性相关关系高度显著，从而 u 与 t 之间指数曲线相关关系高度显著.

本 章 小 结

本章介绍了两种用途广泛的统计模型，方差分析模型和回归分析模型.

在实际中试验的指标往往受到一种或多种因素的影响. 方差分析就是通过对试验数据进行分析，判断各因素对试验指标的影响是否显著. 方差分析是用偏差平方和度量数据的变异.

回归分析是研究自变量为一般变量（非随机变量），因变量为随机变量时两者之间的相关关系的统计分析方法. 两者之间的关系是通过期望 $E(Y) = \mu(x)$ 与 x 的确定性关系即函数关系来研究的. 本章主要介绍了一元线性回归模型：$Y = \beta_0 + \beta_1 x + \varepsilon, \varepsilon \sim N(0, \sigma^2)$，同时介绍了线性假设：$H_0: \beta_1 = 0$；$H_1: \beta_1 \neq 0$ 的显著性检验，及可化为一元线性回归问题的解题思想.

习 题 九

1. 种型号的电池三批，它们分别是 A，B，C 三个工厂所生产的，为评比其质量，各随机地抽取 5 只电池为样品，经试验测得其寿命（小时）如下：

批 次	寿 命				
A	40	48	38	42	45
B	26	34	30	28	32
C	39	40	43	50	50

试问在显著性水平 $\alpha = 0.05$ 下电池平均寿命有无显著差异?

2. 为了考察 6 种不同的农药的杀虫率(单位:%)有无显著差异,做了 20 次试验,得数据如下:

农药	杀虫率			
A	87.4	85.0	80.2	
B	90.5	88.5	87.3	94.7
C	56.2	62.4	68.1	
D	55.0	48.2	53.2	
E	92.0	99.2	95.3	91.5
F	75.2	72.3	81.3	

试问在显著性水平 $\alpha = 0.01$ 下不同种类的农药的杀虫率有无显著差异?

3. 在硝酸钠的溶解试验中,测得在不同温度 x(℃)下,溶解了 100 份水中硝酸钠份数 y 的数据如下:

x(℃)	0	4	10	15	21	29	36	51	68
y(份)	66.7	71.0	76.3	80.6	85.7	92.9	99.4	113.6	125.1

试求 y 对 x 的线性回归方程.

4. 为了了解百货商店销售额 x 与流通费率 y 之间的关系,收集了如下 9 组数据:

销售额 x(万元)	1.5	4.5	7.5	10.5	13.5	16.5	19.5	22.5	25.5
流通率 y(%)	7.0	4.8	3.6	3.1	2.7	2.5	2.4	2.3	2.2

已知 y 与 x 间的经验公式为 $y = ax^b$,试估计 a、b 之值.

补 充 题 九

1. 某职工医院用光电比色计检验尿贡时,得尿贡含量(mg/l)与消光系数读数如下:

尿贡含量 x	2	4	6	8	10
消光系数 y	64	138	205	285	360

假设 y 关于 x 的回归是线性回归,即 $y = \beta_0 + \beta_1 x$.

(1) 求 $\hat{\beta}_0$,$\hat{\beta}_1$ 及误差方差 σ^2 的估计;

(2) 检验假设 $H_0: \beta_1 = 0$;$H_1: \beta_1 \neq 0$.($\alpha = 0.05$)

2. 已知 20 世纪 4 个年度 1 英里(1 英里 $= 1\,609.344$ m)赛跑的世界纪录(单位:s)如下:

年代 x	1943	1945	1958	1967
世界纪录 y	242.6	241.4	234.5	231.1

求出经验回归函数,并预测 1975 年的世界纪录.

附表 1 泊 松 分 布 表

$$P\{X \leqslant x\} = \sum_{k=0}^{x} \frac{\lambda^k}{k!} \mathrm{e}^{-\lambda}$$

x	λ								
	0.1	0.2	0.3	0.4	0.5	0.6	0.7	0.8	0.9
0	0.904 8	0.818 7	0.740 8	0.673 0	0.606 5	0.548 8	0.496 6	0.449 3	0.406 6
1	0.995 3	0.982 5	0.963 1	0.938 4	0.909 8	0.878 1	0.844 2	0.808 8	0.772 5
2	0.999 8	0.998 9	0.996 4	0.992 1	0.985 6	0.976 9	0.965 9	0.952 6	0.937 1
3	1.000 0	0.999 9	0.999 7	0.999 2	0.998 2	0.996 6	0.994 2	0.990 9	0.986 5
4		1.000 0	1.000 0	0.999 9	0.999 8	0.999 6	0.999 2	0.998 6	0.997 7
5				1.000 0	1.000 0	1.000 0	0.999 9	0.999 8	0.999 7
6							1.000 0	1.000 0	1.000 0

x	λ								
	1.0	1.5	2.0	2.5	3.0	3.5	4.0	4.5	5.0
0	0.367 9	0.223 1	0.135 3	0.082 1	0.049 8	0.030 2	0.018 3	0.011 1	0.006 7
1	0.735 8	0.557 8	0.406 0	0.287 3	0.199 1	0.135 9	0.091 6	0.061 1	0.040 4
2	0.919 7	0.808 8	0.676 7	0.543 8	0.423 2	0.320 8	0.238 1	0.173 6	0.124 7
3	0.981 0	0.934 4	0.857 1	0.757 6	0.647 2	0.536 6	0.433 5	0.342 3	0.265 0
4	0.996 3	0.981 4	0.947 3	0.891 2	0.815 3	0.725 4	0.628 8	0.532 1	0.440 5
5	0.999 4	0.995 5	0.983 4	0.958 0	0.916 1	0.857 6	0.785 1	0.702 9	0.616 0
6	0.999 9	0.999 1	0.995 5	0.985 8	0.966 5	0.934 7	0.889 3	0.831 1	0.762 2
7	1.000 0	0.999 8	0.998 9	0.995 8	0.988 1	0.973 3	0.948 9	0.913 4	0.866 6
8		1.000 0	0.999 8	0.998 9	0.996 2	0.990 1	0.978 6	0.959 7	0.931 9
9			1.000 0	0.999 7	0.998 9	0.996 7	0.991 9	0.982 9	0.968 2
10				0.999 9	0.999 7	0.999 0	0.997 2	0.993 3	0.986 3
11				1.000 0	0.999 9	0.999 7	0.999 1	0.997 6	0.994 5
12					1.000 0	0.999 9	0.999 7	0.999 2	0.998 0

x	λ								
	5.5	6.0	6.5	7.0	7.5	8.0	8.5	9.0	9.5
0	0.004 1	0.002 5	0.001 5	0.000 9	0.000 6	0.000 3	0.000 2	0.000 1	0.000 1
1	0.026 6	0.017 4	0.011 3	0.007 3	0.004 7	0.003 0	0.001 9	0.001 2	0.000 8
2	0.088 4	0.062 0	0.043 0	0.029 6	0.020 3	0.013 8	0.009 3	0.006 2	0.004 2
3	0.201 7	0.151 2	0.111 8	0.081 8	0.059 1	0.042 4	0.030 1	0.021 2	0.014 9
4	0.357 5	0.285 1	0.223 7	0.173 0	0.132 1	0.099 6	0.074 4	0.055 0	0.040 3
5	0.528 9	0.445 7	0.369 0	0.300 7	0.241 4	0.191 2	0.149 6	0.115 7	0.088 5
6	0.686 0	0.606 3	0.526 5	0.449 7	0.378 2	0.313 4	0.256 2	0.206 8	0.164 9
7	0.809 5	0.744 0	0.672 8	0.598 7	0.524 6	0.453 0	0.385 6	0.323 9	0.268 7
8	0.894 4	0.847 2	0.791 6	0.729 1	0.662 0	0.592 5	0.523 1	0.455 7	0.391 8
9	0.946 2	0.916 1	0.877 4	0.830 5	0.776 4	0.716 6	0.653 0	0.587 4	0.521 8
10	0.974 7	0.957 4	0.933 2	0.901 5	0.862 2	0.815 9	0.763 4	0.706 0	0.645 3
11	0.989 0	0.979 9	0.966 1	0.946 6	0.920 8	0.888 1	0.848 7	0.803 0	0.752 0
12	0.995 5	0.991 2	0.984 0	0.973 0	0.957 3	0.936 2	0.909 1	0.875 8	0.836 4
13	0.998 3	0.996 4	0.992 9	0.987 2	0.978 4	0.965 8	0.948 6	0.926 1	0.898 1
14	0.999 4	0.998 6	0.997 0	0.994 3	0.989 7	0.982 7	0.972 6	0.958 5	0.940 0
15	0.999 8	0.999 5	0.998 8	0.997 6	0.995 4	0.991 8	0.986 2	0.978 0	0.966 5
16	0.999 9	0.999 8	0.999 6	0.999 0	0.998 0	0.996 3	0.993 4	0.988 9	0.982 3
17	1.000 0	0.999 9	0.999 8	0.999 6	0.999 2	0.998 4	0.997 0	0.994 7	0.991 1
18		1.000 0	0.999 9	0.999 9	0.999 7	0.999 4	0.998 7	0.997 6	0.995 7
19			1.000 0	1.000 0	0.999 9	0.999 7	0.999 5	0.998 9	0.998 0
20					1.000 0	0.999 9	0.999 8	0.999 6	0.999 1

x	λ								
	10.0	11.0	12.0	13.0	14.0	15.0	16.0	17.0	18.0
0	0.000 0	0.000 0	0.000 0						
1	0.000 5	0.000 2	0.000 1	0.000 0	0.000 0				
2	0.002 8	0.001 2	0.000 5	0.000 2	0.000 1	0.000 0	0.000 0		
3	0.010 3	0.004 9	0.002 3	0.001 0	0.000 5	0.000 2	0.000 1	0.000 0	0.000 0
4	0.029 3	0.015 1	0.007 6	0.003 7	0.001 8	0.000 9	0.000 4	0.000 2	0.000 1
5	0.067 1	0.037 5	0.020 3	0.010 7	0.005 5	0.002 8	0.001 4	0.000 7	0.000 3
6	0.130 1	0.078 6	0.045 8	0.025 9	0.014 2	0.007 6	0.004 0	0.002 1	0.001 0
7	0.220 2	0.143 2	0.089 5	0.054 0	0.031 6	0.018 0	0.010 0	0.005 4	0.002 9
8	0.332 8	0.232 0	0.155 0	0.099 8	0.062 1	0.037 4	0.022 0	0.012 6	0.007 1
9	0.457 9	0.340 5	0.242 4	0.165 8	0.109 4	0.069 9	0.043 3	0.026 1	0.015 4
10	0.583 0	0.459 9	0.347 2	0.251 7	0.175 7	0.118 5	0.077 4	0.049 1	0.030 4
11	0.696 8	0.579 3	0.461 6	0.353 2	0.260 0	0.184 8	0.127 0	0.084 7	0.054 9
12	0.791 6	0.688 7	0.576 0	0.463 1	0.358 5	0.267 6	0.193 1	0.135 0	0.091 7
13	0.864 5	0.781 3	0.681 5	0.573 0	0.464 4	0.363 2	0.274 5	0.200 9	0.142 6
14	0.916 5	0.854 0	0.772 0	0.675 1	0.570 4	0.465 7	0.367 5	0.280 8	0.208 1
15	0.951 3	0.907 4	0.844 4	0.763 6	0.669 4	0.568 1	0.466 7	0.371 5	0.286 7
16	0.973 0	0.944 1	0.898 7	0.835 5	0.755 9	0.664 1	0.566 0	0.467 7	0.375 0
17	0.985 7	0.967 8	0.937 0	0.890 5	0.827 2	0.748 9	0.659 3	0.564 0	0.468 6
18	0.992 8	0.982 3	0.962 6	0.930 2	0.882 6	0.819 5	0.742 3	0.655 0	0.562 2
19	0.996 5	0.990 7	0.978 7	0.957 3	0.923 5	0.875 2	0.812 2	0.736 3	0.650 9
20	0.998 4	0.995 3	0.988 4	0.975 0	0.952 1	0.917 0	0.868 2	0.805 5	0.730 7
21	0.999 3	0.997 7	0.993 9	0.985 9	0.971 2	0.946 9	0.910 8	0.861 5	0.799 1
22	0.999 7	0.999 0	0.997 0	0.992 4	0.983 3	0.967 3	0.941 8	0.904 7	0.855 1
23	0.999 9	0.999 5	0.998 5	0.996 0	0.990 7	0.980 5	0.963 3	0.936 7	0.898 9
24	1.000 0	0.999 8	0.999 3	0.998 0	0.995 0	0.988 8	0.977 7	0.959 4	0.931 7
25		0.999 9	0.999 7	0.999 0	0.997 4	0.993 8	0.986 9	0.974 8	0.955 4
26		1.000 0	0.999 9	0.999 5	0.998 7	0.996 7	0.992 5	0.984 8	0.971 8
27			0.999 9	0.999 8	0.999 4	0.998 3	0.995 9	0.991 2	0.982 7
28			1.000 0	0.999 9	0.999 7	0.999 1	0.997 8	0.995 0	0.989 7
29				1.000 0	0.999 9	0.999 6	0.998 9	0.997 3	0.994 1
30					0.999 9	0.999 8	0.999 4	0.998 6	0.996 7
31					1.000 0	0.999 9	0.999 7	0.999 3	0.998 2
32						1.000 0	0.999 9	0.999 6	0.999 0
33							0.999 9	0.999 8	0.999 5
34							1.000 0	0.999 9	0.999 8
35								1.000 0	0.999 9
36									0.999 9
37									1.000 0

附表 2　标准正态分布表

$$\Phi(x) = \int_{-\infty}^{x} \frac{1}{\sqrt{2\pi}} e^{-\frac{t^2}{2}} dt \ (x \geqslant 0)$$

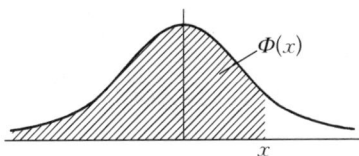

x	0.00	0.01	0.02	0.03	0.04	0.05	0.06	0.07	0.08	0.09
0.0	0.500 0	0.504 0	0.508 0	0.512 0	0.516 0	0.519 9	0.523 9	0.527 9	0.531 9	0.535 9
0.1	0.539 8	0.543 8	0.547 8	0.551 7	0.555 7	0.559 6	0.563 6	0.567 5	0.571 4	0.575 3
0.2	0.579 3	0.583 2	0.587 1	0.591 0	0.594 8	0.598 7	0.602 6	0.606 4	0.610 3	0.614 1
0.3	0.617 9	0.621 7	0.625 5	0.629 3	0.633 1	0.636 8	0.640 6	0.644 3	0.648 0	0.651 7
0.4	0.655 4	0.659 1	0.662 8	0.666 4	0.670 0	0.673 6	0.677 2	0.680 8	0.684 4	0.687 9
0.5	0.691 5	0.695 0	0.698 5	0.701 9	0.705 4	0.708 8	0.712 3	0.715 7	0.719 0	0.722 4
0.6	0.725 7	0.729 1	0.732 4	0.735 7	0.738 9	0.742 2	0.745 4	0.748 6	0.751 7	0.754 9
0.7	0.758 0	0.761 1	0.764 2	0.767 3	0.770 4	0.773 4	0.776 4	0.779 4	0.782 3	0.785 2
0.8	0.788 1	0.791 0	0.793 9	0.796 7	0.799 5	0.802 3	0.805 1	0.807 8	0.810 6	0.813 3
0.9	0.815 9	0.818 6	0.821 2	0.823 8	0.826 4	0.828 9	0.831 5	0.834 0	0.836 5	0.838 9
1.0	0.841 3	0.843 8	0.846 1	0.848 5	0.850 8	0.853 1	0.855 4	0.857 7	0.859 9	0.862 1
1.1	0.864 3	0.866 5	0.868 6	0.870 8	0.872 9	0.874 9	0.877 0	0.879 0	0.881 0	0.883 0
1.2	0.884 9	0.886 9	0.888 8	0.890 7	0.892 5	0.894 4	0.896 2	0.898 0	0.899 7	0.901 5
1.3	0.903 2	0.904 9	0.906 6	0.908 2	0.909 9	0.911 5	0.913 1	0.914 7	0.916 2	0.917 7
1.4	0.919 2	0.920 7	0.922 2	0.923 6	0.925 1	0.926 5	0.927 8	0.929 2	0.930 6	0.931 9
1.5	0.933 2	0.934 5	0.935 7	0.937 0	0.938 2	0.939 4	0.940 6	0.941 8	0.942 9	0.944 1
1.6	0.945 2	0.946 3	0.947 4	0.948 4	0.949 5	0.950 5	0.951 5	0.952 5	0.953 5	0.954 5
1.7	0.955 4	0.956 4	0.957 3	0.958 2	0.959 1	0.959 9	0.960 8	0.961 6	0.962 5	0.963 3
1.8	0.964 1	0.964 9	0.965 6	0.966 4	0.967 1	0.967 8	0.968 6	0.969 3	0.969 9	0.970 6
1.9	0.971 3	0.971 9	0.972 6	0.973 2	0.973 8	0.974 4	0.975 0	0.975 6	0.976 1	0.976 7
2.0	0.977 2	0.977 8	0.978 3	0.978 8	0.979 3	0.979 8	0.980 3	0.980 8	0.981 2	0.981 7
2.1	0.982 1	0.982 6	0.983 0	0.983 4	0.983 8	0.984 2	0.984 6	0.985 0	0.985 4	0.985 7
2.2	0.986 1	0.986 4	0.986 8	0.987 1	0.987 5	0.987 8	0.988 1	0.988 4	0.988 7	0.989 0
2.3	0.989 3	0.989 6	0.989 8	0.990 1	0.990 4	0.990 6	0.990 9	0.991 1	0.991 3	0.991 6
2.4	0.991 8	0.992 0	0.992 2	0.992 5	0.992 7	0.992 9	0.993 1	0.993 2	0.993 4	0.993 6
2.5	0.993 8	0.994 0	0.994 1	0.994 3	0.994 5	0.994 6	0.994 8	0.994 9	0.995 1	0.995 2
2.6	0.995 3	0.995 5	0.995 6	0.995 7	0.995 9	0.996 0	0.996 1	0.996 2	0.996 3	0.996 4
2.7	0.996 5	0.996 6	0.996 7	0.996 8	0.996 9	0.997 0	0.997 1	0.997 2	0.997 3	0.997 4
2.8	0.997 4	0.997 5	0.997 6	0.997 7	0.997 7	0.997 8	0.997 9	0.997 9	0.998 0	0.998 1
2.9	0.998 1	0.998 2	0.998 2	0.998 3	0.998 4	0.998 4	0.998 5	0.998 5	0.998 6	0.998 6
3.0	0.998 7	0.998 7	0.998 7	0.998 8	0.998 8	0.998 9	0.998 9	0.998 9	0.999 0	0.999 0
3.1	0.999 0	0.999 1	0.999 1	0.999 1	0.999 2	0.999 2	0.999 2	0.999 2	0.999 3	0.999 3
3.2	0.999 3	0.999 3	0.999 4	0.999 4	0.999 4	0.999 4	0.999 4	0.999 5	0.999 5	0.999 5
3.3	0.999 5	0.999 5	0.999 5	0.999 6	0.999 6	0.999 6	0.999 6	0.999 6	0.999 6	0.999 7
3.4	0.999 7	0.999 7	0.999 7	0.999 7	0.999 7	0.999 7	0.999 7	0.999 7	0.999 7	0.999 8

附表 3 χ^2 分布分位数表

$$P\{\chi^2(n) > \chi^2_\alpha(n)\} = \alpha$$

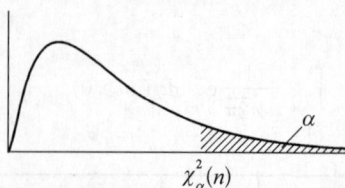

$\chi^2_\alpha(n)$

n \ α	0.995	0.99	0.975	0.95	0.90	0.10	0.05	0.025	0.01	0.005
1	0.000	0.000	0.001	0.004	0.016	2.706	3.843	5.025	6.637	7.882
2	0.010	0.020	0.051	0.103	0.211	4.605	5.992	7.378	9.210	10.597
3	0.072	0.115	0.216	0.352	0.584	6.251	7.815	9.348	11.344	12.837
4	0.207	0.297	0.484	0.711	1.064	7.779	9.488	11.143	13.277	14.860
5	0.412	0.554	0.831	1.145	1.610	9.236	11.070	12.832	15.085	16.748
6	0.676	0.872	1.237	1.635	2.204	10.645	12.592	14.440	16.812	18.548
7	0.989	1.239	1.690	2.167	2.833	12.017	14.067	16.012	18.474	20.276
8	1.344	1.646	2.180	2.733	3.490	13.362	15.507	17.534	20.090	21.954
9	1.735	2.088	2.700	3.325	4.168	14.684	16.919	19.022	21.665	23.587
10	2.156	2.558	3.247	3.940	4.865	15.987	18.307	20.483	23.209	25.188
11	2.603	3.053	3.816	4.575	5.578	17.275	19.675	21.920	24.724	26.755
12	3.074	3.571	4.404	5.226	6.304	18.549	21.026	23.337	26.217	28.300
13	3.565	4.107	5.009	5.892	7.041	19.812	22.362	24.735	27.687	29.817
14	4.075	4.660	5.629	6.571	7.790	21.064	23.685	26.119	29.141	31.319
15	4.600	5.229	6.262	7.261	8.547	22.307	24.996	27.488	30.577	32.799
16	5.142	5.812	6.908	7.962	9.312	23.542	26.296	28.845	32.000	34.267
17	5.697	6.407	7.564	8.682	10.085	24.769	27.587	30.190	33.408	35.716
18	6.265	7.015	8.231	9.390	10.865	25.989	28.869	31.526	34.805	37.156
19	6.843	7.632	8.906	10.117	11.651	27.203	30.143	32.852	36.190	38.580
20	7.434	8.260	9.591	10.851	12.443	28.412	31.410	34.170	37.566	39.997
21	8.033	8.897	10.283	11.591	13.240	29.615	32.670	35.478	38.930	41.399
22	8.643	9.542	10.982	12.338	14.042	30.813	33.924	36.781	40.289	42.796
23	9.260	10.195	11.688	13.090	14.848	32.007	35.172	38.075	41.637	44.179
24	9.886	10.856	12.401	13.848	15.659	33.196	36.415	39.364	42.980	45.558
25	10.519	11.523	13.120	14.611	16.473	34.381	37.652	40.646	44.313	46.925
26	11.160	12.198	13.844	15.379	17.292	35.563	38.885	41.923	45.642	48.290
27	11.807	12.878	14.573	16.151	18.114	36.741	40.113	43.194	46.962	49.642
28	12.461	13.565	15.308	16.928	18.939	37.916	41.337	44.461	48.278	50.993
29	13.120	14.256	16.147	17.708	19.768	39.087	42.557	45.722	49.586	52.333
30	13.787	14.954	16.791	18.493	20.599	40.256	43.773	46.979	50.892	53.672
31	14.457	15.655	17.538	19.280	21.433	41.422	44.985	48.231	52.190	55.000
32	15.134	16.362	18.291	20.072	22.271	42.585	46.194	49.480	53.486	56.328
33	15.814	17.073	19.046	20.866	23.110	43.745	47.400	50.724	54.774	57.646
34	16.501	17.789	19.806	21.664	23.952	44.903	48.602	51.966	56.061	58.964
35	17.191	18.508	20.569	22.465	24.796	46.059	49.802	53.203	57.340	60.272
36	17.887	19.233	21.336	23.269	25.643	47.212	50.998	54.437	58.619	61.581
37	18.584	19.960	22.105	24.075	26.492	48.363	52.192	55.667	59.891	62.880
38	19.289	20.691	22.878	24.884	27.343	49.513	53.384	56.896	61.162	64.181
39	19.994	21.425	23.654	25.695	28.196	50.660	54.572	58.119	62.426	65.473
40	20.706	22.164	24.433	26.509	29.050	51.805	55.758	59.342	63.691	66.766

当 $n \geqslant 40$ 时, $\chi^2_\alpha(n) \approx \dfrac{1}{2}\left(z_\alpha + \sqrt{2n-1}\right)^2$.

概率统计教程

附表 4 t 分布分位数表

$$P\{t(n) > t_\alpha(n)\} = \alpha$$

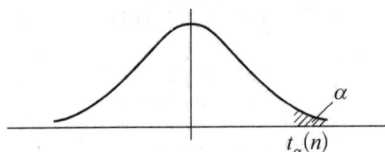

n \ α	0.20	0.15	0.10	0.05	0.025	0.01	0.005
1	1.376	1.963	3.077 7	6.313 8	12.706 2	31.820 7	63.657 4
2	1.061	1.386	1.885 6	2.920 0	4.302 7	6.964 6	9.924 8
3	0.978	1.250	1.637 7	2.353 4	3.182 4	4.540 7	5.840 9
4	0.941	1.190	1.533 2	2.131 8	2.776 4	3.746 9	4.604 1
5	0.920	1.156	1.475 9	2.015 0	2.570 6	3.364 9	4.032 2
6	0.906	1.134	1.439 8	1.943 2	2.446 9	3.142 7	3.707 4
7	0.896	1.119	1.414 9	1.894 6	2.364 6	2.998 0	3.499 5
8	0.889	1.108	1.396 8	1.859 5	2.306 0	2.896 5	3.355 4
9	0.883	1.100	1.383 0	1.833 1	2.262 2	2.821 4	3.249 8
10	0.879	1.093	1.372 2	1.812 5	2.228 1	2.763 8	3.169 3
11	0.876	1.088	1.363 4	1.795 9	2.201 0	2.718 1	3.105 8
12	0.873	1.083	1.356 2	1.782 3	2.178 8	2.681 0	3.054 5
13	0.870	1.079	1.350 2	1.770 9	2.160 4	2.650 3	3.012 3
14	0.868	1.076	1.345 0	1.761 3	2.144 8	2.624 5	2.976 8
15	0.866	1.074	1.340 6	1.753 1	2.131 5	2.602 5	2.946 7
16	0.865	1.071	1.336 8	1.745 9	2.119 9	2.583 5	2.920 8
17	0.863	1.069	1.333 4	1.739 6	2.109 8	2.566 9	2.898 2
18	0.862	1.067	1.330 4	1.734 1	2.100 9	2.552 4	2.878 4
19	0.861	1.066	1.327 7	1.729 1	2.093 0	2.539 5	2.860 9
20	0.860	1.064	1.325 3	1.724 7	2.086 0	2.528 0	2.845 3
21	0.859	1.063	1.323 2	1.720 7	2.079 6	2.517 7	2.831 4
22	0.858	1.061	1.321 2	1.717 1	2.073 9	2.508 3	2.818 8
23	0.858	1.060	1.319 5	1.713 9	2.068 7	2.499 9	2.807 3
24	0.857	1.059	1.317 8	1.710 9	2.063 9	2.492 2	2.796 9
25	0.856	1.058	1.316 3	1.708 1	2.059 5	2.485 1	2.787 4
26	0.856	1.058	1.315 0	1.705 6	2.055 5	2.478 6	2.778 7
27	0.855	1.057	1.313 7	1.703 3	2.051 8	2.472 7	2.770 7
28	0.855	1.056	1.312 5	1.701 1	2.048 4	2.467 1	2.763 3
29	0.854	1.055	1.311 4	1.699 1	2.045 2	2.462 0	2.756 4
30	0.854	1.055	1.310 4	1.697 3	2.042 3	2.457 3	2.750 0
31	0.853 5	1.054 1	1.309 5	1.695 5	2.039 5	2.452 8	2.744 0
32	0.853 1	1.053 6	1.308 6	1.693 9	2.036 9	2.448 7	2.738 5
33	0.852 7	1.053 1	1.307 7	1.692 4	2.034 5	2.444 8	2.733 3
34	0.852 4	1.052 6	1.307 0	1.690 9	2.032 2	2.441 1	2.728 4
35	0.852 1	1.052 1	1.306 2	1.689 6	2.030 1	2.437 7	2.723 8
36	0.851 8	1.051 6	1.305 5	1.688 3	2.028 1	2.434 5	2.719 5
37	0.851 5	1.051 2	1.304 9	1.687 1	2.026 2	2.431 4	2.715 4
38	0.851 2	1.050 8	1.304 2	1.686 0	2.024 4	2.428 6	2.711 6
39	0.851 0	1.050 4	1.303 6	1.684 9	2.022 7	2.425 8	2.707 9
40	0.850 7	1.050 1	1.303 1	1.683 9	2.021 1	2.423 3	2.704 5
41	0.850 5	1.049 8	1.302 5	1.682 9	2.019 5	2.420 8	2.701 2
42	0.850 3	1.049 4	1.302 0	1.682 0	2.018 1	2.418 5	2.698 1
43	0.850 1	1.049 1	1.301 6	1.681 1	2.016 7	2.416 3	2.695 1
44	0.849 9	1.048 8	1.301 1	1.680 2	2.015 4	2.414 1	2.692 3
45	0.849 7	1.048 5	1.300 6	1.679 4	2.014 1	2.412 1	2.689 6

附表 5　F 分布分位数表

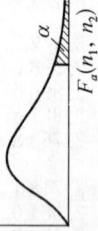

$$P\{F(n_1, n_2) > F_\alpha(n_1, n_2)\}\alpha \quad (\alpha = 0.10)$$

n_2 \ n_1	1	2	3	4	5	6	7	8	9	10	12	15	20	24	30	40	60	120	∞
1	39.86	49.50	53.59	55.83	57.24	58.20	58.91	59.44	59.86	60.19	60.71	61.22	61.74	62.00	62.26	62.53	62.79	63.06	63.33
2	8.53	9.00	9.16	9.24	9.29	9.33	9.35	9.37	9.38	9.39	9.41	9.42	9.44	9.45	9.46	9.47	9.47	9.48	9.49
3	5.54	5.46	5.39	5.34	5.31	5.28	5.27	5.25	5.24	5.23	5.22	5.20	5.18	5.18	5.17	5.16	5.15	5.14	5.13
4	4.54	4.32	4.19	4.11	4.05	4.01	3.98	3.95	3.94	3.92	3.90	3.87	3.84	3.83	3.82	3.80	3.79	3.78	3.76
5	4.06	3.78	3.62	3.52	3.45	3.40	3.37	3.34	3.32	3.30	3.27	3.24	3.21	3.19	3.17	3.16	3.14	3.12	3.10
6	3.78	3.46	3.29	3.18	3.11	3.05	3.01	2.98	2.96	2.94	2.90	2.87	2.84	2.82	2.80	2.78	2.76	2.74	2.72
7	3.59	3.26	3.07	2.96	2.88	2.83	2.78	2.75	2.72	2.70	2.67	2.63	2.59	2.58	2.56	2.54	2.51	2.49	2.47
8	3.46	3.11	2.92	2.81	2.73	2.67	2.62	2.59	2.56	2.54	2.50	2.46	2.42	2.40	2.38	2.36	2.34	2.32	2.29
9	3.36	3.01	2.81	2.69	2.61	2.55	2.51	2.47	2.44	2.42	2.38	2.34	2.30	2.28	2.25	2.23	2.21	2.18	2.16
10	3.29	2.92	2.73	2.61	2.52	2.46	2.41	2.38	2.35	2.32	2.28	2.24	2.20	2.18	2.16	2.13	2.11	2.08	2.06
11	3.23	2.86	2.66	2.54	2.45	2.39	2.34	2.30	2.27	2.25	2.21	2.17	2.12	2.10	2.08	2.05	2.03	2.00	1.97
12	3.18	2.81	2.61	2.48	2.39	2.33	2.28	2.24	2.21	2.19	2.15	2.10	2.06	2.04	2.01	1.99	1.96	1.93	1.90
13	3.14	2.76	2.56	2.43	2.35	2.28	2.23	2.20	2.16	2.14	2.10	2.05	2.01	1.98	1.96	1.93	1.90	1.88	1.85
14	3.10	2.73	2.52	2.39	2.31	2.24	2.19	2.15	2.12	2.10	2.05	2.01	1.96	1.94	1.91	1.89	1.86	1.83	1.80
15	3.07	2.70	2.49	2.36	2.27	2.21	2.16	2.12	2.09	2.06	2.02	1.97	1.92	1.90	1.87	1.85	1.82	1.79	1.76
16	3.05	2.67	2.46	2.33	2.24	2.18	2.13	2.09	2.06	2.03	1.99	1.94	1.89	1.87	1.84	1.81	1.78	1.75	1.72
17	3.03	2.64	2.44	2.31	2.22	2.15	2.10	2.06	2.03	2.00	1.96	1.91	1.86	1.84	1.81	1.78	1.75	1.72	1.69
18	3.01	2.62	2.42	2.29	2.20	2.13	2.08	2.04	2.00	1.98	1.93	1.89	1.84	1.81	1.78	1.75	1.72	1.69	1.66
19	2.99	2.61	2.40	2.27	2.18	2.11	2.06	2.02	1.98	1.96	1.91	1.86	1.81	1.79	1.76	1.73	1.70	1.67	1.63
20	2.97	2.59	2.38	2.25	2.16	2.09	2.04	2.00	1.96	1.94	1.89	1.84	1.79	1.77	1.74	1.71	1.68	1.64	1.61
21	2.96	2.57	2.36	2.23	2.14	2.08	2.02	1.98	1.95	1.92	1.87	1.83	1.78	1.75	1.72	1.69	1.66	1.62	1.59
22	2.95	2.56	2.35	2.22	2.13	2.06	2.01	1.97	1.93	1.90	1.86	1.81	1.76	1.73	1.70	1.67	1.64	1.60	1.57
23	2.94	2.55	2.34	2.21	2.11	2.05	1.99	1.95	1.92	1.89	1.84	1.80	1.74	1.72	1.69	1.66	1.62	1.59	1.55
24	2.93	2.54	2.33	2.19	2.10	2.04	1.98	1.94	1.91	1.88	1.83	1.78	1.73	1.70	1.67	1.64	1.61	1.57	1.53
25	2.92	2.53	2.32	2.18	2.09	2.02	1.97	1.93	1.89	1.87	1.82	1.77	1.72	1.69	1.66	1.63	1.59	1.56	1.52
26	2.91	2.52	2.31	2.17	2.08	2.01	1.96	1.92	1.88	1.86	1.81	1.76	1.71	1.68	1.65	1.61	1.58	1.54	1.50
27	2.90	2.51	2.30	2.17	2.07	2.00	1.95	1.91	1.87	1.85	1.80	1.75	1.70	1.67	1.64	1.60	1.57	1.53	1.49
28	2.89	2.50	2.29	2.16	2.06	2.00	1.94	1.90	1.87	1.84	1.79	1.74	1.69	1.66	1.63	1.59	1.56	1.52	1.48
29	2.89	2.50	2.28	2.15	2.06	1.99	1.93	1.89	1.86	1.83	1.78	1.73	1.68	1.65	1.62	1.58	1.55	1.51	1.47
30	2.88	2.49	2.28	2.14	2.05	1.98	1.93	1.88	1.85	1.82	1.77	1.72	1.67	1.64	1.61	1.57	1.54	1.50	1.46
40	2.84	2.44	2.23	2.09	2.00	1.93	1.87	1.83	1.79	1.76	1.71	1.66	1.61	1.57	1.54	1.51	1.47	1.42	1.38
60	2.79	2.39	2.18	2.04	1.95	1.87	1.82	1.77	1.74	1.71	1.66	1.60	1.54	1.51	1.48	1.44	1.40	1.35	1.29
120	2.75	2.35	2.13	1.99	1.90	1.82	1.77	1.72	1.68	1.65	1.60	1.55	1.48	1.45	1.41	1.37	1.32	1.26	1.19
∞	2.71	2.30	2.08	1.94	1.85	1.77	1.72	1.67	1.63	1.60	1.55	1.49	1.42	1.38	1.34	1.30	1.24	1.17	1.00

F 分布分位数表（续表 1）

$(\alpha = 0.05)$

$n_2 \backslash n_1$	1	2	3	4	5	6	7	8	9	10	12	15	20	24	30	40	60	120	∞
1	161	200	216	225	230	234	237	239	241	242	244	246	248	249	250	251	252	253	254
2	18.5	19.0	19.2	19.2	19.3	19.3	19.4	19.4	19.4	19.4	19.4	19.4	19.4	19.5	19.5	19.5	19.5	19.5	19.5
3	10.1	9.55	9.28	9.12	9.01	8.94	8.89	8.85	8.81	8.79	8.74	8.70	8.66	8.64	8.62	8.59	8.57	8.55	8.53
4	7.71	6.94	6.59	6.39	6.26	6.16	6.09	6.04	6.00	5.96	5.91	5.86	5.80	5.77	5.75	5.72	5.69	5.66	5.63
5	6.61	5.79	5.41	5.19	5.05	4.95	4.88	4.82	4.77	4.74	4.68	4.62	4.56	4.53	4.50	4.46	4.43	4.40	4.36
6	5.99	5.14	4.76	4.53	4.39	4.28	4.21	4.15	4.10	4.06	4.00	3.94	3.87	3.84	3.81	3.77	3.74	3.70	3.67
7	5.59	4.74	4.35	4.12	3.97	3.87	3.79	3.73	3.68	3.64	3.57	3.51	3.44	3.41	3.38	3.34	3.30	3.27	3.23
8	5.32	4.46	4.07	3.84	3.69	3.58	3.50	3.44	3.39	3.35	3.28	3.22	3.15	3.12	3.08	3.04	3.01	2.97	2.93
9	5.12	4.26	3.86	3.63	3.48	3.37	3.29	3.23	3.18	3.14	3.07	3.01	2.94	2.90	2.86	2.83	2.79	2.75	2.71
10	4.96	4.10	3.71	3.48	3.33	3.22	3.14	3.07	3.02	2.98	2.91	2.85	2.77	2.74	2.70	2.66	2.62	2.58	2.54
11	4.84	3.98	3.59	3.36	3.20	3.09	3.01	2.95	2.90	2.85	2.79	2.72	2.65	2.61	2.57	2.53	2.49	2.45	2.40
12	4.75	3.89	3.49	3.26	3.11	3.00	2.91	2.85	2.80	2.75	2.69	2.62	2.54	2.51	2.47	2.43	2.38	2.34	2.30
13	4.67	3.81	3.41	3.18	3.03	2.92	2.83	2.77	2.71	2.67	2.60	2.53	2.46	2.42	2.38	2.34	2.30	2.25	2.21
14	4.60	3.74	3.34	3.11	2.96	2.85	2.76	2.70	2.65	2.60	2.53	2.46	2.39	2.35	2.31	2.27	2.22	2.18	2.13
15	4.54	3.68	3.29	3.06	2.90	2.79	2.71	2.64	2.59	2.54	2.48	2.40	2.33	2.29	2.25	2.20	2.16	2.11	2.07
16	4.49	3.63	3.24	3.01	2.85	2.74	2.66	2.59	2.54	2.49	2.42	2.35	2.28	2.24	2.19	2.15	2.11	2.06	2.01
17	4.45	3.59	3.20	2.96	2.81	2.70	2.61	2.55	2.49	2.45	2.38	2.31	2.23	2.19	2.15	2.10	2.06	2.01	1.96
18	4.41	3.55	3.16	2.93	2.77	2.66	2.58	2.51	2.46	2.41	2.34	2.27	2.19	2.15	2.11	2.06	2.02	1.97	1.92
19	4.38	3.52	3.13	2.90	2.74	2.63	2.54	2.48	2.42	2.38	2.31	2.23	2.16	2.11	2.07	2.03	1.98	1.93	1.88
20	4.35	3.49	3.10	2.87	2.71	2.60	2.51	2.45	2.39	2.35	2.28	2.20	2.12	2.08	2.04	1.99	1.95	1.90	1.84
21	4.32	3.47	3.07	2.84	2.68	2.57	2.49	2.42	2.37	2.32	2.25	2.18	2.10	2.05	2.01	1.96	1.92	1.87	1.81
22	4.30	3.44	3.05	2.82	2.66	2.55	2.46	2.40	2.34	2.30	2.23	2.15	2.07	2.03	1.98	1.94	1.89	1.84	1.78
23	4.28	3.42	3.03	2.80	2.64	2.53	2.44	2.37	2.32	2.27	2.20	2.13	2.05	2.01	1.96	1.91	1.86	1.81	1.76
24	4.26	3.40	3.01	2.78	2.62	2.51	2.42	2.36	2.30	2.25	2.18	2.11	2.03	1.98	1.94	1.89	1.84	1.79	1.73
25	4.24	3.39	2.99	2.76	2.60	2.49	2.40	2.34	2.28	2.24	2.16	2.09	2.01	1.96	1.92	1.87	1.82	1.77	1.71
26	4.23	3.37	2.98	2.74	2.59	2.47	2.39	2.32	2.27	2.22	2.15	2.07	1.99	1.95	1.90	1.85	1.80	1.75	1.69
27	4.21	3.35	2.96	2.73	2.57	2.46	2.37	2.31	2.25	2.20	2.13	2.06	1.97	1.93	1.88	1.84	1.79	1.73	1.67
28	4.20	3.34	2.95	2.71	2.56	2.45	2.36	2.29	2.24	2.19	2.12	2.04	1.96	1.91	1.87	1.82	1.77	1.71	1.65
29	4.18	3.33	2.93	2.70	2.55	2.43	2.35	2.28	2.22	2.18	2.10	2.03	1.94	1.90	1.85	1.81	1.75	1.70	1.64
30	4.17	3.32	2.92	2.69	2.53	2.42	2.33	2.27	2.21	2.16	2.09	2.01	1.93	1.89	1.84	1.79	1.74	1.68	1.62
40	4.08	3.23	2.84	2.61	2.45	2.34	2.25	2.18	2.12	2.08	2.00	1.92	1.84	1.79	1.74	1.69	1.64	1.58	1.51
60	4.00	3.15	2.76	2.53	2.37	2.25	2.17	2.10	2.04	1.99	1.92	1.84	1.75	1.70	1.65	1.59	1.53	1.47	1.39
120	3.92	3.07	2.68	2.45	2.29	2.17	2.09	2.02	1.96	1.91	1.83	1.75	1.66	1.61	1.55	1.50	1.43	1.35	1.25
∞	3.84	3.00	2.60	2.37	2.21	2.10	2.01	1.94	1.88	1.83	1.75	1.67	1.57	1.52	1.46	1.39	1.32	1.22	1.00

附表 5 F 分布分位数表

F 分布分位数表（续表 2）

$(\alpha = 0.025)$

$n_2 \backslash n_1$	1	2	3	4	5	6	7	8	9	10	12	15	20	24	30	40	60	120	∞
1	648	800	864	900	922	937	948	957	963	969	977	985	993	997	1 000	1 010	1 010	1 010	1 020
2	38.5	39.0	39.2	39.2	39.3	39.3	39.4	39.4	39.4	39.4	39.4	39.4	39.4	39.5	39.5	39.5	39.5	39.5	39.5
3	17.4	16.0	15.4	15.1	14.9	14.7	14.6	14.5	14.5	14.4	14.3	14.3	14.2	14.1	14.1	14.0	14.0	13.9	13.9
4	12.2	10.6	9.98	9.60	9.36	9.20	9.07	8.98	8.90	8.84	8.75	8.66	8.56	8.51	8.46	8.41	8.36	8.31	8.26
5	10.0	8.43	7.76	7.39	7.15	6.98	6.85	6.76	6.68	6.62	6.52	6.43	6.33	6.28	6.23	6.18	6.12	6.07	6.02
6	8.81	7.26	6.60	6.23	5.99	5.82	5.70	5.60	5.52	5.46	5.37	5.27	5.17	5.12	5.07	5.01	4.96	4.90	4.85
7	8.07	6.54	5.89	5.52	5.29	5.12	4.99	4.90	4.82	4.76	4.67	4.57	4.47	4.42	4.36	4.31	4.25	4.20	4.14
8	7.57	6.06	5.42	5.05	4.82	4.65	4.53	4.43	4.36	4.30	4.20	4.10	4.00	3.95	3.89	3.84	3.78	3.73	3.67
9	7.21	5.71	5.08	4.72	4.48	4.32	4.20	4.10	4.03	3.96	3.87	3.77	3.67	3.61	3.56	3.51	3.45	3.39	3.33
10	6.94	5.46	4.83	4.47	4.24	4.07	3.95	3.85	3.78	3.72	3.62	3.52	3.42	3.37	3.31	3.26	3.20	3.14	3.08
11	6.72	5.26	4.63	4.28	4.04	3.88	3.76	3.66	3.59	3.53	3.43	3.33	3.23	3.17	3.12	3.06	3.00	2.94	2.88
12	6.55	5.10	4.47	4.12	3.89	3.73	3.61	3.51	3.44	3.37	3.28	3.18	3.07	3.02	2.96	2.91	2.85	2.79	2.72
13	6.41	4.97	4.35	4.00	3.77	3.60	3.48	3.39	3.31	3.25	3.15	3.05	2.95	2.89	2.84	2.78	2.72	2.66	2.60
14	6.30	4.86	4.24	3.89	3.66	3.50	3.38	3.29	3.21	3.15	3.05	2.95	2.84	2.79	2.73	2.67	2.61	2.55	2.49
15	6.20	4.77	4.15	3.80	3.58	3.41	3.29	3.20	3.12	3.06	2.96	2.86	2.76	2.70	2.64	2.59	2.52	2.46	2.40
16	6.12	4.69	4.08	3.73	3.50	3.34	3.22	3.12	3.05	2.99	2.89	2.79	2.68	2.63	2.57	2.51	2.45	2.38	2.32
17	6.04	4.62	4.01	3.66	3.44	3.28	3.16	3.06	2.98	2.92	2.82	2.72	2.62	2.56	2.50	2.44	2.38	2.32	2.25
18	5.98	4.56	3.95	3.61	3.38	3.22	3.10	3.01	2.93	2.87	2.77	2.67	2.56	2.50	2.44	2.38	2.32	2.26	2.19
19	5.92	4.51	3.90	3.56	3.33	3.17	3.05	2.96	2.88	2.82	2.72	2.62	2.51	2.45	2.39	2.33	2.27	2.20	2.13
20	5.87	4.46	3.86	3.51	3.29	3.13	3.01	2.91	2.84	2.77	2.68	2.57	2.46	2.41	2.35	2.29	2.22	2.16	2.09
21	5.83	4.42	3.82	3.48	3.25	3.09	2.97	2.87	2.80	2.73	2.64	2.53	2.42	2.37	2.31	2.25	2.18	2.11	2.04
22	5.79	4.38	3.78	3.44	3.22	3.05	2.93	2.84	2.76	2.70	2.60	2.50	2.39	2.33	2.27	2.21	2.14	2.08	2.00
23	5.75	4.35	3.75	3.41	3.18	3.02	2.90	2.81	2.73	2.67	2.57	2.47	2.36	2.30	2.24	2.18	2.11	2.04	1.97
24	5.72	4.32	3.72	3.38	3.15	2.99	2.87	2.78	2.70	2.64	2.54	2.44	2.33	2.27	2.21	2.15	2.08	2.01	1.94
25	5.69	4.29	3.69	3.35	3.13	2.97	2.85	2.75	2.68	2.61	2.51	2.41	2.30	2.24	2.18	2.12	2.05	1.98	1.91
26	5.66	4.27	3.67	3.33	3.10	2.94	2.82	2.73	2.65	2.59	2.49	2.39	2.28	2.22	2.16	2.09	2.03	1.95	1.88
27	5.63	4.24	3.65	3.31	3.08	2.92	2.80	2.71	2.63	2.57	2.47	2.36	2.25	2.19	2.13	2.07	2.00	1.93	1.85
28	5.61	4.22	3.63	3.29	3.06	2.90	2.78	2.69	2.61	2.55	2.45	2.34	2.23	2.17	2.11	2.05	1.98	1.91	1.83
29	5.59	4.20	3.61	3.27	3.04	2.88	2.76	2.67	2.59	2.53	2.43	2.32	2.21	2.15	2.09	2.03	1.96	1.89	1.81
30	5.57	4.18	3.59	3.25	3.03	2.87	2.75	2.65	2.57	2.51	2.41	2.31	2.20	2.14	2.07	2.01	1.94	1.87	1.79
40	5.42	4.05	3.46	3.13	2.90	2.74	2.62	2.53	2.45	2.39	2.29	2.18	2.07	2.01	1.94	1.88	1.80	1.72	1.64
60	5.29	3.93	3.34	3.01	2.79	2.63	2.51	2.41	2.33	2.27	2.17	2.06	1.94	1.88	1.82	1.74	1.67	1.58	1.48
120	5.15	3.80	3.23	2.89	2.67	2.52	2.39	2.30	2.22	2.16	2.05	1.94	1.82	1.76	1.69	1.61	1.53	1.43	1.31
∞	5.02	3.69	3.12	2.79	2.57	2.41	2.29	2.19	2.11	2.05	1.94	1.83	1.71	1.64	1.57	1.48	1.39	1.27	1.00

F 分布分位数表（续表 3）

$$(\alpha = 0.01)$$

$n_2 \backslash n_1$	1	2	3	4	5	6	7	8	9	10	12	15	20	24	30	40	60	120	∞
1	4 050	5 000	5 400	5 620	5 760	5 860	5 930	5 980	6 020	6 060	6 110	6 160	6 210	6 230	6 260	6 290	6 310	6 340	6 370
2	98.5	99.0	99.2	99.2	99.3	99.3	99.4	99.4	99.4	99.4	99.4	99.4	99.4	99.5	99.5	99.5	99.5	99.5	99.5
3	34.1	30.8	29.5	28.7	28.2	27.9	27.7	27.5	27.3	27.2	27.1	26.9	26.7	26.6	26.5	26.4	26.3	26.2	26.1
4	21.2	18.0	16.7	16.0	15.5	15.2	15.0	14.8	14.7	14.5	14.4	14.2	14.0	13.9	13.8	13.7	13.7	13.6	13.5
5	16.3	13.3	12.1	11.4	11.0	10.7	10.5	10.3	10.2	10.1	9.89	9.72	9.55	9.47	9.38	9.29	9.20	9.11	9.02
6	13.7	10.9	9.78	9.15	8.75	8.47	8.26	8.10	7.98	7.87	7.72	7.56	7.40	7.31	7.23	7.14	7.06	6.97	6.88
7	12.2	9.55	8.45	7.85	7.46	7.19	6.99	6.84	6.72	6.62	6.47	6.31	6.16	6.07	5.99	5.91	5.82	5.74	5.65
8	11.3	8.65	7.59	7.01	6.63	6.37	6.18	6.03	5.91	5.81	5.67	5.52	5.36	5.28	5.20	5.12	5.03	4.95	4.86
9	10.6	8.02	6.99	6.42	6.06	5.80	5.61	5.47	5.35	5.26	5.11	4.96	4.81	4.73	4.65	4.57	4.48	4.40	4.31
10	10.0	7.56	6.55	5.99	5.64	5.39	5.20	5.06	4.94	4.85	4.71	4.56	4.41	4.33	4.25	4.17	4.08	4.00	3.91
11	9.65	7.21	6.22	5.67	5.32	5.07	4.89	4.74	4.63	4.54	4.40	4.25	4.10	4.02	3.94	3.86	3.78	3.69	3.60
12	9.33	6.93	5.95	5.41	5.06	4.82	4.64	4.50	4.39	4.30	4.16	4.01	3.86	3.78	3.70	3.62	3.54	3.45	3.36
13	9.07	6.70	5.74	5.21	4.86	4.62	4.44	4.30	4.19	4.10	3.96	3.82	3.66	3.59	3.51	3.43	3.34	3.25	3.17
14	8.86	6.51	5.56	5.04	4.69	4.46	4.28	4.14	4.03	3.94	3.80	3.66	3.51	3.43	3.35	3.27	3.18	3.09	3.00
15	8.68	6.36	5.42	4.89	4.56	4.32	4.14	4.00	3.89	3.80	3.67	3.52	3.37	3.29	3.21	3.13	3.05	2.96	2.87
16	8.53	6.23	5.29	4.77	4.44	4.20	4.03	3.89	3.78	3.69	3.55	3.41	3.26	3.18	3.10	3.02	2.93	2.84	2.75
17	8.40	6.11	5.18	4.67	4.34	4.10	3.93	3.79	3.68	3.59	3.46	3.31	3.16	3.08	3.00	2.92	2.83	2.75	2.65
18	8.29	6.01	5.09	4.58	4.25	4.01	3.84	3.71	3.60	3.51	3.37	3.23	3.08	3.00	2.92	2.84	2.75	2.66	2.57
19	8.18	5.93	5.01	4.50	4.17	3.94	3.77	3.63	3.52	3.43	3.30	3.15	3.00	2.92	2.84	2.76	2.67	2.58	2.49
20	8.10	5.85	4.94	4.43	4.10	3.87	3.70	3.56	3.46	3.37	3.23	3.09	2.94	2.86	2.78	2.69	2.61	2.52	2.42
21	8.02	5.78	4.87	4.37	4.04	3.81	3.64	3.51	3.40	3.31	3.17	3.03	2.88	2.80	2.72	2.64	2.55	2.46	2.36
22	7.95	5.72	4.82	4.31	3.99	3.76	3.59	3.45	3.35	3.26	3.12	2.98	2.83	2.75	2.67	2.58	2.50	2.40	2.31
23	7.88	5.66	4.76	4.26	3.94	3.71	3.54	3.41	3.30	3.21	3.07	2.93	2.78	2.70	2.62	2.54	2.45	2.35	2.26
24	7.82	5.61	4.72	4.22	3.90	3.67	3.50	3.36	3.26	3.17	3.03	2.89	2.74	2.66	2.58	2.49	2.40	2.31	2.21
25	7.77	5.57	4.68	4.18	3.85	3.63	3.46	3.32	3.22	3.13	2.99	2.85	2.70	2.62	2.54	2.45	2.36	2.27	2.17
26	7.72	5.53	4.64	4.14	3.82	3.59	3.42	3.29	3.18	3.09	2.96	2.81	2.66	2.58	2.50	2.42	2.33	2.23	2.13
27	7.68	5.49	4.60	4.11	3.78	3.56	3.39	3.26	3.15	3.06	2.93	2.78	2.63	2.55	2.47	2.38	2.29	2.20	2.10
28	7.64	5.45	4.57	4.07	3.75	3.53	3.36	3.23	3.12	3.03	2.90	2.75	2.60	2.52	2.44	2.35	2.26	2.17	2.06
29	7.60	5.42	4.54	4.04	3.73	3.50	3.33	3.20	3.09	3.00	2.87	2.73	2.57	2.49	2.41	2.33	2.23	2.14	2.03
30	7.56	5.39	4.51	4.02	3.70	3.47	3.30	3.17	3.07	2.98	2.84	2.70	2.55	2.47	2.39	2.30	2.21	2.11	2.01
40	7.31	5.18	4.31	3.83	3.51	3.29	3.12	2.99	2.89	2.80	2.66	2.52	2.37	2.29	2.20	2.11	2.02	1.92	1.80
60	7.08	4.98	4.13	3.65	3.34	3.12	2.95	2.82	2.72	2.63	2.50	2.35	2.20	2.12	2.03	1.94	1.84	1.73	1.60
120	6.85	4.79	3.95	3.48	3.17	2.96	2.79	2.66	2.56	2.47	2.34	2.19	2.03	1.95	1.86	1.76	1.66	1.53	1.38
∞	6.63	4.61	3.78	3.32	3.02	2.80	2.64	2.51	2.41	2.32	2.18	2.04	1.88	1.79	1.70	1.59	1.47	1.32	1.00

F 分布分位数表（续表 4）

$(\alpha = 0.005)$

n_2 \ n_1	1	2	3	4	5	6	7	8	9	10	12	15	20	24	30	40	60	120	∞
1	16 200	20 000	21 600	22 500	23 100	23 400	23 700	23 900	24 100	24 200	24 400	24 600	24 800	24 900	25 000	25 100	25 300	25 400	25 500
2	199	199	199	199	199	199	199	199	199	199	199	199	199	199	199	199	199	199	200
3	55.6	49.8	47.5	46.2	45.4	44.8	44.4	44.1	43.9	43.7	43.4	43.1	42.8	42.6	42.5	42.3	42.1	42.0	41.8
4	31.3	26.3	24.3	23.2	22.5	22.0	21.6	21.4	21.1	21.0	20.7	20.4	20.2	20.0	19.9	19.8	19.6	19.5	19.3
5	22.8	18.3	16.5	15.6	14.9	14.5	14.2	14.0	13.8	13.6	13.4	13.1	12.9	12.8	12.7	12.5	12.4	12.3	12.1
6	18.6	14.5	12.9	12.0	11.5	11.1	10.8	10.6	10.4	10.3	10.0	9.81	9.59	9.47	9.36	9.24	9.12	9.00	8.88
7	16.2	12.4	10.9	10.1	9.52	9.16	8.89	8.68	8.51	8.38	8.18	7.97	7.75	7.65	7.53	7.42	7.31	7.19	7.08
8	14.7	11.0	9.60	8.81	8.30	7.95	7.69	7.50	7.34	7.21	7.01	6.81	6.61	6.50	6.40	6.29	6.18	6.06	5.95
9	13.6	10.1	8.72	7.96	7.47	7.13	6.88	6.69	6.54	6.42	6.23	6.03	5.83	5.73	5.62	5.52	5.41	5.30	5.19
10	12.8	9.43	8.08	7.34	6.87	6.54	6.30	6.12	5.97	5.85	5.66	5.47	5.27	5.17	5.07	4.97	4.86	4.75	4.64
11	12.2	8.91	7.60	6.88	6.42	6.10	5.86	5.68	5.54	5.42	5.24	5.05	4.86	4.76	4.65	4.55	4.44	4.34	4.23
12	11.8	8.51	7.23	6.52	6.07	5.76	5.52	5.35	5.20	5.09	4.91	4.72	4.53	4.43	4.33	4.23	4.12	4.01	3.90
13	11.4	8.19	6.93	6.23	5.79	5.48	5.25	5.08	4.94	4.82	4.64	4.46	4.27	4.17	4.07	3.97	3.87	3.76	3.65
14	11.1	7.92	6.68	6.00	5.56	5.26	5.03	4.86	4.72	4.60	4.43	4.25	4.06	3.96	3.86	3.76	3.66	3.55	3.44
15	10.8	7.70	6.48	5.80	5.37	5.07	4.85	4.67	4.54	4.42	4.25	4.07	3.88	3.79	3.69	3.58	3.48	3.37	3.26
16	10.6	7.51	6.30	5.64	5.21	4.91	4.69	4.52	4.38	4.27	4.10	3.92	3.73	3.64	3.54	3.44	3.33	3.22	3.11
17	10.4	7.35	6.16	5.50	5.07	4.78	4.56	4.39	4.25	4.14	3.97	3.79	3.61	3.51	3.41	3.31	3.21	3.10	2.98
18	10.2	7.21	6.03	5.37	4.96	4.66	4.44	4.28	4.14	4.03	3.86	3.68	3.50	3.40	3.30	3.20	3.10	2.99	2.87
19	10.1	7.09	5.92	5.27	4.85	4.56	4.34	4.18	4.04	3.93	3.76	3.59	3.40	3.31	3.21	3.11	3.00	2.89	2.78
20	9.94	6.99	5.82	5.17	4.76	4.47	4.26	4.09	3.96	3.85	3.68	3.50	3.32	3.22	3.12	3.02	2.92	2.81	2.69
21	9.83	6.89	5.73	5.09	4.68	4.39	4.18	4.01	3.88	3.77	3.60	3.43	3.24	3.15	3.05	2.95	2.84	2.73	2.61
22	9.73	6.81	5.65	5.02	4.61	4.32	4.11	3.94	3.81	3.70	3.54	3.36	3.18	3.08	2.98	2.88	2.77	2.66	2.55
23	9.63	6.73	5.58	4.95	4.54	4.26	4.05	3.88	3.75	3.64	3.47	3.30	3.12	3.02	2.92	2.82	2.71	2.60	2.48
24	9.55	6.66	5.52	4.89	4.49	4.20	3.99	3.83	3.69	3.59	3.42	3.25	3.06	2.97	2.87	2.77	2.66	2.55	2.43
25	9.48	6.60	5.46	4.84	4.43	4.15	3.94	3.78	3.64	3.54	3.37	3.20	3.01	2.92	2.82	2.72	2.61	2.50	2.38
26	9.41	6.54	5.41	4.79	4.38	4.10	3.89	3.73	3.60	3.49	3.33	3.15	2.97	2.87	2.77	2.67	2.56	2.45	2.33
27	9.34	6.49	5.36	4.74	4.34	4.06	3.85	3.69	3.56	3.45	3.28	3.11	2.93	2.83	2.73	2.63	2.52	2.41	2.29
28	9.28	6.44	5.32	4.70	4.30	4.02	3.81	3.65	3.52	3.41	3.25	3.07	2.89	2.79	2.69	2.59	2.48	2.37	2.25
29	9.23	6.40	5.28	4.66	4.26	3.98	3.77	3.61	3.48	3.38	3.21	3.04	2.86	2.76	2.66	2.56	2.45	2.33	2.21
30	9.18	6.35	5.24	4.62	4.23	3.95	3.74	3.58	3.45	3.34	3.18	3.01	2.82	2.73	2.63	2.52	2.42	2.30	2.18
40	8.83	6.07	4.98	4.37	3.99	3.71	3.51	3.35	3.22	3.12	2.95	2.78	2.60	2.50	2.40	2.30	2.18	2.06	1.93
60	8.49	5.79	4.73	4.14	3.76	3.49	3.29	3.13	3.01	2.90	2.74	2.57	2.39	2.29	2.19	2.08	1.96	1.83	1.69
120	8.18	5.54	4.50	3.92	3.55	3.28	3.09	2.93	2.81	2.71	2.54	2.37	2.19	2.09	1.98	1.87	1.75	1.61	1.43
∞	7.88	5.30	4.28	3.72	3.35	3.09	2.90	2.74	2.62	2.52	2.36	2.19	2.00	1.90	1.79	1.67	1.53	1.36	1.00

附表 6　相关系数临界值表

$$P\{|R| \geqslant \gamma_{\frac{\alpha}{2}}(n-2)\} = \alpha$$

n＼α	0.100	0.050	0.020	0.010	0.001
1	0.987 7	0.996 9	0.999 5	0.999 9	1.000 0
2	0.900 0	2.950 0	0.980 0	0.990 0	0.999 0
3	0.805 4	0.878 3	0.934 3	0.958 7	0.991 2
4	0.729 3	0.811 4	0.882 2	0.917 2	0.974 1
5	0.669 4	0.754 5	0.832 9	0.874 5	0.950 7
6	0.621 5	0.706 7	0.788 7	0.834 3	0.924 9
7	0.582 2	0.666 4	0.749 8	0.797 7	0.898 2
8	0.549 4	0.631 9	0.715 5	0.764 6	0.872 1
9	0.521 4	0.602 1	0.685 1	0.734 8	0.847 1
10	0.497 3	0.576 0	0.658 1	0.707 9	0.823 3
11	0.476 2	0.552 9	0.633 9	0.683 5	0.801 0
12	0.457 5	0.532 4	0.612 0	0.661 4	0.780 0
13	0.440 9	0.513 9	0.592 3	0.641 1	0.760 3
14	0.425 9	0.497 3	0.574 2	0.622 6	0.742 0
15	0.412 4	0.482 1	0.557 7	0.605 5	0.724 6
16	0.400 0	0.468 3	0.542 5	0.589 7	0.708 4
17	0.388 7	0.455 5	0.528 5	0.575 1	0.693 2
18	0.378 3	0.443 8	0.515 5	0.561 4	0.678 7
19	0.368 7	0.432 9	0.503 4	0.548 7	0.665 2
20	0.359 8	0.422 7	0.492 1	0.536 8	0.652 4
25	0.323 3	0.380 9	0.445 1	0.486 9	0.587 4
30	0.296 0	0.349 4	0.409 3	0.448 7	0.554 1
35	0.274 6	0.324 6	0.381 0	0.418 2	0.518 9
40	0.257 3	0.304 4	0.357 8	0.393 2	0.489 6
45	0.242 8	0.287 5	0.338 4	0.372 1	0.464 8
50	0.230 6	0.273 2	0.321 8	0.354 1	0.443 3
60	0.210 8	0.250 0	0.294 8	0.324 8	0.407 8
70	0.195 4	0.231 9	0.273 7	0.301 7	0.379 9
80	0.182 9	0.217 2	0.256 5	0.283 0	0.356 8
90	0.172 6	0.205 0	0.242 2	0.267 3	0.337 5
100	0.163 8	0.194 6	0.230 1	0.254 0	0.321 1

答案与提示

习 题 一

1. (1) $S_1=\{0,1,2,\cdots,100\}$;   (2) $S_2=\{2,3,\cdots,12\}$;   (3) $S_3=\{10,11,12,\cdots\}$;

(4) $S_4=\{1,2,3,\cdots\}$;   (5) $S_5=[a,b]$;   (6) $S_6=(1,3)$;   (7) $S_7=\{(x,y)\mid x^2+y^2<1\}$.

2. (1) $A_1=\{90,91,92,\cdots,100\}$;   (2) $A_2=\{2,3,\cdots,6\}$;   (3) $A_3=\{10,11\}$;   (4) $A_4=\{1,2\}$;

(5) $A_5=\left(\dfrac{a+b}{2},b\right]$;   (6) $S_6=(1,1.5]$;   (7) $S_7=\{(x,y)\mid x^2+y^2<0.01\}$.

3. (1) $A\cap C\cap\bar{B}=AC-B$;   (2) $A\cap\bar{B}\cap\bar{C}=A\cap\overline{(B\cup C)}$;   (3) $A\cup B\cup C$;   (4) ABC;

(5) $\overline{A\cup B\cup C}=\bar{A}\bar{B}\bar{C}$;   (6) $(ABC)\cup(\bar{A}BC)\cup(A\bar{B}C)\cup(AB\bar{C})$.

4. (1) $A\cup B$;   (2) $\bar{A}\bar{B}=\overline{A\cup B}$;   (3) $\bar{A}$;   (4) AB.

5. (1) 成立;   (2) 成立;   (3) 不一定成立;   (4) 成立;   (5) 不一定成立;   (6) 成立.

6. (1) ABC 为事件"选到喜欢唱歌的男运动员",

     $AB\bar{C}$ 为事件"选到不喜欢唱歌的男运动员";

(2) $ABC=B$ 成立的充要条件为运动员全是男同学且运动员都喜欢唱歌;

(3) $\bar{C}\subset A$ 成立的充要条件为不喜欢唱歌的同学全是男同学.

7. (1) $\dfrac{4\times3\times3}{7\times7\times7}=\dfrac{36}{343}$;   (2) $\dfrac{3\times3\times3+4\times3\times3+3\times4\times3+3\times3\times4}{7\times7\times7}=\dfrac{135}{343}$;

(3) $\dfrac{\binom{3}{2}\binom{4}{1}}{\binom{7}{3}}=\dfrac{12}{35}$;   (4) $\dfrac{\binom{3}{2}\binom{4}{1}+\binom{3}{3}\binom{4}{0}}{\binom{7}{3}}=\dfrac{13}{35}$.

8. $\dfrac{\binom{13}{5}\binom{13}{3}\binom{13}{2}\binom{13}{3}}{\binom{52}{13}}$.

9. $\dfrac{6}{6\times6}=\dfrac{1}{6}$.

10. 中一等奖的概率为 $p_0=\dfrac{\binom{7}{7}}{\binom{37}{7}}=9.713\times10^{-8}$;

       中二等奖的概率为 $p_1=\dfrac{\binom{7}{6}\binom{1}{1}}{\binom{37}{7}}=6.799\times10^{-7}$;

概率统计教程

中三等奖的概率为 $p_2 = \dfrac{\dbinom{7}{6}\dbinom{37-8}{1}}{\dbinom{37}{7}} = 1.9717 \times 10^{-5}$.

11. (1) 两数之和小于 0.5 的概率为 $\dfrac{1}{8}$;

(2) 两数之积大于 0.5 的概率 $\dfrac{1}{2} - \dfrac{1}{2}\ln 2$;

(3) 一元二次方程 $t^2 - 2Xt + Y = 0$ 没有实根的概率为 $\dfrac{2}{3}$;

(4) 两数之差绝对值小于 0.5 的概率 $\dfrac{3}{4}$.

12. 两艘轮船都不需要等待的概率为 $\dfrac{\dfrac{1}{2} \times 8^2 + \dfrac{1}{2} \times 7^2}{10 \times 10} = 0.565$.

13. $1 - \dfrac{(T-\tau)^2}{T^2}$.

14. (1) $P(AB) = p_1 + p_2 - p_3$; $P(\overline{A}\,\overline{B}) = 1 - p_3$; $P(A\overline{B}) = p_3 - p_2$, $P(B-A) = p_3 - p_1$; (2) $P(\overline{AB}) = 0.7$; (3) $P(A \bigcup B) = 0.7$, $P(A \mid B) = \dfrac{2}{3}$, $P(\overline{A} \mid \overline{B}) = \dfrac{3}{7}$; (4) $\dfrac{3}{8}$; (5) $\dfrac{3}{4}$.

15. $\dfrac{2}{3}$.

16. $\dfrac{a}{a+b} \cdot \dfrac{a-1}{a+b-1} \cdot \dfrac{a-2}{a+b-2}$ 或 $\dbinom{a}{3} / \dbinom{a+b}{3}$.

17. $p \cdot p + p(1-p)\dfrac{p}{3} + (1-p)\dfrac{p}{3}p = \dfrac{p^2}{3}(5-2p)$ (提示：首先表达通过考试事件).

18. $\dfrac{m_1 n_1 + m_1 n_2 + n_1}{(n_1 + n_2)(m_1 + m_2 + 1)}$. (提示：用全概率公式)

19. (1) $\dfrac{1}{4}$; (2) $\dfrac{5}{8}$.

20. $\dfrac{13}{48}$.

21. (1) 0.504; (2) $\dfrac{45}{124}$.

22. 0.9867.

23. (1) 6×10^{-4}; (2) $P(A$ 故障 $\mid B$ 故障$) = 0.02$; (3) 不相互独立.

24. (1) 0.5; (2) $2/3$; (3) 0.2.

25. $\dfrac{3}{4}$.

26. 串联系统 $1-(1-p)^4$;并联系统 p^4;混联系统 $1-(1-p^2)^2$.

27. $2p^2 + 2p^3 - 5p^4 + 2p^5$ (提示：用全概率公式).

28. 至少 7 次.

29. $1 - 0.7^4 = 0.7599$.

30. $1 - 0.95^{10} = 0.4013$.

31. 0.83692.

32. $1 - \left(1-\dfrac{1}{n}\right)^m - m \cdot \dfrac{1}{n}\left(1-\dfrac{1}{n}\right)^{m-1}$ (提示：第 k 个错别字出现在给定页上的概率为 $\dfrac{1}{n}$).

33. A 至少发生一次的概率为 $1-(1-p)^n$;A 至多发生一次的概率为 $(1-p)^n + np(1-p)^{n-1}$.

34. $\dfrac{9}{64}$.

补 充 题 一

1. (1) A；(2) C；(3) D；(4) B；(5) C；(6) B；(7) D；(8) C；(9) C.

2. 略.

3. (1) 至少两只成对的概率为 $1-\dfrac{2^{2r}\dbinom{n}{2r}}{\dbinom{2n}{2r}}$；(2) 恰有两只成对的概率为 $\dfrac{\dbinom{n}{1}2^{2r-2}\dbinom{n-1}{2r-2}}{\dbinom{2n}{2r}}$；

(3) 恰好有两双成对的概率为 $\dfrac{\dbinom{n}{2}2^{2r-4}\dbinom{n-2}{2r-4}}{\dbinom{2n}{2r}}$；(4) 恰好有 r 双成对的概率为 $\dfrac{\dbinom{n}{r}}{\dbinom{2n}{2r}}$.

4. 记 A_i 为第 i 次取到红球事件,第 n 次取到白球事件为 $A_1A_2\cdots A_{n-1}\overline{A_n}$,由乘法公式知 $P(A_1A_2\cdots A_{n-1}\overline{A_n})=$ $\dfrac{1}{2}\dfrac{2}{3}\cdots\dfrac{n-1}{n}\dfrac{1}{n+1}=\dfrac{1}{n(n+1)}$.

5. 2/9(提示:可考虑用全概率公式).

6. 记 A 为事件"某局中甲获胜",B 为事件"某局中乙获胜",C 为事件"某局中丙获胜",比赛的可能结果是

$$AA,\ ACC,\ ACBB,\ ACBAA,\ ACBACC,\cdots;$$
$$BB,\ BCC,\ BCAA,\ BCABB,\ BCABCC,\cdots$$

结果中恰好打 k 局比赛的概率为 $\dfrac{1}{2^k}$,则丙成为整场比赛优胜者的概率为

$$2\times\frac{1}{2^3}+2\times\frac{1}{2^6}+2\times\frac{1}{2^9}+\cdots=\frac{2}{7};$$

甲、乙成为整场比赛优胜者的概率为 $\dfrac{1-\dfrac{2}{7}}{2}=\dfrac{5}{14}$.

7. (1) 飞机被击落的概率为 0.355 2；

(2) 在飞机被击落的条件下,飞机是被三门炮同时击中的概率为0.068.

习 题 二

1.

X	1	2	3	4	5	6
p	11/36	9/36	7/36	5/36	3/36	1/36

Y	2	3	4	5	6	7	8	9	10	11	12
p	1/36	2/36	3/36	4/36	5/36	6/36	5/36	4/36	3/36	2/36	1/36

2.

X	3	4	5
p	1/10	3/10	3/5

3. (1)

X	0	1	2	3
p	125/343	150/343	60/343	8/343

(2)

X	0	1	2
p	2/7	4/7	1/7

4.

X	0	1	2	3	4
p	$(1-p)^4$	$4p(1-p)^3$	$6p^2(1-p)^2$	$4p^3(1-p)$	p^4

其分布函数为

$$F(x)=\begin{cases}0, & x<0,\\(1-p)^4, & 0\leqslant x<1,\\(1-p)^4+4p(1-p)^3, & 1\leqslant x<2,\\(1-p)^4+4p(1-p)^3+6p^2(1-p)^2, & 2\leqslant x<3,\\1-p^4, & 3\leqslant x<4,\\1, & x\geqslant4.\end{cases}$$

5. (1) $P\{X=k\}=q^{k-1}p\ (k=1,2,\cdots)$;

(2) $P\{X_1=k\}=\left(\dfrac{5}{6}\right)^{k-1}\dfrac{1}{6}\ (k=1,2,\cdots)$;

(3) $P\{Y=k\}=\dbinom{k-1}{r-1}p^r q^{k-r}(k=r,r+1,r+2,\cdots)$;

(4) $P\{Y_1=k\}=\dbinom{k-1}{1}\left(\dfrac{2}{7}\right)^2\left(\dfrac{5}{7}\right)^{k-2}\ (k=2,3,4,\cdots)$;

(5) $P\{Y_2=k\}=\dfrac{\dbinom{5}{k-2}\dbinom{2}{1}}{\dbinom{7}{k-1}}\cdot\dfrac{1}{7-k+1}\ (k=2,3,4,\cdots,7)$.

6. (1) $c=1$;　(2) $\lambda=2$;　(3) $\lambda=2$, $P\{X=4\}=\dfrac{2}{3}\mathrm{e}^{-2}$;　(4) $3/8$;　(5) $\dfrac{1}{1+\lambda}$.

7. $F(x)=\begin{cases}0, & x<0,\\1-p, & 0\leqslant x<1,\\1, & x\geqslant1.\end{cases}$

8. 0.992.

9. 首次中靶的射击次数为偶数的概率为 $\dfrac{2}{7}$.

10. 至少要准备 18 份晚报.(提示:查附表1)

11. (1) $\dfrac{3^6}{6!}\mathrm{e}^{-3}$;　(2) 每分钟收到的电话次数超过 2 次的概率为 $1-\dfrac{17}{2}\mathrm{e}^{-3}$.

12. (提示:查附表1)

(1) 凌晨 00:00～1:00 收到的电话数超过 3 只的概率为 $1-\displaystyle\sum_{k=0}^{3}\dfrac{1}{2^k k!}\mathrm{e}^{-\frac{1}{2}}=0.001\,8$;

(2) 凌晨 00:00～6:00 收到的电话数超过 5 只的概率为 $1-\displaystyle\sum_{k=0}^{5}\dfrac{3^k}{k!}\mathrm{e}^{-3}=0.083\,9$.

13. (1) $\dfrac{1}{24}\mathrm{e}^{-1}$;　(2) $\dfrac{65}{81}$.

14. 0.908 4.

15. 0.864 7.

16. 0.323 3.

17. (1) $A = \dfrac{1}{2}$, $B = \dfrac{1}{\pi}$, $P\{-1 < X < 1\} = 0.5$；(2) $\alpha = \dfrac{1}{2}$.

18. (1) $F(x) = \begin{cases} 0, & x < a, \\ \dfrac{x-a}{b-a}, & a \leqslant x < b, \\ 1, & x \geqslant b; \end{cases}$ (2) $f(x) = \begin{cases} \dfrac{1}{b-a}, & a \leqslant x \leqslant b, \\ 0, & \text{其他,} \end{cases}$ X 服从 $[a, b]$ 上的均匀分布.

19. (1) 常数 $A = 1$；(2) X 的概率密度 $f(x) = \begin{cases} 1/x, & 1 \leqslant x \leqslant e, \\ 0, & \text{其他}; \end{cases}$

(3) $P\{0 < X < 2\} = \ln 2$，$P\{X \leqslant e^{\frac{1}{2}}\} = \dfrac{1}{2}$，$P\{x \geqslant \dfrac{e}{2}\} = \ln 2$.

20. (1) $c = \dfrac{1}{2}$；(2) $F(x) = \begin{cases} 0, & x < 0, \\ \dfrac{1}{2}(1 - \cos x), & 0 \leqslant x < \pi, \\ 1, & x \geqslant \pi; \end{cases}$ (3) $\dfrac{1}{2}\left(1 - \cos\dfrac{1}{2}\right)$，$\dfrac{1}{2}\left(1 + \cos\dfrac{1}{3}\right)$；

(4) $1 - \left[\dfrac{1}{2}\left(1 + \cos\dfrac{1}{2}\right)\right]^n$.

21. 6.72×10^{-3}.

22. $2/3$.

23. Y 的分布律为

Y	0	1	2	3
p	$(1 - e^{-1})^3$	$3e^{-1}(1 - e^{-1})^2$	$3e^{-2}(1 - e^{-1})$	e^{-3}

至少一次买到车票的概率为 $1 - e^{-3}$.

24. 0.091 9；0.691 5；0.977 2，0.383 0.

25. (1) 0.158 7；(2) 0.383 0；(3) 最大的 x 为 157.1 cm.

26. 0.997 4.

27. 12.121 2.

28. 0.870 4.

29. $\sqrt[3]{4}$.

30. 0.352.

31. $Y = X^2$ 的分布律为

X^2	1	4	9
p	3/8	1/8	1/2

32. (1) $Y = e^X$ 的分布函数 $F_Y(y) = \begin{cases} 0, & y \leqslant 1, \\ \ln y, & 1 < y \leqslant e, \\ 1, & y > e; \end{cases}$

概率密度函数 $f_Y(y) = \begin{cases} 1/y, & 1 < y \leqslant e, \\ 0, & \text{其他}. \end{cases}$

(2) $Z = \ln X$ 的分布函数 $F_Z(z) = \begin{cases} e^z, & z \leqslant 0, \\ 1, & z > 0; \end{cases}$

概率密度函数 $f_Z(z) = \begin{cases} e^z, & z \leqslant 0, \\ 0, & z > 0. \end{cases}$

补 充 题 二

1. (1) C； (2) B； (3) D； (4) A； (5) A； (6) A； (7) A； (8) C.

2. (1)

X	2	3	4
p	3/10	4/10	3/10

$$F(x) = \begin{cases} 0, & x < 2, \\ 3/10, & 2 \leqslant x < 3, \\ 7/10, & 3 \leqslant x < 4, \\ 1, & x \geqslant 4; \end{cases}$$ (2) 7/10.

5. (1) $k = \begin{cases} \lambda - 1, \lambda, & \lambda \text{ 是整数}, \\ [\lambda], & \lambda \text{ 不是整数}; \end{cases}$

(2) $k = \begin{cases} (n+1)p - 1, (n+1)p, & (n+1)p \text{ 是整数}, \\ [(n+1)p], & (n+1)p \text{ 不是整数}. \end{cases}$

6. 记 X, Y 分别为进商店和购买商品的人数.

(1) $P\{Y = i \mid X = k\} = \binom{k}{i} p^i (1-p)^{k-i} (0 \leqslant i \leqslant k)$；

(2) $P\{Y = i\} = \dfrac{(\lambda p)^i}{i!} e^{-\lambda p}$, $i = 0, 1, 2, \cdots$；

(3) $P\{X = m \mid Y = r\} = \dfrac{\dfrac{\lambda^m}{m!} e^{-\lambda} \binom{m}{r} p^r (1-p)^{m-r}}{\dfrac{(\lambda p)^r}{r!} e^{-\lambda p}}$.

7. $P\{Y = i\} = \dfrac{(\lambda p)^i}{i!} e^{-\lambda p}$, $i = 0, 1, 2, \cdots$.

8. (1) 0.028； (2) 0.893.

9. $f_Y(y) = \begin{cases} 1, & 0 < y \leqslant 1, \\ 0, & \text{其他}, \end{cases}$ $Y = 1 - e^{-\lambda X}$ 服从区间 $[0, 1]$ 上的均匀分布.

10. 分布函数为 $F_Y(y) = \begin{cases} 1 - e^{-2\sqrt{y}}, & y > 0, \\ 0, & \text{其他}; \end{cases}$ 概率密度函数为 $f_Y(y) = \begin{cases} \dfrac{1}{\sqrt{y}} e^{-2\sqrt{y}}, & y > 0, \\ 0, & \text{其他}. \end{cases}$

习 题 三

1.

X \ Y	1	3
0	0	1/8
1	3/8	0
2	3/8	0
3	0	1/8

2. (1)(2)

X \ Y	0	1	2	$p_i.$
1	0	0	1/14	1/14
2	0	2/7	1/7	3/7
3	1/7	2/7	0	3/7
4	1/14	0	0	1/14
$p._j$	3/14	4/7	3/14	

(3) 不相互独立；

(4)

X	1	2	3	4
$P\{X = x_i \mid Y = 0\}$	0	0	2/3	1/3

(5)

M	1	2	3	4
p	0	1/2	3/7	1/14

N	0	1	2
p	3/14	9/14	1/7

3. $\alpha = \dfrac{2}{9}$，$\beta = \dfrac{1}{9}$.

4. (1)

X \ Y	0	1
0	1/16	3/16
1	3/16	9/16

(2)

M	0	1
p	1/16	15/16

5. T 服从参数为 3λ 的指数分布，$f_T(t) = \begin{cases} 3\lambda e^{-3\lambda t}, & t > 0, \\ 0, & t \leqslant 0. \end{cases}$

6. (1) $\dfrac{1}{3}$；　(2) $f(u) = \begin{cases} u, & 0 \leqslant u < 1, \\ 2-u, & 1 \leqslant u < 2, \\ 0, & 其他. \end{cases}$

7. (1) $B = \dfrac{\pi}{2}$，$C = \dfrac{\pi}{2}$，$A = \dfrac{1}{\pi^2}$；

(2) $F_X(x) = \dfrac{1}{2} + \dfrac{1}{\pi}\arctan\dfrac{x}{2}$，$-\infty < x < +\infty$，$F_Y(y) = \dfrac{1}{2} + \dfrac{1}{\pi}\arctan\dfrac{y}{2}$，$-\infty < y < +\infty$；

(3) $\dfrac{1}{16}$，$\dfrac{3}{4}$.

8. (1) $A = 6$；　(2) $\dfrac{1}{2}$；　(3) $\sqrt{2} - \dfrac{3}{4}$.

9. (1) $\dfrac{1}{16}$;   (2) $\dfrac{1}{16}$;   (3) $\dfrac{1}{24}$;   (4) $f_X(x) = \begin{cases} \dfrac{x}{2}, & 0 < x < 2, \\ 0, & \text{其他}; \end{cases}$ $f_Y(y) = \begin{cases} \dfrac{y}{8}, & 0 < y < 4, \\ 0, & \text{其他}; \end{cases}$ (5) 相互独立.

10. (1) 当 $|y| < 1$ 时，$f_{X|Y}(x|y) = \begin{cases} \dfrac{1}{1-|y|}, & |y| < x < 1, \\ 0, & \text{其他}; \end{cases}$

当 $0 < x < 1$ 时，$f_{Y|X}(y|x) = \begin{cases} \dfrac{1}{2x}, & |y| < x, \\ 0, & \text{其他}; \end{cases}$

(2) $3/4$, $1/6$.

11. (1) $21/4$;

(2) $f_X(x) = \begin{cases} \dfrac{21}{8}x^2(1-x^4), & -1 < x < 1, \\ 0, & \text{其他}; \end{cases}$

$f_Y(y) = \begin{cases} \dfrac{7}{2}y^{\frac{5}{2}}, & 0 \leqslant y \leqslant 1, \\ 0, & \text{其他}; \end{cases}$

(3) 当 $0 < y < 1$ 时，$f_{X|Y}(x|y) = \begin{cases} \dfrac{3}{2}x^2 y^{-\frac{3}{2}}, & -\sqrt{y} < x < \sqrt{y}, \\ 0, & \text{其他}, \end{cases}$

当 $-1 < x < 1$ 时，$f_{Y|X}(y|x) = \begin{cases} \dfrac{2y}{1-x^4}, & x^2 < y < 1, \\ 0, & \text{其他}. \end{cases}$

(4) 1.

12. (1) $f(x, y) = \begin{cases} \dfrac{1}{2}e^{-\frac{y}{2}}, & 0 < x < 1, y > 0, \\ 0, & \text{其他}; \end{cases}$ (2) $1 - \sqrt{2\pi}[\Phi(1) - \Phi(0)] = 0.144\ 5$.

13. $1/3$.

14. (1) $f_Z(z) = \begin{cases} e^{1-z} - e^{-z}, & z > 1, \\ 1 - e^{-z}, & 0 < z \leqslant 1, \\ 0, & z \leqslant 0; \end{cases}$ (2) $f_U(z) = \begin{cases} \dfrac{1}{2}(e^{2-z} - e^{-z}), & z \geqslant 2, \\ \dfrac{1}{2}(1 - e^{-z}), & 0 < z < 2, \\ 0, & z \leqslant 0; \end{cases}$

(3) $f_V(z) = \begin{cases} 1 - e^{-\frac{1}{z}}\left(1 + \dfrac{1}{z}\right), & z > 0, \\ 0, & z \leqslant 0, \end{cases}$ (4) $f_M(z) = \begin{cases} e^{-z}, & z > 1, \\ 1 - e^{-z} + ze^{-z}, & 0 < z \leqslant 1, \\ 0, & z \leqslant 0; \end{cases}$

(5) $f_N(z) = \begin{cases} 0, & z > 1, \\ (2-z)e^{-z}, & 0 < z \leqslant 1, \\ 0, & z \leqslant 0. \end{cases}$

15. (1) $f_X(x) = \begin{cases} 2x, & 0 < x < 1, \\ 0, & \text{其他}; \end{cases}$ $f_Y(y) = \begin{cases} 1 - \dfrac{y}{2}, & 0 < y < 2, \\ 0, & \text{其他}; \end{cases}$

(2) $f_Z(z) = \begin{cases} 1 - \dfrac{z}{2}, & 0 < z < 2, \\ 0, & \text{其他}. \end{cases}$

16. (1) $P\{X > 2Y\} = 7/24$; $f_Z(z) = \begin{cases} z(2-z), & 0 < z < 1, \\ (2-z)^2, & 1 < z < 2, \\ 0, & \text{其他}. \end{cases}$

1. (1) 1/4; (2) 1/5; (3) $\frac{1}{9}$, 5/9; (4) 1.

（提示：$P\{XY \leqslant z\} = P\{Y=0\}P\{XY \leqslant z \mid Y=0\} + P\{Y=1\}P\{XY \leqslant z \mid Y=1\}$）

2. 5/7.

3. 0.

4. $a = b = \frac{1}{4}$.

5. 提示：$P\{X=1, Z=0\} = P\{X=1, Y=1, Z=0\} = \frac{4}{6^2}$, $P\{Z=0\} = \frac{9}{6^2}$.

(1) 4/9;

(2)

X＼Y	0	1	2
0	1/4	1/3	1/9
1	1/6	1/9	0
2	1/36	0	0

6. 略.

7. (1) $f_Y(y) = \begin{cases} \dfrac{3}{8\sqrt{y}}, & 0 < y < 1, \\ \dfrac{1}{8\sqrt{y}}, & 0 \leqslant y \leqslant 4, \\ 0, & \text{其他}; \end{cases}$ (2) $F\left(-\dfrac{1}{2}, 4\right) = \dfrac{1}{4}$.

8. (1) $A = 24$;

(2) $f_X(x) = \begin{cases} 12x^2(1-x), & 0 < x < 1, \\ 0, & \text{其他}; \end{cases}$ $F_X(x) = \begin{cases} 0, & x \leqslant 0, \\ 4x^3 - 3x^4, & 0 < x \leqslant 1, \\ 1, & x > 1. \end{cases}$

$f_Y(y) = \begin{cases} 12y(1-y)^2, & 0 < y < 1, \\ 0, & \text{其他}; \end{cases}$ $F_Y(y) = \begin{cases} 0, & y \leqslant 0, \\ 6y^2 - 8y^3 + 3y^4, & 0 < y \leqslant 1, \\ 1, & y > 1. \end{cases}$

(3) 不相互独立;

(4) $f_Z(z) = \begin{cases} 2z^3 - \dfrac{21}{2}z^2 + 12z - 4, & 1 < z \leqslant 2, \\ -\dfrac{15}{2}z^4 + 16z^3 - 6z^2, & 0 < z \leqslant 1, \\ 0, & \text{其他}. \end{cases}$

9. 1/3.

10. 略.

11. $A = \dfrac{1}{\pi}$, $f_{Y|X}(y \mid x) = \dfrac{1}{\sqrt{\pi}} e^{-x^2 + 2xy - y^2}$ $(-\infty < y < +\infty)$.

12. 独立, e^{-100}.

13. (1) 不相互独立； (2) 相互独立.

14. $3/16$. (提示: $\{\max(X, Y) \leqslant 2, \min(X, Y) \leqslant -1\}$
$= (\{X \leqslant 2\} \bigcap \{Y \leqslant 2\}) \bigcap (\{X \leqslant -1\} \bigcup \{Y \leqslant -1\}).$)

15. $F_2(x) = \begin{cases} 0, & x < 0, \\ \dfrac{x+1}{8}, & 0 \leqslant x < 1, \\ \dfrac{3x+2}{8}, & 1 \leqslant x < 2, \\ 1, & 2 \leqslant x. \end{cases}$ (提示: X_1 为离散随机变量, 先求其分布律, 再用全概率公式求分布函数)

16. (1) $P\left\{Z \leqslant \dfrac{1}{2} \,\middle|\, X = 0\right\} = \dfrac{1}{2}$; $f_Z(z) = \begin{cases} \dfrac{1}{3}, & -1 < z < 2, \\ 0, & \text{其他.} \end{cases}$ (提示, 同上题)

习 题 四

1. (1) 5.2; (2) $\dfrac{1}{2}\ln 3$; (3) 1, 1/2; (4) $n = 8, p = 0.2$; (5) $a = -2, b = 2$; (6) 1; (7) 19;

(8) -1; (9) $\dfrac{1}{2e}$; (10) 0.7; (11) 2; (12) $\mu(\sigma^2 + \mu^2)$.

2.

X	-1	0	1
p	0.4	0.1	0.5

3. (1) 11; (2) 60.

4. 略.

5. (1) $a = \dfrac{1}{4}, b = 1, c = -\dfrac{1}{4}$; (2) $\dfrac{11}{16}$.

6. $t = 3\,500$ 时, ES 最大. (提示: 设货物准备量为 t, 收益为随机变量 $S = \begin{cases} 3X - (t - X), & X < t, \\ 3t, & X \geqslant t, \end{cases}$ 求出 ES).

7. $ET = 10.42$ (分). (提示: 设到达车站的时刻为 X, 候车时间 T 为 X 的函数)

8. 15 元.

9. (1) $EX = EY = 0, DX = DY = \dfrac{3}{4}$; (2) $\rho_{XY} = 0$; (3) $D(X+Y) = \dfrac{3}{2}$; (4) X, Y 不相互独立.

10. $\alpha = \dfrac{2}{9}, \beta = \dfrac{1}{9}$.

11. 25.6.

12. $EX = EY = \dfrac{7}{6}, DX = DY = \dfrac{11}{36}, \operatorname{cov}(X, Y) = -\dfrac{1}{36}, \rho_{XY} = -\dfrac{1}{11}, D(X+Y) = \dfrac{5}{9}$.

13. $DY = 1$.

14. 125.

15. 0.273 4.

16. $E(X+Y+Z) = 1, D(X+Y+Z) = \dfrac{16}{3}, \operatorname{cov}(2X+Y, 3Z+X) = 3$.

17. 40.27.

18. (1) (X, Y) 的概率分布为

答案与提示

X \ Y	0	1
0	2/3	1/12
1	1/6	1/12

(2) 1/24.

补 充 题 四

1. (1) A; (2) D; (3) D; (4) B; (5) D.

2. 1/2.

3. (1)

X_1 \ X_2	0	1
0	1/10	1/10
1	8/10	0

(2) $-2/3$.

4. $\dfrac{a}{3}$; $\dfrac{a^2}{18}$. $\left(\text{提示：} F_{|X-Y|}(x)=P\{|X-Y|\leqslant x\}=\begin{cases} 0, & x\leqslant 0, \\ \dfrac{a^2-(a-x)^2}{a^2}, & 0<x\leqslant a, \\ 1, & x>a. \end{cases}\right.$

5. (1) $EZ=\dfrac{1}{3}$; $DZ=3$; (2) $\rho_{XZ}=0$.

6. 略.

7. (1) $EX=0$; $DX=2$; (2) $\text{cov}(X,|X|)=0$, X, $|X|$ 不相关; (3) 不相互独立.

8. $f_T(t)=\begin{cases} 3\lambda e^{-3\lambda t}, & t\geqslant 0, \\ 0, & t<0; \end{cases}$ $ET=\dfrac{1}{3\lambda}$.

9. 略.

10. 略.

11. $E[L_a(U)]=0.5+a(1-a)$. $\left(\text{提示：} L_a(U)=\begin{cases} 1-U, & U<a, \\ U, & U>a. \end{cases}\right)$

12. $F_Y(y)=\begin{cases} 0, & y<0, \\ 1-e^{-\frac{y}{5}}, & 0\leqslant y<2, \\ 1, & y\geqslant 2; \end{cases}$ $EY=5-7e^{-\frac{2}{5}}$.

13. (1) 3/2; (2) 1/4.

14. (1) $D(Y_i)=\dfrac{n-1}{n}$; (2) $\text{cov}(Y_1,Y_n)=-\dfrac{1}{n}$.

15. (1) $P\{X=2Y\}=1/4$; (2) $\text{cov}(X-Y,Y)=-2/3$.

提示：概率分布为

X \ Y	0	1	2
0	1/4	0	1/4
1	0	1/3	0
2	1/12	0	1/12

16. (1) $F_Y(y) = \begin{cases} 0, & y < 0, \\ \dfrac{3}{4}y, & 0 \leqslant y < 1, \\ \dfrac{1}{2} + \dfrac{1}{4}y, & 1 \leqslant y < 2, \\ 1, & y \geqslant 2. \end{cases}$ （提示：用全概率公式）；(2) $EY = \dfrac{3}{4}$.

17. (1) (X, Y) 的概率分布为

X＼Y	0	1
0	2/9	1/9
1	1/9	5/9

(2) 4/9.

习 题 五

1. (1) $P\{|X - \mu| < 3\sigma\} \geqslant \dfrac{8}{9}$（提示：采用切比雪夫不等式）；(2) 1/12；(3) $b = 3, \varepsilon = 2$；(4) 0.001 3.

2. (1) 0.291 2；(2) 31 276.15(kw·h).

3. 0.497. **4.** 0.318 2. **5.** 0.471 4. **6.** 142.

补 充 题 五

1. 略.

2. 提示：采用切比雪夫不等式的证明方法.

3. (1) 0.952 5；(2) $n \geqslant 39$.

4. 0.719 0.

5. 541.

习 题 六

1. (1) D；(2) B；(3) C；(4) C；(5) C；(6) C；(7) D；(8) C；(9) A；(10) D；(11) B；(12) D.

2. (1) 2/3；(2) 1/20, 1/100, 2；(3) 0.95；(4) 0.66；(5) a.

3. μ；$\dfrac{\sigma^2}{n}$；σ^2. **4.** 0.964 2. **5.** 0.002 6. **6.** 0.674 4. **7.** 略. **8.** (1) 0.10；(2) 0.25.

9. $F_4(x) = \begin{cases} 0, & x < -1, \\ \dfrac{1}{4}, & -1 \leqslant x < 1, \\ \dfrac{1}{2}, & 1 \leqslant x < 2, \\ 1, & x \geqslant 2. \end{cases}$

10. 0.1.

补 充 题 六

1. 略.

2. 提示：利用函数的期望和正态分布的数字特征公式.

3. 略.

4. (1) 0.99.　(2) $\dfrac{2\sigma^4}{15}$.

5. 略.

习　题　七

1. (1) $\dfrac{1}{2(n-1)}$；　(2) $\overline{X}$；　(3) $\dfrac{2}{15}$.

2. $\hat{\mu} = 2\,809, \hat{\sigma}^2 = 1\,206.8$.　**3.** $\hat{\theta} = 2\overline{X} - 1, \hat{\theta} = 2\bar{x} - 1$.

4. 矩估计值 0.5；　最大似然估计值 0.5.　**5.** (1) $\hat{\theta} = -\dfrac{n}{\sum\limits_{i=1}^{n} \ln x_i}$；　(2) $\hat{\theta} = \dfrac{1}{n} \sum\limits_{i=1}^{n} |x_i|$.

6. (1) 矩估计量 $\hat{\beta}_1 = \dfrac{\overline{X}}{\overline{X}-1}$，最大似然估计量 $\hat{\beta}_2 = \dfrac{n}{\sum\limits_{i=1}^{n} \ln X_i}$.

7. (1) 矩估计量 $\hat{\lambda}_1 = \dfrac{2}{\overline{X}}$，最大似然估计量 $\hat{\lambda}_2 = \dfrac{2}{\overline{X}}$.

8. (1) 矩估计量 $\hat{\theta}_1 = \overline{X}$，最大似然估计量 $\hat{\theta}_2 = \dfrac{2n}{\sum\limits_{i=1}^{n} \dfrac{1}{X_i}}$.

9. $\hat{\theta} = \dfrac{N}{n}$.

10. (1) $\hat{\sigma}^2 = \dfrac{1}{n} \sum\limits_{i=1}^{n} (X_i - \mu_0)^2$；　(2) $E\hat{\sigma}^2 = \sigma^2, D\hat{\sigma}^2 = \dfrac{2\sigma^4}{n}$.

11. (1) $f(z; \sigma^2) = \dfrac{1}{\sqrt{6\pi}\sigma} e^{-\frac{z^2}{6\sigma^2}}$；　(2) $\hat{\sigma}^2 = \dfrac{1}{3n} \sum\limits_{i=1}^{n} Z_i^2$.

12. (1) T_1, T_2 为无偏估计量；　(2) T_2 较为有效；　(3) S_1^2 比 S_2^2 更有效.

13. (14.67, 14.98).

14. (5.60, 6.62).

15. (7.43, 21.07).　**16.** (0.502, 0.690 6).　**17.** (−0.002, 0.006).

18. (1) (65.4, 134.6)；　(2) (0.447 6, 0.940 8).　**19.** 106 5.　**20.** 74.04.

补　充　题　七

1. (1) A；　(2) B；　(3) D.

2. 提示：考虑"试验直至时刻 T_0 为，有 k 只失效，而有 $n-k$ 只未失效"这一事件的概率，从而写出 λ 的似
然方程. $\hat{\lambda} = \dfrac{1}{T_0} \ln \dfrac{n}{n-k}$.

3. 2.42.

4. $\hat{\beta} = \dfrac{\bar{x}}{\alpha}$.

5. (1) 略；　(2) $\dfrac{2n\overline{X}}{\chi_\alpha^2(2n)}$.

6. (1) $EX = \dfrac{\sqrt{\pi\theta}}{2}, E(X^2) = \theta$；　(2) $\hat{\theta}_n = \dfrac{\sum\limits_{i=1}^{n} X_i^2}{n}$；　(3) 取实数 $a = \theta$，对 $\forall \varepsilon > 0$，有 $\lim\limits_{n\to\infty} P\{|\hat{\theta}_n - \theta| \geqslant$

概率统计教程

$\varepsilon \} = 0.$

7. (1) $F(x) = \begin{cases} 1 - e^{-2(x-\theta)}, & x \geqslant \theta, \\ 0, & x < \theta; \end{cases}$ (2) $F_{\hat{\theta}}(x) = \begin{cases} 1 - e^{-2n(x-\theta)}, & x \geqslant \theta, \\ 0, & x < \theta; \end{cases}$ (3) $\hat{\theta}$ 作为 θ 的估计量

不具有无偏性 $\left(E\hat{\theta} = \theta + \dfrac{1}{2n} \right).$

8. (1) $\hat{\theta} = 2\overline{X} - \dfrac{1}{2};$ (2) $4\overline{X}^2$ 不是 θ^2 的无偏估计量. $\left(E\overline{X}^2 = \dfrac{4\theta^2 - 4\theta + 5}{48n} + \dfrac{4\theta^2 + 4\theta + 1}{16} \right).$

9. 提示：(1) $ET = E\overline{X}^2 - \dfrac{1}{n}ES^2 = D\overline{X} + (E\overline{X})^2 - \dfrac{1}{n}\sigma^2;$

提示：(2) $\overline{X} \sim N\left(0, \dfrac{1}{n} \right),$ $(n-1)S^2 \sim \chi^2(n-1),$ $DS^2 = D\left[\dfrac{(n-1)S^2}{n-1} \right] = \dfrac{2(n-1)}{(n-1)^2},$

$DT = D\overline{X}^2 + \dfrac{1}{n^2}DS^2 = E\overline{X}^4 - (E\overline{X}^2)^2 + \dfrac{1}{n^2}DS^2 = \dfrac{2}{n(n-1)}.$

10. $a_1 = 0,$ $a_2 = a_3 = \dfrac{1}{n},$ $DT = \dfrac{\theta(1-\theta)}{n}.$ 提示：N_i 服从二项分布.

习 题 八

1. 可以.

2. 可认为均值为 3.25.

3. 有显著变化.

4. 不能认为合格.

5. 有显著变化.

6. 可认为甲药疗效高于乙药.

7. 接受 H_0.

8. 不否定方差大于 80.

9. 乙厂铸件重量的方差比甲厂小.

补 充 题 八

1. 拒绝 H_0.

2. 拒绝域 $\dfrac{\overline{X} - 2\overline{Y}}{\sqrt{\dfrac{\sigma_1^2}{n} + \dfrac{4\sigma_2^2}{m}}} \geqslant z_a.$

3. 有显著影响.

4. 认为服从泊松分布.

5. 接受 H_0.

6. 直径服从正态分布.

习 题 九

1. 平均寿命有显著差异.

2. 不同农药杀虫率有显著差异.

3. $\hat{y} = 67.5088 + 0.8706x.$

4. $\hat{a} = 8,5173;$ $\hat{b} = -0.4259.$

1. (1) $\hat{\beta}_0 = -11.3$；$\hat{\beta}_1 = 36.95$；$\hat{\sigma}^2 = 12.37$；(2) 拒绝 H_0；

2. $\hat{y} = 211.9e^{5.842\,1x}$；227.01 秒.